NEW
최신판

브랜드 만족 1위 신뢰근거
후원근거

9급 건축직 시험대비

박문각
공무원

기 본 서

건축직 공무원 합격 까지 함께

출제 포인트를 꿰뚫는 실전형 완벽 기본서

시험에 꼭 필요한 핵심 개념 중심 정리

최신 기출 반영 및 단계별 학습 설계까지 한권으로!

차민휘 편저

차민휘
건축계획

동영상 강의 www.pmg.co.kr

박문각

이 책은 건축직 공무원 시험을 준비하는 수험생들이 꼭 알아야 할 내용을 중심으로 정리한 기본서입니다. 최근 공무원 시험은 단순한 암기가 아닌, 기출문제를 기반으로 한 개념의 연결과 반복 학습이 중요해졌습니다. 방대한 내용을 처음부터 끝까지 정리하려다 보면, 수험생 입장에서는 공부의 시작 자체가 막막하게 느껴질 수 있습니다.

이 책은 9급 시험에 실제 출제된 영역을 중심으로 정리했고, 너무 세세한 정보보다는 출제 가능성이 높은 내용을 선별해 구성했습니다. 특히, 건축계획 각론 파트는 분량이 많고 구조가 복잡해, 공부를 하다 보면 앞 내용을 잊어버리는 경우가 많습니다. 이러한 점을 보완하기 위해, 각론 파트의 말미에 앞 단원의 기출문제를 삽입했습니다. 강의와 함께 활용하면, 자연스럽게 앞 단원의 내용을 복습하면서 공부의 흐름을 이어갈 수 있도록 설계한 구조입니다.

또한, 이 교재는 블로그, 인스타그램 카드뉴스, PDF 요약자료와 연동되어 있으며, QR코드를 통해 주요 개념 정리, 퀴즈, 수험 관련 콘텐츠 등을 확인하실 수 있습니다.

이러한 온라인 부록을 통해, 강의 시간 외에도 언제 어디서든 부담 없이 반복 학습이 가능하도록 구성했습니다.

수험생 여러분의 시간은 소중합니다. 이 책이 여러분의 공부 시간을 줄여주고, 시험장에서 한 문제라도 더 맞히는 데 도움이 되기를 바랍니다. 수험생의 입장에서 더 효율적인 공부 방향을 고민하고 정리한 결과물이지만, 혹시라도 미흡한 부분이 있다면 추후 보완하여 여러분의 불편을 최소화할 것을 약속드립니다.

마지막으로, 이 책이 완성되기까지 함께헤 주신 편집자님께 깊이 감사드립니다.

차민휘 드림

CONTENTS

이 책의 차례

PART 03 건축환경

PART 04 건축설비

PART 05 건축법규

차민휘
건축계획

PART

01

건축계획 각론

CHAPTER 01 총론

제1절 건축 형태의 구성

① 건축의 3대 요소 *

- 네르비(Pier Luigi Nervi) : 기능(Function), 구조(Structure), 형태(Form)

② 건축형태의 구성요소

- 형태 구성요소 : 점, 선, 면, 형태, 크기, 스케일, 질감, 방향, 색채 등

1. 스케일(scale)

① 크고 작은 규모를 비교하는 과정에서 생기는 개념
② 도면의 스케일 : 실제 건물의 크기를 축소하여 도면이나 모형으로 표현하기 위해 사용하는 축척

2. 질감(texture)

① 물체를 만져보지 않고도 눈으로만 그 표면의 상태를 알 수 있는 것
② 색채와 명암을 동시에 적용할 때 그 효과가 극대화 됨

3. 색채

① 물건을 고를 때 80%가 색채를, 20%가 형상을 보고 선택
② 건축에서의 색채 : 심리적 측면과 연관

③ 건축형태 구성원리 반드시 기억★★★★★

- 구성요소 간의 독립성 확보 혹은 결합을 통해 통일성, 다양성, 비례, 조화, 대비, 균형, 리듬, 대칭, 축, 위계, 변형을 만들어냄

1. 비례(proportion)

① 선, 면, 공간 요소의 상호 양적인 관계
② 시각적 구성요소들 사이의 질서감 생성

2. 조화(harmony)

① 부분과 부분 사이에서 질적/양적으로 일정한 질서가 잡혀 있는 것

② 조화의 표현방식으로 대비와 유사성(similarity)이 있음

3. 대비(contrast)

① 다른 성격의 요소를 병치하여 서로 다른 특성을 강조함

② 둘 이상의 서로 다른 물체의 면적, 형상, 색채 등의 차이가 명료하여 시각적 주목을 이끌어냄

③ 게슈탈트 심리학과 관계 있음(Figure and background)

4. 균형(balance)

① 비대칭 기법을 통해 균형의 상태로 나아감 - 역동성

② 대칭에 의한 안정감은 원시, 고전, 중세 건축에 잘 드러남(종교 건축)

③ 아그라의 타지마할 : 균형과 대칭이 나타나는 사라센 건축

④ 비대칭도 균형의 일종으로 볼 수 있음

5. 리듬(rhythm)

① 규칙적, 혹은 불규칙적으로 패턴화된 모티프에 의해 나타남

② 반복, 교체, 점증, 대조, 억양을 통해 얻을 수 있음

6. 대칭(symmetry)

① 20세기 초 근대건축에서는 비대칭의 개념이 중요 조형 수단으로 활용됨

② 완전대칭은 정적인 느낌, 비대칭적 균형은 동적 느낌과 다양성 부여

③ 대칭은 균형에 의해 형성되며, 형태의 평형적 관계

7. 축(axis)

① 공간속의 임의의 두 점을 연결하는 선

② 건축의 형태와 공간을 결정하는 기본 요소

③ 길이와 방향을 가짐

④ 형태와 공간이 축을 중심으로 규칙적이거나 불규칙적 배열을 만들어냄

8. 위계(hierarchy)

배치관계의 우열, 매스나 동선의 크기, 볼륨 등에 의해 우열을 정하여 공간을 구성함

9. 변형(transformation)

형태의 반복, 복사, 늘이기, 스케일의 전환 등을 통한 다양한 변화를네 의미함

10. 기준

연속성과 규칙성에 따라 형태 및 공간의 패턴이 하나의 집단적 성격을 나타냄. 이를 구성하는 선, 면 등의 부피

제2절 건축과 인간심리

① 게슈탈트 심리학 ★

• 20세기 초 베르트하이머, 쾰러 및 코프카가 게슈탈트 이론의 토대를 세움
• 시각적 요소에서 명확하게 떠오르는 부분을 형상(figure)이라 하고 후퇴한 부분을 배경(background)으로 정의함
• 건축에의 적용 : 형태 구성요소 사이의 시각적 관계를 강화 또는 약화 시킬 수 있음
• 게슈탈트 심리학의 4법칙

접근성(Proximity)	• 가까이에 있는 시각 요소들은 패턴 또는 그룹으로 인식 • 접근성이 커지면 면으로 인식될 가능성 높아짐
유사성(Similarity)	형태, 규모, 색채, 질감 등이 유사할수록 연관된 시각적 요소로 인식됨
연속성(Continuity)	유사한 배열의 묶음이 하나의 사물로 인지됨
폐쇄성(Closedness)	인지된 형태가 완전하게 닫힌 형태를 이룰 수 있는 방향으로 체계화되어 인지됨

표 1.1. 게슈탈트 심리학의 4법칙

② CPTED(Crime Prevention Through Environmental Design – 범죄예방환경설계) ★★★

• 1961. 제인 제이콥스(Jane Jacobs), 저서 '미국 대도시의 죽음과 삶'에서 '거리의 감시자' 개념을 제시함
• 1971. 레이 제프리(Ray Jeffery), 저서 '범죄 예방 환경 설계'(Crime Prevention Through Environmental Design) – CPTED의 기원. 4가지 기본원리 제시
• 1972. 오스카 뉴먼(Oscar Newman), '방어적 공간(Defensible space)'에서 방어공간의 4요소 제시
• 1976. 미국 세인트 루이스 프루트 아이고 단지 폭파 : 환경설계 실패 사례

1. 셉테드(CPTED)의 4가지 기본원리와 제인 제이콥스의 거리의 감시자

(1) 4가지 기본 원리

자연적 감시	• CCTV설치 이전에 공간의 배치와 설계가 중요 • 도로와 같은 공적공간에 시각적 접근과 노출을 최대화 • 이를 위해 건축물 배치, 조경 식재, 조명 등을 조절 • 단지 내 쿨데삭은 자연적 감시의 좋은 대안
자연적 접근통제	도로, 보행로, 조경 등을 통해 허가받지 않은 사람들의 접근을 통제함
영역성 강화	어떤 지역을 인근 주민들이 자유롭게 사용하고 점유하여 그들의 권리를 주장할 수 있는 가상의 영역으로 구성
활용성 증대	공공장소의 활발한 사용을 통해 사용자에 의한 자연스러운 감시 강화

표 1.2. CPTED의 기본 원리

(2) 제인 제이콥스의 거리의 감시자

　① 도시의 공적공간과 사적공간 사이의 경계는 뚜렷하여야 함

　② 거리를 바라보는 눈이 익숙한 사람들의 것이어야 함

　③ 보도를 이용하는 사람이 항시 존재하여야 함

2. 오스카 뉴먼의 방어적 공간(Defensible space) ★★★

　① 방어공간의 4요소 : 영역성, 자연적 감시(거리의 눈), 이미지, 환경

　② 개인 특성보다는 사회 특성에 중점을 둠

　③ 방어공간 : 범죄 심리를 위축시키는 공간

　④ 제2차 세계대전 이후 미국의 급격한 도시변화와 밀접한 관련

　⑤ 사회적 측면에서 거주지역의 방어를 목적으로, 거주자들 간 공동책임의식을 고양하기 위한 공간 계획

3. 방어적 공간(Defensible space)의 영역성 ★★★

　① 물리저 경계짓기를 통해 개인의 영역을 확보하고 유지하는 행동

　② 어떤 물건이나 장소를 개인화, 상징화함으로써 자신과 타인을 구분하는 심리적 경계

　③ 동물과 사람 모두에게 적용되는 개념

4. 단지계획의 방어적 공간의 적용과 CPTED 가이드라인 주요사항 ★★★

　① 주동 출입구 근처에 자연적 감시의 개념을 적용할 수 있는 공공시설 배치

　② 보행자 위주의 가로등 계획

　③ 저 조도의 조명을 좁은 간격으로 여러 개 설치

　④ 공간의 위계를 명확히 하여 공간의 성격에 대한 명확한 인지

　⑤ 자하 주차상에는 자연채광 및 시야확보가 용이하도록 썬쿤, 천창등 설치

③ 에드워드 홀의 '근접학'(프로세믹스-Proxemics)

1. 이론의 내용과 특징

　① 에드워드 홀의 '숨겨진 차원'(1966)에 수록된 이론

　② 감각은 문화에 의해 형성되고 패턴화 되므로 서로 다른 문화권의 사람들은 서로 다른 감각 세계에 살고 있음

　③ 서로 다른 감각 세계가 구조화하는 공간과 그 사용방식 - 프로세믹스

2. 심리적 공간과 치수 ^{반드시 기억}★★★★

(1) **개인공간** : 친밀한 거리, 개인거리, 사회적 거리, 공적 거리의 4가지로 구분

① 타인과의 관계에서 선호하는 거리. 개인공간의 범위는 명확한 경계를 갖는 것이 아니고 상황에 따라 변화함.

② 개인공간을 침해받을 시, 마음속 저항이 생기며 스트레스 유발. 개인의 신체를 둘러싸고 있는 기포와 같은 형태

③ 자기영역과는 구별되는 개념

　　🔖 자기영역 : 공간적 넓이를 가지며 움직이지 않는 정착된 것. 구체적이거나 상징적인 방법으로 표시 가능

(2) **프라이버시** : 타인의 관찰이나 관심으로부터 분리되고 싶은 상태

(3) **영역성**

개인이 공간을 전용화하고 소유하고 지키는 형태로 눈에 보이지 않는 개인공간과 달리 가시적이고 고정적인 장소를 의미함

(4) **과밀**

① 타인과의 상호접촉 정도가 적절하지 못할 때 발생되는 감정상태

② 반드시 바람직하지 못하거나 압박을 받는 상황을 의미하지는 않음

③ 지각된 밀도의 함수 – 기분, 개성, 물리적 상황으로부터 영향 받음

④ 심리적 요인으로 문화적 차이가 고려되어야 함

(5) **밀도** : 물리적 상태에서의 과밀 정도(혼잡 : 밀도와 관련 있는 개념)★

(6) **밀집성** : 심리적 상태에서의 과밀 정도★

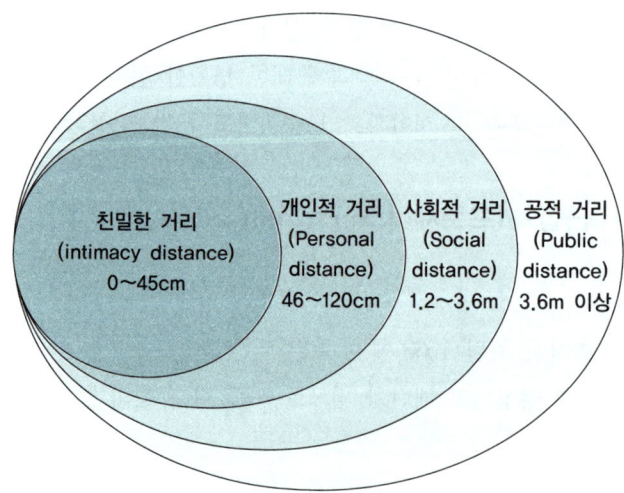

그림 1.1. 에드워드 홀의 심리적 거리

3. 근접학 이론의 공간 분류

(1) **고정공간** : 한 번 확정되면 변형시키기 어려운 공간

(2) **반고정공간**

환경 안에서 움직일 수 있는 가구 등으로 구성되며, 개인의 선호와 의지에 따라 변화할 수 있는 공간. 타인과의 결속을 강화 혹은 둔화시킬 수 있음.

(3) **비고정공간**

일상에서 수시로 변할 수 있는 요소. 행사, 축제 등 용도에 따라 각각 기능적 특징을 나타냄

4. 기타 프라이버시의 유형과 기준의 종류

(1) **프라이버시의 유형 — A. Westin**

① 독거(Solitude) : 다른 사람들의 관찰로부터 벗어나 자유로운 상태

② 친밀(Intimacy) : 다른 사람과 함께 있지만 외부 세계로부터 자유로운 상태

③ 익명(Anonymity) : 군중 속에 묻혀 불분명한 상태

④ 유보(Reserve) : 원하지 않는 간섭을 통제하기 위해 심리적 경계를 만들고 마음속에 유보하는 상태

(2) **프라이버시 거리기준 — Markus**

① 개인 정원의 깊이 : 9.0m

② 창과 차도의 거리 : 7.5m

③ 창과 보행로의 거리 : 4.5m

④ 마주보는 창의 거리 : 30m

⑤ 실내음 전달 방지를 위한 인동간격 : 9~12m

⑥ 소음전달 방지를 위한 동일 건축물의 창거리 : 1.8~3.0m

제3절 치수 계획

1 건축공간과 치수

1. 물리적 치수 : 인체 측정학(Anthropometry)

문이나 개구부, 계단의 챌판, 난간높이 등 사람이나 물체의 물리적 크기에 의해 결정

2. 생리적 치수 : 건축물 실내의 창문 크기 − 채광량과 환기량에 의해 결정

3. 심리적 치수 : 프로세믹스(Proxemics)

물리적, 생리적으로 반드시 필요하지는 않지만, 심리적 압박감을 느끼지 않을만한 정도에서 건축물 천장 등의 높이 결정

2 동작공간

① 동작공간 : 인체치수 또는 동작치수 + 물건치수 + 여유치수
② 동작공간의 결정요인 : 행동적 조건, 사회/경제적 조건, 환경적 조건

3 모듈 반드시 기억★★★★★

1. 모듈계획

① 부재의 크기를 정하기 위한 치수 조직으로 건축의 계획상, 생산상, 사용상에 편리한 치수 측정 단위
② 그리스에서 열주(order)의 지름을 1M이라 했을 때, 높이, 간격, 실 폭, 길이 등 다른 부분을 비례적으로 지칭하는 기본 단위

2. 종류

(1) **기본모듈** : 기준 척도를 10cm로 하고 이것을 1M로 표시 − 모든 치수의 기준으로 함.
(2) **복합모듈** : 기본 모듈 1M의 배수가 되는 모듈
　　① 수직(높이) 계획 모듈 : 2M(20cm)의 배수를 사용
　　② 수평 계획 모듈 : 3M(30cm)의 배수를 사용

3. 모듈의 사용방법

① 모든 모듈 상의 치수 : 공칭치수를 말함. / **제품 치수** : (공칭치수 − 줄눈 치수)
② 창호의 치수 : 문틀과 벽 사이 줄눈 중심선 간의 치수가 모듈 치수

③ 조립식 건물: 조립부재 줄눈 중심 간 거리가 모듈 치수에 일치해야 함

④ 라멘조 건물: 층 높이, 기둥 중심 간 거리

4. 모듈(척도)의 조정(M.C. Modular Coordination)

① 모듈 조정은 부재의 크기를 정하기 위한 치수 조정을 하는 것으로, 모듈을 사용하여 건축 전반에 사용되는 재료를 규격화함

② 인치나 피트를 사용하는 나라의 기본 모듈은 4인치

③ 철큰 콘크리트 공법에 비해 평면의 가변성 우수

④ 건식공법에 효율적이나 획일화된 건축물을 만들어낼 수 있음

5. 모듈(척도) 조정의 장점

① 작업이 단순해지고 간편해짐

② 자재의 수송과 취급이 편리해짐

③ 부재의 대량 생산이 용이해지고, 생산 비용이 낮아짐

④ 현상 작업의 단순화로 공시 기간이 단축될 수 있음

⑤ 시공 품질의 균일화와 질적 향상(현장 조립 가공)

⑥ 국제적 M.C를 사용하면 부재의 국제 교역이 용이해짐

6. 모듈(척도) 조정의 단점

① 건축물의 형태가 단조로워 창조성 및 인간성의 상실 우려

② 건물의 배치와 외관이 단순해짐에 따라 배색계획에 신중을 기할 필요 있음

③ 지나친 통일성으로 시각적 단조로움이 생길 수 있음

④ 기타 치수

1. 황금비

① 한 선분을 두 부분으로 나눌 때 전체에 대한 큰 부분의 비와 큰 부분에 대한 작은 부분의 비가 같은 것을 말함

② 고대 그리스 시대부터 가장 조화를 이루는 비율로 여겨짐

③ 황금비: 1.618 : 1 = 1 : 0.618

④ 황금비와 유사한 비율: 2 : 1, 1.5 : 1, 3 : 1 / 정오각형 한 변의 길이 : 대각선의 길이

⑤ 황금비 적용의 대표적 예: 파르테논 신전

2. 피보나치 수열

① 레오나르도 피보나치가 토끼 수의 증가를 관찰하여 발견

② 1과 1로 시작, 앞의 두 수의 합이 수열의 다음 숫자가 됨

③ 피보나치 수열: 1, 1, 2, 3, 5, 8, 13, 21, 34

3. 르 코르뷔제의 모듈러 ★

1930년대 인체의 비례관계를 연구하던 중, 그리스의 황금비에서 착안하여 자신의 비례 체계인 모듈러를 발전시킴

① 키 6ft를 기본으로 하여 배꼽 높이인 113cm를 기준으로 2배를 한 뒤, 여기에 5를 곱하거나 5를 나누어 모듈 구성

② 주요 사용치수: 432mm, 698mm, 1130mm

③ 모듈의 최초적용: 빌라 슈타인

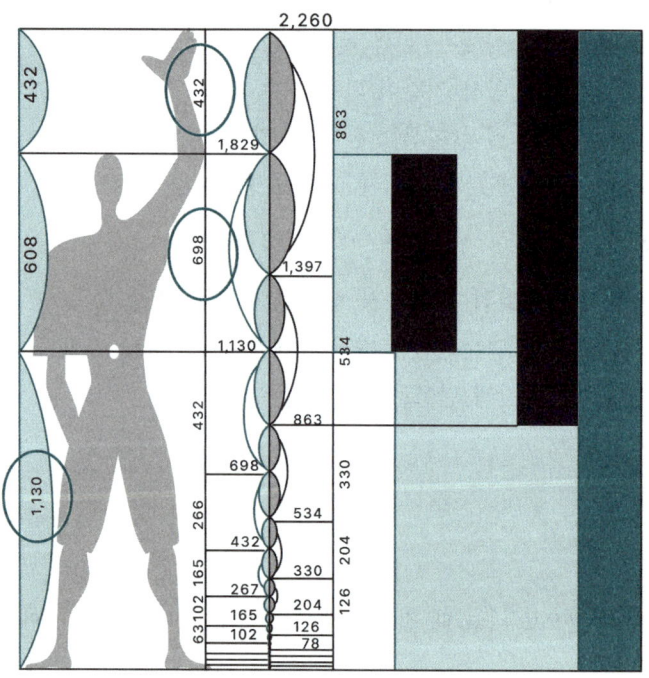

그림 1.2. 르 코르뷔제의 모듈러

4. 인체치수

① 레오나르도 다빈치: 사각형과 원의 중간에 인체를 놓고 인체의 비례 스케치

② 비투르비우스: 인체비례도, 인체의 중심 − 배꼽기준

제4절 | 건축의 과정(프로세스)

1 건축 프로세스의 의미 ★★★

• 건축계획을 포함한 건축 생산의 전 과정을 말하는 것으로 건축 기획에서 유지보수 및 관리 단계까지를 지칭함.

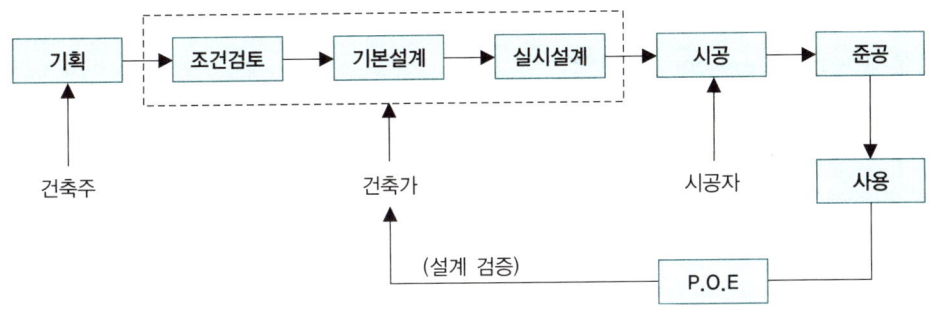

그림 1.3. 건축 프로세스

2 건축 프로세스

1. 기획

건축주 또는 공사 발주자가 직접 행하는 것으로 건설 목적, 의도, 방향, 운영방법, 예산, 경영방법, 설계에 대한 요구사항, 제약사항 등 건설의 전 과정을 검토 및 예상하는 작업

2. 프로그래밍 ★★★

① 본격적인 건축 설계에 앞서 프로젝트와 관련하여 다양한 문제점을 발견 및 규명하는 작업(해결하는 과정은 아님)

② 프로그래밍 단계에서의 정보수집 방법은 선험연구, 인터뷰, 설문, 관찰, 실험 등이 있음

③ 건축주, 건축사, 전문 프로그래머(대규모 건축의 경우)가 참여

④ 현대의 디지털 미디어 및 컴퓨터를 활용한 건축설계에 프로그래밍은 큰 영향을 미침

⑤ 건축 계획의 프로그램 종류

기능 프로그램	건물의 편리성 프로그램
스케일 프로그램	건물의 크기 프로그램
클라이언트 프로그램	의뢰인 혹은 고객 프로그램
스페이스 프로그램	공간 프로그램. 필요실의 종류, 상호 관계, 기능, 규모, 특성 등을 분석하는 프로그램

표 1.3. 프로그램의 종류

3. 설계

(1) 기획설계(Pre-design)

① 프로그래밍, 개념설계, 계획설계

② 프로젝트의 사회적/법률적/환경적 문제 조사 분석

③ 부지 사용 마스터플랜, 스페이스 프로그램 작성

(2) 계획설계(Schematic design) ★

구조와 법규(건폐율, 용적률, 주차대수, 조경면적 등)를 검토하는 과정

(3) 기본설계(Design development) ★★★

① 각종 자재, 장비, 용량 등이 구체화된 설계도서를 작성하여 건축주로부터 승인받는 단계, 인허가를 위한 설계도서 작성을 포함

② 기본 설계도서

－ 기본설계도 : 배치도, 평면도, 입면도, 단면도

－ 설계설명서 : 구조방식, 마감재료, 설비개요

－ 공사비 계산서 : 개략적 공사비 산출

(4) 실시설계(construction documentation) ★

① 입찰, 계약 및 공사에 필요한 설계도서 작성

② 실시 설계도서

－ 실시 설계도 : 배치도, 평면도, 입면도, 단면도

－ 계산서 : 구조 계산서, 냉난방 부하계산서

－ 시방서 : 시공자에 대한 지시사항, 도면 표기가 어려운 내용에 대해 글이나 도표로 제시

－ 공사비 예산서 : 설계자가 산출한 표준 공사비

4. 시공

도급받은 시공자가 실시 설계도서에 표현된 내용을 실제 건설 공사를 통해 현장에서 직접 생산해내는 단계

5. 시공감리

실시 설계도를 바탕으로 시공도 체크, 현장의 자재, 공정, 안전관리 등 단계별 프로세스 진행의 적정성을 판단

3 거주 후 평가(P.O.E Post Occupancy Evaluation) 반드시 기억★★★★★

1. POE의 개념과 필요성

① 건축물이 완공된 후 사용 중인 건축물이 본래의 기능을 제대로 수행하고 있는지의 여부를 인터뷰, 현지답사, 관찰 등을 이용하여 거주 후 사용자들의 반응을 진단 및 연구하는 과정

② 설계작업에 대한 검증, 다음 설계나 리모델링 시 지침이 될 수 있음

③ 평가항목 : 행태적 항목(기능적 측면), 기술적, 환경심리적 항목(열적, 구조적 성능 측면)에 대해서 진행

2. 목적

① 유사 용도 혹은 규모의 건축계획에 직접적 지침으로 사용가능

② 앞으로의 건축계획에 필요한 정보를 제공(순환적 과정)

3. POE의 평가요소

환경장치 (Setting)	• 거주 후 평가의 직접적 대상이 되는 물리적 환경 • 사용자의 행동 배경으로서의 건축물
사용자 (User)	• 사용자 그룹의 정의 • 사용자 그룹이 다수일 경우 상호 간 차이
주변환경 (context)	그 지역의 기후, 교통, 하수도, 문화시설 등 환경 장치에 영향을 미치는 주변 요인
디자인 활동 (Design Activity)	건축주, 설계자, 사용자 등 각 그룹의 참여를 통한 가치 및 선호를 반영하여 디자인 창출

표 1.4. POE 평가요소

제5절 건축 계획의 결정방법(설계의 과정)

1 프로세스

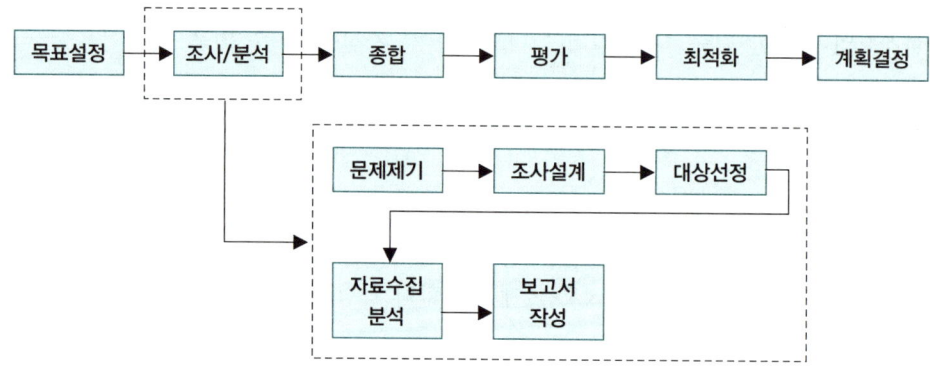

그림 1.4. 계획의 프로세스

① 계획의 프로세스: 목표설정 → 조사/분석 → 종합 → 평가 → 최적화 → 계획결정
② 조사/분석의 프로세스: 문제제기 → 조사설계 → 대상(표본) 선정 → 자료수집 및 분석 → 보고서 작성

2 정보 및 자료 수집 ★

1. 문헌조사법: 가장 많이 사용되지만, 문헌 자체의 오류와 한계를 고려하여야 함

2. 면담법
 ① 회답의 신뢰도 확인가능, 보충 설명 가능
 ② 시간과 조사 경비의 소요. 응답자에 대한 선정이 고려되어야 함

3. 관찰법: 인간 행태에 대한 연구에 주로 사용

4. 설문지법

 설문지 문항 작성에 대한 숙련도와 전문성을 요함. 설문지는 이해가 쉬운 단어와 문장으로 구성되어야 함. 응답자 역시 설문 항목에 대한 이해 능력 필요

5. 실험법: 구조재료나 인간 행태반응 특성 등 특수 문제 해결을 위해 사용

6. SD(Semantic Differential, 의미 분별법, 어의 차이 척도법)

 반대 의미를 가진(Bipolar)언어로 구성. 공간을 양극의 단어로 분별하여 통계적 의미 분석을 통해 공간 평가

7. Factor Analysis(요인 분석법)

다수의 변수들 간의 상관관계를 기초로 변수들에 내재하는 체계나 의미를 발견하여 공간을 분석하려는 방법

8. P.O.E(거주 후 평가) : 건물의 완공 후 사용자의 만족도를 평가하여 이후 설계에 반영

9. Image Map(이미지 맵)

공간에 상징적 이미지를 부여하는 건축 구조물, 자연경관 등에 대한 위치와 특성, 현황, 계획 내용을 이미지 지도에 개념적으로 표현

3 조건의 설정

• 기능 설정, 규모 설정, 성능에 대한 내용, 성격, 주제에 대한 사항

4 모델화

• 추상적 단계의 설계조건을 기준으로 건축공간을 구체화하는 과정

5 평가

• 비교법, 단계법, 점수법, 합의법, 직관법 등

6 계획의 결정

• 선택과 수정의 단계, 항목별 평가 등을 거쳐 최종 계획안 결정

제6절 건축제도와 컴퓨터의 활용

1 건축제도

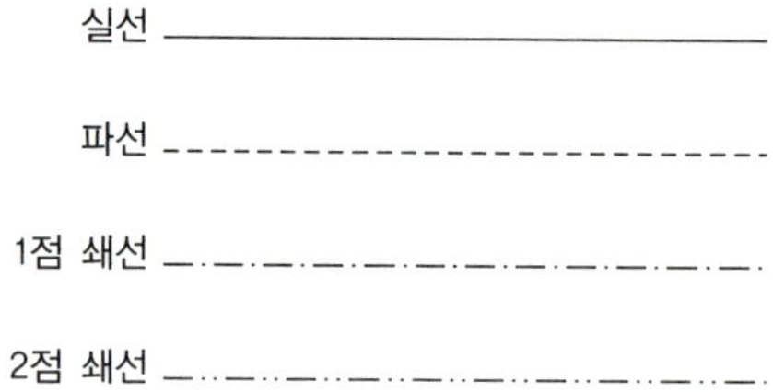

실선 ————————————————

파선 - - - - - - - - - - - - - - - - - -

1점 쇄선 — · — · — · — · — · — · — · —

2점 쇄선 — ·· — ·· — ·· — ·· — ·· — ·· —

① 건축 제도선의 종류 : 실선, 점선, 파선, 쇄선
② 일점쇄선 : 중심선, 절단선
③ 이점쇄선 : 대지 경계선, 건축선
④ 파선 : 보이지 않는 부분(open부)
⑤ 실선 : 입면선

그림 1.5. 제도선의 종류

2 건축도면

① 설계 도서의 기능별 분류 : 의장설계 도서, 구조설계 도서, 설비 설계도서
② 건물의 절단을 표현하는 단면도 : X, Y 양축 방향 2면 절단
③ 실내의 투시도 : 1소점 투시도(실내디자인)
④ 건축 시방서 : 설계 도서로 표현이 어려운 작업의 순서, 방법, 마무리 정도, 재료의 규격 등급 등을 글이나 표로 명시함

3 도면의 스케일(척도)

① 부분상세도, 시공도 : 1/1~1/10
② 부분상세도, 단면상세도 : 1/5~1/30
③ 평면도, 입면도, 구조도 : 1/50~1/300
④ 배치도, 대규모 평면도 : 1/500~1/2000

4 컴퓨터를 활용한 건축설계

1. CAD(Computer aided design) ★
① 도면 작성시간 단축, 생산성 증가
② 설계 자료의 참고가 쉬우며, 기술 축적 가능
③ 도면의 표준화
④ 도면의 정확도가 높고, 구조물 해석이 가능하여 도면 작업과 구조 해석을 동시에 할 수 있음
⑤ 설계변경에 따른 수정 보완 용이

2. NURBS(non-uniform rational b-spline)

① 일정한 점들을 직선으로 연결하여 곡선을 구하고, 곡선을 확장시켜 3차원 곡면을 구현하는 모델링 기법

② 곡면의 각 제어점에 내재된 다항식에 따라 제어

3. CSG(constructive solid geometry)

프리미티브라는 기본 입체 도형을 바탕으로 집합 연산하여 모델링 하는 방법

4. BIM(Building Information Modeling) ★★★

① 설계, 분석, 시공 및 관리 효율성의 극대화를 위해 3차원 모델링에 각 건설 요소별 메타 데이터를 함께 내장하여 엔지니어링과 시공 프로세스 관련 정보를 통합 활용

② 건설의 각 분야에서 조기 협업이 가능(설계-시공간 협력 강화)

③ 그러나 초기의 작업량이 많아짐

④ 건축주와 각 관련자들 간 의사소통 내용을 빠르게 적용하여 볼 수 있으므로 설계변경의 가능성과 횟수가 감소함

⑤ 구조, 건축, 설비 등 분야별 간섭체크가 가능하며 도면의 정확도가 높아짐.

⑥ 공기단축에 기여 가능

⑦ 설계 변경 시 모델링 정보에 대한 데이터 무결성 확보 가능

⑧ 비정형 건축의 경우에도 물량산출 가능

⑨ BIM의 설계 단계별 활용

설계단계	• 설계안에 대한 검토를 통해 설계 요구조건 충족 여부 판단가능 • 마감 및 구조 등 건축정보 입력 • 공사비 견적에 활용
시공단계	• 각 작업단위에서 필요한 사새 정보 연동, 시공도 작성 • 공정계획 및 관리 효율 향상
관리단계	건물 모델 및 정보를 이용한 운영 관리 시스템, 개보수 공사에 활용

표 1.5. BIM의 단계별 활용

5. 기타 3차원 모델링의 표현방식

① 선처리 방식(wire frame modeling) : 점을 연결하는 선분으로 표현

② 면처리 방식(surface modeling) : 선분을 연결하여 면으로 표현

③ 구체처리 방식(solid modeling) : 면을 연결하여 구체로 표현

제7절 계획규모의 산정

1 건축 규모 산정의 고려요소

① 수용인원의 예상 수량
② 단위 수량당 소요규모

2 건축 특성에 따른 규모산정

① 시설 특성 : 공공시설, 상업시설
② 기능 특성 : 상시 이용 시설, 일시 집중시설
③ 시간 특성(peak time) : 주간 이용, 야간이용

3 건축 규모 산정 방법 ★

1. **수용인원의 결정** : 이용자 만족도 및 시설 이용률 측면에서 질적, 양적으로 파악하여 결정

2. **소요 규모의 결정**

① 주택의 침실, 학교의 전용교실 등 최댓값이 일정, 초과하는 경우가 없을 때 : 시설 수량을 최댓값으로 설정
② 영화관 화장실, 경기장 등 특정 시간, 기간별로 일시에 사용하는 경우 : 시설 수량을 중간값으로 설정. 혼잡한 경우 어느 정도 불편을 감수
③ 혼잡의 정도가 심하지만, 이용편차의 변동이 비교적 작은 경우 : 시설 수량을 평균값보다 약간 상회하는 값으로 설정

제8절 | 기타 이론 및 용어

① 건축의 기타 이론 및 용어

1. 프랙탈 기하학(Fractal geometry)

① 크기의 위계가 달라져도 똑같은 형태적 모티프가 반복적으로 나타나는 현상 및 이에 대한 수학적 이론

② 자체 유사성(self similarity)을 뜻함

2. 대기행렬이론 ★

① 상품, 물건을 살 때 불필요한 대기시간을 줄여 원가를 낮추는 최적화 기법

② 공장 및 병원의 배치계획에 사용. 창고와 사무소 배치계획에는 적용 안 함

3. LCC(life cycle cost) ★

건축물의 총 생애 비용. 기획, 설계, 완공, 유지관리, 해체에 이르기까지의 총비용

4. 인텔리전트 빌딩(intelligent building system)

① 건축물의 규모와 용도에 맞추어 각종 시스템을 도입하여 쾌적한 환경을 제공

② 시스템의 확장성을 이용하여 빠르고 안전한 정보서비스

③ 건축물 에너지의 경제적 관리

② 건축물의 구조형식

1. 쉘구조 : 휨응력을 일으키지 않을 만큼 얇은 곡면의 슬래브, 판의 형태로 만든 구조

2. 가구식 구조 : 철골, 목재 등 가늘고 긴 부재를 조립하여 건축. 접합부 설계가 강도에 영향을 줌

3. 트러스 구조 : 단일 부재들의 힌지 접합하여 각 부재가 인장, 압축을 받도록 하여 구조적 안정

4. 조립식 구조

① 균일한 품질 유지로 관리, 감독 용이

② 표준화된 부재

③ 접합부 설계가 어렵지만, 해체 및 증개축이 편리함

④ 공기단축으로 공사비 절감 가능

⑤ 부재의 재활용 가능

3 건축의 유연성과 확장성

1. 유연성(flexibility) ★

(1) **유니버설 스페이스(Universal Space)**
　① 움직일 수 있는 가구로 공간 분할
　② 다목적 이용이 가능한 무한정한 공간

(2) **그리드 플랜**: 그리드 패턴으로 균일한 공간을 얻을 수 있음

(3) **모듈러 플랜**: 그리드 플랜을 바탕으로 조명, 배기구, 스프링클러, 통신 등 설비 시스템을 균등 배치하는 것

(4) **코어 시스템**
　① 가변부, 고정부 혹은 설비부, 기타부로 나누어 각 부분의 성질에 맞게 시스템화 하여 대응
　② 코어(계단, 엘리베이터 등)를 중심으로 설비 샤프트를 배치하여 시스템화

2. 확장성(expansibility)

(1) **분할형**
　① 전체 계획을 분할하여 1차, 2차로 나누어 시공
　② 명확한 마스터플랜이 사전에 계획되어 있어야 함

(2) **프리엔드(Free end)형**: 증축을 고려하여 보와 슬래브의 단부와 형태를 증축에 적합하게 계획

(3) **연결형**: 필요에 따라 새로운 시설을 연결 증축하는 방식

(4) **증축형**: 계획에서 중심이 되는 영역을 지정하고 필요시설을 첨가하거나 제거함

4 유니버설 디자인 ★★★

1. 유니버설 디자인의 개념
　① 미국 로널드 메이스가 주창
　② 장애유무, 연령, 성별 등에 관계없이 모든 사람들이 제품, 건축, 환경, 서비스 등을 편리하고 안전하게 이용할 수 있도록 설계함
　③ 모든 사용자를 위한 디자인
　④ 유니버설 디자인의 4대 원리: 접근성, 지원성, 융통성, 안전성

2. 유니버설 디자인의 7대 원칙
　① 공평한 사용
　② 사용의 융통성
　③ 간단하고 직관적인 사용

④ 정보이용의 용이
⑤ 오류에 대한 포용력
⑥ 적은 물리적 노력
⑦ 접근과 사용에 대한 충분한 공간

5 설계공모 방식

① 턴키 방식 : 일괄입찰 방식, 시공회사가 주도함
② 자유설계공모 : 민간보다는 관공서에서 주로 활용
③ 국내발주 국제현상 설계 : 외국업체 독자 응모 가능한 경우 많음
④ 지명설계 공모 : 전문성 확보를 위해 소수 업체나 개인 등의 설계 공모 참여자를 미리 지목하여 이들만 공모에 참여할 수 있도록 함

6 민간투자 설계방식

① BTL(Build-Transfer-Lease) : 민간이 공사, 소유권은 정부가 갖지만 민간이 일정기간 임대권리를 가지고 투자금을 회수할 수 있도록 하는 민간투자 방식
② BTO(Build-Transfer-Operate) : 소유권은 정부가 가지고, 일정 계약기간 동안 민간이 직접 운영하여 투자회수를 할 수 있도록 함. 민간이 수요 위험을 부담
③ BOT(Build-Operate-Transfer) : 민간이 공사 후, 소유권을 가지고 일정기간 운영 후 정부에 소유권 이전
④ BOO(Build-Own-Operate) : 민간이 공사하고 소유권과 운영권을 모두 가져감

7 노유자 시설

(1) 무장애(barrier-free)설계
① 장애인을 포함한 모든 사용자를 고려함
② 주택, 공공건축물, 대형 상업시설 등 모든 건축환경을 대상으로 적용

(2) 시설계획 고려사항
① 휠체어 사용을 위해 모든 공간 폭이 최소 1.2m가 되도록 함
② 경사로 설치
③ 난색계열의 색으로 안정감 도모
④ 되도록 경사가 없는 평지에 계획

⑧ 지하공간 및 설비시설 관련 용어

(1) 지하공간 ★

① 안정된 온열환경 조성 가능

② 방수, 방습에 대한 충분한 고려

③ 드라이 에리어(dry area) : 지하에서 지상으로 연결되는 공간, 피난, 장비반입, 채광, 환기 등의
용도

(2) 기계설비실 ★

① 기계설비실의 종류 : 공조 설비실, 환기설비실, 급배수 설비실, 기타 등

② 백화점 : 연면적 대비 3~10% / 병원 : 연면적 대비 3~8%
설비실의 면적은 장래의 증축을 고려하여 높은 쪽의 값을 채택

(3) 우수설비

① 집수시설 : 빗물을 모으기 위한 시설

② 처리시설 : 오염도 높은 초기 빗물 정화 시설

③ 저장 시설 : 집수한 빗물을 저장, 중수 등으로 사용할 수 있도록 함

④ 빗물 관리 시설 : 빗물이용시설의 관리 및 제어

⑤ 수처리 시설 : 목표수질의 유지를 위해 여과, 소독 등의 처리시설

기출문제 : 총론

01 건축 형태구성원리에 대한 설명으로 옳지 않은 것은? 국19

① 리듬은 부분과 부분 사이에 시각적으로 강한 힘과 약한 힘이 규칙적으로 연속될 때 나타난다.
② 비례는 선·면·공간 사이에서 상호 간의 양적인 관계를 말하며, 점증, 억양 등이 있다.
③ 균형은 대칭을 통해 가장 손쉽게 구현할 수 있지만, 시각적 구성에서는 비대칭 기법을 통한 구성이 더 역동적인 경우가 많다.
④ 조화는 부분과 부분 사이에 질적으로나 양적으로 모순되는 일이 없이 질서가 잡혀 있는 것을 말한다.

02 건축조형원리에 대한 설명으로 옳지 않은 것은? 국22

① '축'은 공간 내 두 점으로 성립되고, 형태와 공간을 배열하는 데 중심이 되는 선을 말한다.
② '리듬'은 서로 다른 형태 또는 공간이 반복패턴을 이루지 않고, 모티프의 특성을 활용하는 것을 말한다.
③ '대칭'은 하나의 선(축) 또는 점을 중심으로 동일한 형태와 공간이 나누어지는 것을 말한다.
④ '비례'는 부분과 부분 또는 부분과 전체와의 수량적 관계를 말한다.

03 다음에서 설명하는 개념은? 지21

> 성별, 연령, 국적 및 장애의 유무와 관계없이 모든 사람이 안전하고 편리하게 이용할 수 있는 제품, 건축, 환경을 설계하는 개념

① 범죄예방환경설계(CrimePrevention Through Environmental Design)
② 길찾기(Wayfinding)
③ 지속가능한 건축(SustainableArchitecture)
④ 유니버설 디자인(UniversalDesign)

해설　01②　02②　03④

01 ② 비례는 부분 간의 양적인 관계를 뜻하나, 점증이나 억양은 주로 리듬의 구성요소에 해당한다.

02 ② 리듬은 동일하거나 유사한 요소가 반복되는 것을 뜻한다. 반복 패턴이 없이 모티프만 활용된 상태는 리듬이 성립되지 않는다.

03 【유니버설 디자인(universal design)】
• 모든 사람의 신체적 조건과 상관없이 안전하고 편리하게 사용할 수 있도록 고려한 설계 개념
【범죄예방환경설계(CPTED)】
• 환경 디자인을 통해 범죄를 예방하고자 하는 설계 기법

04 건축의 과정에 대한 설명으로 옳은 것은? 지22

① 기초조사－실시설계－기본계획－기본설계의 순으로 진행된다.

② 기본계획은 구체적인 형태의 기본을 결정하는 단계로 기본 설계도서를 작성한다.

③ 기초조사는 설계도면에 표시할 수 없는 각종 건축, 기계, 전기, 기타 사항 등을 글이나 도표로 작성하는 과정이다.

④ 실시설계는 공사에 필요한 사항을 상세도면 등으로 명시하는 작업단계이다.

05 치수와 모듈에 대한 설명으로 옳지 않은 것은? 지21

① 모듈치수는 공칭치수를 의미한다.

② 고층 라멘 건물은 조립부재 줄눈 중심 간 거리가 모듈치수에 일치해야 한다.

③ 제품치수는 공칭치수에서 줄눈 두께를 뺀 거리이다.

④ 창호치수는 문틀과 벽 사이의 줄눈 중심 간 거리가 모듈치수에 일치하도록 한다.

06 건축에서 모듈을 사용하는 이유에 관한 설명으로 옳지 않은 것은? 지10

① 설계 작업이 단순화되어 노력의 낭비를 피할 수 있다.

② 나라마다 고유한 모듈을 사용하여야 국가 경쟁력을 높일 수 있다.

③ 건축재의 대량생산이 가능하여 생산단가를 줄일 수 있다.

④ 현장작업이 단순화되어 공기가 단축된다.

07 BIM(Building Information Modeling)에 대한 설명으로 옳지 않은 것은? 국15

① 다양한 설계분야와 조기 협업이 가능하다.

② 생성된 3D 모델은 2D 설계도로 추출될 수 있다.

③ 공사비 견적에 필요한 물량과 공간정보를 추출할 수 있다.

④ 2D 도면들의 불일치로 인해 발생되는 설계오류는 방지할 수 없다.

08 프럭시믹스(proxemics)에 대한 설명으로 옳지 않은 것은? 국15

① 프럭시믹스란 개인적·문화적 공간의 요구와 인간과 공간과의 상호작용에 대한 연구이다.

② 고정공간(fixed-feature space)은 개인 또는 집단의 활동을 조직하는 데 가장 기본적인 방법의 하나로, 물질적 표현과 숨겨진 내면의 의도를 포함하고 있다.

③ 반고정공간(semifixed-feature space)은 환경 안에서 움직일 수 있는 사물에 의해 구성되며, 사람들이 다른 사람과의 결속을 강화하거나 또는 둔화시킬 수 있고 서로의 관계를 조절할 수 있는 공간이다.

④ 비고정공간(informal space)에는 열차대합실과 같이 사람을 분리시키는 경향이 있는 사회원심적 공간과 프랑스식 보도 카페의 테이블과 같이 사람들이 서로 접근하기 쉬운 사회구심적 공간이 있다.

09 사회심리적 환경요인 중 개인공간, 대인 간의 거리, 자기영역에 대한 설명으로 옳지 않은 것은? 지16

① 애드워드 홀(Edward T. Hall)은 인간관계의 거리를 '친밀한거리(intimacy distance)', '개인적 거리(personaldistance)', '사회적 거리(social distance)', '공적 거리(publicdistance)'의 4가지 유형으로 분류하였다.

② 개인공간은 실질적이고 명확한 경계를 가지며 침해되면 마음속에 저항이 생기고 스트레스를 유발한다.

③ 자기영역은 공간적 넓이를 가지며 움직이지 않는 정착된 것이다.

④ 자기영역은 구체적이거나 상징적인 방법으로 표시가 가능하다.

10 건축의 척도조정(Modular Coordination)에 대한 설명으로 옳지 않은 것은? 국25

① 설계 작업이 단순화되고 편리해진다.

② 건축 구성재의 대량 생산과 수송이 용이해진다.

③ 다양한 형태의 창의적인 디자인에 유리하다.

④ 현장 작업이 단순해지므로 공사 기간이 단축될 수 있다.

해설 　04 ④ 　05 ② 　06 ② 　07 ④ 　08 ④ 　09 ② 　10 ③

04 ① 기초조사 → 기본계획 → 기본설계 → 실시설계 순으로 진행된다.
② 기본설계는 구체적인 형태의 기본을 결정하는 단계로 기본 설계도서를 작성한다.
③ 시방서 작성은 공사에 필요한 사항을 상세도면 등으로 명시하는 작업단계이다.

05 ② 고층 라멘 건물은 기둥 중심 간 거리가 모듈치수에 일치해야 한다.
• 공칭치수 = 줄눈 중심 간 길이
• 공칭치수 = 제품치수 + 줄눈두께
• 조립부재의 줄눈 중심 간 거리 → 조립식 건물의 모듈상 치수

06 ② 모듈은 국제적 표준화를 통해 효율성을 높이는 것이 목적이다. 국가별 고유 모듈 사용은 국제 경쟁력 확보와는 무관하며 오히려 비효율적이다.

07 ④ BIM은 2D 도면의 불일치 문제를 해소하고, 설계오류를 방지하는 데 효과적이다.

08 ④ 반고정 공간에는 열차 대합실과 같이 사람을 분리시키는 경향이 있는 사회원심적 공간과 프랑스식 보도 카페의 테이블과 같이 사람들이 서로 접근하기 쉬운 사회구심적 공간이 있다
【Edward Hall의 근접학 이론】
특정 문화권 내에서는 고유의 방법으로 공간을 구조화시킴.
• 고정 공간(fixed-feature space) : 벽, 문, 창문 등 움직일 수 없는 구조적인 배열로 구성
• 반고정 공간(semilixed-feature space) : 가구와 같이 움직일 수 있는 장애물 배열로 구성
• 비형식적 공간(informal space) : 사람과 사람 사이의 개인적인 거리, 즉 신체 주변의 무형적 영역 → 개인공간 (대인관계 거리 : 친밀한 거리, 개인 거리, 사회적 거리, 공적거리)

09 ② 개인공간은 상대, 상황, 문화에 따라 유동적으로 변화하며, 침범 시 불쾌감을 유발할 수 있는 심리적 거리이다.

10 ③ 모듈러 코디네이션은 규격화를 통한 설계 단순화 및 시공 편리성을 목적으로 한다. 반면, 창의적인 디자인에는 제약을 주므로 유리하지 않다.

CHAPTER
02 도시계획

제1절 도시의 분류와 구성

1 도시의 분류

1. 인구에 의한 분류 : 거대도시(100만 이상), 대도시(50만 이상), 중도시(10만 이상), 소도시(5만 이상)

2. 기능에 의한 분류

① 공업도시 : 공업인구 60~74% 이상

② 소매도시 : 소매업자 50%, 도매업자 35% 이상

③ 혼합도시 : 공업도시 60% 이하, 소매업자 50% 이하, 도매업자 20% 이하

2 케빈 린치(Kevin Lynch)의 도시 이미지 5요소(P.E.N.D.L)

① Paths : 가로, 보도, 운하, 철도

② Edges : 해안선, 언덕, 긴 옹벽

③ Nodes : 교차로의 광장

④ Districts : 공통으로 인식되는 구역

⑤ Landmarks : 인상적 건축물, 주요 지형, 지물, 탑 등

제2절 | 도시계획론

1 뉴어바니즘

1. 뉴어바니즘의 배경

① 도시적 생활 요소들을 체계적으로 변형시켜 전통적 생활방식으로 회귀하고자 하는 신 전통주의적(neo-traditional)운동
② 도시의 무분별한 확산에 따라 발생한 도시 문제 극복을 위한 대안
③ 1980년대 캐나다에서 시작
④ 전통적인 근린주구 구성기법에 근거하여 TND, TOD, MXD 중심의 개발경향

2. 뉴어바니즘의 계획개념

(1) TND(Traditional Neighborhood Development)
① 전통 근린개발
② 전통 도시에서 볼 수 있는 긴밀하게 연결된 도시 조직 활용

(2) TOD(Transit Oriented Development)
① 대중교통 지향 개발
② 대중교통수단의 이용과 에너지를 효율적으로 이용
③ 캘리포니아 출신 건축가 피터 칼소프가 제시한 이론

(3) MXD(Mixed Use Development)
① 복합용도개발
② 보행기리 내에 상업, 업무, 위락, 주거시설 등의 용도를 혼합
③ 도심의 공동화, 슬럼화를 극복하기 위해 고안(발생배경)
④ 지역경제를 활성화 하고, 다기능성, 자립성 확보
⑤ 고밀도의 경제적 토지이용

2 토착건축(vernacular architecture)

1. 특징

① 특정 지역의 풍토와 문화에 영향을 받아 오랫동안 축적된 건축
② 지역 고유의 재료, 기후에 맞게 발달해옴
③ 전문가에 의한 건축보다는 거주민들에 의해 건축
④ 유기적인 건축으로 인간 중심의 설계

제3절 도시개발

1 지구단위 계획 ★

• 도시, 군 등의 지역을 체계적/계획적으로 관리하기 위해 수립함
• 토지이용 합리화, 기능증진, 미관개선 등을 통한 양호한 도시 환경 확보
• 행위제한완화 : 별도의 구역으로 정해진 지역 내에서 건축물의 용도, 건폐율, 용적률, 높이, 건축법, 주차장법 등에 대한 규제를 완화

2 도시재생

1. 목적

① 인구의 감소, 산업구조의 변화, 도시의 무분별한 확산, 노후화 등으로 쇠퇴하는 도시를 경제적, 사회적, 물리적, 환경적으로 활성화시키기 위한 것
② 2013년 도시재생 활성화 및 지원에 관한 특별법 제정
③ 참여주체의 통합적인 조정과 연계를 위한 코디네이팅 프로그램이 중요함
④ 지역 주민의 자발적 참여가 요구됨

2. 근린재생형 사업(서울시)

① 2014년 서울시가 발표한 도시주거재생 비전
② 공동체 활성화
③ 골목경제 활성화
④ 기초생활 인프라 확충
⑤ 생활권 단위의 생활환경 개선

3. 젠트리피케이션

① 도심 인근 낙후된 상권 및 주거지역의 재활성화에 따라 시장가치와 지대가 오름에 따라 임대료가 상승하여 원주민이 밀려나는 현상
② 도시재생에 따른 젠트리피케이션 현상의 발생 가능성을 고려하여 이에 대한 별도의 제도, 시스템 등을 구축하여 도시재생 사업과 함께 추진하여야 함

4. 도시재생과 도시유산의 보전

① 도시 유산은 현대에 맞게 재창조하여 활용하는 것보다 원래의 기능을 보존하는 것이 바람직함
② 비문화재라도 도시 유산으로 지정되어 제도적 보호 대상이 될 수 있음
③ 따라서 비문화재라도 도시적 의미가 있는 경우 해체하지 않는 것이 바람직함

CHAPTER 03 단지계획

제1절 | 단지계획

1 단지계획의 개요

- 생활권의 형성, 주거밀도의 적정 배분, 소득수준을 고려한 정주환경 형성
- 도로, 주거동의 구성, 인동간격, 프라이버시, 소음, 조망, 통풍 등을 고려하여 적절한 토지이용 계획을 통해 시설을 배치하는 것
- 주거단지뿐 아니라 공업단지, 쇼핑센터, 대학 캠퍼스 등도 단지계획의 일환

2 주거단지와 커뮤니티

① 커뮤니티(community) : 주택지의 균형있는 발전을 이루기 위해 하나의 지역을 통합 개발하여 조성한 주거 단지의 공동체(커뮤니티)
② 커뮤니티 센터(community center) : 공동생활에 필요한 일련의 시설 군

제2절 | 단지계획의 체계 반드시 기억★★★★★

- 근린 생활권의 구성체계는 인보구, 근린분구, 근린주구, 근린지구
- 근린주구는 1929년 C. A. Perry가 하나의 계획 단위로 사용한 이후, 널리 사용되기 시작함
- 인보구 < 근린분구 < 근린주구 < 근린지구
- 근린주구는 커뮤니티의 최소 단위로 도시 구성의 물리적 공간적 측면에서 가장 기본적인 계획단계로 인식됨

1 인보구

① 가까운 친분관계 유지의 범위(공동체 단위로서 사회적 의미는 미약)
② 0.5~2.5ha
③ 주택 호수 20~40호, 아파트의 경우 3~4층, 1~2동 규모
④ 공동시설 : 유아놀이터, 공동세탁소, 쓰레기 처리장

2 근린분구

① 주민 간 면식이 가능한 최소 단위
② 일상소비생활에 필요한 공동시설을 영위할 수 있는 모임이나 공동체의 단위로는 너무 작음
③ 15~25ha
④ 주택 호수 400~500호
⑤ 공동시설
- 소비시설 : 잡화상, 술집, 과자점, 근린상점 등
- 후생시설 : 공중 목욕탕, 이발소, 진료소, 약국, 우체국, 관리사무소
- 보육시설 : 어린이 공원, 유치원, 탁아소
- 행정시설 : 파출소

3 근린주구

① 시가지의 간선도로로 둘러싸인 블록
② 초등학교를 중심으로 하는 단위
③ 일상생활에 필요한 점포나 공공시설을 갖추고 공동체의 최소 단위로 성립
④ 커뮤니티 센터의 설치도 바람직
⑤ 100ha
⑥ 주택 호수 1600호(8,000~10,000명)
⑦ 공동시설
- 교육문화시설 : 초등학교, 도서관
- 행정시설 : 동사무소, 우체국, 소방서
- 의료시설 : 병원
- 공원시설 : 어린이공원

구분 \ 단위	면적 (ha)	호수 (호)	인구규모 (명)	해설	중심시설
인보구	0.5~2.5	20~40	100~200	아파트 3~4층, 1~2동	어린이 놀이터
근린분구	15~25	400~500	2,000~5,000	• 주민 간 교류 가능, 최소 생활권 • 공동시설 운영	• 근린상점 • 목욕탕, 약국 • 유치원 • 파출소
근린주구	100	1600~2000	5,000~10,000	• 초등학교 중심 • 도시계획의 최소단위	• 초등학교, 도서관 • 동사무소, 우체국 • 파출소, 소방서 • 병원 • 어린이공원
근린지구	400	20,000	100,000	–	• 대부분의 시설 • 경찰서, 전화국

표 3.1. 계획단위의 구분

제3절 | 근린주구 이론 ^{반드시 기억}★★★★★

1 에베네저 하워드(Ebenzer Haward) – 내일의 전원도시(1898)

1. 내일의 전원도시(Garden city)특징
① 18세기 영국의 산업혁명 직후 도시와 농촌을 결합하려는 계획
② 영국의 레지워스와 웰윈 지역의 작은 전원노시로 구현됨

2. 전원도시 조성원칙
① 도시와 농촌의 결합: 중심에 400ha의 시가지와 주변에 2,000ha의 영구농지 조성
→ 도시가 일정 규모 이상 확산되는 것 방지
② 자족성: 시청, 미술관, 병원 등을 중심부에 배치, 동심원상 상업지, 주택지, 공업지 등을 배치하여 자족성 유지
③ 인구 규모: 3~5만 명 정도로 시가지에 32,000명으로 인구 제한. 초과 시에는 별도 도시 조성
④ 개발이익 사회환원

❷ 페리(Clarence Arthur Perry) - 뉴욕 및 그 주변 지역 계획(1927)

1. 페리(C. A. Perry)의 근린주구 ★★★
① 최초로 근린(Neighborhood)의 정의를 설정함
② 일조와 인동간격의 이론적 고찰을 통해 근린주구 개념 정립
③ 초등학교를 중심에 배치하고 지역의 반지름은 약 400m로 설정
④ 중심시설에는 교회, 커뮤니티센터, 학교

2. 페리(C. A. Perry)의 근린주구 조성방식
(1) **규모(Size)** : 초등학교 하나를 필요로 하는 인구에 대응하는 규모
(2) **경계(Boundary)**
통과 교통이 단지 내부를 관통하지 않고 우회할 수 있는 충분한 폭의 간선도로로 구획되어야 함
(3) **공지(Open Space)**
소공원 및 레크레이션 공간의 체계가 적절히 통합되어야 함. 근린공원 등 녹지면적을 전체 주구 면적의 10% 이상으로 함
(4) **공공 건축용지** : 학교나 공공 건축용지는 중심 위치에 적절히 통합
(5) **근린점포(Shopping Districts)**
주구 내 주민에게 필요한 1~2개소 이상의 상업지구를 교통의 결절점이나 인접 지구의 점포 근처에 배치
(6) **지구 내 가로 체계(Interior Streets)**
① 단지 내의 통과교통을 막기 위해 Cul-De-Sacs(막다른 도로의 형태)로 계획
② 단지 내로의 통과교통이 없어도 원활한 교통량을 보이도록 가로체계 구성

❸ 라이트(Henry Wright)와 스타인(Carence S. Stein) - 뉴저지의 래드번(1928)

1. 뉴저지의 래드번(Radburn)설계 ★★★
① 영국의 막다른 골목(Dead-end-stree)과는 구별됨.
② 주거는 막다른 골목의 끝에 자유로이 배치하고, 차고를 설치하여 질서 부여

2. 래드번 설계의 특징
① 주된 특징은 보행자와 자동차 교통의 분리(보차분리)
② 슈퍼블록(Super Block)단위로 계획 : 간선도로에 의해 분할되지 않는 주구
  - 10~20ha의 구성단위로 계획
③ 주택들과 가구 안의 시설들, 학교, 공원들도 보도에 의해 연결됨
④ 차량 접근을 위한 서비스 도로는 쿨데삭으로 구성
⑤ 단지 중심에는 공원을 설치하고, 건물의 양측면에는 충분한 공지 확보

A	Shopping Center
B	Apartment Group
C	School
D	Park Space

라이트와 스타인 – 레드번

그림 3.1. 스타인의 레드번

4 페더(G. Feder) – 새로운 소도시(1932)

① 일, 주, 월 중심의 단계적 일상 생활권 개념 확립(독일의 여러 도시를 대상으로 상세한 통계분석을 근거로 함)

② 20,000의 인구를 갖는 자급자족적 소도시

③ 중심부에 초등학교 위치

5 아담스(Thomas Adams) – 소주택 근린지(1936)

① 페리의 근린주구와 거의 같은 규모(1,300~2,050호)를 제안

② 중심시설은 공민관(회관)과 상업시설 위치

6 루이스(H. M. Lewis) – 현대 도시계획

① 어린이 통학거리 : 800~1200m

② 점포지구에 이르는 거리 : 800m 이하

제4절 | 주거단지의 토지 이용계획

1 의의와 목적

1. 의의

① 토지이용계획은 계획 대상지를 보다 효율적으로 이용하고 토지 이용에 대해 원칙과 질서를 부여하는 작업

② 대상지에서 예상되는 다양한 활동을 고려하여 활동별 수요와 밀도를 예측하고, 이를 합리적으로 배분하는 일련의 과정

2. 목적

① 공공의 이익을 전제로 거주자의 안정성, 보건성, 편리성, 쾌적성을 최대한 확보하는 동시에 경제성을 추구하는 것

② 장래에 발생될 다양한 활동에 대한 예측도 고려하여야 함

3. 주거단지의 토지 이용

① 주거 단지는 건축용지, 녹지용지, 교통용지, 기타용지로 구분됨

② 용도별 토지 이용률은 전체 토지 면적에 대한 비율로 나타내며 주택지의 규모, 건축형식, 설계방침 등에 따라 변화함 - 주거환경 수준의 판단지표

2 밀도계획★

1. 밀도의 분류

① 물리적 밀도 : 단위면적당의 분포시설의 양(건폐율, 용적률, 토지이용률 등)

② 활동 밀도 : 단위면적당 발생하는 활동강도(인구밀도, 세대 및 호수밀도 등)

③ 입체 밀도 : 단위가 2개 이상인 경우의 밀도(단위시간 또는 면적당 보행량)

2. 밀도의 주요 유형★★★

(1) 건폐율(%)

① 토지면적(대지면적)에 대해 건축면적이 얼마나 차지하느냐에 대한 비율

② 대지면적에서 건축면적을 빼면 공지면적이 됨

③ (건축면적 / 대지면적) × 100

(2) 용적률(%)

① 토지면적(대지면적)에 대한 연면적의 비율

② 연면적(지하층 바닥면적, 주차장 면적, 대피공간의 면적 등 제외) : 건물에서 사람이 사용할 수 있는 바닥 면적의 합계

③ (연면적 / 대지면적) × 100

(3) 호수밀도(호수/ha)

① 단위 토지면적에 세대수가 얼마나 있는가에 대한 비율

② 공공시설이나 상수도의 배관크기 등을 결정하는 데 이용

(4) 인구밀도(인/ha)

① 거주인구를 토지면적으로 나눈 것으로 일반적으로 거주밀도라고 함

② 인구밀도는 호수 밀도에 호당 평균 가족수를 곱하여 구함

③ 최근에는 2명 남짓한 숫자로 기록하고 있음

3. 밀도의 측정

① 총밀도(Gross Density) - 인/ha, 호/ha

- 녹지나 교통용지 등을 포함시킨 토지면적으로 구함

② 순밀도(Net Density) - 인/ha, 호/ha

- 녹지나 교통용지를 제외한 순 주거용지 면적으로 구함

③ 획지계획

1. 용어 및 개념

① 가구(block) : 도로에 의해 구획되는 토지단위. 여러 개의 필지로 구성됨

② 획지 : 가구를 분할한 개별의 건축부지

③ 필지 : 지적법에 의해 경계와 지목이 지정되는 토지. 하나의 소유지번이 부여되며 법적 효력을 갖는 토지단위로 획지와는 구별됨

④ 대지 : 건축행위가 이루어지는 최소단위

⑤ 블록형 주택용지 : 개별필지로 구분하지 않고 적정규모의 블록을 하나의 개발단위로 함

2. 세장비

① 도로에 면한길이 : 안쪽의 길이(깊이)의 비

② 동서측 가구의 획지는 세장비를 크게 하고 남북측 가구의 획지는 세장비를 작게 하는 것이 일조권에 유리

3. 단독주택용지의 획지(lot)분할

① 획지 규모가 큰 경우: 세장비를 가능한 작게 하는 것이 바람직함

② 블록의 굴곡부의 획지는 도로와 수직선을 이루도록 함

③ 간선도로변의 획지가 도로에 면하는 경우: 세장비가 큰 대형의 획지를 1켜로 배치하는 것이 유리함

④ 블록의 단변부 획지분할: 단변도로에 면한 부분을 앞길이로 설정하여 세장비를 크게 하는 것이 바람직함

④ 동선계획 *

1. 기본원칙

① 주거 단지의 주진입로는 기준도로와 직각교차하며 주변 교차로에서 60m 이상 떨어져야 함

② 단지 내 통과교통량을 줄이기 위해 고밀도 지역이라면 진입구 주변이나 단지의 외곽부에 도로가 배치될 수 있도록 함

2. 보행동선

① 목적동선은 최단거리가 원칙

② 어린이 놀이터나 공원은 보도와 인접할 수 있도록 함

③ 대지 주변부의 보도와 연결함

3. 차량동선 ★★★

① 단지 내 주동 접근로는 차량과 보행자의 동선을 고려하여 안전하면서도 최단거리를 확보할 수 있도록 계획

② 근린주구 단위 내부로의 차량 통과 동선은 최소로 함

③ 주요도로에서 횡단보도는 300m마다 설치

④ 9m(버스), 6m(소로), 4m(주거동 진입도로)의 3단계로 구분

⑤ 세대수에 따른 주거단지의 진입도로 폭

주거 단지의 총 세대수	진입도로의 폭
300세대 미만	6m 이상
300세대 이상~500세대 미만	8m 이상
500세대 이상~1000세대 미만	12m 이상
1000세대 이상~2000세대 미만	15m 이상
20000세대 이상	20m 이상

표 3.2. 주거단지 진입 도로폭

4. 보차분리

① 평면분리 : 보차동선을 동일 평면에서 선적으로 분리하는 기본적 방법

② 면적분리 : 보도와 차도를 면적으로 분리(안전참, 볼라드 등)

③ 시간분리 : 차로의 일정 구간을 특정 시간대에 보도로 활용(횡단보도 등)

④ 입체분리 : 보차의 평면 교차부를 입체화(오버 브리지, 언더패스)

5. 쿨데삭(cul-de-sac) ★★★

① 막다른 골목을 뜻하는 프랑스어

② 적정길이는 120~300m로 제안함(미연방주택국)

③ 통과 교통을 배제하기 위해 차도를 평면적으로 분리한 것

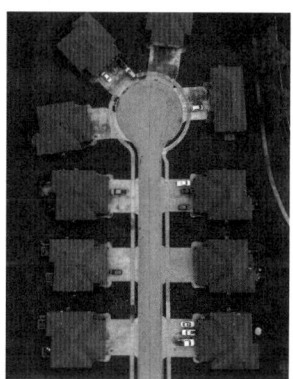

그림 3.2. 쿨데삭

01 근린주구 이론에 대한 설명으로 옳지 않은 것은? 국12

① 하워드(E. Howard)는 도시와 농촌의 장점을 결합한 전원도시(Garden City)계획안을 발표하고, 런던 교외 신도시 지역인 레치워스에서 실현하였다.

② 페리(C. A. Perry)는 일조문제와 인동간격의 이론적 고찰을 통하여 근린주구의 중심시설을 교회와 커뮤니티센터로 하였다.

③ 페더(G. Feder)는 소주택의 근린지를 제안하고, 페리의 근린 주구와 거의 같은 규모로 상업시설 등을 중심시설로 두었다.

④ 라이트(H. Wright)와 스타인(C. S. Stein)은 자동차와 보행자를 분리한 슈퍼블록을 제안하였고, 쿨드삭(Cul-de-Sac)의 도로 형태를 제안하였다.

02 케빈 린치(Kevin Lynch)가 제시한 도시의 물리적 형태에 대한 이미지를 구축하는 다섯 가지 요소가 아닌 것은? 지15

① Edges   ② Nodes
③ Paths   ④ Emblem

03 (가)에 해당하는 주거단지 계획 용어는? 국22

• (가)은/는 자동차 통과교통을 막아 주거단지의 안전을 높이기 위한 도로 형식으로 도로의 끝을 막다른 길로 하고 자동차가 회차할 수 있는 공간을 제공한다.
• 미국 뉴저지의 래드번(Radburn) 근린주구 설계(1928년)는 (가)이/가 적용되었으며, 자동차 통과교통을 막고 보행자는 녹지에 마련된 보행자 전용통로로 학교나 상점에 갈 수 있게 한 보차분리 시스템이다.

① 슈퍼블록(super block)   ② 본엘프(Woonerf)
③ 쿨데삭(Cul-de-sac)   ④ 커뮤니티(community)

04 주거단지 근린생활권에 대한 설명으로 옳지 않은 것은? [국22]

① 인보구는 어린이 놀이터가 중심이 되는 단위이며 아파트의 경우 3~4층, 1~2동의 규모이다.

② 근린분구는 일상 소비생활에 필요한 공동시설이 운영 가능한 단위이며 소비시설, 유치원, 후생시설 등을 설치한다.

③ 근린주구는 약 200ha의 면적에 초등학교를 중심으로 한 단위를 말하며 경찰서, 전화국 등의 공공시설이 포함된다.

④ 주거단지의 생활권 체계는 인보구, 근린분구, 근린주구 순으로 위계가 형성된다.

05 근린생활권 주거단지 단위 중의 하나로 대략 100ha의 면적에 초등학교를 중심으로 하여 어린이공원, 운동장, 우체국, 소방서 등이 설치되는 단위는? [지23]

① 인보구　　　　　　　　　　② 근린분구
③ 근린주구　　　　　　　　　　④ 근린지구

해설　01③　02④　03③　04③　05③

01 ③ 아담스는 소주택의 근린지를 제안하고, 페리의 근린주구와 거의 같은 규모로 상업시설 등을 중심시설로 두었다.

02 ④ Edge − 물리적 경계
【케빈 린치의 도시 이미지(P.E.N.D.L)】
• Path − 도로나 보행자 통로
• Edge − 물리적 경계
• District − 성격이 구별되는 지역
• Node　결절점, **중심지**
• Landmark − 눈에 띄는 지형물

03 ③ 쿨데삭(Cul-de-sac)은 도로의 한쪽 끝이 막혀 있고 자동차 회차 공간이 마련된 형태
→ 통과교통을 막아 주거단지의 안전성 확보, 보행자 중심으로 계획됨. 래드번(Radburn) 설계의 핵심 요소 중 하나

① 슈퍼블록 : 블록 내부 녹지화 및 보차분리
② 본엘프 : 네덜란드형 생활도로, 차량 속도 제한
④ 커뮤니티 : 지역 공동체 개념

04 ③ 근린주구는 약 100ha, 초등학교 통학권(도보 10분 이내) 기준
→ 200ha는 너무 넓음. 경찰서, 전화국은 보통 근린지구 이상에서 배치됨.

05 • 인보구 : 아파트 1~2개 동, 1개 어린이 놀이터 중심
• 근린분구 : 소규모 상점, 유치원 중심
• 근린주구 : 초등학교, 어린이공원, 운동장, 우체국, 소방서, 교회, 커뮤니티 센터 등 포함
• 근린지구 : 전화국, 경찰서

06 단지계획에서 교통 및 동선계획에 대한 설명으로 옳지 않은 것은? 국17

① 단지 내의 주동 접근로는 환경적으로 가장 좋은 지역에 둔다.
② 근린주구단위 내부로 자동차 통과 진입을 극소화한다.
③ 단지 내의 통과교통량을 줄이기 위해 고밀도지역은 진입구 주변에 배치한다.
④ 보행로의 교차부분은 단차를 적게 하고 미끄럼방지시설도 고려한다.

07 다음 설명에 해당하는 사회심리적 요인은? 지22

- 어떤 물건 또는 장소를 개인화하고 상징화함으로써 자신과 다른 사람을 구분하는 심리적 경계이다.
- 개인이나 집단이 어떤 장소를 소유하거나 지배하기 위한 환경장치이다.
- 침해당하면 소유한 사람들은 방어적인 반응을 보인다.
- 오스카 뉴먼(Oscar Newman)은 이 개념을 이용해 방어적 공간(defensible space)을 주장했다.

① 영역성   ② 과밀
③ 프라이버시   ④ 개인공간

08 단지의 동선계획에 대한 설명으로 옳은 것은? 국24

① 보행자동선은 대지 주변부의 자동차전용 도로와 연결하고 오르내림을 없게 한다.
② 보행자동선은 놀이터나 공원 등과 인접시켜 시설의 활용도를 높이고 가로의 활력을 도모하는 것이 좋다.
③ 쿨데삭(cul-de-sac)을 활용하면 입체적인 보차분리가 가능하며, 교통의 흐름을 원활하게 할 수 있다.
④ 오버브리지(overbridge), 언더 패스(under path), 지상인공지반 등은 평면적인 보차분리 방식이다.

09 근린주구 이론에 대한 설명으로 옳지 않은 것은? 지24

① 루이스(H. M. Lewis)는 도시와 농촌의 장점을 결합한 「전원 도시(Garden City) 계획」을 발표하고, 런던 교외 신도시 지역인 레치워스와 웰윈 지역 등에서 실현되었다.

② 라이트와 스타인(H. Wright & C. S. Stein)은 「래드번(Radburn) 계획」에서 자동차와 보행자를 분리한 슈퍼블록과 쿨데삭(cul-de-sac)을 제안하였다.

③ 페더(G. Feder)는 「새로운 도시(Die Neue Stadt)」에서 단계적인 생활권을 바탕으로 도시를 조직적으로 구성하고자 하였다.

④ 페리(C. A. Perry)는 「뉴욕 및 그 주변지역계획」에서 일조문제와 인동간격의 이론적 고찰을 통하여 근린주구의 중심시설을 교회와 커뮤니티센터로 하였다.

10 범죄예방 환경설계(CPTED)에 대한 설명으로 옳지 않은 것은? 총론 복습 국22

① 범죄예방을 위한 전략으로 영역성 강화, 자연적 접근, 활동성 증대, 유지관리의 4개의 전략을 제시하고 있다.

② 공적공간과 사적공간의 경계부분은 바닥에 단을 두거나 바닥의 재료 또는 색채를 다르게 하여 공간구분을 명확하게 인지할 수 있도록 한다.

③ 오스카 뉴먼(O. Newman)이 제시한 '방어공간(Defensible Space)' 이론은 범죄예방 환경설계의 발전에 기여하였다.

④ 범죄예방 환경설계는 잠재적 범죄가 발생할 수 있는 환경요소의 다각적인 상황을 변화시키거나 개조함으로써 범죄를 예방하는 설계기법을 의미한다.

해설   06 ①   07 ①   08 ②   09 ①   10 ①

06 ① 단지 내의 주동 접근로는 차량 동선과 보행자 동선을 고려하고, 안전 및 최단거리 확보가 가능한 곳에 위치시킨다.
• 단지 내 통과교통을 줄이기 위해 고밀도 지역은 진입구 주변(가장자리)에 차로를 배치
• 보행자 안전을 위해 보/차 분리 원칙
• 주요 도로에서 횡단보도는 300m마다 설치
• 보행자의 목적동선은 최단거리로 하고, 어린이 놀이터, 공원은 보도에 인접하여 설치

07 ① 영역성은 공간을 점유하거나 방어하려는 인간의 본능 → 표지, 배치, 경계 등을 통해 구분하며, 침해 시 방어적 반응이 나타남. 오스카 뉴먼의 방어적 공간(Defensible Space) 이론의 중심 개념
② 과밀 : 밀집된 상황에서의 심리적 불쾌감

③ 프라이버시 : 타인으로부터의 차단 욕구
④ 개인공간 : 신체 주변의 심리적 거리

08 ① 보행자 동선은 자동차 전용동선과 분리해야 함(보차 분리 원칙).
③ 쿨데삭(cul-de-sac) : 평면적 보차분리, 차량 속도를 줄여 보행자 안전을 도모함
④ 오버브리지(overbridge), 언더 패스(under path), 지상인공지반 등은 입체적 보차분리 방식

09 ① 하워드(E. Howard)는 도시와 농촌의 장점을 결합한 「전원 도시(Garden City) 계획」을 발표하고, 런던 교외 신도시 지역인 레치워스와 웰윈 지역 등에서 실현되었다.

10 ① CPTED의 5대 전략 : 자연적 감시, 영역성 강화, 자연적 접근 통제, 유지관리, 활용성 증대

CHAPTER 04 공동주택

제1절 일반사항

❶ 공동주택의 정의

• 건축물의 벽, 복도, 계단, 설비 등을 공동으로 사용하면서 각 가구가 독립된 주거생활을 영위할 수 있도록 한 건축물

❷ 법규상의 분류

① 아파트 : 주택으로 쓰이는 층수가 5개층 이상인 주택
② 연립주택 : 주택으로 쓰이는 1개 동의 바닥면적(2개 이상의 동을 지하주차장으로 연결하는 경우에는 각각의 동으로 봄)의 합계가 660m²를 초과하고, 층수가 4개층 이하인 주택
③ 다세대 주택 : 주택으로 쓰이는 1개 동의 바닥면적(2개 이상의 동을 지하주차장으로 연결하는 경우에는 각각의 동으로 봄)의 합계가 660m² 이하이고, 층수가 4개층 이하인 주택
④ 기숙사

구분	단독주택			공동주택		
	단독주택	다가구 주택	다중 주택	다세대 주택	연립 주택	아파트
정의	단독세대 거주	2~19 가구 거주 임대 전세주택	학생, 직장인 장기거주	연면적 660m² 이하 (1동) 4층 이하	연면적 660m² 초과 (1동) 4층 이하	5층 이상
분양	가능	불가	불가	가능	가능	가능
층수	제한 없음	3층 이하	3층 이하	4층 이하	4층 이하	5층 이상
연면적	330m² 이하	660m² 이하	330m² 이하	660m² 이하	660m² 초과	–
세대당 제한 면적	495m² 이상 중과세 대상	495m²	12~33m²	세대당 전용면적 297m² 이하		
국민주택	1호당 전용면적 85m² 이하			세대당 전용면적 85m² 이하		

표 4.1. 주택의 분류

③ 장점 및 단점

1. 장점
① 공조, 급탕, 정화조, 변전설비 등 설비의 집중화 용이
② 동일면적의 단독주택에 비해 유지관리 용이
③ 공공용지 확보가 쉬움

2. 단점
① 화재, 재난 시 피난상 단독주택에 비해 불리
② 프라이버시 침해 우려
③ 주거 유닛의 획일화에 따른 세대별 개성의 결여

제2절 | 공동주택의 종류

① 연립주택

1. 개념
도심의 경사지나 소규모 택지, 재개발 지역 등에 건축되는 저층 고밀도 집합주거단지. 전용의 뜰을 갖고 자연과 연결된 인간적 환경을 형성하고자 함

2. 장단점

(1) 장점
① 토지 이용률을 높일 수 있음
② 접지성과 집합 형식에 따라 다양한 옥외공간 조성 가능
③ 경사지, 소규모 택지의 이용이 가능함

(2) 단점
① 벽체의 공유로 인하여 일조, 채광 통풍이 불리함. 평면에 제약
② 프라이버시 유지에 불리

3. 연립주택의 형식 ★★

(1) 타운 하우스

① 2~3층으로 건립

② 1층은 거실, 식당, 부엌 등의 생활공간, 2층은 침실, 서재 등 휴식 및 수면 공간이 위치함

③ 프라이버시를 위한 적정 시각 거리는 25m 전후

④ 각 세대마다 주차장 설치, 각자 관리할 수 있는 정원 소유

⑤ 인접 세대와의 사이에 경계벽 설치, 적절한 식재를 통해 사생활 보호 가능

(2) 로우 하우스

① 우리나라에서 흔히 건설되는 연립주택의 형태

② 2층 이상의 단위주거가 경계벽을 공유하고 주거 출입은 홀을 거치치 않고 지면에서 직접 출입

③ 배치와 구성은 타운하우스와 유사하며 보통 3층 이하로 건축

(3) 중정 주택(patio house)

① 한 세대가 한 층을 점유

② 중정을 향하여 L자형으로 둘러쌈

③ 한 세대가 중정을 가지는 경우와 몇 세대가 하나의 중정을 공유하는 형태

④ 아트리움 하우스, 파티오 하우스라고도 함

⑤ 내부의 불리한 채광조건 극복을 위해 일부 세대는 2층으로 구성하기도 함

⑥ 격자형의 단조로운 형태에서 탈피하여 일부 돌출 및 후퇴 가능

(4) 테라스 하우스 ★★

① 경사지에 테라스 형으로 건축. 지형에 따라 자연형과 인공형으로 구분

② 대지의 경사도가 30도가 되면 윗집과 아랫집이 절반정도 겹치게 되므로 밀도 높은 건축이 가능함.

③ 상향식 테라스 하우스 : 낮은 곳에 차고, 높은 곳에 정원

④ 하향식 테라스 하우스 : 상층에 주생활 공간, 하층에 휴식 및 수면공간

⑤ 각 세대의 깊이는 6~7.5m 정도가 적당함

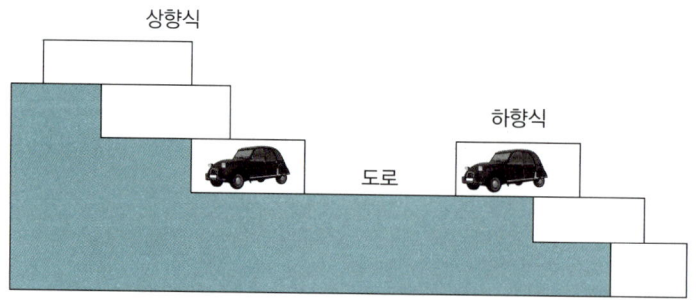

그림 4.1. 테라스하우스

② 다세대

- 지상 2~3층의 단일 주택에 층별로 별도의 출입구를 갖는 공동주택
- 장점 : 주거 밀도를 높일 수 있음, 저층으로 사회적 친교 용이함
- 단점 : 세대별 프라이버시의 문제, 옥외공간 활용의 균등 분배 어려움

③ 아파트

- 성립요인 : 도시 인구밀도 증가, 도시 생활자의 이동, 세대 인원의 감소

④ 도시형 생활주택 ★★

- 300세대 미만의 국민 주택규모에 해당하는 주택. 도시지역에 건설되는 다음 항목의 주택을 말함

1. 단지형 연립주택 : 소형 주택이 아닌 연립주택

건축위원회의 심의를 받은 경우에는 주택으로 쓰는 층수를 5층까지 건축

2. 단지형 다세대 주택 : 소형 주택이 아닌 다세대 주택

건축위원회의 심의를 받은 경우에는 주택으로 쓰는 층수를 5층까지 건축

3. 아파트형 주택

① 세대별로 독립된 주거가 가능하도록 욕실, 부엌을 설치할 것
② 각 세대는 지하층에 설치하지 아니할 것

4. 그 외의 규정

(1) **150가구 이상의 도시형 생활 주택** : 부대 복리시설 의무설치대상, 분양가 상한제 적용하지 않음
(2) 층간 바닥 충격음 규정을 공동주택과 동일하게 적용
(3) 하나의 건축물에는 도시형 생활주택과 그 밖의 주택을 함께 건축할 수 없음. 다만, 다음 각호 어느 하나에 해당하는 경우 예외
① 소형 주택과 주거전용 면적이 85m²를 초과하는 주택 1세대를 함께 건축하는 경우
② 상업지역에서 소형 주택과 도시형 생활 주택 외의 주택을 함께 건축하는 경우

제3절 아파트의 분류

1 평면형식 반드시 기억★★★★★

1. 홀형(계단실형, Hall System, Direct Access)

① 홀에서 각 단위주거로 직접출입

② 통풍, 채광, 프라이버시 양호

③ 통행부 공용면적이 작아 건물의 이용도 좋음

④ 직접 외기에 접하는 개구부를 2면에 설치 가능

2. 편복도형

① 공용복도쪽 공간의 프라이버시 침해 우려

② 개방형 복도인 경우 통풍 및 채광 양호

③ 계단실형에 비해 엘리베이터 효율이 좋음(1대당 단위 주거 많음)

④ 고층 고밀형 공동주택에 적합

3. 중복도형

① 고밀도 건축 가능

② 프라이버시가 좋지 못함, 통풍과 채광이 불리함

③ 대지의 이용률은 높지만 전반적 거주환경 좋지 못함

④ 채광 및 통풍이 용이하도록 40m 이내마다 1개소 이상 외기에 면하는 개구부를 설치해야 함

4. 집중형

① 계단실과 엘리베이터를 중심으로 다수의 주호를 배치함

② 부지의 이용률이 가장 높음

③ 통풍, 채광, 환기에 불리하며 이에 따른 별도 설비시설 필요함

④ 프라이버시가 좋지 못하며 주상복합형태의 아파트에 적합

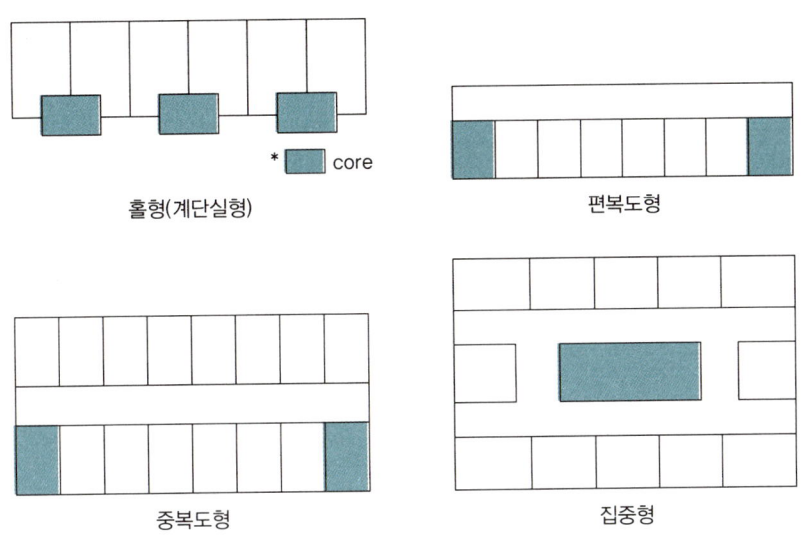

홀형(계단실형)　　　　편복도형

중복도형　　　　집중형

그림 4.2. 아파트의 평면형식

② 단면형식 ★

1. 단층형(플랫형, flat type)

① 실의 면적 배분이 1개 층에 한함
② 프라이버시 유지 어려움
③ 복도가 길게 이어지므로 공용면적이 증가함

2. 복층형(메조넷형, maisonnette type)

① 각 세대가 주거 전체를 2개 층으로 나누어 사용하는 형식
② 실이 2개 층에 나누어 배치되므로 단층형에 비해 공간변화가 있음
③ 통로면적이 감소하므로 임대면적 증가, 즉 전용 면적비가 큼
④ 엘리베이터 정지층수를 줄일 수 있음
⑤ 50제곱미터 이하의 소규모 주택에서는 비경제적
⑥ 수직방향 인접세대에 접하는 슬래브 면적이 줄어 층간소음 감소

3. 스킵 플로어형(skip floor type)

① 주거단위의 단면을 복층형에서 2개층을 동일하게 구성하지 않고 아래층과 위층을 반층씩 어긋나게 배치하는 방식
② 계단실형의 장점(프라이버시 양호)과 편복도형의 장점(고층화에 유리)을 복합시킨 형식
③ 구조 및 설비계획상 복잡
④ 전용면적비가 높아지지만 피난 시 불리함

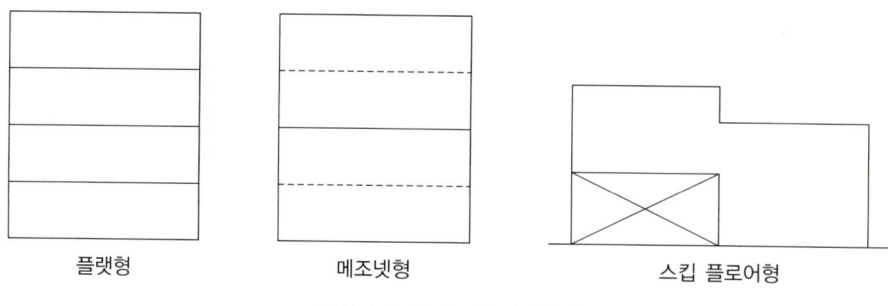

| 플랫형 | 메조넷형 | 스킵 플로어형 |

그림 4.3. 아파트의 단면형식

❸ 주동형식 ★

1. 판상형

① 거실이 한 면으로 개방되어 단위주거에 균등한 일조 조건 가능

② 음영공간이 발생하기 쉬움

③ 인동거리 제약으로 미관상 단조로움

④ 탑상형에 비해 각 세대의 조망권 확보 불리

2. 타워형(탑상형)

① 한 개 층에 3~4가구가 조합됨

② 각 세대의 거주 환경이 균일하지 못함

③ 'o'자형 'ㅁ'자형 등 다양한 형태가 가능하며 개방형 설계 가능

④ 부지 활용도 측면에서 유리하나 공사비가 많이 들어 분양가 상승

⑤ 랜드마크 역할을 할 수 있음

제4절 공동주택 계획의 고려사항

❶ 배치계획

1. 일조와 인동간격

(1) 남북 방향을 기준으로 일조와 인동간격 결정

① 법적 일조시간 : 동지(9:00~15:00)기준 연속 2시간 이상, 08:00~16:00 기준 최소 4시간 이상

② 인동간격 : 일조를 가장 중요 기준으로 생각. 그 밖에 방위각, 소음, 프라이버시, 전망 등도 인동
간격 결정요소

② 공용부 계획

1. 계단

① 물매 30도 이하, 계단의 전체 폭 통상 1.8~2.1m

② 계단참은 높이 3m 이내마다 1.2m 이상

③ 피난층 이외의 층에서 피난층 또는 지상으로 통하는 직통계단 설치

④ 거실에서 직통계단까지의 보행거리는 30m 이하가 되도록 할 것

2. 복도

(1) **양측에 거실이 있는 복도 폭** : 1.8m 이내

(2) **기타 복도** : 1.2m 이내

(3) 중복도에는 채광 및 통풍이 원활하도록 40m 이내마다 1개소 이상 외기에 면하는 개구부 설치

(4) 복도의 벽 및 반자 마감은 불연재 또는 준 불연재로 하여야 함

(5) **보행거리**

① 일반적인 경우(주요 구조부 비내화 구조 : 30m 이내)

② 주요 구조부가 내화구조인 경우 : 50m 이내

3. 엘리베이터

(1) **대수 산출**

① 2층 이상 거주자의 30%를 15분간 일방 수송함

② 1인 승강 필요시간 : 문 개폐시간 포함 6초

③ 한 층에서 승객을 기다리는 시간 : 평균 10초

④ 실제 주행 속도 : 전 속도의 80%

⑤ 정원의 80%를 수송인원으로 가정

(2) **적정 규모**

① 서비스 규모 : 1대당 50~100호(세대)

② 엘리베이터의 규모 : 소규모(10인승 이하)

제5절 기타

1 소음

1. 구조체 및 소음 기준*

① 콘크리트 슬래브 두께 210mm(라멘 구조의 경우 150mm) 이상

② 경량충격음 및 중량 충격음: 49dB 이하

2. 층간소음 저감 공법*

(1) **표면 완충 공법**: 충격원의 특성을 변화시키는 방식. 유연한 마감재 사용

경량충격음 저감에는 효과가 크지만, 중량 충격음에는 효과가 미미함

(2) **뜬바닥 공법**: 마감 모르타르와 구조체 사이에 완충재 삽입

고체음의 전달을 차단. 중량 충격원보다 경량충격음 저감에 효과적

(3) **중량·고강성 바닥공법**: 바닥 슬래브 두께를 늘리거나 슬래브 중량을 증가

① 중량충격음에는 효과가 크지만 경량 충격음에 대해서는 개선효과 적음

② 기존 슬래브 위에 질량만 더할 경우 충격음 저감효과 없음

(4) **2중 천장 공법**

① 슬래브와 하부층 천장의 공기층 확보, 천장재료의 밀도를 높여 상부층의 충격진동으로 인한 방사소음 차단

② 경량 및 중량 충격음에 효과가 있으나 일반적 천장에서는 천장재와 공기층에 의한 공진으로 중량 충격음 차음 특성이 나빠짐

2 공동주택의 녹지: 차음, 냉각, 빛의 차단 효과 기대

3 지속가능한 건축과 공동주택**

1. 지속가능한 건축

(1) 건축의 교육적·생산적 활동체계를 적용함에 있어 자연을 보전하고 오염을 최소화할 것

(2) 환경 친화적 건축이나 녹색건축과 유사한 개념의 건축

(3) **로하스(LOHAS, Lifestyles Of Health and Sustainability)**

① 웰빙과 유사한 개념

② 공동체 전체의 더 나은 삶을 위해 소비생활을 건강하고 지속가능한 친환경 중심으로 전개해 나가자는 생활양식, 행동양식, 사고방식

③ 재활용이 가능하고 환경오염이 없는 친환경 제품을 선택

④ 환경보호에 적극적, 타성적 소비를 지양

⑤ 조립형 및 가변형으로 설계하여 해체, 변형이 용이하도록 할 것

⑥ 자연적 냉난방에 유리하도록 표면적을 줄이는 건축

⑦ 건축물의 시공과 유지관리에 필요한 에너지와 자원의 최소화

2. 지속가능한 공동주택

① 대지, 에너지, 물과 같은 자연자원 보존

② 건강, 안정성, 보안을 고려

③ 생태계의 보존과 재생가능성 확보

4 **골조 – 내장 공급분리방식(skeleton-infill)** ★

① 공공성이 강한 구조체와 개별성이 강한 내장을 분리하여 공급하는 방식

② 구조체와 내장공사의 시공주체가 다르므로 하자발생 시 책임 소재는 불명확해 질 수 있음

기출문제 : 공동주택

01 공동주택 단면형식 중 메조넷형(maisonette type)에 대한 설명으로 옳지 않은 것은? 국25

① 엘리베이터 정지 층수를 줄일 수 있다.

② 소규모 주택에 적용하기에는 비경제적이다.

③ 복도면적이 증가하고 전용면적은 감소한다.

④ 복도가 없는 층은 통풍, 채광, 프라이버시 확보에 유리하다.

02 연립주택 분류 중 중정형 주택(patio house)에 대한 설명으로 옳지 않은 것은? 국21

① 아트리움 하우스(atrium house)라고도 한다.

② 내부세대의 좋지 않은 채광을 극복하기 위해 일부 세대들을 2층으로 구성할 수 있다.

③ 격자형의 단조로운 형태를 피하기 위해 돌출 또는 후퇴시킬 수 있다.

④ 경사지의 자연 지형 훼손을 최소화하기 위해 많이 활용되며, 한 세대의 지붕이 다른 세대의 테라스로 사용된다.

03 다음 설명에 해당하는 공동주택의 단위주거 단면형식은? 국20

> • 단위주거의 평면구성 제약이 적고 소규모도 설계가 용이하다.
> • 복도가 있는 경우 단위주거의 규모가 크면 복도가 길어져 공용 면적이 증가하며, 프라이버시에 있어 타 형식보다 불리하다.
> • 단위주거가 한 개의 층에만 한정된 형식이다.

① 메조넷형   ② 스킵 메조넷형

③ 트리플렉스형   ④ 플랫형

04 공동주택의 평면형식 중에서 공사비는 많이 소요되나 출입이 편리하고 사생활 보호에 좋으며 통풍과 채광이 유리한 것은? 지19

① 집중형 ② 편복도형
③ 중복도형 ④ 계단실형

05 주거밀도에 대한 설명으로 옳지 않은 것은? 국18

① 호수밀도는 단위 토지면적당 주호수로 주택의 규모와 중요한 관계가 있다.
② 건폐율은 건축밀도(건축물의 밀집도)를 산출하는 기초 지표로 대지면적에 대한 건축면적의 비율(%)이다.
③ 인구밀도는 거주인구를 토지면적으로 나눈 것이며, 단위 토지면적에 대한 거주인구수로 나타낸다.
④ 인구밀도는 호수밀도에 1호당 평균세대 인원을 곱하여 구할 수 있다.

해설 01 ③ 02 ④ 03 ④ 04 ④ 05 ①

01 【메조넷(Masonette type) － 복층형】
• 공용면적 감소, 전용면적 증가
• 엘리베이터 정지층수 줄일 수 있음
• 세대 간 슬래브 면적 감소로 층간소음 감소
• 소규모 주택에는 비경제적

02 ④ 테라스 하우스에 대한 설명
【중정형 주택(patio house)】
• 아트리움 하우스(atrium house)는 중정형의 다른 명칭
• 평면 반복의 단조로움은 형태 변화로 보완 가능
• 채광 문제로 일부 2층 구성 가능

03 ④ 플랫형(flat type)은 단위 세대가 수평적으로 구성되어 한 층을 모두 차지하는 형식이다.
• 메조넷 형 : 복층형, 세대분리 및 사생활 확보 용이
• 스킵 메조넷 형 : 반층씩 어긋난 층간 구성, 경사진 지형에 적합
• 트리플랙스 형 : 3개 층을 사용하는 복층형 고급주거

04 ④ 【계단실형】
• 소수 세대당 독립된 계단실을 두는 형식으로, 출입의 독립성, 사생활 보호, 자연채광·통풍에 유리
• 편복도형 : 출입은 간편하나, 사생활 보호 불리
• 중복도형 : 좁은 대지에서 효율적, 채광 통풍에 불리한 세대 생김.
• 집중형 : 코어 집중으로 관리 효율적이나, 채광, 통풍에 불리

05 ① 호수밀도는 단위 면적당 가구 수를 말하며, 주택 '규모'와 직접적 관계는 없음.
→ 주택 규모와 관련된 밀도는 건폐율 또는 용적률임.
• 인구밀도 ＝ 인구 / 토지면적
• 인구밀도 ＝ 호수밀도 × 평균세대 인원

06 단지계획 중 교통계획에 대한 설명으로 옳지 않은 것은? 지17

① 단지 내 통과 교통량을 줄이기 위해 고밀도 지역은 진입구에서 멀리 배치시킨다.

② 근린주구 단위 내부로의 자동차 통과 진입을 극소화한다.

③ 2차 도로 체계(sub-system)는 주도로와 연결되어 쿨드삭(Cul-de-Sac)을 이루게 한다.

④ 통행량이 많은 고속도로는 근린주구 단위를 분리시킨다.

07 주거 건축계획에 대한 설명으로 옳은 것만을 모두 고르면? 단지계획 복습 지22

ㄱ. 공동주택 단면형식 중 단위주거의 복층형은 프라이버시가 좋으므로 소규모 주택일수록 경제적이다.

ㄴ. 공동주택 접근형식 중 편복도형은 각 세대의 주거환경을 균질하게 할 수 있다.

ㄷ. 쿨데삭(cul-de-sac)은 통과교통이 없어 보행자의 안전성 확보에 유리하다.

ㄹ. 근린 생활권 중 인보구는 어린이놀이터가 중심이 되는 단위이다.

① ㄱ, ㄴ 　　　　　　　　　② ㄷ, ㄹ

③ ㄱ, ㄴ, ㄷ 　　　　　　　④ ㄴ, ㄷ, ㄹ

08 다음에서 설명하는 도시계획가는? 단지계획 복습 국21

• 도시와 농촌의 관계에서 서로의 장점을 결합한 도시를 주장하였다.

• 그의 이론은 런던 교외 신도시지역인 레치워스(Letchworth)와 웰윈(Welwyn) 지역 등에서 실현되었다.

• 내일의 전원도시(Garden Cites of Tomorrow)를 출간하였다.

① 하워드(E.Howard) 　　　　② 페더(G. Feder)

③ 페리(C. A.Perry) 　　　　　④ 가르니에(T. Garnier)

09 **거주 후 평가(P.O.E.)에 대한 설명으로 옳지 않은 것은?** 총론 복습 지19

① 거주 후 평가(P.O.E.)를 통해 얻어진 각종 현실적 정보는 새로운 프로젝트에 활용되는 순환성이 있다.

② 거주 후 평가(P.O.E.)는 설계-시공-평가 등으로 이루어진 건축행위 주기에서 매우 중요한 과정으로 볼 수 있다.

③ 거주 후 평가과정 시 환경장치(setting), 사용자(user), 주변 환경(proximate environmental context), 디자인 활동(design activity)을 고려해야 한다.

④ 거주 후 평가(P.O.E.)는 행태적(behavioral) 항목에 국한하여 진행된다.

10 **다음에서 설명하는 디자인의 원리는?** 총론 복습 지21

- 양 지점으로부터 같은 거리인 점에서 평형이 이루어진다는 것을 의미
- 두 부분의 중앙을 지나는 가상의 선을 축으로 양쪽 면을 접어 일치되는 상태

① 강조   ② 점이
③ 대칭   ④ 대비

해설   06①   07④   08①   09④   10③

06 ① 단지 내 통과 교통량을 줄이기 위해 고밀도 지역은 진입구 주변에 배치함.

07 ㄱ. 복층형은 소규모 주택에서 비경제적

08 • 하워드는 『내일의 전원도시』 저자이며, 도시와 농촌의 융합된 삶을 추구
• 레치워스(Letchworth)와 웰윈(Welwyn) 등의 전원도시(Garden City) 실현

09 ④ POE(Post Occupancy Evaluation)는 환경장치, 사용자, 디자인 요소, 행태 능 선반을 쌩가하며, 난순히 행태적 항목에만 국한되지 않음. 건축 성능, 만족도, 운용성 등도 포함됨

10 ③ 대칭(symmetry)은 중심축을 기준으로 양쪽이 같은 형태를 가지는 것이며, 시각적 안정감과 질서를 부여하는 대표적인 조형 원리

CHAPTER 05 단독주택

제1절 단독주택의 설계와 분류

1 현대주택 설계경향 ★

① 좌식과 입식을 적절히 혼용하되 입식을 우선시함
② 구성원 개인의 영역보다 가족 전체의 영역을 우선함
③ 에너지 절약을 고려

2 용도에 따른 주택의 분류

1. 단독주택 : 소유권이 세대에 분할되지 않고 건축주에게 있음

① 단독주택
② 다중주택
③ 다가구주택
④ 공관

2. 공동주택

① 아파트
② 연립주택
③ 다세대 주택
④ 기숙사

3 주거 양식에 따른 분류 ★

1. 한식 주택 : 우리나라의 전통적 생활양식에 부합

2. 양식 주택 : 서구식 생활양식에 부합

분류	한식 주택	양식 주택
개방성	외부 폐쇄적, 내부 개방적	외부 개방적, 내부 폐쇄적
평면 특성	• 실의 조합(은폐적) • 위치별 실의 분화(안방, 사랑방, 행랑채 등)	• 실의 분화(개방적) • 기능별 분화(거실, 식당, 침실) • 단일용도의 실
구조	• 가구식(목조) • 바닥이 높고 개구부 큼	• 조적식 • 바닥이 낮고 개구부 작음
생활 패턴	좌식생활 : 온돌	입식생활(의자식) : 침대
실의 용도	실을 목적에 따라 다용도로 사용	단일용도로 사용
가구	부차적	필수적
공간의 독립성	약함(문으로 구획)	강함(벽으로 구획)
공간의 유연성	높음(기능의 다용도)	낮음(단일 기능)
난방 방식	바닥 복사난방	대류 난방
옥내외 구분	불명확	명확

표 5.1. 한식주택과 양식주택의 비교

제2절　주택의 대지선정 및 조닝(프로그래밍)

1 대지선정 ★

① 남향이 좋으며 남향을 기준으로 동쪽 18도~서쪽 16도 이내가 적당
② 남북 장축보다 동서 장축의 부지가 일조면에서 유리함
③ 유기물이 많은 유기체 토양은 지내력이 약함

2 조닝 계획시 고려사항

• 조닝(zoning)은 공간을 몇 개의 구역으로 나누어 상호 간의 관계를 파악하는 것을 말함
① 구성원의 본위가 유사한 공간끼리 근접
② 시간적 요소가 동일한 공간은 근접
③ 상호 간 요소가 이질적인 것 격리

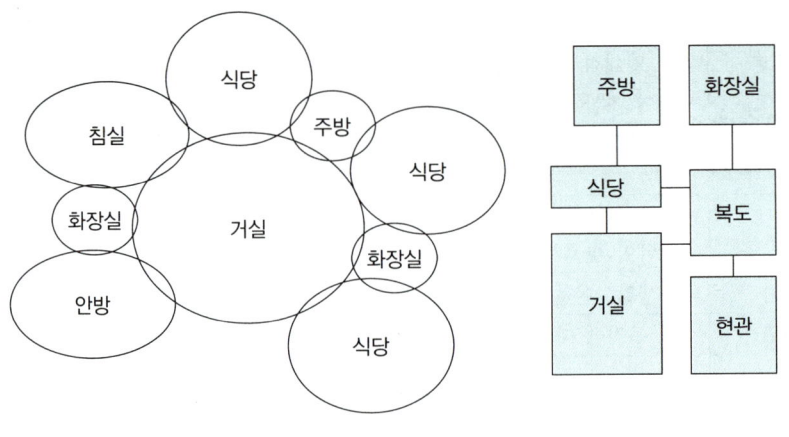

그림 5.1. 주택의 조닝

3 조닝방법

① 생활공간에 의한 분류(개인 생활공간, 위생공간, 공동 생활공간)
② 사용 시간별 분류
③ 주 사용자의 행동에 의한 분류(주부, 주인, 아동의 생활 패턴)

제3절 주택의 동선계획

• 동선은 사람이나 차량 또는 물건의 이동 궤적을 의미함
• 동선에 따라 시설 배치, 통로설치 관계, 실의 구획 및 통합, 실 변경 등을 검토

1 동선계획의 원칙 ★★★

① 동선은 단순 명쾌해야 함(특히, 빈도가 높은 동선은 짧게 함)
② 서로 다른 동선은 가능한 한 분리하고, 필요이상의 교차는 피함
③ 개인권(침실), 사회권(거실/식당), 가사 노동권(부엌 등)은 서로 독립성을 유지하도록 함
④ 동선에는 공간이 필요함

2 동선의 3요소 : 속도, 빈도, 하중 ★

③ 동선계획의 고려사항 : 길이, 폭, 빈도, 방향성

구분		면적(m²/인)
주택의 최소 표준 면적		10
코노르(cologne)기준		16
숑바르 드 로브 (사회학자)	병리 기준	8
	한계 기준	14
	표준 기준	16
Frank furt Am Mein의 국제주거회의(최소)		15

표 5.2. 주거 면적의 각종 기준

제4절 **주택의 면적구성**

① 1인당 주거면적 *

① 주거면적 = 연면적 − 공용면적(주거면적 : 공용면적 = 6 : 4)
② 주거면적의 각종 기준

② 연면적의 구분

① 공용면적 : 거실, 욕실, 부엌, 복도(50~40%)(주거면적보다 작음)
② 주거면적 : 각 방들의 합계(50~60%)(공용면적보다 큼)

③ 연면적에 대한 실별 면적구성

① 현관 및 홀 : 7%
② 복도 : 10%
③ 부엌 : 10%
④ 거실 : 30%

제5절 | 주택의 방위 및 실배치

1 주택의 방위

① **동쪽** : 겨울철에는 아침 햇빛이 실내 깊숙이 들어오며 매우 따뜻하나 오후에는 서늘함(침실, 식당, 부엌)

② **서쪽** : 여름철에는 오후 햇빛이 매우 강하여 강한 일사로 인한 음식물 부패의 우려가 있으므로 부엌, 식당의 배치를 피함(건조실 등이 적합)

③ **남쪽** : 여름철 태양의 고도가 높아 햇빛이 실내에 깊숙이 들어오지 않아 시원하며 겨울철에는 태양의 고도가 낮아 햇빛이 실내에 깊숙이 들어오므로 따뜻함(식당, 아동실, 거실)

④ **북쪽** : 연간 햇빛이 비치지 않으며 겨울철에는 북풍으로 인하여 추움(아틀리에, 저장실, 냉동실, 화장실)

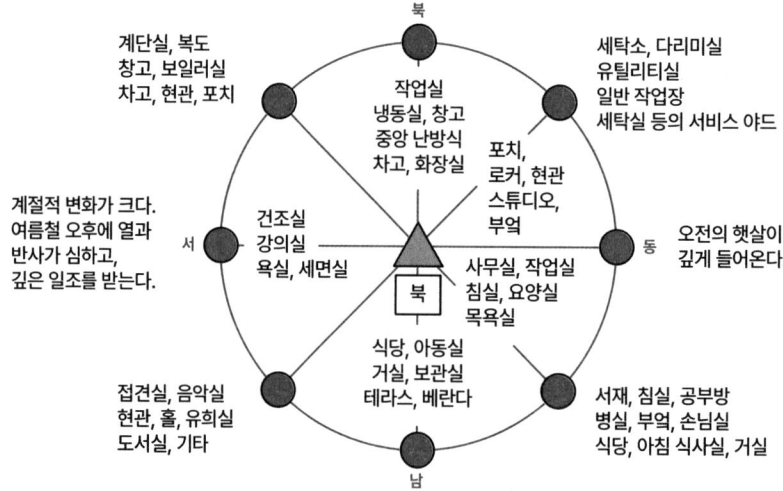

그림 5.2. 주택의 방위

2 에너지 절약 방안

① 실내 온도 설정 : 겨울에는 약간 저온(18도), 여름에는 약간 고온(28도)으로 설정

② 상주하는 실(거주성이 높은 실)의 경우 남향 배치

③ 남쪽에 오픈스페이스를 두어 일사 확보

④ 표면적을 작게 함(요철이 많은 평면보다는 단순한 형태의 평면)

제6절 주택의 각 실계획

❶ 거실

1. 거실의 크기

① 거실의 1인당 소요 바닥면적 : 최소 4~6m² 정도

② 거실의 면적 구성비 : 연면적의 30% 정도

③ 거실의 천장 높이 : 2.1m 이상

2. 거실의 기능 및 위치

① 남향이 적당하며 햇빛과 통풍이 잘 되는 곳

② 통로에 의해 실이 분할되지 않는 곳

③ 거실의 다른 한쪽 방과 접속하거나 중심적 위치가 되는 것이 좋음

④ 침실과는 대칭되도록 함

3. 평면계획상 고려사항

① 거실은 주택의 중심부에 두고 각 방에서 자유롭게 출입할 수 있도록 함

② 정원, 테라스와 연결하여 직접 출입 가능하도록 함

③ 통로로 사용되지 않도록 하고 독립적 공간을 확보하는 것이 좋음

4. 현관

① 최소크기 : 폭 1.2m, 깊이 0.9m 이상

② 방위와는 무관하며 도로 위치와 경사도 및 대지형태에 영향

③ 도로와의 관계를 고려해 눈에 잘 띄는 곳에 위치하도록 함

❷ 식당

• 식당은 기본적으로 부엌과 근접시키고 부엌이 직접 보이지 않도록 시선을 차단시키는 것이 좋음

구분		내용
분리형		거실이나 식사실, 부엌이 완전히 분리된 형식
개방형	다이닝 키친(DK)	• 부엌의 일부에 식탁을 놓아 식당과 부엌을 겸함 • 소규모 주택에 사용
	리빙 다이닝 키친(LDK)	거실, 식사실, 부엌을 겸용한 것으로 주부의 작업동선을 단축시키고 바닥면적의 이용률 높음
	다이닝 알코브(LD)	다이닝 키친과 유사. 거실의 일단에 식탁을 배치
	다이닝 포치/테라스	여름철 등 좋은 날씨에 식사할 수 있도록 포치나 테라스에 식탁을 배치한 것

표 5.3. 식당의 종류

③ 부엌

1. 위치: 남쪽 및 동쪽 모퉁이 부분이 유리함. 서쪽은 반드시 피함(음식물 부패)

2. 크기: 연면적의 8~12%가 적당 / **100m² 이상의 대형주택**: 7%

3. 부엌의 작업순서 반드시 기억★★★★

(1) 오른쪽 방향으로 이동하도록 배치하는 것이 좋음(왼손잡이인 경우 – 반대)

(2) 냉장고 → 싱크대(개수대) → 조리대(작업대) → 가열대(레인지) → 배선대 → 식당

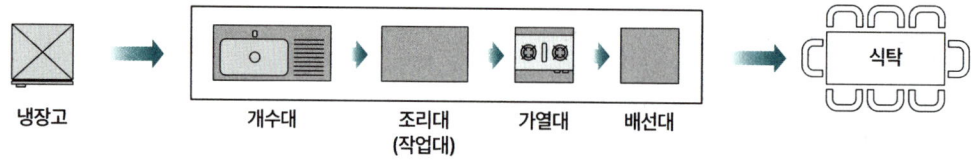

그림 5.3. 부엌의 작업순서

(3) 부엌의 작업 삼각형

① 냉장고–개수대–가열대를 연결하는 삼각형
② 세 변의 길이가 짧을수록 효과적임
③ 세 변의 길이의 합은 3.6~6.6m가 적당함
④ 개수대는 창에 면하는 것이 좋음

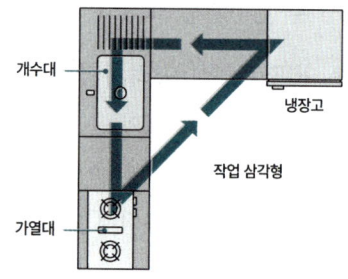

그림 5.4. 부엌의 작업 삼각형

4. 부엌의 유형

구분	내용
일자형(직선형)	• 싱크대 배치가 직선으로 작업 방향을 바꾸는 움직임이 많음 • 소규모 주방에 적합한 유형으로 작업 동선상 혼란이 없음 • 싱크대의 길이가 수평적으로 길어지므로 작업 동선이 길어짐
L자형	• 비교적 능률이 높은 효율적 배치 • 정방형의 주방에 적합. 배치상 여유가 있음 • 코너부의 이용도가 낮음
U자형(ㄷ자형)	• 벽면을 이용하여 대규모 수납공간 확보 가능 • 작업시 효율이 좋은 기능적 배치 • 여러 사람이 같이 일하기에는 불편 • 작업대 사이의 거리는 최소 1.2m
Z자형(병렬형)	• 동선을 단축한다는 장점이 있음 • 앞뒤로 옮겨가며 작업해야 하는 단점이 있음
아일랜드형	• 분리형이라고도 하며 독립된 작업대를 모든 방향에서 접근 가능 • 간단한 식사 및 차 테이블을 위한 카운터로 사용 가능

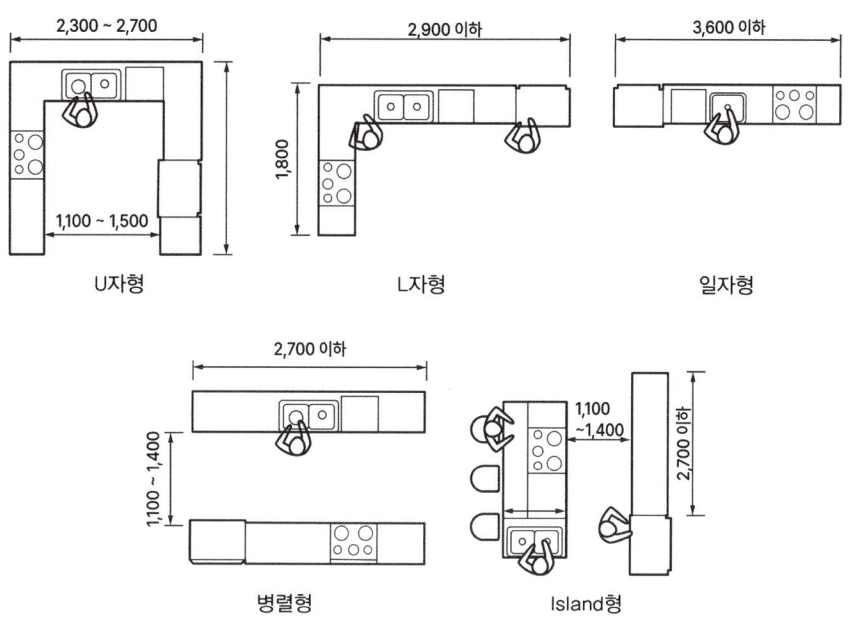

U자형   L자형   일자형

병렬형   Island형

그림 5.5. 부엌의 유형

5. 작업대와 싱크대의 크기

① 폭 : 50~60cm

② 높이 : 81~85cm가 적당, 기본이 되는 높이는 '팔꿈치 높이'

④ 침실★

1. 호흡공기량에 의한 침실의 최소규모 산정

① 취침 시 성인 1인당 소요 공기량 : $50m^2/h$(어린이는 1/2)

② 바닥면적 = 전체 공기 요구량 / 자연환기 횟수 / 천장 높이

2. 노인용 침실계획

① 위치 : 가족들에게 소외감을 받지 않도록 구석 위치는 피하는 것이 좋음

② 중앙과 구석의 중간부에 위치하는 것이 바람직

⑤ 욕실과 화장실

① 통합설치하는 경우가 많지만 대규모 주택의 경우 거실의 화장실을 별도 설치함

② 주택의 욕실은 가족용 및 부부 침실용 등으로 구분됨

③ 규모 : 최소 규모는 1.5m×1.5m 정도로도 가능함

   – 보통 1.7m×2.3m가 많이 쓰임(욕조, 세면기, 양변기 함께 설치)

6 복도 및 계단

1. 복도

① 복도는 각 실 및 공간을 이어주는 동선 공간으로 50m² 이하의 소규모 주택에서는 비경제적임

② 최소폭은 90cm 이상. 일반적으로는 120cm 이상이 바람직함

③ 복도에 면한 실의 문은 안여닫이로 계획

④ 연면적에 대한 복도의 면적 비율: 10% 정도가 적당

2. 계단

① 계단의 위치는 현관 가까운 곳에 두어 상하층을 효율적으로 연결

② 계단의 폭은 75~100cm 정도이며 단 높이는 18cm 내외, 단 너비는 25cm 내외

7 주택의 외부공간

① 발코니: 2층 이상의 외벽 창으로부터 돌출된 난간으로 둘러싸인 공간

② 포치: 현관문 바로 앞에 위치, 건축물과는 별도의 지붕을 갖는 공간

③ 테라스: 아래층 건축물의 평지붕이 위층 건축물의 외부공간이 되는 것으로 다양한 옥외활동 용도로 사용

④ 베란다: 아래층의 바닥면적보다 위층의 바닥면적이 작아서 아래층의 지붕위에 생긴 여유공간

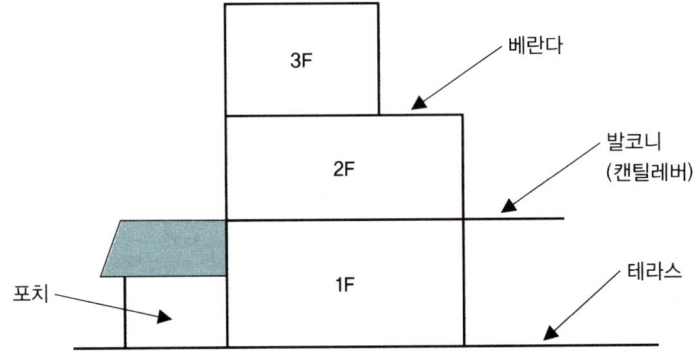

그림 5.6. 주택의 외부공간

01 주거건축 계획에 대한 설명으로 옳지 않은 것은? 지21

① 주택 전체 건물의 방위는 남쪽이 좋으며, 남쪽 이외에는 동쪽으로 18° 이내와 서쪽으로 16° 이내가 합리적이다.

② 주택의 입지 조건은 일조와 통풍이 양호하고 전망이 좋은 곳이 이상적이다.

③ 한식 주택의 평면구성은 개방적이며 실의 분화로 되어 있고, 양식 주택의 평면구성은 폐쇄적이며 실의 조합으로 되어 있다.

④ 주택의 생활공간은 개인생활공간, 가사노동공간, 공동생활공간 등으로 구분한다.

02 주거시설의 건축계획에 대한 설명으로 옳지 않은 것은? 지23

① 평면계획 시 생활행위를 고려하여 일반적으로 취침공간과 식사공간을 분리하여 배치한다.

② 동선의 3요소인 빈도, 속도, 궤적을 고려하여 침실-테라스-창고와 같이 속도가 높은 구간에 가구를 배치한다.

③ 향에 따른 배치계획을 할 경우 북쪽은 종일 햇빛이 들지 않고 북풍을 받아 춥지만, 조도가 균일하여 아틀리에 등의 작업실을 두기에 유리하다.

④ 개인생활공간, 공동생활공간, 가사노동공간으로 구분할 수 있는 3개 생활공간의 동선은 상호 분리하여 간섭이 없어야 한다.

해설 01 ③   02 ②

01 ③ 한식 주택의 평면구성은 은폐적, 실의 조합, 양식주택의 평면구성은 개방적, 실의 분화로 되어 있다.

02 ② 동선의 3요소는 빈도, 속도, 하중. 속도가 높은 구간에는 가구를 배치하면 동선의 흐름을 방해하게 되므로 피해야 한다. 또한 침실-테라스-창고는 속도가 낮은 동선에 해당

03 주거건축에서 부엌에 대한 설명으로 옳은 것은? 국23

① 일렬형(일자형)은 소규모에 적합하다.
② 주방의 시설은 개수대, 조리대, 냉장고, 준비대, 가열대, 배선대 순으로 배치한다.
③ 작업삼각형은 냉장고, 개수대, 배선대를 연결한 것이다.
④ 작업삼각형의 길이는 2.4~3.4m 범위가 적당하다.

04 주거건축에서 사용 인원수 대비 필요한 환기량을 고려하여 침실 규모를 결정할 경우, 다음과 같은 조건에서 성인 2인용 침실의 적정한 가로변의 길이는? (단, 성인은 취침 중 0.02m³/h의 탄산 가스나 기타의 유해물을 배출한다) 국19

- 침실의 자연환기 횟수는 1회/h이다.
- 침실의 천장고는 2.5m이다.
- 침실의 세로변 길이는 5m이다.

① 2m   ② 4m
③ 6m   ④ 8m

05 '미적대상을 구성하는 부분과 부분 사이에 질적으로나 양적으로 모순되는 일이 없이 질서가 잡혀 있는 것'을 의미하는 건축의 형태구성원리는? 총론 복습 서19

① 통일성   ② 균형
③ 비례   ④ 조화

06 모듈에 의한 치수계획에 대한 설명으로 가장 옳은 것은? 총론 복습 서19

① 프랭크 로이드 라이트(Frank LoydWright)의 모듈러는 인체의 치수를 기본으로 해서 황금 비를 적용하여 고안된 것이다.
② 현재 국제표준기구(ISO)에서 MC(Modular Coordination)에 의거하여 사용하고 있는 기본 모듈은 미터법 사용국가에서는 10mm로 의견이 일치하고 있다.
③ MC(Modular Coordination)의 이점으로는 설계작업이 단순 간편하고, 구성재의 대량생산이 용이해지며, 현장 작업에서 시공의 균질성을 확보할 수 있다는 점 등이 있다.
④ MC(Modular Coordination)는 합리적인 건축공간 구성 시 여러 치수들을 계열화, 규격화 하여 조정해서 사용할 필요에 의해 고려되는 것으로 건축공간의 형태에 창조성을 높이는 데 크게 기여한다.

07 건물이 지어지는 과정에서 '기획단계'를 설명한 내용으로 가장 옳지 않은 것은? 총론복습 서19

① 구체화 정도에 따라 계획설계, 기본설계, 실시설계로 나뉜다.

② 본질적으로 건축주의 업무이기도 하나 건축사에게 의뢰되기도 한다.

③ 사용자의 요구사항, 제약점 등 조건을 반영한다.

④ 타당성 검토와 프로그래밍을 수반한다.

해설   03 ①   04 ④   05 ④   06 ③   07 ①

03 ① 일자형 주방은 벽 한쪽에 기능을 배치하는 방식으로 소규모 가구에 적합
② 냉장고 → 개수대 → 조리대 → 가열대 → 배선대 순이 일반적
③ 작업 삼각형은 냉장고−개수대−조리대(또는 가열대)를 잇는 동선
④ 작업 삼각형의 길이는 보통 3.6~6.6m가 적당, 2.4~3.4m는 너무 짧음

04 성인 1인 필요환기량 = 50m³/h
$Q = nV(Q$: 환기량, n : 환기횟수, V : 실부피)
Q(환기량) : 50m³/h × 2인 = 100m³/h
n(환기횟수) : 1회/h
V(실용적) : 가로 × 세로 × 높이 = x(가로변) × 5 × 2.5
100 = 1 × (가로변 × 5 × 2.5)
천장고 : 8m

05 • 조화(Harmony) : 구성 요소들 간의 질적·양적 균형이 잡혀 모순이 없는 통일된 상태
• 균형 : 대칭/비대칭을 통한 시각적 무게의 안정감
• 비례 : 부분 간 수적 비율
• 통일성 : 반복·연속·리듬 등을 통한 일체감

06 ① 르꼬르뷔지에의 모듈러가 황금비 적용
② ISO에서 정한기본 모듈은 100mm(10mm 아님)
④ MC는 창의성보다 규격화와 조정 중심으로, 형태 창조성은 상대적으로 제약받음
【MC(Modular Coordination)의 이점】
• 설계 단순화
• 구성재 대량생산
• 시공 균질성 확보

07 ① 계획설계, 기본설계, 실시설계는 설계단계의 구분이며, 기획단계는 설계 이전 단계로, 사업 타당성, 조건 분석, 프로그램 기획 등을 포함함.

CHAPTER 06 사무소

제1절 사무소 건축의 개요

1 사무소의 분류

1. 관리상 분류

① 전용 : 완전한 자기 전용 사무소

② 준전용 : 수개의 회사가 모여 하나의 사무소를 건설(공동으로 관리)

③ 준대여 : 건물의 주요 부분은 자기전용, 나머지 대실

④ 대여 : 건물의 전부 또는 대부분을 대여

⑤ 용도 복합 : 고층 사무소의 경우, 일부를 호텔이나 백화점으로 대여

2. 대여 계획상 분류

① 개실임대 : 기둥 간격 단위로 대여

② 블록별 임대 : 기준층을 몇 개의 블록으로 내진벽, 방화구획을 기준으로 대여

③ 층별 임대 : 층을 단위로 해서 임대하는 것. 일반 복도는 거의 없음

④ 전층 임대 : 전체 층을 단일 회사가 사용하는 경우

2 대지 선정 조건

① 도심의 업무중심지역(CBD : Centeral Business District) 또는 큰 도로변

② 2면 이상 도로에 접한 대지가 좋음

③ 직사각형에 가까우며 전면 도로에 길게 접한 대지가 좋음

3 면적 구성비

① 연면적은 유효면적과 공용면적으로 나눌 수 있음

② 유효율 = (대실면적 / 연면적) × 100%

③ 유효율은 연면적에 대한 대실면적의 비율을 의미함

④ 연면적에 대한 유효율 : 70~75% / 기준층 : 80% 적당

⑤ 사무소실의 크기 : 사무소 건축규모는 사무원 수에 따라 결정

⑥ 대실면적당 : 6~8m²/인(최소 : 5m²/인)

⑦ 연면적당 : 8~11m²/인(10m²/인 정도)

제2절 | 평면계획

❶ 실단위에 의한 분류 ***

1. 개실 배치(복도형)

① 복도를 통하여 각 임대사무실로 연결되는 방식

② 쾌적성과 프라이버시 좋음

③ 사무실 내 균일한 환경과 채광확보 가능

④ 벽으로 각 실이 막히므로 주위 환성의 소설은 어려움

⑤ 개방형에 비해 임대 유리

2. 반 개방식(semi-open type)

① 일부는 복도형으로 구획하고 나머지는 칸막이 벽을 없애 전 면적을 유연하게 사용하는 방식

② 개방식과 개실형의 중간적 성격

3. 개방식(open type)

① 전층을 칸막이벽을 두지 않아 소음이 들리고 독립성이 결핍됨

② 의사전달의 융통성이 있고, 공간 절약 가능, 작업능률을 올릴 수 있음

③ 개실 배치에 비해 공사비 저렴

④ 인공조명 및 인공환기 필요

4. 오피스 랜드스케이프(office-landscape) ***

① 직위보다 의사전달과 작업흐름의 실제적 패턴에 기초하여 배치

② 고정 칸막이가 없고 가구 및 패널을 이용하여 공간 구획

③ 기존 시설 대비 유효율 15% 정도 공간 절약 가능

④ 변화하는 작업형태에 따른 조절이 가능하며 신속하고 경제적으로 대처 가능

⑤ 감독과 통제가 용이함

⑥ 인간관계 향상 및 작업능률에 도움

⑦ 작업공간 변화에 경제적으로 대처 가능, 시설 유지비 절약

⑧ 프라이버시 결여

구분	내용
장점	• 공간의 가변성(유연성, 융통성) • 공간이용의 효율성 • 작업능률 향상 • 변화하는 작업패턴에 신속하고 경제적으로 대처 가능
단점	• 칸막이 벽의 철거로 소음에 대한 프라이버시 결여 • 대형 가구 등 소리를 반향시키는 기물의 사용이 어려움
대책	• 바닥에 카펫을 깔거나 천장에 흡음설비를 하는 등 배려 필요 • 소음을 일으키는 사무용 기기는 일상 작업장에서 격리된 위치

표 6.1. 오피스 랜드스케이핑 형식의 장단점

❷ 평면 형태에 따른 분류★

① 셀룰러형 : 개인 사무공간의 경계가 명확, 숙련가의 지식 집약형 업종 적합
② 콤비형 : 각 실의 프라이버시가 보호되는 개실과 조직내의 커뮤니케이션 유지를 위해 개방된 사무실을 결합한 형태 가능, 비숙련가의 단순화 업무
③ 불펜형 : 업무책상이 라인으로 배치, 한눈에 감독이 가능, 은행/우체국
④ 유닛형 : 업무공간과 휴게공간이 결합, 아이디어 창출회사에 적합

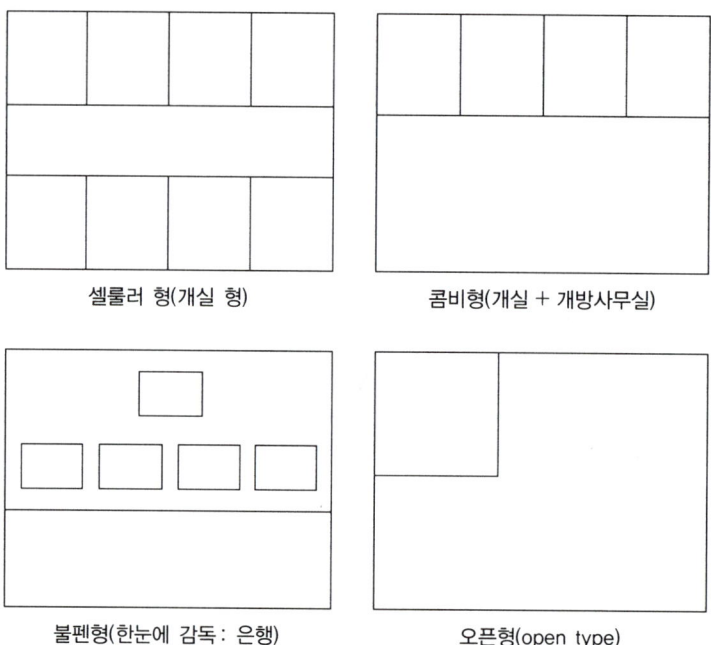

셀룰러 형(개실 형) 콤비형(개실 + 개방사무실)

불펜형(한눈에 감독 : 은행) 오픈형(open type)

그림 6.1. 평면 형태에 따른 분류

❸ 복도 형태에 따른 분류

1. 편복도식(Single zone layout)

① 복도의 한쪽에만 사무실을 둔 형식

② 자연채광과 통풍이 좋으므로 업무환경 쾌적

③ 경제성보다 건강, 분위기 등이 중요한 곳에 사용

2. 중복도식(Double zone layout)

① 남북방향으로 복도를 두고 사무실을 동서측에 면하도록 하여 채광에 유리

② 주계단과 부계단에서 각 실로 출입

③ 중규모 크기의 사무소 건축에 적당

④ 경제적이나 수직동선체계와 구조 및 설비 측면에서 간섭이 많음

3. 2중 복도식(Triple zone layout, 삼중 지역 배치)

① 방사선 형태의 평면 – 고층 전용사무실에서 주로 사용

② 수직동선, 위생설비는 건물 내부의 제 3의 공간 또는 중심 지역에 집중

③ 사무실은 외벽을 따라 배치함

④ 사무소의 실내측은 인공조명과 기계 환기설비가 필요함

⑤ 대여 사무실을 포함하는 건물에는 부적당

제3절 | 코어계획

❶ 코어의 역할 ★

① 평면적 역할 : 공용면적을 한 곳에 집약하여 유효면적 증가

② 구조적 역할 : 주내력 구조체로 외곽이 내진벽 역할

③ 설비적 역할 : 설비시설 집약. 각층에서의 계통거리가 최단이 됨

② 코어의 종류 반드시 기억★★★★★

1. 편심코어

    ① 기준층 바닥면적이 작은 경우에 적합

    ② 너무 고층인 경우는 구조상 좋지 않음

    ③ 바닥 면적이 커지면 코어 이외에 피난 시설, 설비샤프트 필요

    ④ 소규모 사무실에 적합

2. 독립코어

    ① 자유로운 사무실 공간계획이 가능

    ② 방재/내진 구조에는 불리

    ③ 바닥 면적이 커지면 피난시설 포함 서브코어 필요

    ④ 설비덕트나 배관을 코어에서 사무실까지 끌어내는 데 제약사항이 많고 배관 등의 길이가 길어짐

3. 중심코어

    ① 고층/초고층 건축물의 내진구조에 적합, 바닥면적이 큰 경우 적용 편리

    ② 구조적으로 바람직

    ③ 임대사무소에서 가장 경제적인 코어

    ④ 고층 사무소의 경우 임대 유효율 증가

4. 양단코어

    ① 한 개의 큰 공간을 필요로 하는 전용 사무소에 적합

    ② 2방향 피난이 가능해 방재/피난상 유리

5. 코어의 효율성(에너지 성능측면) : 편심 이중코어 > 편심코어 > 중심코어

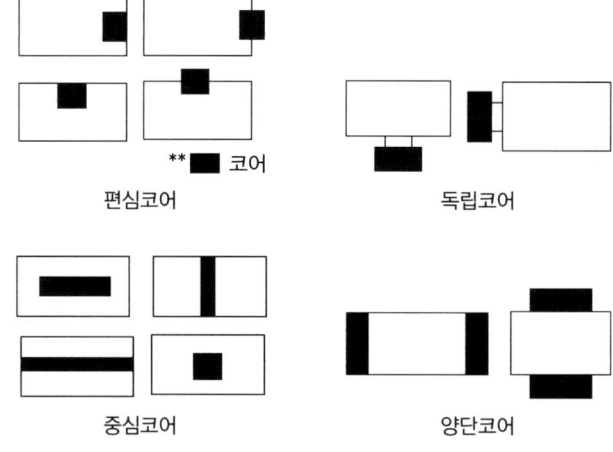

표 6.2. 코어의 형식

③ 계획 고려사항 ^{반드시 기억}★★★★

(1) **코어 내 공간★**
　① 실: 계단실, 화장실, 공조실, 급탕실 등
　② 샤프트: 엘리베이터, 배관, 덕트 등
　③ 통로: 엘리베이터 홀, 복도, 특별 피난계단 등

(2) 계단, 엘리베이터, 화장실은 가급적 근접배치

(3) 피난용 특별계단은 피난방향의 다양성 확보를 위해 법적 거리 한도에서 최대한 멀리 이격

(4) 코어는 각 층마다 동일한 위치에 있어야 함

(5) 홀이나 통로에서 화장실 내부가 보이지 않도록 함

(6) 엘리베이터 홀은 건물의 출입부에 너무 근접하지 않도록 함

(7) 코어는 수익성을 기대하기 어려우므로 최소로 계획하는 것이 일반적이지만, 지나치게 작은 규모는 사용성이 떨어지므로 지양해야 함

(8) **리모델링을 고려한 코어계획**
　① 외부 확장성을 고려하여 서비스 코어를 편심이나 양측코어로 구성
　② 서비스 코어의 설비 샤프트는 하나로 원룸화하여 공간내에서 가변성을 유도
　③ 충분한 강성이 확보될 수 있도록 완결된 형태로 구조체를 계획하는 것은 리모델링 측면에서 바람직하지 못함

④ 스모크타워

(1) 비상계단의 전실에 화재로 인한 연기를 배기하기 위한 샤프트

(2) 하재 시 계단실이 굴뚝 역할을 하는 것을 방지함

(3) 전실의 천장 높이는 가급적 높게 함

(4) **전실 내 스모크 타워**
　① 배기 위치: 계단실보다 복도 쪽에 가깝게
　② 급기 위치: 계단실 쪽에 가깝게

제4절 | 세부계획

1 기준층 계획

1. 기준층 규모산정 시 고려사항 ★

① 구조상 스팬 한계

② 피난시 최대 보행거리

③ 설비의 한계(덕트, 배관, 배선)

④ 방화구획상 면적

⑤ 자연광과 실 깊이

⑥ 임대면적 비율

⑦ 지하주차장

2. 그리드 플래닝(격자식 계획)

① 고층 사무소 건축에서 균질공간을 구성하기 위한 일반적 계획수법

  − 균질공간: 일정한 실내 환경 설비를 갖춘 어느 크기의 스페이스 집합

② 스프링클러와 설비요소, 책상의 배치, 칸막이 벽, 지하 주차장 등 고려

3. 기둥간격

① 책상단위배치(사무기기배치): 5.8m 정도가 적절

② 채광상 층고에 의한 안 깊이

③ 주차배치단위

④ 지하주차장, 코어의 위치 등: 6m 전후

⑤ 내부 기둥간격

  − 철근콘크리트: 5~6m

  − 철골철근콘크리트: 6~7m

2 사무실

1. 사무실의 층고 결정요소 ★

① 보의 형태와 크기

② 천장 매입 설비

③ 채광 및 공사비

④ 기준층고를 낮게 할 경우 − 더 많은 층수 확보, 공조효과 향상, 건축비 절감

2. 사무실의 적정 실비율 ★

① 외측에 면하는 실내(L/H) : 2.0~2.4(H : 층고)

② 채광 정측에 면하는 실내(L/H) : 1.5~2.0

③ 복도 및 계단

1. 사무소의 복도계획

① 편복도의 폭 : 2.0m 이상 / 중복도의 폭 : 2~2.5m 이상

② 4인 교행시 지장이 없도록 함

③ 중복도가 편복도에 비해 기능면에서 능률적

④ 채광과 환기의 경우 편복도가 유리함

2. 계단계획

① 동선은 간단, 명료, 최단 위치에 올 수 있도록

② 균등하게 배지하며, 엘리베이터 홀에 근집

③ 방화구획 내에서는 1개소 이상의 계단을 배치, 2개소 이상의 계단 계획

④ 채광계획

1. 자연채광

① 채광면적 : 바닥면적의 1/10 정도

② 창의 폭 : 1.0~1.5m

③ 창대의 높이 : 0.75~0.8m(고층 : 0.85~0.9m)

2. 인공채광

① 충분한 조도 구현, 실내 전반에 균등한 조도가 되도록 함

② 장시간 현휘감이 없고 광원의 휘도를 낮게 함

제5절 엘리베이터

1 엘리베이터 배치계획

① 주 출입구 홀에 직면 배치(사무실 출입문 가까이는 지양)

② 각층 위치는 동선이 짧고 간단하게 한곳에 집중해서 배치

③ 4대 이하는 직선 배치, 5대 이상은 앨코브 또는 대면 배치로 하되 8대를 최대한도로 함. 8대 이상은 2개 존으로 나눔.

④ 출입구 근접배치는 피하되 외부인이 건물에 진입했을 때 인지하기 용이할 것

⑤ 엘리베이터 홀의 최소 넓이 : 0.5~0.8m²/인, 폭은 4미터 정도

⑥ 엘리베이터의 배치 방법과 특징

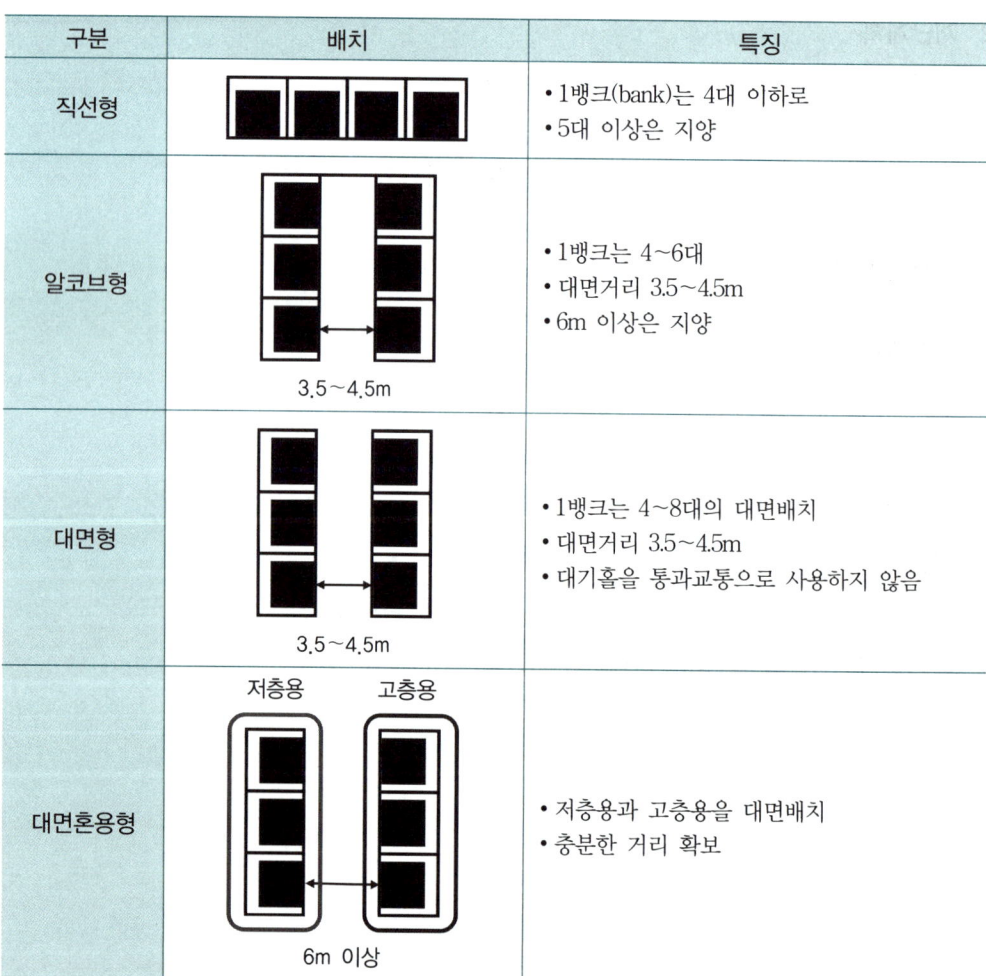

구분	배치	특징
직선형		• 1뱅크(bank)는 4대 이하로 • 5대 이상은 지양
앨코브형	3.5~4.5m	• 1뱅크는 4~6대 • 대면거리 3.5~4.5m • 6m 이상은 지양
대면형	3.5~4.5m	• 1뱅크는 4~8대의 대면배치 • 대면거리 3.5~4.5m • 대기홀을 통과교통으로 사용하지 않음
대면혼용형	저층용　고층용 6m 이상	• 저층용과 고층용을 대면배치 • 충분한 거리 확보

표 6.2. 엘리베이터의 배치와 크기

② 엘리베이터의 조닝 ★★

• 엘리베이터의 정지 층수를 몇 층마다 분리시킨 것으로 이용에는 다소 불편할 수 있으나 경제성과 엘리베이터의 이용률 증가를 기할 수 있음

1. 목적

① 경제성 향상: 설치대수 절약

② 수송시간의 단축: 아침 출근 시 유리

③ 유효 면적의 단축: 임대 면적상 유리

2. 조닝 방식

① 스카이 로비: 초고층 사무소 건축, 큰 존을 설정

→ 세분한 조닝, 각 로컬존의 로비층까지 고속 및 대용량의 셔틀 엘리베이터로 직통 서비스하는 방식

② 더블데크: 한 수송로에 2대의 엘리베이터를 수직으로 연결(짝수/홀수)

→ 2개층의 엘리베이터를 서비스하여 2대분의 수송력을 갖춘 형태이며, 복합용도의 초고층 건물에 적합함

③ 슈퍼더블데크: 더블데크 방식의 결점인 층고 통일의 제약을 벗어난 형식

→ 층고 조정 기능이 있음

④ 컨벤셔널 조닝: 건축물 전체를 몇 개의 수직 존으로 구분

→ 1존의 서비스 층수는 6~10층 이내, 평균 8층 정도가 일반적

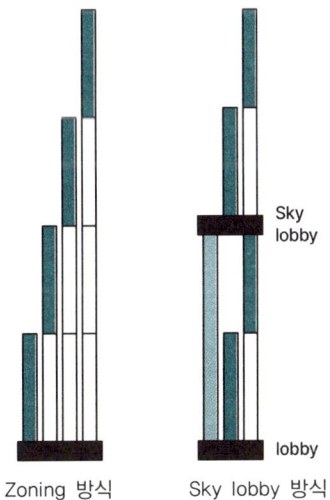

Zoning 방식   Sky lobby 방식

그림 6.3. 엘리베이터의 조닝

❸ 엘리베이터 대수산정

1. 대수 결정 조건 ★

① 기준 : 아침 출근 시 5분간의 이용자 수

② 1일 이용자가 가장 많은 시간 : 오후 12시~1시(점심시간)

2. 수송능력비율 ★

하루 중 피크로드 5분간 전체 대수의 승강기가 수송할 수 있는 인원수 / 승강기 총 이용 대상자

3. Nocks의 엘리베이터 대수 산정식과 가정

① 약산법 : 대실 면적 2000m²당, 연면적 3000m²당 1대

② 정원의 80%가 타는 것으로 가정

③ 실제 주행 속도는 전 속도의 80%로 가정

④ 2층 이상 거주자의 30%를 15분간 일방으로 수송한다고 가정

⑤ 1개층 평균대기시간 10초 가정

⑥ 1인의 승강기 필요시간은 6초(개폐시간 포함)

❹ 대수 산정시 고려사항 ★

① 엘리베이터 1일 최대 이용자 수

② 엘리베이터 1대의 왕복시간

③ 엘리베이터 1대가 5분간 운반할 수 있는 인원수

④ 엘리베이터 정원

제6절 | 인텔리전트 빌딩

❶ 개념 ★

• 빌딩 자동제어시스템(BA)에 의해 효율적으로 빌딩을 운영 및 관리하고 사무 자동화 기능과 통신 기능을 부가하여 통합시스템으로 구축한 최첨단 빌딩을 IBS(Intelligent Building System)라고 함.

• 인텔리전트화의 궁극적 목적은 사무실 내에서 일하는 사람들에게 쾌적한 사무환경을 제공함으로써 일을 보다 쉽고 편리하게 할 수 있게 지적 생산성을 높임

• 건물자동화(BA), 사무자동화(OA), 정보통신(TC) 시스템

❷ 인텔리전트 빌딩의 기능

1. 건물 자동화(BA) 시스템

① 빌딩 관리 시스템 : 빌딩의 설비기기 관리운전을 합리적으로 함

② 보안(Security) 시스템 : 기업 기밀 확보와 재해를 미연에 방지. 재해 시 안전성 확보

③ 에너지 절약 시스템

2. 사무 자동화(OA) 시스템

① 네트워크화된 사무실용 각종 단말기 이용

② 사무활동 효율화 및 내용의 질적향상을 위한 전자기기 활용 사무 자동화

③ 회의실 관리시스템 텔레커뮤니케이션 시스템 등 각종 사무처리 시스템 이용

3. 정보통신(TC) 시스템

① 네트워크화된 단말기기에서 고도의 사무처리 서비스 사용

② 고도의 통신서비스를 이용하며, 값싼 요금의 통신회선 활용 가능

❸ 사무소 고층화의 특성

장점	단점
• 상층의 좋은 전망 • 채광 양호 • 소음 감소 • 고밀도 개발이 가능하며, 저층주택과의 조합으로 변화 있는 주거환경 조성	• 시가지 미관 손상우려 • 인접한 건축물의 일조, 채광, 통풍, 프라이버시가 침해됨 • 비상시 대피문제를 고려해야 함

표 6.3. 고층화의 장단점

❹ 기타사항 *

• 사무소 건축의 소시오 페탈과 소시오 퓨걸

1. 소시오 페탈 : 사회 구심적 공간

→ 중심을 향해 원형으로 배치하여 서로 바라보는 형태

2. 소시오 퓨걸 : 사회 원심적 공간

→ 서로 다른 방향을 바라보는 형태로 배치

01 업무시설의 오피스 랜드스케이핑(OfficeLandscaping) 방식에 대한 설명으로 옳지 않은 것은? 국17

① 불경기 시 개실형에 비해 임대가 유리하다.
② 커뮤니케이션과 작업흐름에 따라 융통성 있는 평면구성이 가능하다.
③ 작업장의 집단을 자유롭게 그루핑하여 불규칙한 평면을 유도한다.
④ 소음발생으로 프라이버시가 침해되기 쉽다.

02 사무소건축의 코어 종류별 특징으로 옳지 않은 것은? 지15

① 편심코어형(편단코어형)은 바닥면적이 커질 경우 코어 이외에 별도의 피난시설, 설비샤프트 등이 필요해진다.
② 중앙코어형(중심코어형)은 바닥면적이 큰 경우에 많이 사용되고 특히 고층, 초고층에 적합하다.
③ 독립코어형(외코어형)은 코어로부터 사무실까지 설비덕트나 배관의 연결이 효율적이므로 경제적 시공이 가능하다.
④ 양단코어형(분리코어형)은 코어가 분리되어 있어 방재상 유리하다.

03 사무소 건축에 대한 설명으로 옳은 것은? 지18

① 엘리베이터 대수 산정 시 단시간에 이용자로 혼잡하게 되는 아침 출근 시간대의 경우, 10분간에 전체 이용자의 1/3~1/10을 처리해야 하기 때문에 10분간의 출근자 수를 기준으로 산정한다.
② 엘리베이터는 되도록 한곳에 집중 배치하며, 8대 이하는 직선배치한다.
③ 오피스 랜드스케이프는 사무공간을 절약할 수 있으나, 변화하는 작업의 패턴에 따라 조절이 불가능하다.
④ 개실형은 독립성과 쾌적감의 장점이 있지만 공사비가 비교적 많이 드는 단점이 있다.

04 사무소 건축계획에 대한 설명으로 옳지 않은 것은? 지21

① 편심코어는 바닥면적이 작은 소규모 사무소 건축에 유리하다.
② 사무공간을 개실형으로 배치할 경우, 임대는 용이하나 공사비가 많이 든다.
③ 승강기 배치의 경우 4대 이상이면 알코브형으로 배치하되, 10대를 최대한도로 한다.
④ 기준층 평면의 결정요소는 구조상 스팬의 한도, 설비 시스템상 한계, 자연채광, 피난거리, 지하주차장 등이다.

05 사무소 건축계획에서 승강기 조닝(zoning)에 대한 설명으로 옳지 않은 것은? 국21

① 더블데크(double deck) 방식은 단층형 승강기를 이용하며, 복합용도의 초고층건물에 적합하다.
② 스카이로비(sky lobby) 방식은 초고속의 셔틀(shuttle) 승강기를 설치한다.
③ 승강기 조닝(zoning)은 수송시간 단축, 유효면적 증가 등의 이점이 있다.
④ 컨벤셔널(conventional) 방식은 여러 층으로 구성된 1존(zone)을 1뱅크(bank)의 승강기가 서비스하는 방식이다.

06 사무소의 건축계획에 대한 설명으로 옳지 않은 것은? 지23

① 코어의 종류에는 편심코어형, 중앙(중심)코어형, 독립코어형, 양단코어형 등이 있다.
② 코어는 내력 구조체의 기능을 수행하여 건물의 구조적 안정성을 증대시킨다.
③ 오피스 랜드스케이핑(office landscaping)은 개방식 배치의 한 형태로, 업무환경의 변화에 따라 공간을 조정할 수 있다.
④ 복도형 사무실(corridor office)은 한 장소에서 책상과 시설을 서열에 따라 배치하며, 업무에 대한 감독 및 커뮤니케이션이 쉽다.

07 다음에서 설명하는 디자인의 원리는? 지21

> • 양 지점으로부터 같은 거리인 점에서 평형이 이루어진다는 것을 의미
> • 두 부분의 중앙을 지나는 가상의 선을 축으로 양쪽 면을 접어 일치되는 상태

① 강조　　　　　　　　　② 점이
③ 대칭　　　　　　　　　④ 대비

해설　01 ①　02 ③　03 ④　04 ③　05 ①　06 ④　07 ③

01 ① 오피스 랜드스케이핑은 개방형의 일종으로, 임대 시 독립공간 부족, 프라이버시 취약 등의 이유로 불경기 시 개실형보다 임대에 불리함.

02 ③ 독립코어형(외코어형) 코어와 사무공간 사이에 설비 덕트·배관 연결이 비효율적이며 경제적 시공에 불리함.

03 ① 엘리베이터 산정은 5분간 출근자 수의 10~15% 처리 기준
② 엘리베이터는 4대 이하는 직선 배치, 8대 이상은 알코브형 고려
③ 오피스 랜드스케이프는 유연한 평면조정이 장점, 조절 불가하다는 설명은 틀림

04 ③ 5대 이상이면 알코브형 고려, 8대 이내가 적절

05 ① 더블데크 방식은 2개 승강기를 상하로 연결해 한 번에 두 층을 운행하는 방식
→ 단층형 승강기 사용이 아닌 복층형 승강 방식

06 ④ 복도형 사무실은 업무에 대한 감독 및 커뮤니케이션이 어렵다.

07 ③ 대칭(symmetry) : 양쪽이 동일하거나 유사한 형상으로 구성되는 것, 시각적 안정감과 질서, 균형감 부여
• 강조 : 중심점 강조
• 대비 : 차이를 이용한 시각적 강조

08 사무소계획의 표준계단설계에서 계단 단 높이(R)와 단 너비(T)의 가장 적합한 실용적 표준설계치수 범위는? 국20

	R	T	R+T
①	10~15cm	20~25cm	약 35cm
②	13~18cm	22~27cm	약 40cm
③	15~20cm	25~30cm	약 45cm
④	18~23cm	27~32cm	약 50cm

09 집합주택의 단면 형식에 의한 분류 중 그 내용으로 가장 적합하지 않은 것은? 공동주택 복습서18

① 스킵플로어형(Skip FloorType) : 주택 전용면적비가 높아지며 피난 시 불리하다.

② 트리플렉스형(TriplexType) : 프라이버시 확보에 유리하며 공용면적이 적다.

③ 메조네트형(Maisonette Type) : 주호의 프라이버시와 독립성 확보에 불리하며 속복도일 경우 소음 처리도 불리하다.

④ 플랫형(Flat Type) : 프라이버시 확보에 불리하며 규모가 클 경우 복도가 길어져 공용면적이 증가한다.

10 공동주택의 주동계획에 대한 내용으로 옳지 않은 것은? 공동주택 복습 국17

① 탑상형은 단지의 랜드마크 역할을 할 수 있다.

② 탑상형은 각 세대의 거주 환경이 불균등하다.

③ 판상형은 탑상형에 비해 다른 주동에 미치는 일조 영향이 크다.

④ 판상형은 탑상형에 비해 각 세대의 조망권 확보가 유리하다.

해설 08 ③   09 ③   10 ④

08 ③ 단 높이(R) : 15~20cm, 단 너비(T) : 25~30cm
R + T = 약 45cm
→ 이 범위가 인체 보행에 가장 적합한 표준 설계 범위

09 ③ 메조넷형은 복층 구조로, 프라이버시 확보에 유리하고, 소음 차단에도 비교적 효과적임.

• 스킵플로어형 : 층간 오르내림 불편, 피난에 불리
• 트리플렉스형 : 3개 층 사용, 공용면적 작고 프라이버시 좋음
• 플랫형 : 프라이버시 취약, 복도 길어질 수 있음

10 ④ 조망권은 일반적으로 탑상형이 유리

CHAPTER 07 은행

제1절 설계 시 고려사항 ★

1 주출입구

① 방풍실(전실): 열손실 방지, 외여닫이 혹은 자재문
② 안여닫이 출입문 계획: 도난방지, 고객출입구는 가급적 1개소

2 규모(연면적)

① 은행원수 × 16~26m²
② 은행실 면적 × 1.5~3배

3 영업장

① 은행의 행정업무가 이루어지는 장소
② 객장과 고저차를 두지 않으며, 공간을 개방하여 고객의 신뢰감 향상
③ 객장과 연속적 업무처리를 고려
④ 카운터는 곡선으로 구성하여 접객부의 길이를 늘림
⑤ 비닥면적 5~10m²/인, 천장높이 5~10m

4 객장

① 고객 대기 공간(은행의 중핵공간)
② 기입이나 대기를 위한 여유공간 필요(2.7~3.2m 이상 확보)
③ 2층으로 구성되는 경우 연결 내부계단 설치

5 동선

① 1층(은행)과 고층부 업무영역 출입동선 분리
② 고객이 지나는 동선은 가급적 짧아야 함
③ 직원 및 내객의 출입구는 따로 설치
④ 직원출입구는 영업시간 이외에도 열어두며 내객 출입구는 영업시간에만 개방
⑤ 내부의 업무처리에 있어 일의 흐름은 되도록 고객이 알기 어렵게 함

6 조도 : 감광률을 포함하여 책상면상 300~400lux를 표준으로 함

7 카운터

① 곡선으로 구성하여 접객 부분의 길이를 늘리는 것이 유리함
② 높이 : 객장쪽에서는 100~110cm, 영업장 쪽에서는 90~95cm
③ 폭 : 60~75cm

제2절 세부계획 고려사항

1 면적

① 은행의 면적비율
  – 객장(고객용 로비) : 영업장 = 2 : 3
  – 고객용 로비 면적은 1일 평균 내점 고객수 × 0.13㎡~0.2㎡로 함
② 현금 반송통로는 관계자 외 출입을 금하며 감시가 쉽도록 함

2 평면형식별 고려사항

① 객장 중심 평면 : 고객을 위한 객장 업무를 중심. 직원동선은 길고 복잡
② 영업장 중심 평면 : 고객 동선보다 직원의 동선을 고려. 직원 동선 짧음
  – 대규모 은행에 적합

제3절 | 금고실 *

① 구조 : 철근콘크리트 구조(벽, 바닥, 천장)

② 두께

- 중소규모 : 30~45cm
- 대규모 : 60cm
- 철근지름 16~19mm, 철근간격 15cm로 이중 배근

③ 기타

- 방재 및 도난방지상 지하층이 바람직하나 사용장 편의를 위해 영업장 내부에 위치하도록 함
- 환기설비가 필요하고 지하층인 경우는 방습 유의

CHAPTER 08 상점

제1절 상점 건축의 개요

1 상점의 광고요소(A.I.D.M.A) ★

① A(Attention, 주의) : 주목시킬 수 있는 배려

② I(Interest, 흥미) : 공감을 주는 호소력

③ D(Desire, 욕망) : 욕구를 일으키는 연상

④ M(Memory, 기억) : 인상적인 변화

⑤ A(Action, 행동) : 들어가기 쉬운 구성

2 판매형식 ★

1. 대면판매 : 진열장을 사이에 두고 상담하며 판매하는 방식

① 대상 : 시계, 귀금속, 카메라, 의약품, 화장품, 제과, 수예품

② 장점 : 설명하기 편하고, 판매원이 정위치를 잡기 용이하며 포장과 계산 용이

③ 단점 : 진열면적이 감소, 쇼케이스가 많아지면 상점 분위기가 부드럽지 않음

2. 측면판매 : 진열상품을 같은 방향으로 보며 판매하는 형식

① 대상 : 양장, 양복, 침구, 전기기구, 서적, 운동용품

② 장점 : 충동적 구매와 선택이 용이함. 진열면적이 커지고 상품에 친근감 있음

③ 단점 : 판매원은 위치를 잡기 어렵고 불안정, 상품 설명이나 포장 등이 불편

제2절 평면계획

❶ 동선계획

1. 고객 동선
  ① 고객 동선은 길게 유도하여 매장의 진열효과를 높임
  ② 고객을 위한 통로폭은 최소 900mm 이상

2. 종업원 동선
  ① 되도록 짧게 하고 보행거리를 작게 하여 작업 효율성 및 피로 감소 고려
  ② 고객동선과 교차되지 않도록 함
  ③ 종업원 동선의 폭은 최소 750mm 이상

3. 상품 동선: 반입, 보관, 포장, 발송 등의 작업에 필요한 공간 확보

4. 음식점의 동선계획
  ① 고객의 출입과 식자재의 반출입을 명확하게 구분하여 계획
  ② 고객이 식사하는 영역, 음식을 조리하는 영역의 바닥 고저차는 되도록 없도록 함
  ③ 고객을 위한 화장실은 식사공간에서 직접 연결하기보다 로비 등을 통함
  ④ 식전 요리의 흐름과 식후 식기의 흐름을 분리하여 동선 단순화

❷ 평면 배치의 유형 ★★★

평면 배치형	특징	
굴절 배열	• 진열 케이스와 고객동선이 굴절 혹은 곡선으로 구성 • 대면판매와 측면판매 조합으로 구성 • 대상: 양품점, 안경점, 모자점, 문방구점	
직렬 배열	• 통로를 직선으로 계획하여 고객 흐름이 가장 빠름 • 부분별로 상품, 진열이 용이함 • 대량 판매도 가능 • 대상: 침구점, 양품점, 전기용품점, 서점, 식기점	
환상 배열	• 중앙에 소형상품 진열 • 벽에는 대형상품 진열 • 대상: 민예품점, 수예품점 등	
복합형	• 서로 다른 배치형태를 적절히 조합 • 후면에 대면 판매 또는 카운터의 접객 부분이 됨 • 대상: 서점, 피혁제품, 부인복점 등	

표 8.1. 평면배치 유형

❸ **숍프런트**: 점포 내, 외부와의 위치 관계 유형에 따른 분류

분류	특징
개방형	• 전면 개방 구조: 손님이 잠시 머무르거나 많은 곳에 적합 • 서점, 제과점, 철물점, 지물포
폐쇄형	• 벽, 장식창 등으로 차단: 손님이 비교적 오래 머무르거나 적음 • 이발소, 미용실, 보석상, 카메라점, 귀금속상
혼용형	• 개방형과 폐쇄형의 조합형식 • 폐쇄형 혼합형: 개구부 일부개방, 다른 쪽 폐쇄 • 분리형 혼합형: 길 쪽을 개방, 안쪽을 폐쇄

표 8.2. 숍 프런트

❹ 진열창(show window)

1. 진열창의 종류

분류	특징
평형	• 점포 외면에 출입구를 낸 가장 일반적인 형태 • 채광이 좋고 내부를 넓게 사용할 수 있음
돌출형	점포 외관의 일부를 돌출시킨 형으로 특수 도매상에 쓰임
만입형	• 점포 외관의 일부를 만입시킨 형 • 점포내 면적과 자연 채광 감소
홀형	• 만입형에서 만입부를 더욱 넓게 잡아 진열장을 둘러놓은 형식 • 대체로 만입형과 비슷
다층형	• 2층 또는 그 이상의 층을 연속되게 취급한 형 • 가구점, 양복점에 유리

표 8.3. 진열장의 분류

2. 진열창의 크기

① 창대의 높이: 0.3~1.2m 정도(보통 0.6~0.9m)

② 유리의 크기: 높이 2.0~2.5m 정도(그 이상은 비효율적)

③ 진열 높이: 스포츠 용품, 양화점은 낮게, 시계 귀금속은 높게 함

④ 가장 눈길을 끄는 상품은 사람의 눈높이보다 약간 낮게 함

3. 진열창의 반사 방지 계획

(1) **주간 시**: 외부 조도가 내부의 10~30배일 때는 반사가 일어남(현휘 발생)

   ① 진열창 내의 밝기를 외부보다 더 밝게 함(천공이나 인공조명 사용)

   ② 차양을 달아 외부에 그늘을 준다(만입형이 유리).

   ③ 유리면을 경사지게 하고 특수 곡면유리 사용

   ④ 건너편 건물이 비치는 것을 방지하기 위해 가로수 식재

(2) **야간 시**: 광원에 의한 반사가 생김

   ① 광원을 가림

   ② 눈에 입사하는 광속을 적게 함

(3) **내부 조명**

   ① 상점 내부의 전반조명과 주력 상품을 돋보이게 하는 국부조명 병용

   ② 바닥면 상의 조도: 최저 150lux, 300lux 정도가 적당

   ③ 주광색의 전구를 필요로 하는 상점: 의류품점, 약국

5 진열장(show case)

1. 배치 고려사항 *

   ① 고객 쪽에서 상품이 효과적으로 보이게 함

   ② 고객에게 감시한다는 인상을 주지 않도록 함

   ③ 고객과 종업원의 동선을 원활히 하여 다수의 고객을 수용, 소수의 종업원으로 관리하기 편하도록 함

   ④ 들어오는 고객과 종업원의 시선이 직접 마주치지 않도록 함

   ⑤ 판매와 지불의 종업원 동선을 짧게 함

2. 진열장의 크기: 상점에 따라 각각 다르지만 동일 상점의 것은 규격을 통일할 것

제3절 세부계획

① 상점의 방위

① 부인용품점 : 오후에 그늘이 지지 않는 방향
② 식료품점 : 강한 석양은 상품을 변색시킴(서향을 피할 것).
③ 양복점, 가구점, 서점 : 가급적 도로의 남측 또는 서측
④ 음식점 : 더운 곳보다 서늘한 곳
⑤ 여름용품점 : 도로의 북측. 남측광선 취입
⑥ 귀금속점 : 하루 중 태양광선이 직사하지 않는 방향이 적합

② 출입구 : 크기는 외여닫이인 경우 0.8~0.9m의 넓이 정도

③ 계단

① 2층 이상을 판매장을 사용할 경우 : 고객 흡인력과 밀접한 관계, 계단 자체가 주요 장식적 요소가 될 수 있음
② 소규모 상점 : 경사도가 너무 낮으면 매장 면적을 감소시킴.
③ 상점의 깊이가 깊을 경우 : 측벽에 따라 계단을 설치. 정방형에 가까운 평면일 경우 중앙에 설치

CHAPTER 09 쇼핑센터

제1절 | 쇼핑센터의 분류

① 규모에 따른 분류

① 근린형 쇼핑센터: 지역 밀착형. 슈퍼마켓 등 일용품 위주의 소규모 쇼핑센터
② 커뮤니티형 쇼핑센터: 대형 마트, 소형 백화점
③ 지역형 쇼핑센터: 의류, 귀금속, 전자제품 등을 포함한 대규모 쇼핑센터
④ 쇼핑센터의 규모: 근린형 < 커뮤니티형 < 지역형

② 입지에 따른 분류

① 교외형: 어느 정도 설정된 상권의 사람들을 구매층으로 삼음. 교외의 간선도로에 면하여 입지. 단지차원의 계획으로 대규모 주차장을 갖고 있음
② 도심형: 불특정 다수의 사람들을 구매층으로 함. 지가가 높은 지역에 위치하므로 대부분 고층의 형태
③ 시티센터(city center)형: 뉴타운의 중심부에 조성하고 비교적 대규모의 형태로 계획

제2절 | 공간구성요소 ★

① 핵상점: 쇼핑센터의 핵으로 고객을 끌어들이는 기능. 백화점, 종합 슈퍼마켓

② 전문점: 단일 종류의 상품을 전문적으로 취급. 상점 및 음식점으로 구성

③ 코트

• 고객이 머무를 수 있는 비교적 넓은 공간. 몰의 중간중간에 위치하여 고객의 휴식처가 되며 각종 행사의 장

④ 주차장: 차를 이용하는 고객의 편의와 고객 유치를 위해 필수적

⑤ 몰

• 쇼핑센터 내 주요 보행 동선 고객을 각 상점으로 고르게 유도하며 고객의 휴식처로서의 기능을 함. 동선을 유도하고 방향성과 식별성을 부여함

　① 전문점들과 중심상점의 주출입구는 몰에 면하도록 함

　② 오픈 몰(open mall)과 클로우즈드 몰(closed mall)이 있으며, 공기조화에 의해 쾌적한 상태를 유지할 수 있는 클로우즈드 몰이 선호됨

　③ 몰의 폭은 6~12m가 일반적이며, 몰의 길이는 240m가 한계

　④ 길이 20~30m마다 변화를 주어 단조로운 느낌이 들지 않도록 함

　⑤ 몰은 보행자 지대의 일부이며 보행동선과 휴게기능을 포함함

기출문제 : 상점/쇼핑센터

01 상점 건축계획에 대한 설명으로 옳지 않은 것은? 지12

① 매장계획은 고객 동선과 상품 동선이 서로 교차되도록 하는 것이 상품판매에 유리하다.
② 들어오는 고객과 점원의 시선이 정면으로 마주치지 않도록 한다.
③ 진열장의 반사를 방지하기 위해 진열장 내부의 밝기를 인공적으로 높게 한다.
④ 파사드의 형식은 외부와의 관계에 의할 경우 개방형, 폐쇄형, 중간형으로 분류할 수 있다.

02 쇼핑센터의 몰(mall)에 관한 설명으로 옳지 않은 것은? 지13

① 몰은 고객의 주보행동선으로, 중심상점들과 각 전문점에서 출입하는 곳이므로 확실한 방향성과 식별성이 요구된다.
② 전문점들과 중심상점들의 주출입구는 몰에 면하도록 하며, 자연광을 끌어들여 외부공간과 같게 하고, 시간에 따른 공간감의 변화·인공조명과의 대비효과 등을 얻을 수 있도록 하는 것이 바람직하다.
③ 일반적으로 공기조화에 의해 쾌적한 실내기후를 유지할 수 있는 오픈 몰(open mall)이 선호된다.
④ 일반적으로 몰의 폭은 6~12m이며, 몰의 길이는 240m를 초과하지 않는 것이 바람직하다.

03 상점건축에서 입면 디자인 시 적용하는 AIDMA 법칙에 대한 설명으로 옳지 않은 것은?

국19

① A(Attention, 주의) – 주목시키는 배려가 있는가?
② I(Interest, 흥미) – 공감을 주는 호소력이 있는가?
③ D(Describe, 묘사) – 묘사를 통해 구체적인 정보를 인식하게 하는가?
④ M(Memory, 기억) – 인상적인 변화가 있는가?

해설 01 ① 02 ③ 03 ③

01 ① 고객 동선과 상품 동선은 교차되면 안 됨.
• 상품 보충/재고 관리를 위한종업원 동선은 고객 동선과 분리해야 효율성과 안전 확보 가능
• 교차될 경우 혼잡, 사고 위험 증가
• 고객과 점원의 시선 마주침 회피 → 구매 심리 유도 측면에서 바람직
• 진열장 내부 조명 밝게 → 반사 방지 목적

02 ③ 오픈 몰(open mall)은 옥외형 몰로, 실내 공기조화가 어려움. 인클로즈드 몰(closed mall)이 일반적

03 AIDMA는 소비자 행동 5단계 이론
• A : Attention(주의)
• I : Interest(흥미)
• D : Desire(욕망)
• M : Memory(기억)
• A : Action(행동)
→ 앞글자만 맞게 다른 단어로 출제하는 경향 있으니 주의

04 상점건축 계획에 대한 설명으로 옳지 않은 것은? 지15

① 상점의 부대부분은 상품관리공간, 점원후생공간, 영업관리공간, 시설관리공간, 주차장으로 구성되어 있다.

② 상점 진열창의 빛 반사를 방지하기 위해서 진열창 외부의 조도를 내부보다 밝게 한다.

③ 상점의 평면배치 형식 중 직렬배열형은 통로가 직선으로 계획되어 고객의 흐름이 빠르며 부분별로 상품 진열이 용이하다.

④ 진열창 내부조명은 전반조명과 국부조명이 쓰인다.

05 상점의 건축계획에 대한 설명으로 옳지 않은 것은? 지23

① 평면형식 중 환상배열형은 중앙에 소형 상품을, 벽면에 대형 상품을 진열하는 데 적합하다.

② 고객 동선은 가능한 한 길게, 종업원의 동선은 가능한 한 짧게 하는 것이 합리적이다.

③ 측면판매 방식은 충동적 구매와 선택이 용이하지만, 판매원을 위한 통로 공간으로 인해 진열면적이 감소한다.

④ 매장계획 시 고객을 감시하기 쉬우나, 고객이 감시받고 있다는 인상을 주지 않도록 한다.

06 상업시설의 에스컬레이터 배치형식에 대한 설명으로 옳지 않은 것은? 국25

① 병렬식 배치에는 단층식과 연층식이 있다.

② 직렬식 배치는 승객의 시야가 한쪽 방향으로 고정된다.

③ 병렬식 배치는 매장 내부를 내려다보는 것이 용이하다.

④ 교차식 배치는 타 형식에 비해 점유면적이 크다.

07 상점의 진열장 배치 유형에 대한 설명으로 옳지 않은 것은? 국25

① 굴절배열형은 진열장의 배치와 고객의 동선이 굴절 또는 곡선으로 구성된 것으로 대면판매와 측면판매의 조합으로 구성된다.

② 직렬배열형은 통로가 직선으로 되어 있고 진열이 용이하지만 대량 판매형식이 불가능하고 주로 수예품점, 민예품점 등의 소형상점에 적합한 형식이다.

③ 환상배열형은 진열장을 직선 또는 곡선에 의한 환상 형태로 배치하는 형식이다.

④ 복합형은 여러 유형을 조합시킨 형식으로 매장의 뒷부분은 대면판매 또는 카운터의 접객부분으로 계획한다.

08 다음 중 사무소 건축에서 코어계획에 관한 내용 중 옳은 것은? 사무소 복습 서15

① 계단과 엘리베이터는 근접시키되 회장실은 가급적 이격시킨다.

② 코어 내의 공간과 임대사무실 사이의 동선을 길게 한다.

③ 방문자를 위해 건물출입구 홀이나 복도에서 화장실 내부가 명확히 들여다보일 수 있게 한다.

④ 코어 내의 각 공간이 각 층마다 같은 위치에 있게 한다.

09 건축디자인 프로세스에서 프로그래밍에 대한 설명으로 옳지 않은 것은? 총론 복습 지19

① 프로그래밍은 건축설계의 전(前) 단계로 설계작업에 필요한 정보를 분석·정리하고 평가하여 체계화시키는 작업이다.

② 프로그래밍은 목표설정, 정보수집, 정보분석 및 평가, 정보의 체계화, 보고서 작성의 순서로 진행된다.

③ 프로그래밍의 과정은 프로젝트 범위에 대한 정확한 정의와 성공적인 해결방안을 위한 기준을 설계자에게 제공하는 것이다.

④ 프로그래밍은 추출된 문제점들을 해결(problem solving)하는 종합적인 결정과정이다.

10 〈보기〉에서 건설정보모델링(BIM; Building Information Modeling)의 특징으로 옳은 항목을 모두 고른 것은? 총론 복습 서19

─〈보기〉─

ㄱ. 설계 단계에서 공사비 견적에 필요한 정확한 물량과 공간 정보 추출이 가능하다.

ㄴ. 다양한 설계 분야 전문가들과 협업이 가능하며, 시공 전 설계 오류 및 누락을 발견할 수 있다. 따라서, 설계 및 시공상 문제들에 대한 빠른 대응이 가능하다.

ㄷ. 건설정보모델링의 개념은 객체 속성이 없는 설계 시각화용 3차원 디지털 모델을 포함한다.

ㄹ. 에너지 효율과 지속 가능성을 사전 평가하고 향상시킬 수 있다.

① ㄱ, ㄴ, ㄷ   ② ㄱ, ㄷ, ㄹ

③ ㄱ, ㄴ, ㄹ   ④ ㄴ, ㄷ, ㄹ

해설   04 ②   05 ③   06 ④   07 ②   08 ④   09 ④   10 ③

04 ② 진열창 외부보다 내부의 조도를 더 밝게 해야 내부 상품이 눈에 잘 띄고 빛 반사도 감소함.

05 ③ 측면판매 방식은 충동적 구매와 선택이 용이하지만, 판매원의 위치를 정하기 어렵다.
• 측면판매: 충동적 구매와 선택이 용이. 진열면적 커짐. 판매원 위치 불안정
• 대면판매: 판매원 통로면적이 필요하여 진열면적 감소. 상품설명 용이, 포장 및 계산 편리

06 • 교차식 배치는 점유 면적이 작음
• 병렬식: 단속형(단층식), 연속형(연층식)
• 직렬식: 승객 시야 확보 유리, 한 방향 고정

07 • 직렬배열: 대량 판매형식 가능
• 환상배열: 수예품점, 민예품점 등 소형상점

08 ④ 코어는 수직 이동 동선이므로 각 층 동일한 위치에 계획해야 효율적임
→ 설비, 구조, 피난계획도 일관성 유지 가능
① 회장실도 주요 코어 근처에 위치해야 동선 효율 좋음
② 코어와 임대공간 간 동선은 최단 거리 확보해야 함
③ 화장실은 보이지 않게 설계하는 것이 원칙

09 ④ 프로그래밍은 문제 정의(problem seeking)단계 → 해결(problem solving)은 설계 단계에서 수행됨.

10 ㄷ: BIM은 객체 속성이 포함된 모델임. 단순 시각화 모델은 BIM 아님

CHAPTER
10 백화점

1 백화점의 종류 : 입지조건에 따라 도심 백화점, 터미널 백화점, 쇼핑센터로 구분

종류	특징
도심 백화점	도심에 위치하며 대규모의 풍부한 상품을 취급함
터미널 백화점	• 교외 교통망, 시내 교통망의 접속점을 중심으로 한 상업지구에 있음 • 여객을 대상으로 하며 터미널 업무에 지장이 없는 범위 내에서 터미널을 입체화하여 상품 및 음식을 판매함
쇼핑센터	• 교외 주택지의 교통 중심지에 설치되는 것 • 미국에서 발달한 백화점 형식 2~3층의 저층 • 대규모이며 넓은 주차장을 갖음

표 10.1. 백화점의 분류

2 백화점 건축의 구성 : 고객권, 판매권, 종업원권, 상품권의 4가지로 구분

분류	기능
고객권	• 고객용 출입구, 통로, 계단, 휴게실, 식당 등 서비스 시설 부분 • 대부분 판매권 등 매장에 결합됨 • 종업원권과 접함
판매권	• 백화점의 가장 중요한 부분인 매장 　− 상품을 전시하며 영업하는 장소 • 고객의 구매욕을 환기시키고, 종업원에 대해서도 능률이 좋은 작업환경을 조성할 수 있도록 함
종업원권	• 종업원의 입구, 통로, 계단, 사무실, 식당 등 • 고객권과는 별개의 계통으로 독립되어 매장 내에 접함 • 매장 외에 상품권과 접해야 함
상품권	• 상품의 반입, 보관, 배달, 배송을 행하는 계층 • 판매권과 접하며 고객권과는 절대 분리하여야 함

표 10.2. 백화점의 건축구성

❸ 기본계획 고려사항

① 정방형에 가까운 장방형으로 계획하는 것이 유리

② 기본 기둥간격은 최소 6m × 6m

③ 고객동선은 길게, 종업원 동선을 짧게 함

④ 창문을 통한 환기나 자연채광보다는 기계를 통한 환기, 인공조명을 사용

제2절 평면계획

❶ 면적구성

1. 연면적 : 영업목적으로 사용하는 부분을 지칭하며 판매부분과 이를 지원하는 부대관리 부분으로 구성

① 접객부 : 매장을 중심으로 하여 부수되는 각 실

② 관리부 : 상품의 수, 발송 기타 영업용 사무실

2. 매장 면적비

(1) 연면적에 대해 60~70% 정도(소규모의 경우 : 80% 정도)

(2) **순매장 면적은 연면적에 대해 50% 정도**

① 가구배치 소요면적 : 매장 면적의 50~70%

② 순교통에 필요한 면적 : 매장 면적의 30~50%

❷ 기둥간격

1. 결정요소

① 진열대 치수와 배치 방법

② 엘리베이터, 에스컬레이터 등의 크기, 개수, 설치 유무

③ 지하 주차장의 수용 능력(주차 방식과 주차 폭)

④ 건축물의 적용 구조제

2. 기둥 간격 치수

① 일반적 : 6m × 6m 정도의 직교형

② 실용적 : 7~8m 정도 – 최근 대형 백화점에서 많이 사용(8.1~8.5, 9m)

③ 이상적 : 3대 주차 가능 간격

❸ 매장계획

1. 매장의 종류

① 일반 매장 : 넓게 자유형식으로 여러 층에 같은 형식으로 구성

② 특수 매장 : 일반 매장 안에 배치됨

2. 통로의 폭

① 매대 앞에 손님이 서 있을 때 45~60cm, 1인 통행마다 60~70cm 가산

② 일반적인 통로폭 : 1.8m 이상

③ 주 통로의 폭 : 2.7~3m 이상

3. 진열 형식 ★★★

종류	배치의 특징
직각 배치	• 가장 간단한 배치. 가구와 가구 사이를 직교하여 배치 • 직각의 통로가 나오도록 함 • 경제적이고 판매장 면적을 최대한 이용 • 단조로운 배치, 통행량에 따른 폭의 변화가 어려움 • 국부적 혼란을 가져올 수 있음
사행 배치	• 주 통로는 직각 배치하고, 부 통로는 주 통로에 45도 경사지게 배치하는 방식(통로폭 조절 용이) • 수직동선에 접근이 쉽고, 매장 구석까지 가기 쉬움 • 진열장의 다양한 크기가 요구되고, 이형의 매대 필요
유선형 배치	• 고객의 유동 방향에 따라 자유로운 곡선의 통로를 배치 • 전시에 변화를 주고 판매장의 특수성 살릴 수 있음 • 판매대나 유리 케이스를 특수고안 해야 하므로 고가 • 매장의 변경 및 이동이 곤란
방사형 배치	• 판매장의 통로를 방사형이 되도록 배치 • 일반적 적용 곤란

표 10.3. 매장 진열 배치 유형

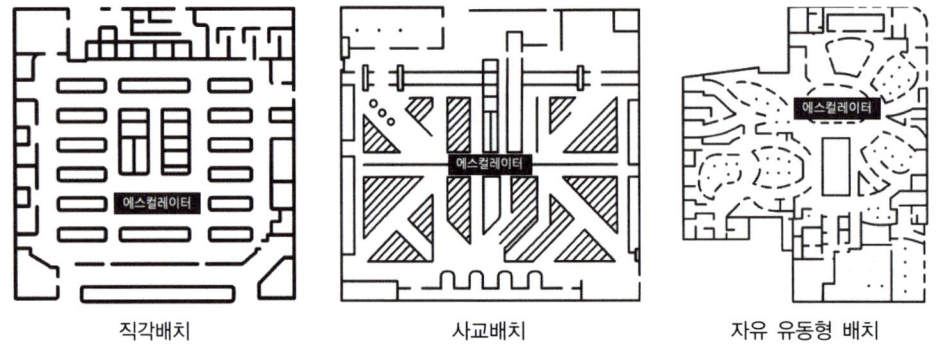

직각배치　　　　사교배치　　　　자유 유동형 배치

그림 10.1. 백화점의 진열 배치형식

제3절 | **세부계획**

1 **무창건축** : 실내 진열 면적을 늘리고 분위기 조성을 위해 백화점 외벽을 창이 없게 처리하는 방식

1. 장점

① 창의 역광으로 인한 내부 의장에 있어 불리한 요소 제거 가능

② 외부 벽면의 상품 전시가 가능하므로 매장 배치상 유리

③ 매장 내의 냉·난방 효과가 증대

2. 단점 : 화재나 정전 시 고객들이 큰 혼란에 빠질 우려 있음

2 **매장계획**

① 사람의 시선은 좌우로 움직이는 경향이 있음. 위 아래로 높이차를 두고 상품을 진열하면 진열된 다른 상품을 못 보고 지나치게 하는 경우 생김

② 따라서 동일층에서는 수평진열을 통해 한눈에 여러 상품이 보일 수 있도록 하여 구매력을 높임

제4절 | **설비계획**

1 **조명계획**

1. 옥외조명 : 백화점이 밝게 보이기 위해서도 필요하지만, 외관 구성에도 중요한 역할을 함

2. 옥내조명

① 쇼 윈도우의 조명 : 글레어가 생기지 않도록, 배경으로부터의 반사를 피할 수 있도록 함

② 전체를 균등하게 비추는 방법과 조화를 이루는 방식, 일부를 강조하는 방식이 있음

3. 판매장의 조명

① 직접 조명 : 효율은 좋으나 조도가 높아 불쾌감을 주는 경우가 있음

② 반 간접 조명 : 가장 많이 사용되는 방식. 간접 조명의 프레임으로 루버를 많이 사용함

③ 간접 조명 : 조명으로서는 부드럽고 그림자를 만들지 않아 좋지만, 상품을 강조할 수 없음. 부분 조명과 병용하는 것이 바람직

④ 부분 조명 : 조명에 강조를 하는 것. 상품 전시를 대상으로 한 국부 조명을 사용함

2 엘리베이터

① 에스컬레이터와 병용하는 경우 고객의 75~80%는 에스컬레이터를 사용하므로 최상층으로의 급행용 이외에는 보조적 역할이 됨

② 크기: 연면적 2,000~3000m²에 대해 15~20인승 1대 정도를 설치

③ 위치: 출입구의 반대쪽에 위치시킴. 대형 백화점은 중앙배치

④ 배치: 가급적 집중배치. 1대의 수용력을 크게 하여 고객용, 화물용, 사무용으로 구분 배치함

3 에스컬레이터 반드시 기억★★★★★

1. 필요성

① 고객의 70~80%가 이용하며 엘리베이터 수송능력의 10배

② 4대 이상의 엘리베이터를 필요로 할 때, 또는 2,000인/h 이상의 수송력을 필요로 할 때는 엘리베이터보다는 에스컬레이터 설치가 유리함

2. 장점

① 수송력에 비해 점유면적 작다(엘리베이터의 1/4~1/5 정도)

② 고객이 기다리지 않아도 됨

③ 매장을 바라보며 승강 가능

3. 단점

① 설비비가 고가

② 층고와 보의 간격에 제약

4. 에스컬레이터의 배치 형식

배치 형식	고객의 시야 및 특징	점유 면적	단면
직렬식	• 시야가 넓어짐 • 시선은 한 방향으로 고정되기 쉬움	가장 큼	
병렬 단속식	백화점 내를 내려다 보기 좋음	큼	

병렬 연속식	• 승강, 하강이 연속적, 독립적 • 승강장 찾기가 용이함	작음	
교차식	• 연속적 승강이 가능 • 매장의 전망이 가장 나쁨	가장 작음	

표 10.4. 에스컬레이터 배치방식

④ 계단

① 승강설비의 보조적 수단

② 유사시 비상계단으로 계획

01 백화점 건축계획에 대한 설명으로 옳은 것은? 지12

① 동선계획에서 스퀘어 타입(square type)은 매장의 직각배치에 적합한 동선계획이다.
② 평면계획의 기본은 기둥간격으로, 5m × 5m 또는 5.6m × 5.6m를 사용한다.
③ 동선계획 유형인 바이어스 타입(buyers type)은 30° 구성에 의해 상품진열이 배치된다.
④ 병렬 연속식 에스컬레이터의 배치는 협소한 면적공간에서 가장 효율적인 배치방법이다.

02 백화점의 수직 동선계획에 대한 설명으로 옳지 않은 것은? 지23

① 에스컬레이터는 전체 연면적에 대한 점유율이 높고 설치비용이 많이 든다.
② 엘리베이터는 에스컬레이터에 비해 수송량 대비 점유면적이 작아 가장 효율적인 수송 수단
  이다.
③ 에스컬레이터는 엘리베이터에 비해 고객의 대기 시간이 짧으며 수송 능력이 좋다.
④ 엘리베이터는 가급적 집중배치하고, 고객용, 화물용, 사무용으로 구분한다.

03 백화점 건축계획에서 에스컬레이터에 대한 설명으로 옳은 것은? 국20

① 엘리베이터에 비해 점유면적이 크고 승객 수송량이 적다.
② 직렬식 배치는 교차식 배치보다 점유면적이 크지만, 승객의 시야 확보에 좋다.
③ 교차식 배치는 단층식(단속식)과 연층식(연속식)이 있다.
④ 엘리베이터를 2대 이상 설치하거나 1,000인/h 이상의 수송력을 필요로 하는 경우는 엘리
  베이터보다 에스컬레이터를 설치하는 것이 유리하다.

04 백화점 판매 매장의 배치형식 계획에 대한 설명으로 옳은 것은? 지20

① 직각배치는 판매장 면적이 최대한으로 이용되고 배치가 간단하다.
② 사행배치는 많은 고객이 판매장 구석까지 가기 어렵다.
③ 직각배치는 통행폭을 조절하기 쉽고 국부적인 혼란을 제거할 수 있다.
④ 사행배치는 현대적인 배치수법이지만 통로폭을 조절하기 어렵다.

05 에스컬레이터에 대한 설명으로 옳지 않은 것은? 국16

① 건물 내 교통수단 중의 하나로 40° 이하의 기울기를 가진 계단식 컨베이어다.

② 디딤바닥의 정격속도는 30m/min 이하로 한다.

③ 엘리베이터에 비해 점유면적당 수송능력이 크다.

④ 직렬식, 병렬식, 교차식 배치 중 점유면적이 가장 작은 것은 교차식이다.

06 쇼핑센터의 건축물에서 작은 규모에서 큰 규모의 순서로 옳은 것은? 서26

① 커뮤니티형 쇼핑센터 < 근린형 쇼핑센터 < 지역형 쇼핑센터

② 근린형 쇼핑센터 < 커뮤니티형 쇼핑센터 < 지역형 쇼핑센터

③ 지역형 쇼핑센터 < 커뮤니티형 쇼핑센터 < 근린형 쇼핑센터

④ 근린형 쇼핑센터 < 지역형 쇼핑센터 < 커뮤니티형 쇼핑센터

07 백화점계획에 대한 설명으로 옳지 않은 것은? 국14

① 계단은 엘리베이터나 에스컬레이터와 같은 승강설비의 보조용이며, 동시에 피난계단의 역할을 한다.

② 부지의 형태는 정사각형에 가까운 직사각형이 이상적이다.

③ 고객의 편리를 위하여 엘리베이터를 주 출입구에 가깝게 설치한다.

④ 판매장의 직각배치는 매장면적을 최대한 이용하는 배치방법이다.

해설   01①   02②   03②   04①   05①   06②   07③

01 ① 스퀘어 타입은 중앙 홀 중심의 직각 배치가 가능하고, 고객 동선도 체계적으로 유도되므로 대규모 백화점에서 자주 사용됨.
② 일반적인기둥 간격은 6m×6m 또는 7.2m, 8.4m 등 다양한 간격이 활용되며, 5m×5m는 다소 좁은 편
③ 바이어스 타입은 45° 대각선 배치로 진열이 특징
④ 병렬 연속식 에스컬레이터는 공간을 많이 차지하므로 협소한 공간에서는 비효율적

02 ② 백화점처럼 연속 이동이 필요한 공간에서는 에스컬레이터가 수송 효율이 더 좋음

03 ① 에스컬레이터는 수송량이 엘리베이터보다 많고 수송량 대비 점유면적 작음
③ 병렬식 배치는 단층식(단속식)과 연층식(연속식)으로 구분
④ 엘리베이터를 4대 이상 설치하거나, 수송력 2,000인/h 이상 필요할 경우는 연속적인 흐름을 유도할 수 있는 에스컬레이터가 유리함

04 ① 직각배치는 구조가 단순하며, 매장 면적을 최대한 활용가능
→ 백화점 및 대형마트 등에서 기본적으로 채택되는 배치형식
② 사행배치는 고객이 자연스럽게 구석까지 유도됨. 고객 체류시간 증가
③ 통행폭 조절 및 국부적 혼잡 제거는 사행배치에 더 적합
④ 사행배치는 통로폭 조정이 가능하며, 현대식 매장에서 자주 사용됨

05 ① 에스컬레이터의 기울기는 30° 내외가 일반적

06 • 근린형(Neighborhood) : 소형, 일용품 중심
• 커뮤니티형(Community) : 중간규모, 약국, 패션, 잡화
• 지역형(Regional) : 대형, 백화점, 대형마트 포함

07 ③ 엘리베이터는 중간 홀, 스카이 로비 등 분산 배치가 바람직

CHAPTER 11 학교 건축

제1절 계획의 일반 사항

1 교지계획

1. 교지의 형태와 비율: 정형에 가까운 직사각형. 장·단변비 4 : 3 유리. 3 : 2, 5 : 4 정도도 양호함

2. 교사 외부공간 고려사항

① 소음 차단뿐 아니라 일조, 통풍 환경도 고려하여야 함

② 운동장의 높이는 교사의 높이보다 약간 낮게 계획

③ 식수대는 운동장보다 보도나 도로에 접한 것에 두는 것이 관리에 적합

④ 운동장의 일부는 비가 개인 후 즉시 사용 가능하도록 함

⑤ 운동장에서 접근할 수 있는 옥외화장실 계획

⑥ 교사와 간선도로 사이에는 적정한 완충용 이격공간을 두어야 함

2 교사계획

1. 교사의 방위: 정남 > 남남동 > 남남서

2. 배치 형태 반드시 기억★★★★★

(1) 폐쇄형

① 운동장을 남쪽에 두고 북쪽에서부터 건축

② ㄴ, ㅁ형으로 완결지어 가는 종래의 일반적 형식

장점	단점
대지의 효율적 이용이 가능함	• 화재 및 비상시에 불리함 • 운동장에서 교실로의 소음이 큼 • 교사 주변에 활용되지 않는 부분이 많음 • 일조, 통풍 등 환경 조건이 불균등

표 11.1. 폐쇄형 배치의 장단점

(2) 분산병렬형(핑거플랜 : finger plan)

장점	단점
• 일조, 통풍 등 환경 조건이 균등 • 구조 계획이 간단하고 규격형의 이용에 편리함 • 각 건물 사이는 놀이터와 정원으로 이용	• 넓은 대지를 필요로 함 • 편복도일 경우 복도면적이 크고 단조로움

표 11.2. 핑거플랜 배치의 장단점

(3) 집합형

① 인구 증가에 따라 교육 시설의 지역계획 실행

② 교육 구조에 따른 유기적 구성이 가능함

③ 동선이 짧아 학생 이동이 유리함

④ 물리적 환경이 좋음(자연적 환경은 불리해짐)

⑤ 시설물을 지역사회에서 이용할 수 있는 다목적 계획이 가능

(4) 클러스터형

① 팀티칭에 유리

② 중앙에 공용공간 위치. 외곽에 특별교실, 학년별 교실을 배치

③ 동선이 명확하게 분리됨

④ 운동장으로부터 교실로의 소음전달 적음

⑤ 교사동 사이의 놀이 공간 구성이 용이함

표 11.3. 교사의 배치형태

3. 교사의 층수 계획

① 원칙적으로 초등학교 교사는 고층화 될 수 없음

② 다층 교사 : 저학년은 1층, 고학년 이상은 2층 이상에 배치함

③ 단층 교사 : 위급 시 피난, 교실로의 직접출입, 실외활동, 채광 및 환기 유리

4. 교사의 면적 기준

① 통로 계통의 점유면적은 교사 면적의 30% 정도로 할당

② 학생수가 아닌 학급 수 단위로 기준을 설정

③ 동일 규모라도 교과운영방식에 따라 교실 수가 다름

제2절 | 운영방식 및 교실의 이용

① 학교의 운영 방식 ^{반드시 기억}★★★★★

1. U(A형) - 종합교실형

(1) 운영방식 및 특징

① 교실수는 학급수에 일치

② 각 학급은 자기 교실에서 모든 학습을 함

③ 초등학교 저학년에 가장 적당한 형(학생의 이동 없음), 이용률 높고 순수율 낮음

④ 외국의 경우 1~2개의 화장실을 부속하는 경우도 있음

(2) 장점과 단점

장점	단점
• 학생의 이동은 전혀 없음 • 가정적인 학급 분위기 조성	초등학교 고학년 이상에는 무리가 있음

표 11.4. 종합교실형의 장단점

2. U + V형 - 일반 교실형 + 특별 교실형

(1) 운영방식 및 특징

① 일반 교실이 각 학급에 하나씩 배당되고, 여기에 특별교실을 함께 운영

② 우리나라 학교의 70%가 채택하고 있는 운영방식

③ 초등학교 고학년에 적합

(2) 장점과 단점

장점	단점
• 전용 학급 교실이 주어짐 • 홈룸 활동 및 학생의 소지품 보관 등을 안정적으로 할 수 있음	• 특별교실을 확충하면 일반교실의 이용률이 떨어짐 • 시설의 정도를 높일수록 비경제적

표 11.5. U+V형의 장단점

3. V형 – 교과교실형 ★

(1) 운영방식 및 특징

① 모든 교실이 특정한 교과를 위해 만들어지고 일반 교실은 없음

② 이동에 대비해서 소지품을 보관할 장소(홈베이스 필요), 이동 동선을 주의해야 함

(2) 장점과 단점

장점	단점
각 교과에 순수율이 높은 교실이 주어져 시설의 활용도가 높음	• 학생의 이동량이 상당히 많아짐 • 순수율을 100%로 하면 이용률이 반드시 높다고 할 수는 없음

표 11.6. V형의 장단점

4. E형 – U+V형과 V형의 중간

(1) 운영방식 및 특징

① 일반 교실의 수는 학급수보다 적고, 특별교실의 순수율은 반드시 100%가 되지 않음

② 학생들의 생활환경이 안정적일 수 있도록 소지품 보관과 이동동선을 충분히 고려하면 장점을 살릴 수 있음

(2) 장점과 단점

장점	단점
이용률을 상당히 높일 수 있으므로 경제적임	학생의 이동이 상당히 많음

표 11.7. E형의 장단점

5. P형 – 플래툰형

(1) 운영방식 및 특징

① 전 학급을 2분단으로 나누고, 한편이 일반교실을 사용할 때, 다른 한편은 특별교실을 사용함

② 일반교실에 있는 동안은 이동하지 않음

③ 분단 교체는 점심시간을 이용할 수 있도록 함

④ 미국의 초등학교에서 과밀 해소를 위해 실시하기 시작

(2) 장점과 단점

장점	단점
• E형 정도로 교실 이용률을 높이면서도 학생들의 이동을 적절히 조절할 수 있음 • 교과 담임제와 학급 담임제를 병용할 수 있음	• 교사의 수가 부족하거나 적당한 시설이 없으면 설치하지 못함 • 시간을 배당하는데 상당한 노력 요구됨

표 11.8. P형의 장단점

6. D형 - 달톤형

(1) 운영방식 및 특징

① 학급 및 학년을 없애고 학생들은 각자의 능력에 따라 교과를 선택함

② 일정한 교과의 이수가 끝나면 졸업함

③ 사설학원, 야간 외국어 학원, 직업학교, 입시학원

④ 하나의 교과에 출석하는 학생수가 일정하지 않으므로 같은 형의 학급 교실을 몇 개 설치하는 것은 부적절

⑤ 다양한 크기의 교실을 설치하여야 함

7. 개방학교 - open plan

(1) 운영방식 및 특징

① 학급 단위의 수업을 부정하고 개인의 능력, 자질에 따라 편성

② 경우에 따라서는 무학년제로 운영하여 다양한 학습활동을 운영

③ 기존의 교실보다 넓고 변화가 많은 공간 구성이 있음

④ 팀티칭(Team-teaching)방식 채택

⑤ 일반화시키기는 어렵고, 저학년이나 유치원 등에서 일부 적용하거나 전체 학급 중 일부를 이러한 방식으로 채용해 볼 만함

(2) 장점과 단점

장점	단점
• 각자의 흥미, 능력 자질 등에 의해 그룹핑 되고 참여 가능 • 잘 적용하면 가장 좋은 방법이 될 수 있음	변화무쌍한 커리큘럼에 충분히 대응할 수 있는 교원의 자질과 교재, 기자재의 활용이 전제되어야 함

표 11.9. 개방학교의 장단점

❷ 이용률과 순수율 ★★

1. 이용률

$$이용률 = \frac{교실이\ 사용되고\ 있는\ 시간}{1주간\ 평균\ 사용시간} \times 100(\%)$$

2. 순수율

$$순수율 = \frac{일정한\ 교과를\ 위해\ 사용되는\ 시간}{그\ 교실이\ 사용되는\ 시간} \times 100(\%)$$

제3절 │ 교실계획

① 블록플랜(Block plan) ★★

1. 교실 배치

① 일반 교실의 양끝에 특별교실을 붙이는 것은 좋지 못함

② 특별교실군은 일반교실과 분리하고 고학년 교실군에 인접

③ 특별교실, 일반교실은 환기와 채광을 고려하여 외주부에, 공용부분은 접근성을 고려해 중앙부에 배치

2. 학년별 계획

① 저학년은 1층에 위치시키고, 타 학년 접촉을 적게 하도록 함

② 저학년과 고학년 교실군은 분리배치하고, 출입구도 분리함

③ 저학년의 경우 종합교실형이 이상적임

④ 고학년의 경우 U+V형의 운영방식이 이상적임

② 교실의 유닛

1. 편복도형 : 복도 폭 1.8m 이상, 통풍, 채광상 중복도식보다 유리함

2. 중복도형 : 복도 폭 2.4m 이상

3. 특수 배치

① 엘보 엑세스형 : 복도를 교실에서 떨어지게 배치하여 교실에 접근하는 연결통로를 통해 ㄱ자로 꺾어서 접근함

② 클러스터형 : 여러 개의 교실을 소단위로 그루핑하여 배치

장점	단점
• 학습의 순수율이 높음 • 각 교실이 외부와 접하는 면적 넓음 • 학년단위, 교실단위 독립성 올라감 • 마스터플랜의 융통성 커짐	• 넓은 교지를 필요로 함 • 관리부와의 동선이 길어짐 • 운영비가 많이 듦 • 교실 하나만의 증축이 불가능

표 11.10. 클러스터형의 장단점

③ 특별교실

① **과학 실험실** : 실험 실습을 위한 전기, 가스, 급배수 설비를 갖추고, 가급적 저층에 설치. 환기에 유의하며 유독가스 배출을 위한 트랩 챔버 설치

② **지학교실** : 장기간의 기상관측 등을 고려하여 교정 가까이 배치

③ **음악교실** : 타 교실을 소음방지를 위한 방음처리가 중요하고, 강당에 가까울수록 좋음. 적당한 잔향을 가질 수 있도록 흡음재와 반사재 적절히 사용

④ **도서실** : 학교 모든 곳으로부터 이용이 편리한 위치로 하고, 개가식으로 함

⑤ **미술실** : 균일한 조도를 얻기 위해 북측채광이 바람직함

⑥ **홈룸(home room)** : 교과 시간표에 따라 각 교과교실로 이동하여 수업을 받는 경우 학교생활의 안정성과 소지품 보관 등을 해결을 위해 설치함

④ 교실 계획 시 고려사항 _{반드시 기억★★★★★}

1. 채광 및 조명 계획

① 채광창의 유리 면적은 교실면적의 1/4 이상(법규상 1/10 이상) 최저 1/5 이하가 되지 않도록 하는 것이 좋음

② 교실은 칠판을 향해 좌측 채광이 원칙

③ 칠판의 현휘를 막기 위해 정면의 벽에 접해 1m 정도의 측면 벽을 남김

④ 조명은 실내에 음영이 생기지 않게 칠판의 조도가 책상면의 조도보다 높도록 계획함

2. 색채 계획

① 저학년은 난색계통이 좋고, 고학년은 중성색 또는 한색계열을 많이 사용함

② 음악교실, 미술교실과 같이 창작, 감성적 활동을 위한 교실은 난색계통

③ 반자 : 교실 내 균제도 확보를 위해 80% 이상의 반사율을 갖도록 백색에 가까운 색으로 마감

⑤ 기타계획

1. 계단

(1) 계단의 보행거리

① 내화구조인 경우 : 50cm 이내

② 비내화구조인 경우 : 30cm 이내

(2) **계단의 치수**: 계단의 높이가 3m를 초과할 경우 높이 3m마다 120cm 이상의 계단참 설치

계단의 종류	계단 및 참의 폭	단 높이	단 너비
초등학교의 계단	150cm 이상	16cm 이하	26cm 이상
중고등학교의 계단	150cm 이상	18cm 이하	26cm 이상

표 11.11. 학교의 계단설계

2. 화장실

① 남학생 위생기구 수: 100명당 소변기 4대, 대변기 2대

② 여학생 위생기구 수: 100명당 대변기 5대

③ 화장실은 공용(직원/학생)으로 하고, 각 교실로부터 보행거리 30~50m 이내

3. 실내 체육관

(1) **크기**: 농구코트 크기가 표준

① 초등학교: 리듬(Rhythm)운동을 할 수 있는 넓이

② 중학교: 농구 코트를 둘 수 있는 크기

③ 교육시설의 체육관 천장 높이는 6m 이상으로 함

(2) **배치**: 동서장축으로 하고, 남북으로 채광을 할 수 있도록 함

(3) **강당 겸 체육관**: 체육관의 사용빈도가 높으므로 체육관 위주로 계획

4. 학교시설 복합화

① 학교 부지 내에 문화 복지시설을 짓고 공원 부지에 운동장 조성

② 부족한 도시 내 토지 문제 해결 및 학교 부지의 효율적 이용

③ 지역 주민의 문화 및 복지에 기여

5. 초등학교의 계획

① 초등학교 운동장은 저학년과 고학년으로 구분

② 주차장 계획 시 학생들의 보행동선과 차량동선 분리

CHAPTER 12 유치원

제1절 | 유치원의 일반사항

❶ 학급수 : 3~4 학급 정도, 1학급당 15~20명이 적당

❷ 아동 1인당 면적 : 3~5m², 순수교실 면적은 1.5~2m² 적당함

❸ 유치원의 배치계획 조건

① 세면장과 화장실은 인접 배치
② 남쪽 운동장 : 동적활동
③ 교사는 원칙적으로 단층 건물이나 2층으로 할 때는 교실, 유희실, 화장실은 1층으로 함
④ 교실은 남향 배치

제2절 | 유치원의 평면계획

❶ 보육실과 유희실

1. 보육실

① 30~40명으로 50~60m²
② 4실 이상에서는 유희실 마련할 것
③ 연령별로 정리하여 분산배치하면 유아들에게 편안함을 줌

2. 유희실

① 한 학급당 40명 기준

② 원아 간 간격 80cm

③ 주위 여유공간 1m

④ 무대공간 4m

❷ 유치원 및 보육원의 조닝

① 유아영역(3세 이하)과 아동영역(4~6세)으로 구분하는 것이 중요하고, 각 영역은 연속적으로 구성

② 아동영역은 단계적 확장을 고려할 것

❸ 유치원의 평면 형식

	특징
일실형	• 관리실, 보육실, 유희실을 하나의 실에 집중 • 기능적으로는 좋지만 독립성이 떨어짐
일자형	• 각 교실은 채광이 잘 되고 밝지만 한 줄로 병렬되어 단조로워짐 • 정원 변화가 결여되어 건물과 뜰이 일체되기 어려움
L자형	관리실에서 보육실, 유희실을 바라볼 수 있는 장점이 있음
중정형	중앙의 중정 주위에 관리실과 보육실을 배치, 중정이 놀이터가 될 경우 소음문제 야기할 가능성 있음
독립형	각 실이 독립적이며 자유롭고 여유 있는 평면
십자형	• 유희실을 중앙에 두고 주위에 관리실과 보육실을 배치 • 불필요한 공간이 없어 기능적이고 활동적

표 12.1. 유치원의 평면형식

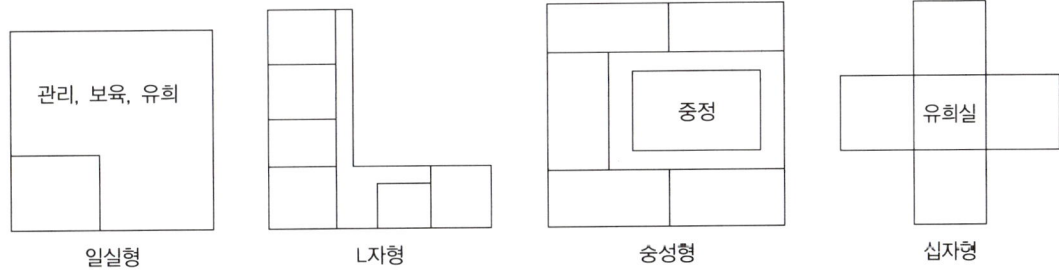

그림 12.1. 유치원의 평면형식

4 기타사항 ★★

① 안전상 단차를 두지 않음. 공간 형태는 다양하게 함
② 실내의 색채는 가능한 적은 색을 조합할 것 – 통일된 분위기 조성
③ 교사의 자료, 청소도구 등을 위한 실은 교실 및 놀이공간에 계획
④ 유치원의 대지 면적은 원아의 수, 생활행위에 따른 공간의 분화 등이 주요 결정 요인
⑤ 원아의 연령비율, 교사 수나 식당의 유무 등은 대지 면적과 관련 없음
⑥ 화장실은 교실과 가깝게 계획하고, 화장실의 변기 수는 원생의 수에 비례하여 설치
⑦ 놀이공간 계획이 개별적 학습공간 계획보다 중요함 – 설계의 주안점
⑧ 유원장은 정적 중간적 동적 놀이공간으로 구분
   – 정적 놀이공간 : 교실 학습의 연장이 되는 공간
   – 중간적 놀이공간 : 고정 놀이기구를 이용하여 놀이활동(시소, 그네 등)
   – 동적 놀이공간 : 흙이나 잔디가 깔린 넓은 공지

기출문제 : 학교 건축/유치원

01 교육시설의 건축계획에 대한 설명으로 옳지 않은 것은? 지23

① 과학교실은 실험 실습을 위한 전기, 가스, 급배수 설비를 갖춘다.

② 미술실은 실내가 균일한 밝기의 조도를 유지할 수 있도록 배치한다.

③ 음악실은 적당한 잔향 시간을 유지하도록 한다.

④ 도서실은 학교의 모든 곳으로부터 접근이 편리한 위치에 있도록 배치하며 이용 활성화를 위해 폐가식으로 운영한다.

02 학교건축계획에서 교과교실형에 대한 설명으로 옳은 것은? 국23

① 각 학급이 전용 일반교실을 가지며 특정 교과는 특별교실을 두고 운영한다.

② 각 교과의 순수율이 높은 교실이 주어지며 시설의 수준이 높아진다.

③ 학생의 이동이 적으며 교실 이용률이 100%라 하더라도 반드시 순수율이 높다고 할 수 없다.

④ 초등학교 저학년에 가장 적합하며 안정적인 생활을 위한 홈베이스가 필요하다.

03 다음과 같은 조건을 가진 어떤 학교 미술실의 이용률[%]과 순수율[%]은? 지22

> 1주간 평균 수업시간은 50시간이다. 미술실이 사용되는 수업시간은 1주에 총 30시간이다. 그 중 9시간은 미술 이외 다른 과목 수업에서 사용한다.

	이용률	순수율		이용률	순수율
①	42	60	②	60	42
③	60	70	④	70	60

해설 01 ④   02 ②   03 ③

01 ④ 도서실은 학교의 모든 공간에서 접근이 편리한 위치에 두는 것이 원칙이나, → '폐가식' 운영은 도서 열람 접근성이 떨어짐. '개가식(open access)'이 이용 활성화에 유리

02 ② 교과교실형은 교과 전용 교실이 배정되며, 실습·전시 등 교과 특화 설비 가능
① U+V형
③ 학생 이동 많음 → 교실 순수율 100%여도 이용률은 낮을 수 있음

④ 초등 저학년은 교과교실형보다 홈베이스 중심 종합교실형이 적합

03 【이용률 60%, 순수율 70%】
• 이용률 = 1주 총 사용시간 / 1주 평균 수업시간
  = 30 / 50 = 60%
• 순수율 = 특정 교과를 위한 이용시간 / 1주 교실 총 이용시간
  = 30 − 9 / 30 = 70%

04 학교건축 학습공간계획에 있어서 열린교실 계획방법으로 옳지 않은 것은? 국22

① 일반교실과 오픈스페이스를 하나의 기본 유닛(unit)으로 계획한다.

② 저 중 고학년별로 그루핑하여 계획한다.

③ 모든 학습과 활동이 일반교실 내에서 긴밀하게 이루어지도록 계획한다.

④ 개방형 또는 가변형 칸막이(movable partition)를 계획한다.

05 학교 운영방식에 대한 설명으로 옳은 것은? 국21

① 종합교실형은 초등학교 고학년에 가장 적합하다.

② 교과교실형은 모든 교실을 특정 교과를 위해 만들어 일반교실은 없으며 학생의 이동이 많은 방식이다.

③ 플래툰형은 학년과 학급을 없애고 학생들은 각자의 능력에 따라 교과를 선택하고 일정한 교과를 수료하면 졸업하는 방식이다.

④ 달톤형은 각 학급을 2분단으로 나누어 한쪽이 일반교실을 사용할 때 다른 한쪽은 특별교실을 사용한다.

06 현대적 학교운영방식인 개방형 학교(open school)에 대한 설명으로 옳지 않은 것은? 지20

① 학생 개인의 능력과 자질에 따른 수준별 학습이 가능한 수요자 중심의 학교운영방식이다.

② 2인 이상의 교사가 협력하는 팀티칭(team teaching)방식을 적용하기에 부적합하다.

③ 공간 계획은 개방화, 대형화, 가변화에 대응할 수 있어야 한다.

④ 흡음효과가 있는 바닥재 사용이 요구되며, 인공조명 및 공기조화 설비가 필요하다.

07 유치원의 세부공간계획에 대한 설명으로 옳지 않은 것은? 지22

① 유희실은 안전성과 방음효과를 고려하여 바닥의 소재를 선정한다.

② 화장실은 교실 내부 또는 가장 가까운 곳에 배치하여 교사가 지도할 수 있도록 한다.

③ 유원장은 정적 놀이공간, 중간적 놀이공간, 동적 놀이공간으로 구분하여 공간을 구성한다.

④ 개인용 물품이나 교재 등을 보관하는 창고는 필수공간이 아니므로 선택적으로 계획한다.

08 유치원 및 보육원의 조닝 계획에 관한 설명으로 적절하지 않은 것은? 지13

① 유아나 아동의 발달단계를 고려하여 공간의 형태를 다양하게 구성해야 한다.

② 유아영역과 아동영역으로 구분하는 것이 중요하며, 각 영역들을 연속적이 아닌 독립적인 체계로 구성한다.

③ 유아영역은 놀이그룹의 인원수 및 그룹수와 생활행위에 따른 공간의 분화를 고려한다.

④ 아동영역은 자체적인 구성에서도 단계적인 확장을 위한 조닝과 구성에 대한 계획을 수립해야 한다.

09 공동주택의 단위주거유형 중 메조넷형(maisonettetype)의 특성으로 옳은 것은?

공동주택 복습 서16

① 하나의 주거단위가 복층형식을 취하는 경우로 단위주거의 평면이 2개 층에 걸쳐있을 때 트리플랙스(triplex type)라고 한다.
② 주거 간의 통로를 상층 혹은 하층에 배치할 수 있어 유효면적이 증가할 수 있다.
③ 통로가 없는 층의 평면은 프라이버시와 통풍 및 채광에 불리하다.
④ 소규모 주택에서는 면적 면에서 유리하다.

10 근린생활권의 위계적 구성 가운데 다음 항목에 해당하는 생활권 체계는? 단지계획 서15

- 가구수는 400~500호
- 인구는 2,000~2,500명 정도
- 단지 내 중심시설은 주로 유치원, 근린상점, 노인정, 독서실, 파출소 등
- 주민 간 교류가 기능한 최소 생활권

① 인보구
② 근린분구
③ 근린주구
④ 근린지구

해설 04 ③ 05 ② 06 ② 07 ④ 08 ② 09 ② 10 ②

04 ③ 열린교실은 오픈스페이스와 가변형 구성으로 외부 활동·통합적 학습 유도함.
→ 종합교실형 : 모든 학습과 활동이 일반교실 내에서 긴밀하게 이루어짐

05 ① 종합교실형은 초등저학년에 적합
③ 달톤형은 학년·학급 없이 능력 중심 교과 선택
→ 수료 후 졸업하는 진보적 시스템
④ 플래툰형은 학급을 2분단으로 나누어 로테이션 하는 형식 → 학급의 과밀 해소

06 ② 개방형 학교(open school)는 팀티칭(Team Teaching) 활용이 활발한 형태

07 ④ 개인용 물품·교재 보관창고는 아동 안전·교육자료 관리에 필수적 공간 → 선택이 아닌 기본 공간임

08 ② 유아영역과 아동영역은 연속적 흐름 속의 단계적 확장 구성이 중요

09 ① 트리플렉스 = 3개 층
③ 통로 없는 층이 오히려 프라이버시·통풍 유리
④ 소규모보다는 중형 이상에 더 적합
【메조넷형(Maisonette Type) : 복층형】
- 유효면적 증가, 공용면적 감소
- 소규모 주택에서 불리, 중형 이상에 더 적합
- 프라이버시, 통풍, 채광에 유리

10 【근린분구】
- 가구수 : 400~500호
- 인구 : 약 2,500명
- 시설 : 유치원, 상점, 독서실, 노인정 등

CHAPTER 13 도서관

제1절 도서관의 개요

1 기능

① 자료의 획득과 보존
② 자료 대출, 상호 협력
③ 정리 사무
④ 시청각 활동
⑤ 학습, 레크레이션

2 종류와 시설기준

1. 종류

① 공공도서관 : 일반 공중의 교양, 조사 연구, 레크레이션
② 학교도서관 : 초, 중, 고등학교 및 대학 도서관
③ 전문도서관 : 기업체, 연구기관, 관공서에서 업무상 편익을 위해 설치
④ 특수도서관 : 맹인, 병원, 형무소, 선원 등 특수 환경의 도서관
⑤ 국회도서관 : 국회 관계자 대상

2. 공공도서관 시설기준

① 공공도서관 중 작은 도서관 : 건물면적 33m² 이상, 열람석 6석 이상
② 시각장애인을 위한 장애인 도서관 : 건물면적 66m² 이상, 자료실 및 서고의 면적은 건물 면적의 45% 이상
③ 공공 도서관 중 봉사대상 인구 2만명 미만 : 건물면적 264m² 이상, 열람석 60석 이상
④ 공공도서관에서 전체 열람석 20% 이상은 어린이 열람석
⑤ 공공도서관에서 전체 열람석의 10% 열람석 : 노인 및 장애인을 위한 편의시설 계획

제2절 대지선정 및 배치계획

① 대지 선정 고려사항

① 열람실은 중, 소규모로 계획하고 서고에 가깝게 분산 배치
② 서고의 증축 공간 반드시 확보하여야 함
③ 열람부분과 서고의 관계가 중요하며 직원수에 따라 조절
④ 도서관의 장서는 20년 내에 약 2배로 증가하는 것이 일반적이며 30~40년 장래에 대해서 충분한 여유를 가지고 부지를 선정하여야 함

② 배치계획

1. 도로와 대지와의 관계

① 건물의 배치는 이용자와 관원, 자료의 동선이 교차되지 않도록 유의
② 대지 조건은 양면 도로에 접하여 주 도로는 이용자를 위하고 다른 도로는 관원의 접근로로 이용

2. 접근 방식: 식수, 포장 등을 고려하여 접근로를 친근감 있게 설정

3. 출입구 배치: 이용자 측과 직원, 자료의 출입구를 가능한 별도로 계획할 것

제3절 일반계획

① 평면계획

1. 구성요소 반드시 기억★★★★★

① 도서관 공간구성은 열람실 및 서고를 중심으로 함
② 미래의 확장 수요에 긴축적으로 대응할 수 있도록 계획
③ 현관 주위에는 신간 서적 케이스와 안내 케이스 설치
④ 입구 홀은 밖에서 내부가 보일 수 있도록 함. 폐관 후에는 공공의 공간으로 개방 할 수 있도록 계획
⑤ 어린이를 위한 열람실 출입구는 이용이 빈번하지 않은 장소에 별도로 만듦
⑥ 이용자, 관리자, 자료의 출입구를 가능한 별도로 계획

2. 모듈계획 ★★★

① 모듈러의 크기는 서고와 관련되므로 서가 배열은 모듈계획에서 중요 요소

② 도서관은 증축을 염두에 두어야 하는 계획 특성상 모듈러 시스템을 적용

③ 모듈러 플랜은 스팬과 밀접한 관련

④ 서가가 65~70% 확장될 때 기존의 시설을 이용하면서 확장을 고려

② 출납 시스템 반드시 기억★★★★★

1. 자유개가식

① 열람자가 서가에서 책을 꺼내 검열 없이 열람하는 방식

② 1실형이고 10,000권 이하의 서적보관과 열람에 적당

③ 참고실, 아동도서관, 소규모 도서관에서 주로 채택

장점	단점
• 선택이 자유롭고 용이함 • 책의 목록이 없어 간편 • 대출 수속이 가장 간편	• 책의 마모, 망실이 우려됨(유지관리 어려움) • 서가의 정리가 안 되면 혼란이 야기됨

표 13.1. 자유개가식의 장단점

2. 안전개가식

① 열람자가 직접 책을 꺼내서 검열을 받고 대출 기록을 남기고 열람하는 방식

② 1실 규모 15,000권 이하 서적의 보관과 열람에 적합한 방식

③ 도서 열람의 체크 시설이 필요하지만 출납 시스템은 필요하지 않으므로 혼잡이 적음

④ 감시가 필요하지 않음

3. 폐가식

① 책의 목록에 의해 책을 선택하며 관원에게 대출기록을 제출한 후 대출받는 방식

② 서고와 열람실이 분리되어 있음

③ 대규모 도서관의 독립된 서고에 적합함

장점	단점
• 도서의 유지관리 양호 • 감시의 필요가 없음	• 대출 절차 복잡 • 관원의 작업량이 많음

표 13.2. 폐가식의 장단점

4. 반개가식 - 자유개가식 + 안전개가식

① 책의 표지는 볼 수 있으나 내용을 보려면 관원에게 요구하여 대출기록을 남긴 후 열람하는 방식

② 신간서적 안내에 적용

③ 다량의 도서 출납 시스템으로는 부적당함

④ 출납시설이 필요함

⑤ 서가의 열람이나 감시가 불필요

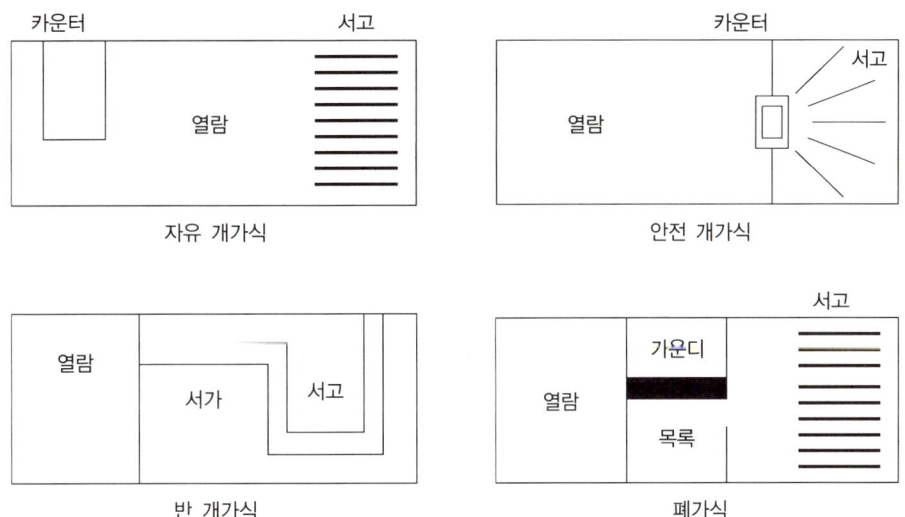

그림 13.1. 도서관의 출납 시스템

제4절 **세부계획**

① 열람실

1. 일반열람실 ★★

① 일반인과 학생들의 이용률은 7 : 3 정도이고 일반인과 학생용 열람실을 분리

② 성인 1인당 1.5~2.0m²의 면적이 필요. 통로 포함 2.5m²

③ 열람 및 창고 부분은 전체 면적의 50%, 서고는 20%가 적당

④ 열람 부분은 전체 면적의 약 35%가 적당함

⑤ 책상위 조도는 600lux

⑥ 흡음성이 높은 마감재 사용

⑦ 목록실과 출납실에 인접하여 접근이 용이하도록 함

2. 참고실 ★

① 일반 열람실과 별도로 하여 목록이나 출납실 가까이에 위치

② 실내에서는 참고 서적을 두고 안내석을 배치

3. 캐럴 ^{반드시 기억}★★★★★

① 서고 내에 설치하는 작은 연구실 형식의 열람실

② 도서와 가까운 위치에 제공되는 개인 연구실

③ 1인당 $1.4 \sim 4.0 m^2$

④ 창가나 벽면쪽에 위치하여 이용자가 주위로부터 방해받지 않도록 함

4. 아동열람실 ★

① 성인과 구별하여 가급적 1층 배치. 별도의 출입구를 만드는 것이 바람직함

② 자유개가식으로 하고 면적은 $1.2 \sim 1.5 m^2$/1석으로 함

5. 신문 및 잡지 열람실(브라우징 룸)

① 출입이 편리한 현관, 로비, 1층 출입구 부근에 설치

② 일반 열람실과는 떨어진 곳이 좋음

2 서고 ^{반드시 기억}★★★★★

1. 고려사항

① 서고는 도서의 수장, 보존, 방화, 방습, 유해가스 제거를 고려하여 공조

② 자료 보존을 위해 온도 15℃, 습도 63% 이하가 적당

③ 서고의 천장고는 2.3m 전후로 하고, 열람실과 별도의 층고계획

④ 장래의 확장 고려

⑤ 서고의 내부는 자연채광 부적합

⑥ 인공조명을 사용하여 약간 어둡게 조도를 설정함

2. 위치

① 건물 후부의 독립된 위치에 별도로 설치

② 열람실의 내부/외부 또는 모듈러 시스템에 의해 계획할 경우에는 위치를 고정하지 않음

3. 서고의 구조유형

① 적층식 : 특수구조를 사용하여 도서관 안쪽을 하층에서 상층까지 서고로 계획

② 절충식

- 적층식과 단독식을 절충시킨 방법

- 적층식 서가 3개 층에 열람실이나 사무실 2개 층을 조합시킨 방법

- 고정식 서가이므로 평면계획상 유연성은 다소 떨어짐

- 코어와 함께 서고 구조체의 일부에 계획하는 경우 적합

4. 크기(수장 능력)

① 서고 면적 : $1m^2$당 150~250권(평균 200권) / 밀집 서가의 경우 : 280~350권

② 서고 공간 : $1m^3$당 약 66권

③ 책 선반 1단 길이 : 1m당 20~30권(평균 25권)

제5절 기타 고려사항

① 북모빌 : 일종의 이동식 도서관

• 교외 도서관이 없는 지역에서 도서관 이용을 위해 자동차에 도서 자료를 싣고 대출을 하는 이동도서관

② 큰 규모의 도서관일 경우 이용자의 계층을 구분하여 출입구를 별도 설치

③ 필요한 연면적에 대한 층수를 적게 하여 1층당 면적을 크게 하는 것이 유리함

기출문제 : 도서관

01 도서관의 건축계획에 대한 설명으로 옳지 않은 것은? 국22

① 도서관의 현대적 기능은 교육 및 연구시설을 넘어 지역사회와 연계된 공공문화활동의 중심체 역할을 하므로 이러한 특징을 건축계획에 반영할 수 있어야 한다.
② 도서관은 이용자 안전을 보장하고 도서보관이 용이하도록 접근에 대한 강한 통제와 감시가 확보되어야 한다.
③ 도서관은 이용자와 관리자, 자료의 동선이 교차되지 않도록 배치하는 것이 바람직하다.
④ 도서관 공간구성에서 중심 부분은 열람실 및 서고이며 미래의 확장 수요에 건축적으로 대응할 수 있어야 한다.

02 도서관 건축계획에 대한 설명으로 옳지 않은 것은? 지21

① 도서관 건축계획은 모듈러 플랜(modular plan)을 통해 확장 변화에 대응하는 것이 유리하다.
② 반개가식은 이용률이 낮은 도서나 귀중서 보관에 적합하다.
③ 안전개가식은 1실의 규모가 1만 5천권 이하의 도서관에 적합하다.
④ 참고실(reference room)은 일반열람실과 별도로 하고, 목록실과 출납실에 인접시키는 것이 좋다.

03 도서관의 출납시스템에 대한 설명으로 옳지 않은 것은? 국12

① 개가식은 열람자가 도서를 자유롭게 서고에서 꺼내서 열람할 수 있는 시스템이다.
② 안전개가식은 서고에서 도서를 자유롭게 찾아볼 수 있으나 열람 시에는 카운터에서 사서의 검열을 거친다.
③ 폐가식은 목록에서 원하는 책을 사서에게 신청하여 받은 다음 열람할 수 있는 시스템이다.
④ 반개가식은 시간대별로 개가식과 폐가식으로 시스템을 바꾸어 운영하는 절충형 시스템이다.

04 도서관 건축계획 중 출납시스템에 대한 설명으로 옳지 않은 것은? 국21

① 자유개가식은 도서가 손상되기 쉽고 분실 우려가 있다.
② 안전개가식은 도서 열람의 체크 시설이 필요하다.
③ 반개가식은 열람자가 직접 책의 내용을 열람하고 선택할 수 있어 출납시설이 불필요하다.
④ 폐가식은 대출받는 절차가 복잡하여 직원의 업무량이 많다.

05 도서관의 서고계획에 대한 설명으로 옳지 않은 것은? 지20

① 도서 증가에 따른 확장을 고려하여 계획한다.

② 내화, 내진 등을 고려한 구조로서 서가가 재해로부터 안전해야 한다.

③ 도서의 보존을 위해 자연채광을 하며 기계 환기로 방진, 방습과 함께 세균의 침입을 막는다.

④ 서고 공간 1m³당 약 66권 정도를 보관한다.

06 도서관 건축계획에 대한 설명으로 옳지 않은 것은? 지18

① 이용자의 접근이 쉽고 친근한 장소로 선정하며, 서고의 증축 공간을 고려한다.

② 서고는 도서 보존을 위해 항온·항습장치를 필요로 하며 어두운 편이 좋다.

③ 이용자의 입장에서 신설 공공도서관은 가급적 기존 도서관 인근에 건립하여 시너지 효과를 내는 것이 바람직하다.

④ 이용자, 관리자, 자료의 출입구를 가능한 한 별도로 계획하는 것이 바람직하다.

07 도서관 건축계획에 대한 설명으로 옳지 않은 것은? 지17

① 서고의 계획은 모듈러 시스템을 적용하며, 위치를 고정하지 않는다.

② 열람실에서 책상 위의 조도는 600lx 정도로 한다.

③ 참고실은 일반열람실 내부에 설치하며, 목록실과 출납실에 인접시켜 접근이 용이하도록 한다.

④ 이용도가 낮은 도서나 귀중서는 폐가식으로 계획한다.

해설 01 ② 02 ② 03 ④ 04 ③ 05 ③ 06 ③ 07 ③

01 ② 도서관은 열람자 접근성과 이용자 친화성이 중요
→ "접근에 대한 강한 통제와 감시"는 도서관 운영 취지와 반대되는 표현(보안은 필요하지만 과도한 통제는 이용자 불편 초래)

02 ② 이용률이 낮은 도서나 귀중서 보관에 적합한 것은 폐가식
• 참고실은 별도로 분리하고 출납/목록실과 인접

03 ④ 반개가식(자유개가식 + 안전개가식): 신간서적 등 표지 보고 선택, 출납시설 필요

04 ③ 반개가식은 표지 열람 후 선택 출납시설 필요

05 ③ 도서 보존을 위해 자연채광은 피하고 인공조명사용
→ 직사광선은 책 손상의 원인
• 방진·방습·기계환기, 내화·내진 구조는 기본 요소

06 ③ 공공도서관은 기존 도서관과 일정 거리 확보가 바람직
→ 같은 기능 시설이 근접하면 기능 중복 및 이용자 분산 우려

07 ③ 참고실은 열람실 내부에 두는 것이 아니라 외부에 별도 공간으로 계획 → 목록실·출납실과 인접 → 접근성 확보
• 서고: 모듈러 시스템 적용
• 열람실 조도: 약 600lx
• 낮은 서적 → 폐가식 계획

08 학교 건축계획에 대한 설명으로 옳은 것만을 모두 고르면? 학교 복습 국25

> ㄱ. 교실의 이용률은 어느 교실이 사용되는 총 시간에서 특정 교과에 사용되는 시간 비율을 나타낸 값이다.
> ㄴ. 초등학교에서 강당과 체육관의 기능을 겸용할 경우 강당 기능을 위주로 계획하는 것이 바람직하다.
> ㄷ. 초등학교 교실의 색채계획 시, 저학년은 난색 계통, 고학년은 사고력 증진을 위해 중성색이나 한색 계통을 사용하는 것이 바람직하다.
> ㄹ. 교실의 반자는 균질한 조도 분포를 위해 반사율을 80% 이상 확보하도록 계획한다.

① ㄱ, ㄴ   ② ㄱ, ㄹ
③ ㄴ, ㄷ   ④ ㄷ, ㄹ

09 쇼핑센터의 입지 조건 및 배치 특성에 대한 설명으로 가장 옳은 것은? 상업건축 복습 서18

① 보행자 몰(Pedestrian Mall)은 가능한 한 인공조명을 설치하여 내부공간의 분위기와 같은 느낌을 주는 계획이 필요하다.
② 시티센터(City Center)형은 뉴타운(Newtown)의 중심부에 조성하고 비교적 중·소규모의 형태로 계획한다.
③ 보행자 몰(Pedestrian Mall)은 코트(Court), 알코브(Alcove) 등을 평균 50m 길이마다 설치하여 변화를 주거나 다층화를 도모함으로써 비교적 단조롭게 조성하는 것이 좋다.
④ 교외형 쇼핑센터는 교외의 간선도로에 면하여 입지하는 비교적 대규모시설로 단지 차원의 계획이며 대규모 주차시설의 계획이 필요하다.

10 사무소건축의 코어계획 및 엘리베이터계획에 대한 설명으로 옳지 않은 것은? 사무소 복습 국15

① 고층용 엘리베이터와 저층용 엘리베이터는 각각 그룹으로 묶어 배치하는 것이 효율적이다.
② 사무실 면적이 작은 경우에는 중앙(center)코어형식에 따른 엘리베이터 배치가 바람직하다.
③ 더블데크시스템(double deck system)은 동일 샤프트(shaft)내에 2대분의 수송력을 가진 엘리베이터를 사용하고 정지층도 2개층으로 운행하는 방식이다.
④ 스카이로비방식(sky lobby system)은 초고층 사무소건축에 적용되는 방식의 하나로 큰 존을 설정하고 스카이로비에서 세분된 조닝으로 운행하는 방식이다.

해설   08 ④   09 ④   10 ②

08 ㄱ. 이용률이 아니라 순수율에 대한 설명
ㄴ. 강당과 체육관 겸용 시 체육관 기능 중심

09 ① 보행자 몰은 자연채광, 외부공간의 분위기와 느낌을 주는 계획 필요
② 시티센터는 대도시 중심에 위치, 대규모 형태로 계획

③ 코트, 알코브 등은 20~30m마다 설치하여 단조롭지 않게 조성

10 ② 중앙코어는 대규모 고층 오피스에 적합
• 더블데크 엘리베이터 : 2층을 동시에 운행하는 방식
• 스카이로비는 초고층에서 수직 동선 효율화

CHAPTER 14 극장 및 영화관

제1절 개요

① 종류

종류	상연 내용 및 특징
공연장	• 연극을 주로 하는 전용 연극장과 음악, 무용, 연주회 등을 연출하는 뮤지컬 공연장 • 무대부에는 많은 현수물, 아치, 회전 무대 등 무대기구 요구됨 • 충분한 정숙성 확보(소음 대책 충실) • 음향상 적절한 내부형태의 의장계획 고려 • 무대 객석의 가시거리 유의
음악당	• 음악을 연주하고 감상하는 것이 목적 • 음향 설계에 대한 충분한 고려
다목적 홀	• 지역사회의 커뮤니케이션의 핵 • 연극, 영화, 음악회 등 공연예술과 각종 회의나 대회 등 행사 및 강연회 기능 수용
영화관	• 영화 상영을 위한 시설 • 영사설비와 스크린 구비 • 객석의 가시선과 시각을 주의하여 계획

표 14.1. 시설의 종류

② 부지선정 및 배치계획

1. 부지선정 조건

① 교통이 편리한 곳

② 번화한 장소가 유리

③ 주차시설을 충분히 확보할 수 있고, 피난을 고려해 2면 이상의 넓은 도로에 접하거나 개방된 공지가 있는곳

④ 계획 초기에 도시 계획적 조사 필요

2. 배치 계획

① 지형의 높낮이와 인접경관 고려

② 지역의 정체성과 주변의 전체적 맥락과 연계되도록 함

③ 외부 공간의 적절한 활용, 내, 외부 공간이 자연스럽게 연계되도록 함

④ 관객, 출연자, 스텝, 설비 및 자재 등 동선이 교차, 간섭되지 않도록 함

제2절 평면형식 ★★★

① 프로시니움(Proscenium stage, picture stage) ★★★

① 벽이 연기공간과 관객 공간을 분리하여 프로시니움 아치의 개구부를 통해 무대를 보는 가장
일반적 형식 – 직사각형 형태가 가장 많음
② 강연, 콘서트, 독주, 연극에 적합
③ 연기자가 일정한 방향으로만 관객을 대함
④ 연극의 내용을 한정된 고정액자 속에서 보는듯한 하나의 구성화 같은 느낌이 들게 함
⑤ 전체적인 통일감을 얻는데 좋음
⑥ 연기자와 관객의 접촉면이 한정되어 너무 많은 관람석은 객석 수용능력에 제한

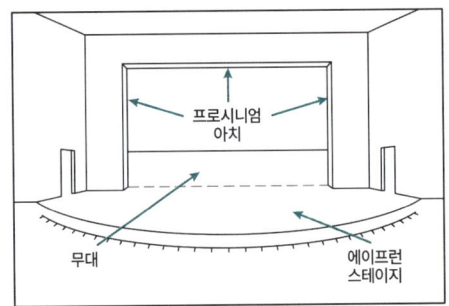

그림 14.1. 프로시니움 스테이지

② 오픈스테이지

① 무대를 중심으로 객석이 동일 공간에 있는 형태
② 관객이 부분적으로 연기자를 둘러 관람하는 형으로 210도, 220도, 180도, 90도, 위요형 등이
있음
③ 관객이 연기자에 좀 더 근접하여 관람
④ 연기자는 혼란한 방향감 때문에 통일된 효과를 내는 것이 쉽지 않음
⑤ 관객이 210도로 둘러싼 형 : 그리스 극장 형식
⑥ 관객이 180도로 둘러싼 형 : 로마 극장 형식
⑦ 관객이 90도로 둘러싼 형 : 부채꼴

PART 01

③ 아레나 ★★★

① 관객이 연기자를 360도 둘러싸고 관람하는 형식
② 가까운 거리에서 가장 많은 관객 수용 가능
③ 무대와 배경을 만들지 않으므로 경제성 있음
④ 무대 장치나 소품은 주로 낮은 가구들로 구성
⑤ 관객이 무대를 둘러싸기 때문에 연기자가 전체적인 통일효과를 얻기 위한 극을 구성하기 곤란
⑥ 객석과 무대가 하나의 공간에 있으므로 일체감을 주며 긴장감이 높은 연극공간 형성
⑦ 마당놀이, 판소리

④ 가변형 무대

① 필요에 따라 무대와 객석이 변화될 수 있는 형식
② 무대 배경 설치
③ 상연 종목, 출연방법에 따라 적합한 공간 구성 가능
④ 최소한의 비용으로 최대한의 선택 가능성 부여
⑤ 대학 연구소 등의 실험적 요소가 있는 공간에 사용

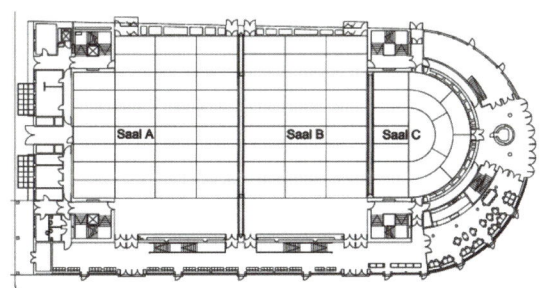 

그림 14.2. 가변형 무대(베를린 샤우뷔네 극장)

제3절 세부계획 ★★

1 관람석 ★★

1. 평면형 : 부채꼴형, 우절형 등이 가장 많이 쓰임. 시각적, 음향적으로 우수

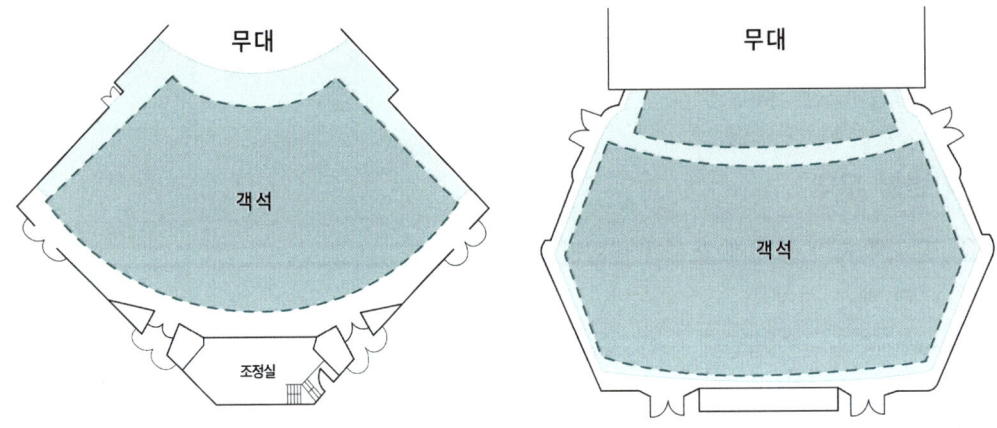

그림 14.3. 부채꼴형과 우절형 평면

2. 객석의 한계 ★★★

① 생리적 한계(15m) : 배우의 표정이나 동작을 상세히 감상. 인형극, 아동극, 연극

② 제1차 허용한도(22m) : 실제 극장에서 사용되는 수용한계, 국악, 신극, 실내악, 소규모 오페라/발레

③ 제2차 허용한도(35m) : 배우의 일반적인 동작이 보이는 한계. 그랜드 오페라/발레, 뮤지컬

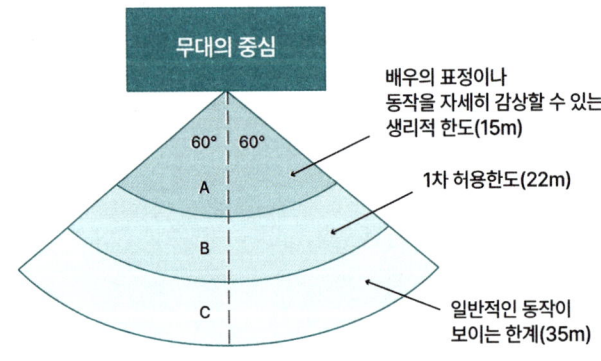

그림 14.4. 가시거리 한계

3. 객석의 발코니

① 발코니를 설치할 경우 발코니 깊이는 발코니 높이의 1.5m 이하

② 발코니 후면 객석에서 홀 천장면적이 1/2 정도가 보이도록 계획

③ 발코니의 단 높이 50cm 이하, 단 폭 80cm 이상, 단을 종단하는 통로가 3m를 넘을 경우 매 3m 이내마다 횡단 통로를 둠

④ 음향계획상 발코니 계획은 피하는 것이 좋음

⑤ 발코니 밑에서 음이 크거나 작게 되는 현상을 유발하여 데드 포인트가 생길 수 있음

4. 객석의 규모 : 건축 연면적의 50% 정도

5. 객석의 통로

① 객석의 양측 통로는 80cm 이상(객석 바닥 면적이 900m² 초과 시 95cm 이상)

② 객석의 편측 통로는 60~100cm

② 단면계획 ★

1. 가시선(Sight line) 계획

① 전열 관객의 머리로 인해 무대나 스크린이 보이지 않으므로 뒤로 바닥을 높이게 되는데, 이때 바닥의 기울기를 말함

② 가시선 계획을 통해 무대연기, 영상을 잘 보이도록 하는 것

③ 프로시니엄 무대형의 경우 액팅 에어리어 전체를 볼 수 있도록 함

④ 앞부분 1/3은 수평으로, 뒷부분 2/3를 구배 1/12의 경사진 바닥으로 함

2. 좌석의 한도

(1) 스크린과 객석의 거리

① 최소 : 스크린 폭의 1.2~1.5배

② 최대 : 스크린 폭의 4~6배(30배) 정도

③ 뒷 벽의 객석의 폭 : 스크린 폭의 2.5~3.5배

③ 무대계획 ★★★

1. 무대의 구성

(1) 프로세니엄 아치

① 무대와 객석의 경계를 이루는 것으로 관객은 프로세니엄 아치를 통해 무대의 연기를 보게 됨

② 프로세니엄 아치의 개구부는 일반적으로 직사각형이며 황금비로 구성

(2) 커튼 라인 : 프로세니엄 아치 바로 뒤 막이 쳐지는 막의 위치

(3) 무대

① 앞 무대(Apron stage): 막을 경계로 객석으로 나온 부분

② 측면 무대(Side stage): 객석 측면 벽을 따라 돌출한 무대

③ 연기부분 무대(Acting Area Stage): 커튼라인 안쪽 무대로 연기를 행하거나 무대 배경 장치를 설치하기에 충분한 넓은 공간이 필요

④ 무대 폭: 프로시니움 아치 폭의 2배 이상

⑤ 무대 깊이: 프로시니움 아치 폭 정도 이상

2. 오케스트라 피트

① 보통 객석의 제일 앞쪽 무대 바로 앞에 있고 앞 무대(Apron Stage) 및 측면 무대(Side Stage)와 나란히 해서 설치됨

② 크기는 악단 수를 보통 80~100인으로 보고 점유면적은 $1m^2$/인 정도로 보며, 연주용 피아노는 $9m^2$/인 정도, 하프 $2m^2$/인, 드럼 $4m^2$/인 정도

3. 무대 천장 부분(Fly Loft) 반드시 기억★★★★★

• 무대 상부의 공간

• 이상적인 높이는 프로시니엄 높이의 4배 이상

(1) 그리드 아이언(grid iron)

① 무대의 천장 밑에 철골을 촘촘히 깔아 바닥을 이루게 함

② 배경, 조명기구, 반사판 등을 매달 수 있게 만든 장치

③ 무대 천장 밑의 가장 낮은 보 밑에서 1.8m의 위치에 바닥 설치

(2) 플라이 갤러리(fly gallery)

① 그리드 아이언으로 올라가는 연결통로(높이 6~9m, 폭 1.2~2m)

② 조명 또는 눈이 내리는 장면을 위해 사용

③ 필요에 따라 상하이동 조절이 가능

(3) 록 레일(lock rail)

① 와이어 로프를 한 곳에 모아서 조정하는 장소

② 벽에 가이드레일을 설치해야 되므로 무대의 좌우 한쪽 벽에 위치

(4) 플로어 트랩

① 연기자들이 무대에 등장과 퇴장이 이루어지도록 무대와 트랩룸 사이를 계단이나 사다리로 오르내릴 수 있게 만듦

② 무대에 여러 개를 설치하는데, 그 중 무대 뒤쪽에 있는 것이 가장 이용 빈도가 높음

(5) 잔교(light bridge)

    ① 프로시니움 바로 뒤에 접하여 설치된 발판으로 조명조작, 비나 눈 내리는 장면을 위해 필요함

    ② 바닥 높이가 관람석보다 높아야 함

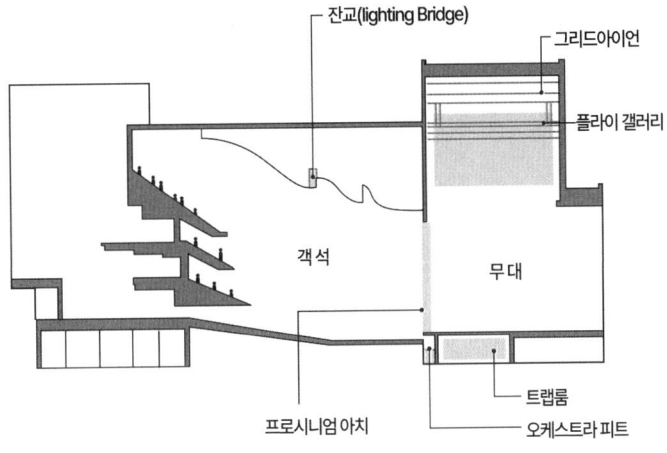

그림 14.5. 공연장의 단면

4. 타 무대관련 설비

(1) 사이클로라마(cyclorama, Kuppel horizont)

    ① 무대의 가장 뒤에 설치되는 무대 배경용의 벽

    ② 크펠 호리존트라고도 하며, 여기에 조명기구를 사용하여 구름 등 자연현상효과를 나타낼 수 있음

    ③ 높이는 프로시니엄 아치의 3~4배 정도

(2) 프롬프터 박스(Prompter Box)

    ① 무대 중앙에 설치하여 프롬프터가 들어가는 곳

    ② 객석 측을 둘러싸고 무대 측만을 개방하여 이곳에서 대사를 불러주거나 기타 연기의 주의 환기를 주지시키는 곳

5. 무대 관련 제실

(1) 출연 대기실(Green room)

    ① 무대와 같은 층의 가까운 곳에 둠

    ② 크기는 30m² 이상

    ③ 무대 감독실은 출연 대기실과 인접

(2) 배경 제작실

    ① 위치는 무대 근처가 좋음

    ② 제작 중 소음을 고려하여 차음 설비 필요

    ③ 크기는 5×7m 내외이며 천장 높이를 6m로 잡음

(3) **클로크 룸(Cloak Room) : 휴대품 보관소를 의미**

　현관을 중심으로 정면 중앙이나 로비의 좌우측에 분산 배치함

(4) **플래토 엘리베이터(Plateau Elevator)**

　트랩 룸에서 무대배경의 세트 전체를 올려놓고 한 번에 올라오거나 내려가게 할 수 있게 만든 것

(5) **박스 오피스(Box office)**

　처음에 '매표소'란 뜻으로 쓰였다가, 그 의미가 확대되어 '영화의 흥행 수익'을 뜻함

제4절 | 환경 및 설비계획

❶ 소음(Noise)방지

　① 객석내의 소음은 30~35dB 이하
　② 지붕과 천장은 차음 구조로 함
　③ 공기의 난류에 의한 소음 방지를 위해 덕트를 유선화 함
　④ 영사실은 천장에 반드시 흡음재 사용

❷ 음의 전달 계획

1. 실 용적과 객석수

　1000석 내외 $3.5m^2$/인, 1,500~2,000석 $5m^2$/인, 1,500석 이상 콘서트 홀에서는 $5.6m^2$/인 이상이 요구됨

2. 평면형태

　① 무대 쪽으로 좁은 부채꼴형이 좋음
　② 원형과 타원형은 별도로 음의 확산 설계가 필요함

❸ 단면계획 유의사항

　① 직접음과 1차 반사음 사이의 경로 차 17m 이내로 계획
　② 천장은 음을 객석에 고루 분산시킬 수 있는 형
　③ 발코니 객석 길이는 1/3 이내로 함
　④ 발코니 저면 및 후면은 흡음에 유의하도록 함

4 **잔향시간**

① 잔향 시간을 조절
② 잔향 시간은 실 용적에 비례하고, 흡음력에 반비례 함
③ 적정치는 7~9m³/석 정도
④ 전면 무대 측에는 반사재를, 후면 객석하부에는 흡음재를 계획

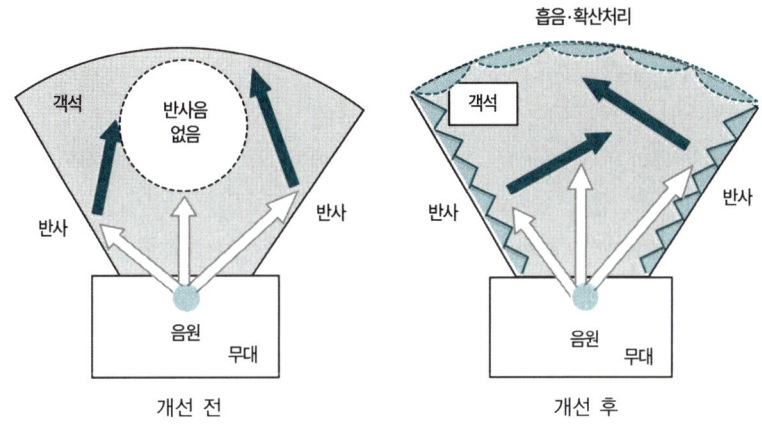

그림 14.6. 음향계획

제5절 영화관

1 **영사실**

① 영사각은 투사광의 중심이 수평선과 이루는 각도로 작을수록 이상적
② 시네마스코프의 경우 10도 이내, 표준인 경우 15도 이내

2 **스크린**

① 비례 : 크기는 초점거리 3m, 영사거리 35m의 경우 8×20m 정도
② 위치는 바닥으로부터 50~100cm 이상, 앞줄 객석으로부터 6m 정도 이격

기출문제 : 극장 및 영화관

01 극장 건축계획에 대한 설명으로 옳지 않은 것은? 지23

① 아레나(arena)형은 객석과 무대가 하나의 공간에 있으므로 배우와 관객 간의 일체감을 높여 긴장감이 높은 공연에 적합하다.

② 프로시니엄(proscenium)형은 그림의 액자와 같이 관객의 눈을 무대에 쏠리게 하는 시각적 효과가 있어 강연, 연극공연 등에 적합하다.

③ 플라이 갤러리(fly gallery)는 그리드 아이언에 올라가는 계단과 연결되며, 무대 주위의 벽에 6~9m 높이로 설치되는 좁은 통로이다.

④ 사이클로라마(cyclorama)는 무대의 천장 밑에 철골을 촘촘히 깔아 바닥을 형성하여 무대 배경이나 조명기구 또는 음향 반사판 등을 매달 수 있게 하는 장치이다.

02 공연장 평면유형에 대한 설명으로 옳지 않은 것은? 국21

① 아레나(arena)형은 무대배경을 만들지 않으므로 경제적이다.

② 프로시니엄(proscenium)형은 가까운 거리에서 가장 많은 관객을 수용할 수 있고 연기자와의 접촉면도 넓다.

③ 오픈 스테이지(open stage)형은 연기자가 다양한 방향감 때문에 통일된 효과를 나타내는 것이 쉽지 않다.

④ 가변형 무대(adaptable stage)는 작품의 성격에 따라 연출에 적합한 성격의 공간을 만들어 낼 수 있다.

03 극장 건축계획에 대한 설명으로 옳은 것은? 지22

① 객석의 단면형식 중 단층형이 복층형보다 음향효과 측면에서 유리하다.

② 각 객석에서 무대 전면이 모두 보여야 하므로 수평시각은 클수록 이상적이다.

③ 공연장의 출구는 2개 이상 설치하며, 관람석 출입구는 관람객의 편의를 위하여 안여닫이 방식으로 한다.

④ 연극 등을 감상하는 경우 연기자의 표정을 읽을 수 있는 가시 한계(생리적 한도)는 22m이다.

04 공연장에 대한 설명으로 옳은 것은? 지20

① 대규모 공연장의 경우 클락룸(clock room)의 위치는 퇴장 시 동선 흐름에 맞추어 1층 로비의 좌측 또는 우측에 집중 배치한다.

② 오픈스테이지(open stage)형은 가까이에서 공연을 관람할 수 있으며 가장 많은 관객을 수용하는 평면형이다.

③ 객석이 양쪽에 있는 바닥면적 800m² 공연장의 세로통로는 80cm 이상을 확보한다.

④ 잔향시간은 객석의 용적과 반비례 관계에 있다.

05 극장의 무대 부분에 대한 설명으로 옳지 않은 것은? 지19

① 사이클로라마는 와이어 로프를 한곳에 모아서 조정하는 장소로서, 작업에 편리하고 다른 작업에 방해가 되지 않는 위치가 바람직하다.

② 그리드아이언은 배경이나 조명기구, 연기자 또는 음향반사판 등이 매달릴 수 있는 장치이다.

③ 프로시니엄은 무대와 객석을 구분하여 공연공간과 관람공간으로 양분되는 무대형식이다.

④ 오케스트라 피트의 바닥은 연주자의 상체나 악기가 관객의 시선을 방해하지 않도록 객석 바닥보다 낮게 하는 것이 일반적이나, 지휘자는 무대 위의 동작을 보고 지휘하는 관계로 무대를 볼 수 있는 높이가 되어야 한다.

해설 01 ④ 02 ② 03 ① 04 ③ 05 ①

01 ④ 사이클로라마(cyclorama)는 무대 배경의 곡면 막 또는 스크린으로, → 배경을 부드럽게 처리하며 하늘·배경 등을 연출하는 장치. 철골 바닥 구조는 그리드아이언에 해당

02 ② 아레나형 : 가까운 거리에서 많은 관객을 수용할 수 있고, 연기자와 접촉면이 넓음.

03 ② 수평시각은 과도하면 무대 전면 인지가 어려움. 수평시각은 작을수록 유리함

③ 출입구는 바깥 여닫이가 원칙(피난 시 개방성 확보)
④ 연기자의 표정을 인지 가능한 시각(생리적 한계) = 약 15m

04 ① 클락룸(물품보관소)은 1층 로비 출구 가까운 곳에 분산배치하여 많은 인원이 한곳에 몰리는 것을 방지
② 아레나형에 대한 설명
④ 잔향시간은 객석 용적과 비례, 흡음력에 반비례

05 ① 와이어 로프를 조정하는 장소 → 록레일(rock rail)

06 **공연장의 건축계획에 대한 설명으로 옳지 않은 것은?** 지17

① 배우의 표정이나 동작을 상세히 감상할 수 있는 시선 거리의 생리적 한계는 15m 정도이다.

② 객석의 평면형태가 타원형인 경우에는 음향적으로 유리하다.

③ 무대에서 막을 기준으로 객석 쪽으로 나온 앞쪽 무대를 에이프런 스테이지(apron stage)라 한다.

④ 그린룸(green room)은 출연자 대기실을 말하며, 무대와 인접해 배치한다.

07 **공연장 건축계획과 관련한 용어에 대한 설명으로 옳지 않은 것은?** 지16

① 그리드아이언(gridiron) − 무대의 천장 바로 밑에 철골을 촘촘히 깔아 바닥을 이루게 한 것으로, 배경이나 조명기구, 연기자 또는 음향 반사판 등이 매달릴 수 있도록 장치된다.

② 사이클로라마(cyclorama) − 그림의 액자와 같이 관객의 눈을 무대에 쏠리게 하는 시각적 효과를 가지게 하며 관객의 시선에서 공연무대나 무대 배경을 제외한 다른 부분들을 가리는 역할을 한다.

③ 플로어 트랩(floor trap) − 무대의 임의 장소에서 연기자의 등장과 퇴장이 이루어질 수 있도록 무대와 트랩룸 사이를 계단이나 사다리로 오르내릴 수 있는 장치이다.

④ 플라이 갤러리(fly gallery) − 그리드아이언에 올라가는 계단과 연결된 무대 주위의 벽에 설치되는 좁은 통로이다.

08 **백화점의 매장계획에 대한 설명으로 가장 옳지 않은 것은?** 백화점 복습 서19

① 백화점의 합리적인 평면계획은 매장 전체를 멀리서도 넓게 보이도록 하되 시야에 방해가 되는 것은 피하는 것이다.

② 매장 내의 통로 폭은 상품의 종류, 품질, 고객층, 고객 수 등에 따라 결정되며, 고객의 혼잡도가 고려되어야 한다.

③ 매대 배치는 통로계획과 밀접한 관계를 가지며 직각 배치방법은 판매장의 면적을 최대로 활용할 수 있다.

④ 매장 구성에서 동일층에서는 수평적으로 높이차가 있을수록 좋다.

09 다음 설명에 해당하는 업무시설의 코어(core) 형식은? 사무소 복습 국25

> • 자유로운 사무실 공간계획이 가능하다.
> • 코어와 사무실 간 설비 덕트나 배관을 연결하는 데 제약이 많다.
> • 방재상 불리하고, 바닥면적이 커지면 피난시설을 포함한 서브 코어(sub core)가 필요하다.
> • 내진구조상 불리하다.

① 양단 코어　　　　　　　　② 독립 코어
③ 중앙 코어　　　　　　　　④ 편심 코어

10 복도와 연결되는 엘리베이터가 2~3층에 하나씩 있고, 상하층 계단으로 연결되는 공동주택 형식을 무엇이라 하는가? 사무소 복습 서14

① 심플렉스 형　　　　　　　② 복도형
③ 스킵플로어형　　　　　　④ 단층형
⑤ 계단실형

해설　06 ②　07 ③　08 ④　09 ②　10 ③

06 ② 타원형 평면은 음압 불균등해질 우려 – 부채꼴, 우진각형이 적절

07 【그리드 아이언】
　• 무대 상부 천장 부근 설치되는 격자형 구조물
　【플라이 갤러리】
　• 무대 주위의 벽 6~9m 높이로 설치된 좁은 통로

08 ④ 동일층에서 수평 높이차가 있으면 고객 동선 단절, 시야 혼란 초래
　→ 매장은 가능한 평탄한 단일 플로어가 이상적

09 【독립코어】
　• 자유로운 공간계획 가능
　• 설비의 연결이 어려움

• 피난거리 증가
• 내진 안정성이 떨어짐

10 【스킵플로어형】
　• 2~3층에 하나씩 엘리베이터를 두고, 상하층은 계단으로 연결
　• 복층 구조와 층간 반층 이동이 특징
　• 심플렉스: 단층 세대
　• 복도형: 공용 복도 중심
　• 단층형: 일반형
　• 계단실형: 소수세대 당 계단실 공유

CHAPTER 15 미술관 및 박물관

제1절 개요

① 대지 선정

① 번화한 장소, 다른 문화시설과 근접한 곳이 바람직함
② 교통이 편리한 곳
③ 야외 전시나 수장고 증축 및 장래의 확장이 가능한 곳

② 전시시설 경향

① 관람객을 위한 휴식공간의 적극적 제공
② 지역주민과의 적극적 커뮤니케이션, 다양한 교육 프로그램 개발
③ 전시공간 이외의 다양한 기능의 공간 도입

③ 배치계획

1. 배치계획 고려사항

① 보행자 동선과 차량동선의 명확한 분리
② 외부 전시와 주변환경 등을 고려
③ 관람 동선과 자료의 반입 동선이 명확히 분리되도록 함

2. 배치형식 ★★

유형	내용 및 특성
개방형	• 전시공간 구획 없이 개방된 형식 • 효과적인 전시 연출이 가능한 형식 • 전시 내용에 따라 가동 형식 가능
집약형	• 단일 건축물 내에 크고 작은 전시공간을 집약 시킨 형식 • 중소규모 박물관 미술관에서 많이 볼 수 있음

분동형	• 관람자들의 집합이나 분산, 선별 관람이 용이하도록 도와주는 형식 • 동시에 많은 관람자를 수용해야 하는 경우 적합
중정형	• 중정을 중심으로 한 ㅁ자 건축물 배치로 단일 형식과 분동형식을 절충한 형식 • 중정은 대규모 주요 공간의 역할을 겸하며 개별공간의 전실로 관람자가 선별 관람할 수 있게 도와주는 중요 공간

표 15.1. 전시시설의 배치형식

제2절 일반계획

1 전시시설의 기능

기능 구분	내용
수집, 정리, 보존	자료의 종류: 실물, 표본, 묘사, 모형, 문헌, 사진, 필름 등
전시, 교육, 레크레이션	• 전시, 강연회, 연구모임의 개최 • 자료 이용에 대한 지도, 설명 및 연구, 도서실의 설치 • 학술, 교육 문화적 제시설과의 협력 및 원조
조사, 연구	• 문화재, 고고, 민속자료 등 조사 • 자료에 관한 전문적, 기술적 연구

표 15.2. 전시시설의 기능

2 공간구성

공간 구분	관련실
진입부문	현관, 홀, 휴게실
전시부문	• 상설 전시실, 기획전시실, 특별 전시실, 영상 전시실 • 전시홀, 준비실 및 창고
교육 보급부문	강의 및 연수실, 자료열람실, 뮤지엄 숍
수장 부분	수장고, 특별 수장고, 수장고 전실, 미정리 보관소, 포장 해체실, 소독실, 제습실, 자료 정리실, 수리실, 비품 수납고
관리부문 및 기타	• 사무실, 관장 및 응접실, 회의실, 안내실, 탕비실, 갱의실 • 인쇄실, 의무실, 화장실 및 샤워실, 자재창고, 식당, 휴게실
조사 연구부문	학예원, 연구실, 자료실 및 서고, 보존과학실, 녹음 스튜디오, 회의실

표 15.3. 전시시설의 공간구성

제3절 세부계획

1 전시실의 순로형식 ^{반드시 기억}★★★★★

1. 연속순로형식

① 소규모의 전시실에 적합

② 각 전시실을 연속적으로 연결하는 형식

③ 동선이 단순하지만 많은 실을 순서별로 통해야 하고 1실을 닫으면 전체 동선이 막히게 됨

④ 비교적 전시벽면을 많이 만들 수 있어 공간활용의 측면에서 효율적

⑤ 입체적인 계획이 가능함

2. 갤러리 및 코리도(corridor)형식

① 연속된 전시실의 한쪽 복도에 의해 각 실을 배치한 형식

② 각 실에 직접 들어갈 수 있는 점이 유리함

③ 필요시에 자유롭게 독립적으로 폐쇄할 수 있음

④ 복도가 중정을 감싸고 순로를 구성하는 경우 많음

⑤ 복도 자체도 전시 공간으로 이용이 가능함

3. 중앙 홀 형식

① 중심부에 하나의 큰 홀을 두고 그 주위에 각 전시실을 배치하여 자유 출입하는 형식

② 부지의 이용률이 높은 지점에 건립

③ 중앙 홀이 크면 동선의 혼란은 없으나 장래의 확장에 무리 있음

④ 관람자의 피로를 방지하는데 유리한 형식

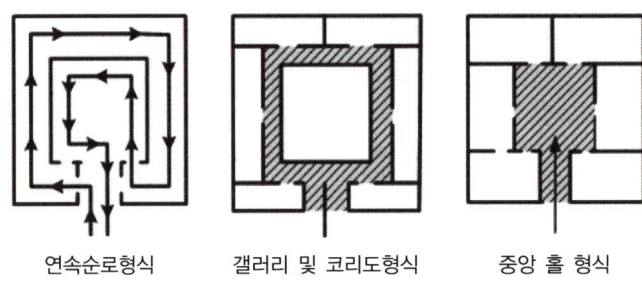

연속순로형식   갤러리 및 코리도형식   중앙 홀 형식

그림 15.1. 전시실의 순로형식

2 동선계획 ★★★

1. 전시실 동선계획

① 전시실은 입구에서 출구까지 연속적인 동선으로 구성되어야 하며 교차나 역순을 피해야 함

② 관객 동선, 관리자 동선, 자료의 동선으로 나뉘며 이들 수평상 동선의 대부분의 체계는 복도형식으로 이루어짐

③ 일반적으로 상설전시장과 특별 전시장은 전시장 입구를 분리

④ 전시 길이는 300m 이내로 하여 피로하지 않도록 함

2. 관객을 위한 공간계획 ★

① 각 전시실로 용이하게 출입 가능하게 함

② 전시실의 규모는 전시물의 크기, 수 그리고 관객의 수를 고려

3. 전시공간 건축

① 전시는 조명의 영향을 많이 받으므로 인공조명을 설치할 때에는 세심한 고려가 필요함

② 연면적에 대한 전시공간의 면적비율은 대체로 박물관이 미술관보다 낮음

3 전시실의 크기

1. 연면적에 대한 전시공간의 비율

① 미술관 : 연면적의 50% 정도

② 박물관 : 연면적의 30~50% 정도

2. 천장 높이

① 인공조명에 의한 계획이 주가 되는 최근에는 3.6~4.0m 정도의 천장 높이가 일반화 됨

② 소규모 전시공간이라도 천장높이는 최소한 3.0m가 확보되어야 함

3. 실 폭과 길이

① 실폭은 5.5m가 최소, 큰 전시실에서는 최소 6.0m 이상(평균 8m)이며, 다수의 관객이 통행할 때는 2.0m 이내의 통로 여유가 필요함

② 실 길이 : 폭의 1.5~2배 정도

③ 관람자의 시가은 보통 15°~45° 이내

④ 평면적 전시물의 최량 시각은 27°~30°임

④ 특수전시기법 반드시 기억★★★★★

1. 파노라마 전시

① 전시물들의 나열 자체가 하나의 큰 그림이나 풍경처럼 보이도록 하여 전체적인 맥락이 이해될 수 있도록 함
② 벽면전시와 입체물이 병행되는 것이 일반적인 유형

2. 디오라마 전시 ★★★

① '하나의 사실' 또는 '주제의 시간 상황을 고정'시켜 연출하는 것으로 현장감을 가지고 관찰할 수 있는 전시기법
② 전면 균질조명
③ 어떤 상황을 배경과 실물 및 모형으로 재현하는 수법
④ 현장감을 실감나게 표현함

3. 아일랜드 전시

① 벽이나 천장을 직접 이용하지 않고 전시물 또는 전시 장치를 배치하여 전시공간을 만들어내는 기법
② 대형 전시물이나 소형 전시물인 경우 유리함(전시 매체를 다양하게 구사)

4. 하모니카 전시

① 전시 평면이 하모니카 흡입구처럼 동일한 공간으로 연속되어 배치
② 전시 내용을 통일된 형식 속에서 규칙, 반복되도록 하는 방법
③ 동일 종류의 전시물을 반복 전시할 때 유리함
④ 동선이 비교적 단순하여 동선계획에 유리함

5. 알코브 전시

① 소극적인 입체전시에 적합
② 전시물에 대한 시각적 집중도가 올라감

6. 영상전시

① 실물 전시가 어려울 경우 사용
② 오브제 전시의 한계를 극복하기 위한 목적으로 사용되기도 함

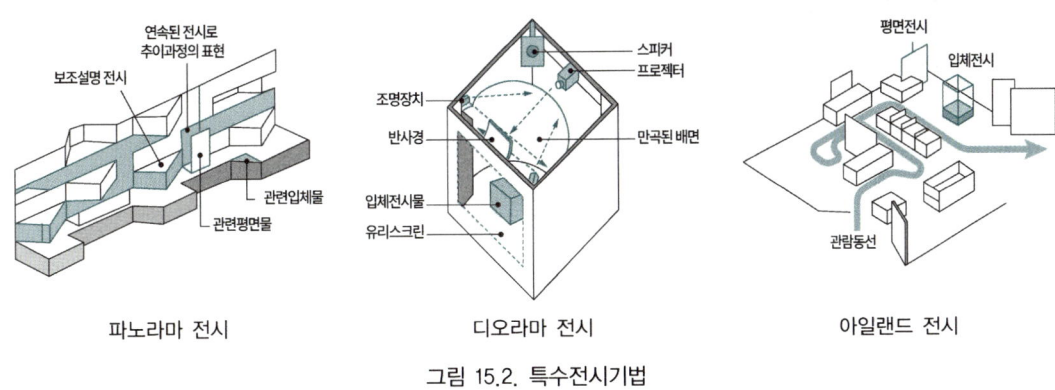

파노라마 전시   디오라마 전시   아일랜드 전시

그림 15.2. 특수전시기법

제4절 | 채광계획

① 채광 및 조명 계획 일반사항 *

① 인공조명을 기본으로 하고 광색이 적당해야 하며 변화가 없어야 함
② 관람자의 그림자가 전시물 상에 나타나지 않아야 함
③ 광원이 현휘를 주지 않아야 함
④ 천연광은 색온도가 높고 자외선 포함률이 높음
⑤ 화면 또는 케이스의 유리에 다른 영상을 나타내지 않을 것
⑥ 대상에 따라 필요한 점광원을 고려

② 자연채광형식 반드시 기억★★★★★

1. 정광창 형식(Top light)

① 천장의 중앙에 천창을 설계하는 방식
② 전시실 중앙을 밝게 하여 벽면에 균등한 조도를 구현함
③ 천창의 직접광선을 막기 위해 천장 부분에 루버를 설치하거나 2중으로 함
④ 채광량이 많아 소작품 전시에 적합
⑤ 유리전시관 내의 공예품 전시에는 부적합

2. 측광창 형식(side light) ★

① 측면 창에 광선을 들이는 방식

② 전시실 채광 방식 중 가장 불리함

③ 소규모 전시실 이외에는 부적합함

④ 광선의 확산, 광량의 조절, 열전열 설비를 병행하는 것이 좋음

3. 정측광창 형식(top side light) ★★

① 관람자가 서있는 상부에 천장을 불투명하게 하여 측벽에 가깝게 채광창 설치

② 중앙의 관람자 위치는 어둡게, 전시 벽면은 조도를 충분히 확보할 수 있으므로 이상적인 방식

③ 천장이 높기 때문에 측광창의 광선이 약할 우려가 있음

4. 고측광창 형식(top side light monitor) ★

① 천창에 가까운 측면에서 채광하는 방식

② 측광식과 정광식을 절충한 방식

편측(광)창과 비교	장점	단점
천창(정광창)	• 채광량 확보 • 실내의 조도를 균일하게	• 조명 및 통풍, 차열의 불리 • 방수에 대한 계획 시공 불리 • 주간에 직사광선 사입(반사장애 일어나기 쉬움)

표 15.4. 편측광창과 정광창(천창)의 비교

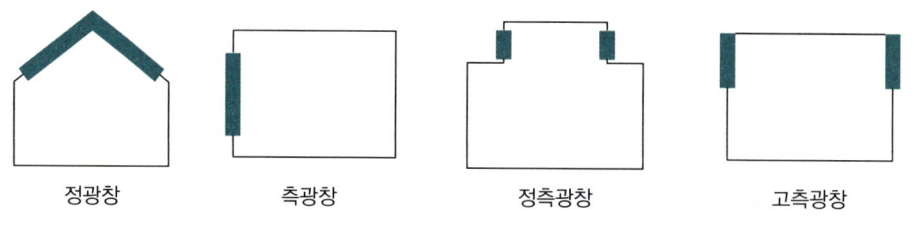

| 정광창 | 측광창 | 정측광창 | 고측광창 |

그림 15.3. 채광 형식

기출문제 : 미술관 및 박물관

01 박물관의 특수전시기법에 대한 설명으로 옳지 않은 것은? 지23

① 영상 전시 – 현물을 직접 전시할 수 없는 경우나 오브제 전시만의 한계를 극복하기 위해 사용한다.

② 하모니카 전시 – 하모니카의 흡입구처럼 동일한 공간을 연속하여 배치한다.

③ 파노라마 전시 – 연속적인 주제를 전경으로 펼쳐지도록 연출한다.

④ 디오라마 전시 – 2차원적인 매체를 활용하여 입체감이나 현장감보다는 전시물의 군집배치에 초점을 맞춘다.

02 박물관 건축계획에서 배치유형에 대한 설명으로 옳은 것은? 국21

① 분동형(pavilion type)은 단일 건축물 내에 크고 작은 전시실을 집약하는 형식으로, 가동적인 전시연출에 유리하다.

② 개방형(open plantype)은 분산된 여러 개의 전시실이 광장을 중심으로 건물군을 이루는 형식으로, 많은 관람객의 집합, 분산, 선별 관람에 유리하다.

③ 중정형(court type)은 중정을 중심으로 전시실을 배치한 형식으로, 실내·외 전시공간 간 유기적 연계에 유리하다.

④ 폐쇄형(closed plan type)은 분산된 여러 개의 전시실이 작은 광장 주변에 분산 배치되는 형식으로, 자연채광을 도입하는 데 유리하다.

03 미술관 출입구 계획에 대한 설명으로 옳지 않은 것은? 시20

① 일반 관람객용과 서비스용 출입구를 분리한다.

② 상설전시장과 특별전시장은 입구를 같이 사용한다.

③ 오디토리움 전용 입구나 단체용 입구를 예비로 설치한다.

④ 각 출입구는 방재시설을 필요로 하며 셔터 등을 설치한다.

해설 01 ④   02 ③   03 ②

01 ④ 디오라마(Diorama) : 3차원적 매체 활용, 입체적·현장감 있는 전시기법
• 하모니카 전시 : 동일 공간 연속 배치
• 파노라마 전시 : 연속 주제의 전경 연출

02 ③ 중정형(court type) : 중정을 중심으로 실내·외 전시공간을 유기적으로 연결할 수 있어 전시 다양성에 유리
① 집약형 : 단일 건축물 내 크고 작은 전시실 집약

② 분동형 : 분산된 여러 개의 전시실이 광장을 중심으로 건물군을 이루는 형식
④ 중정형 : 자연채광 도입에 유리

03 ② 상설 전시장과 특별 전시장은 별도 동선 및 출입구 분리가 일반적 → 입구를 같이 사용하면 관람 흐름 혼란 초래

04 특수전시기법인 디오라마(Diorama) 전시에 대한 설명으로 옳지 않은 것은? 지21

① 전시물을 부각해 관람자가 현장에 있는 듯한 느낌을 주게 하는 입체적인 기법이다.
② 사실을 모형으로 연출해 관람시키는 방법으로 실물 크기의 모형 또는 축소형의 모형 모두가 전시 가능하다.
③ 조명은 전면 균질조명을 기본으로 한다.
④ 벽면전시와 입체물을 병행하는 것이 일반적이며 넓은 시야의 실경을 보는 듯한 감각을 주는 기법이다.

05 미술관의 자연채광방식에 대한 설명으로 옳지 않은 것은? 지19

① 정광창 형식은 채광량이 많아 조각품 전시에 적합하다.
② 정측광창 형식은 전시실 채광방식 중 가장 불리하다.
③ 고측광창 형식은 정광창식과 측광창식의 절충방식이다.
④ 측광창 형식은 소규모 전시실 이외에는 부적합하다.

06 전시실의 순회형식에 대한 설명으로 옳지 않은 것은? 국19

① 연속순로형식은 소규모 전시실에 적용가능하고, 갤러리 및 코리더형식은 각 실에 직접 들어갈 수 있는 점이 유리하다.
② 중앙홀형식은 홀이 클수록 장래확장이 용이하고, 연속순로형식은 1실을 폐쇄하였을 때 전체 동선이 막히게 되는 단점이 있다.
③ 중앙홀형식은 중심부에 하나의 큰 홀을 두고, 갤러리 및 코리더형식은 복도가 중정을 포위하게 하여 순로를 구성하는 경우가 많다.
④ 중앙홀형식은 각 전시실을 자유로이 출입 가능하고, 연속순로 형식은 실을 순서대로 통해야 한다.

07 미술관 건축계획에 대한 설명으로 옳지 않은 것은? 지18

① 전시실 순회형식 중 중앙홀 형식은 홀이 클수록 동선 혼란이 적어지고 장래 확장에 유리하다.
② 전시실 순회형식 중 갤러리 및 코리더 형식은 각 실에 직접 들어갈 수 있는 장점이 있다.
③ 특수전시기법 중 아일랜드전시는 벽이나 천장을 직접 이용하지 않고 전시물 또는 전시장치를 배치함으로써 전시공간을 만들어내는 기법이다.
④ 출입구는 관람객용과 서비스용으로 분리하고, 오디토리움이 있을 경우 별도의 전용 출입구를 마련하는 것이 좋다.

08 공공문화시설에 대한 설명으로 옳지 않은 것은? 국18

① 전시장 계획 시 연속순로(순회)형식은 동선이 단순하여 공간이 절약 된다.
② 공연장 계획 시 객석의 형(形)이 원형 또는 타원형이 되도록 하는 것이 음향적으로 유리하다.
③ 도서관 계획 시 서고의 수장능력은 서고 공간1m³당 약66권을 기준으로 한다.
④ 극장 계획 시 고려해야 할 가시한계(생리적 한도)는 약 15m이고, 1차 허용한계는 약 22m, 2차 허용한계는 약 35m이다.

09 미술관의 출입구 및 동선계획에 대한 설명으로 옳지 않은 것은? 지17

① 각 출입구는 방재시설로 셔터나 그릴 셔터를 설치한다.
② 전시실 전체의 주동선 방향이 정해지면 개개의 전시실은 입구에서 출구에 이르기까지 연속적인 일방통행 동선으로 교차의 역순을 피해야 한다.
③ 전시공간의 전체 동선체계는 관람자 동선, 관리자 동선, 자료의 동선으로 나뉘며, 이들 수평상 동선의 대부분의 체계는 복도형식으로 이루어진다.
④ 일반적으로 상설전시장과 특별전시장은 전시장 입구를 같이 사용한다.

10 19세기 후반 전원도시(Garden City) 이론을 제창함으로써 이후 도시계획 및 단지계획에 큰 영향을 준 사람은? 단지계획 복습 국08

① 월 터 그로피 우스(Walter Gropius)
② 안토니오 산텔리어(AntonioSant' Elia)
③ 토니 가르니에(Tony Garnier)
④ 에베네저 하워드(EbenezerHoward)

해설　04 ④　05 ②　06 ②　07 ①　08 ②　09 ④　10 ④

04 ④ 파노라마 : 벽면전시, 입체전시 병행, 넓은 시야의 실경을 보는듯한 감각

05 ② 정측광창은 전시실 채광방식 중 가장 유리
• 정광창은 광량 풍부, 조각품에 적합
• 고측광창 = 정광 + 측광 절충
• 측광창은 소규모에 적합

06 ② 중앙홀 형식은 홀이 클수록 장래 확장이 불리함

07 ① 중앙홀 형식은 홀이 클수록 동선혼란이 적어지지만 장래 확장에 불리하다.

08 ② 원형 또는 타원형객석은 음향적으로 불리 → 부채꼴형, 우절형 유리

09 ④ 상설전시장과 특별전시장 입구는 원칙적으로 분리함
› 동선 혼란, 관리 혼선 방지

10 【에베네저 하워드(Ebenezer Howard)】
• 『내일의 전원도시』 저자
• 전원도시 이론 제창자, 도시와 농촌의 장점 결합
• 월터 그로피우스 : 바우하우스
• 산텔리어 : 미래주의
• 가르니에 : 산업도시계획

CHAPTER 16 호텔

제1절 개요

1 종류

1. 시티호텔: 도심에 위치 ★★★

(1) 커머셜 호텔

① 비즈니스가 주요 업무인 여행자용. 편리와 능률이 중요

② 도심의 번화한 교통 중심지에 고층화하여 건축

(2) 레지덴셜 호텔

① 여행자나 관광객이 단기체류하는 호텔

② 도심을 약간 피해 안정된 곳에 위치함

③ 주방시설이 단위객실 안에 포함되어 있음

④ 커머셜 호텔보다 규모는 작고 시설은 고급

(3) 아파트먼트 호텔

① 장기간 체류에 적합

② 주방과 셀프 서비스 시설을 갖추는 것이 일반적

③ 전체 호텔의 식당과 주방설비도 필요함

(4) 터미널 호텔

① 교통기관의 발착지점에 위치

② 철도역 호텔, 부두호텔, 공항 호텔

③ 모텔과 유사하며 객실은 침실 위주로 간소화

2. 리조트 호텔

① 피서, 휴양을 위주로 하여 조망, 쾌적성을 고려함

② 산, 바다, 호수, 강, 공원 등 도시에서 떨어진 관광지 주변에 위치함

3. 모텔

① 모터리스트의 호텔이라는 뜻으로 자동차 여행자를 위한 숙박시설

② 자동차 도로변의 도시 근교에 많음

4. 유스 호스텔

① 국적과 환경이 다른 청소년 숙박을 위한 호텔
② 하계, 동계, 주말 오리엔테이션시 많이 이용하는 경향

② 시설규모

1. 면적구성

(1) 객실수에 따른 시설 규모

객실수	시설 규모
10~20	가족단위의 경영규모. 게스트하우스, 여관, 모텔
50~70	별도 관리인이 필요한 규모
100~150	별도의 식당과 카페가 고려되어야 함
150~200	일반적 모텔과 리조트 호텔의 규모, 충분한 식당 면적과 라운지, 스텐드바, 수영장 등의 오락 시설 계획
200~300	• 리조트 호텔 중에서도 디럭스급에 속함 • 독자적 해수욕장이나 골프 코스 등을 가짐
400이상	컨벤션을 포함한 복합기능을 갖는 시티호텔 규모
700이상	메인 컨벤션과 전산센터, 상가와 식당 및 그 밖의 복합기능을 포함한 규모

표 16.1. 객실수에 따른 시설 규모

(2) 실별 면적 구성

	리조트 호텔	커머셜 호텔	아파트먼트 호텔
1개 객실 연면적	40~91m²	28~50m²	70~100m²
숙박부 면적	41~56%	49~73%	32~48%
퍼블릭 스페이스 면적비	22~38%	11~30%	35~58%
관리부 면적비	6.5~9.3%		
설비부 면적비	약 5.2%		
로비 면적	3~6.2m²	1.9~3.2m²	5.3~8.5m²

표 16.2. 실별 면적 구성

2. 숙박 면적비 비교 : 커머셜 > 리조트 > 아파트먼트

3. 객실 1개의 면적 비교 : 아파트먼트 > 리조트 > 커머셜

4. 공용 면적비 : 아파트먼트 > 리조트 > 커머셜

제2절 | 평면계획

1 호텔의 기능 ^{반드시 기억}★★★★★

부분별	주요 각 실의 명칭
숙박 부분	객실, 보이실, 메이드실, 린넨실, 트렁크실
퍼블릭 스페이스	현관, 홀, 로비, 라운지, 식당, 연회장, 오락실, 매점, 나이트 클럽, 스탠드 바, 볼룸, 커피숍, 그릴, 담화실, 독서실, 진열장 프런트 데스크, 이,미용실, 계단
관리부분	프런트 오피스 클로크룸, 지배인실, 전산실, 사무실, 공작실, 창고, 전화 교환실, 종업원 관계제실
요리 관계 부분	배선실, 주방, 식기실, 냉장고, 식료품 창고 및 이에 부수되는 화장실, 복도, 계단
설비 관계 부분	보일러실, 각종 기계실, 세탁실 및 이에 부수되는 창고 등
대실	상점, 창고, 임대사무실, 클럽 등

표 16.3. 호텔의 기능 구성

2 동선 계획 ★

① 숙박고객이 프런트를 통하지 않고 직접 주차장으로 가는 동선을 피할 것
② 연회객은 프런트를 거치지 않고 주차장에서 직접 연회장으로 갈 수 있도록 동선계획
③ 최상층에 레스토랑을 설치하는 방안은 엘리베이터 계획에도 영향을 미치므로 기본계획 시 결정해야 하는 사항

제3절 | 세부계획

1 기준층 계획

1. 기준층의 스팬계획

① 객실 2실을 연결한 것을 최소의 기둥 간격으로 보는 것이 합리적
② 기둥간격 = (최소의 욕실폭 + 객실 입구 통로 폭 + 반침 폭)×2배

2. 기준층(숙박부)와 공용부의 연결방식

① 밀집형 : 저층부를 기단모양으로, 숙박부는 그 위에 건축
② 인접형 : 숙박부와 공공부분이 인접함. 경제적이며 넓은 대지의 호텔에 적합
③ 개방형 : 숙박부가 넓은 대지에 분산되어 있는 형. 리조트 호텔에 적합

3. 기준층의 복도 폭

① 편복도 : 1.8m

② 중복도 : 2.1m(법적 최소 : 1.5m)

② 현관 및 로비 라운지

① 현관 : 호텔의 외부 접객 장소로서 프런트 데스크와의 접속하며, 로비 및 라운지와 연속되어야 함

② 로비 : 고객이 현관 도착 후 퍼블릭 스페이스 중심으로 지나가는 장소이며, 다른 공간과의 연계성이 중요

③ 라운지 : 머무는 장소로서 휴식, 담화, 응접 등으로 사용

③ 프런트 오피스, 데스크, 클로크 룸, 트렁크 룸

① 프런트 오피스 : 외래객이 알기 쉬운 장소. 자유롭게 출입할 수 있고 고객의 실내 동향을 관찰할 수 있어야 함. 프런트 데스크－엘리베이터－현관의 삼각관계에서 고객동선이 원활하여야 함

② 지배인실 : 외래객이 알기 쉽도록 하고, 후문으로 통하게 함

③ 클로크룸 : 호텔, 식당, 카바레 등 외래객이 그 입구에서 일시 외투 등을 맡김. 프런트 오피스 옆에 설치하는 외투 보관실

④ 린넨실 : 객실 내부에서 사용하는 물건 등을 보관하는 실

④ 객실

1. 평면 비 : b/a = 0.8~1.6

2. 평면유형

① 직선형 : 편복도, 직사각형의 명쾌한 타입

② 병렬형 : 코어를 끼고 객실 배치, 구조적으로 편심이 없어 유리함

③ 교차형 : 편심 발생이 쉬움. 고층건물에는 부적합

④ 폐쇄형 : 건물 평면의 폭 길이비, 폭 높이비가 구조적으로 유리

⑤ H자형(ㅁ자형) : 주거성이 좋지 않음. 한정된 체적에서 외기 접면 최대

⑤ 식당 및 주방

① 커머셜 호텔은 리조트 호텔의 1/2 정도임

② 식당과 주방의 관계에서 식당이 차지하는 면적은 70~80%

6 **연회장**

① 숙박 부분과는 명확하게 구별하여 객실에 방해가 되지 않도록 출입구 별도 설치하는 것이 바람직

② 1인당 소요 면적: 대연회장 − 1.31m²/인, 중·소 연회장 − 1.5~2.5m²/인, 회의실 − 1.8m²/인

7 **화장실**

① 공용부분의 층에서는 60m 이내마다 설치한다.

② 종업원의 화장실은 따로 설치하여, 고객과의 혼용을 방지

제4절 **환경 및 설비**

1 **호텔의 실별 권장 온도** ★

① 객실: 20℃ / 로비: 17℃

② 식당: 18℃ / 연회실: 21℃

③ 주방/세탁실: 15도 / 욕실: 22℃

④ 습도: 40~60%

2 **설비계획**

① 객실이나 공공부분은 온수난방이 아닌 복사난방이 좋음

② 대형호텔의 급수방식은 압력수조방식보다 고가수조방식이 유리함

3 **기타계획 사항**

① 객실 부속의 욕실은 1.5~3.0m²

② 보이실과 서비스실은 각층 코어와 근접

③ 벨보이나 서비스실은 현관나 인접하여 감시가 편리한 곳에 서로 인접 배치

④ 주방 위치는 식품 저장실 및 식당과 같은 층에 위치하는 것이 좋음

⑤ 일반적으로 1, 2층 또는 지하 1층에 위치하는 경우가 많음

CHAPTER 16 기출문제 : 호텔

01 호텔 건축계획에 대한 설명으로 옳지 않은 것은? 지22

① 기준층 기둥 간격은 객실 단위 폭(침실 폭 + 각 실 입구 통로 폭 + 반침 폭)의 두 배로 한다.

② 연면적에 대한 숙박부의 면적비는 평균적으로 리조트호텔보다 시티호텔이 크다.

③ 프런트 오피스는 호텔의 기능적 분류상 관리부분에 속한다.

④ 호텔 연회장의 회의실 1인당 소요 면적은 $1.8m^2$/인이다.

02 호텔 건축계획에 대한 설명으로 옳지 않은 것은? 국21

① 직원용 출입구는 관리상 가급적 여러 개를 설치한다.

② 객실은 차음상 엘리베이터 샤프트와 거리를 두어 배치한다.

③ 숙박 고객과 연회 고객의 출입구는 분리하는 것이 좋다.

④ 물품 검수용 출입구는 검사 및 관리상 1개소로 한다.

03 호텔건축에 대한 설명으로 옳지 않은 것은? 국20

① 아파트먼트호텔은 리조트호텔의 한 종류로 스위트룸과 호화로운 설비를 갖추고 있는 호텔이다.

② 리조트호텔은 조망 및 자연환경을 충분히 고려하고 있으며, 호텔 내외에 레크리에이션 시설을 갖추고 있다.

③ 터미널호텔은 교통기관의 발착지점에 위치하여 손님의 편의를 도모한 호텔이다.

④ 커머셜호텔은 주로 상업상, 업무상의 여행자를 위한 호텔로 도시의 번화한 교통의 중심에 위치한다.

해설 01 ① 02 ① 03 ①

01 ① 호텔 기준층 기둥간격: (욕실 폭 + 각 실 입구 통로 폭 + 반침 폭)의 두 배로 한다.
• 호텔 연회장 회의실 면적 기준: $1.8m^2$/인
• 프런트 오피스: 관리부분

02 ① 직원 출입구는 보안·관리상 1개소로 집중 배치하는 것이 원칙 → 여러 개 설치는 관리 어려움 초래

03 ① 아파트먼트 호텔은 시티 호텔의 한 종류 → 주거형 장기 체류용 호텔

04 호텔의 기능적 부분과 소요실을 연결한 것으로 옳지 않은 것은? 지16

① 숙박부분 – 린넨실(리넨실)
② 관리부분 – 프런트 오피스
③ 공용부분 – 보이실
④ 요리관계부분 – 배선실

05 호텔의 건축계획에 대한 설명으로 옳지 않은 것은? 국16

① 숙박고객과 연회고객의 출입구를 분리하는 것이 바람직하다.
② 숙박고객이 프런트를 통하지 않고 직접 주차장으로 갈 수 있는 동선은 관리상 피하도록 한다.
③ 연면적에 대한 숙박부분의 면적비는 커머셜 호텔이 아파트먼트 호텔보다 크다.
④ 관리부분에는 라운지, 프런트데스크, 클로크룸(Cloak room) 등이 포함되며, 면적비는 호텔 유형에 관계없이 일정하다.

06 호텔의 기준층계획에 대한 설명으로 옳지 않은 것은? 국15

① 객실의 유형, 구조, 설비, 동선계획 외에도 방재계획, 특히 피난계획에 주의한다.
② 기준층의 객실 수는 기준층의 면적이나 기둥간격의 구조적인 문제와 밀접 관련이 있다.
③ 객실 기준층과 공공부문을 연결시키는 방법 중의 하나인 밀집형은 저층부를 기단모양으로 하고 그 위에 숙박부를 올린 형태이며, 도심지 고층호텔에 적합하다.
④ 일반적인 기준층의 스팬(span)을 정하는 방법으로 욕실폭, 각 실 입구통로폭을 합한 1개의 객실 단위를 기둥간격으로 본다.

07 주로 비즈니스 여행자를 위한 호텔로 도시의 번화한 교통중심에 위치하는 것은? 국25

① 터미널 호텔
② 커머셜 호텔
③ 레지덴셜 호텔
④ 아파트먼트 호텔

08 도서관의 출납시스템에 대한 설명 중 옳지 않은 것은? 도서관 복습 지09

① 안전 개가식은 이용자가 자유롭게 도서/자료를 꺼내볼 수 있으며, 도서열람의 체크시설이 필요치 않다.

② 반 개가식은 서가의 열람이나 감시가 필요치 않은 형식으로, 주로 새로 출간된 신간서적 안내에 채용되는 형식이다.

③ 폐가식은 주로 대규모 도서관의 서고에 적합하며, 도서의 관리 및 유지가 양호하다.

④ 자유 개가식은 도서대출 기록의 제출이 필요 없는 관계로 책 열람 및 선택이 자유롭다.

09 교사(校舍)의 배치에 관한 설명으로 옳지 않은 것은? 학교건축 복습 국10

① 폐쇄형은 부지를 효율적으로 활용하는 이점은 있으나 교실에 전달되는 운동장의 소음이 크고 교사주변에 활용되지 않는 부분이 많다.

② 핑거플랜(finger plan)형은 건물사이에 놀이터와 정원이 생겨 생활환경이 좋아지나 편복도로 할 경우 복도면적이 너무 크고 동선이 길어서 유기적인 구성이 어렵다.

③ 집합형은 지역인구의 변화추세를 가늠할 수 없는 경우에 적용하는 방식으로 교지의 한쪽 편에서 건축되어 점차 집합화 됨에 따라 물리적 환경이 열악해 진다.

④ 클러스터(cluster)형은 중앙에 공용으로 사용하는 부분을 집약시키고 외곽에 특별교실, 학년별 교실동을 두어 동선을 명확하게 분리시킬 수 있다.

10 1929년 프랑크푸르트 암마인(Frankfurt am Main)의 국제주거회의에서 제시한 기준을 따를 때 5인 가족을 위한 최소 평균주거 면적은? 단독주택 복습 국16

① 50m²   ② 60m²

③ 75m²   ④ 80m²

해설   04 ③   05 ④   06 ④   07 ②   08 ①   09 ③   10 ③

04 ③ 보이실은 숙박 부분

05 ④ 관리부분에는 클로크 룸 등이 포함되며, 라운지, 프런트데스크는 공용부분이다. 또한, 면적비는 호텔의 유형에 따라 다르다.
- 연면적에 대한 숙박면적비 : 커머셜 > 리조트 > 아파트먼트

06 ④ 일반적인 기둥간격 스팬은(욕실폭 + 통로폭 + 객실폭)의 2배 → 전체 객실 유닛 기준

07 【커머셜 호텔】
- 비즈니스 고객 중심
- 도심 교통 중심지에 위치
- 짧은 체류, 편리한 접근성 중심

08 ① 안전 개가식은 서가 자유 접근은 가능 → 열람 시 체크시설 필요

09 【집합형】
- 교육구조에 따라 유기적 구성 가능
- 동선이 짧아 이동 편리
- 지역 사회에서 시설물 이용유리
- 폐쇄형 : 공간 활용 효율 ↑, 운동장 소음 ↑
- 핑거플랜 : 동선 길어짐 단점
- 클러스터형 : 공용부 집중, 동선 분리

10
- 프랑크푸르트 국제주거회의 기준 : 15m²
- 15m² × 5인 = 75m²

CHAPTER 17 병원

제1절 병원의 구성조직

1 병동부

① 전체 병원의 30~40%를 차지하는 병원의 가장 중요한 부분
② 병실, 숙직실, 의사실, 간호사 대기실, 면회실 등이 배치됨

2 중앙진료부

① 전체 병원의 15~25%. 입원환자와 외래환자를 다 같이 취급
② 다른 부서와 유기적 연관성을 고려

3 외래진료부

① 병원의 10~15(20)%. 저층부에 위치하는 것이 바람직
② 환자가 일정기간 통원하면서 진찰 받는 부분

4 서비스부 : 병원의 각 부문의 활동에 대해 여러 가지 물품을 공급하는 곳

5 관리부 : 병원장을 중심으로 병원 전체의 관리, 운영, 유지를 담당하는 부문

제2절 병원의 건축형식 *

1 배치계획 고려사항

① 충분한 규모의 주차장 확보
② 구급차나 응급환자를 실은 차량이 응급실로 곧바로 접근할 수 있도록 별도의 동선 확보

② 분관식 ★★

1. 배치형식

① 평면 분산식으로 각 건물은 3층 이하의 저층 건물
② 모든 동이 저층건물 위주로 계획됨

2. 특성

① 각 병실을 남향으로 할 수 있어 일조, 통풍 조건이 유리해짐
② 넓은 대지가 필요하고, 보행거리가 길어짐
③ 설비가 분산되므로 설비비가 증대됨
④ 환자는 주로 경사로를 이용한 보행 또는 들것으로 운반

③ 집중식 ★

1. 배치형식

① 외래부, 부속 진료부, 병동을 합쳐서 한 건물로 하고, 특히 병동은 고층으로 하여 환자를 운송하는 방법
② 현대의 병원 건축은 대부분 이 방식을 사용함

2. 특성

① 고층화가 가능하여 협소한 도시지역에 적합(대지의 효율적 이용 가능)
② 관리가 편리하고 설비가 집약되어 설비비 감소
③ 의료, 간호, 급식 등의 서비스가 원활함
④ 일조, 통풍 등의 조건은 불리해지며, 각 병실의 환경이 균일히지 못함

분관식(Pavilion type)	집중식(Block type)
병실 내부 환경이 좋음	병실의 환경이 균일하지 못함
설비가 분산, 시설비가 증대됨	설비 집약으로 시설비 감소
관리 어려움	관리 편리함
넓은 부지에 분산 저층형 건물군	좁은 부지에 고층형 건물

표 17.1. 분관식과 집중식의 비교

❹ 다익형

1. 배치형식

① 분관식과 집중식의 절충 형태

② 각 부분의 긴밀한 연계성을 유지하면서 좀 더 자유로운 계획이 가능

2. 특성

① 최근 의료수요와 진료 기술의 변화에 따라 병원의 증/개축이 필요하게 되어 출현한 형식임

② 병원의 장래 증축과 성장에 유리한 형식

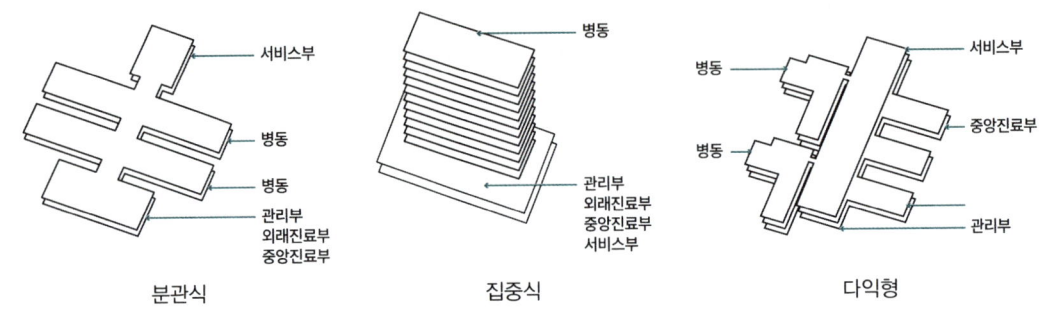

그림 17.1. 병원의 건축형식

제3절 | 세부계획

❶ 병동부 *

1. 병실 **

(1) 위치

① 둘 이상의 계단과 피난계단이 있는 경우를 제외하고 지하층, 3층 이상에 설치하지 않아야 함

② 「의료법 시행규칙」상 입원실은 내화구조인 경우에는 3층 이상에는 설치할 수 있지만 지하층에는 설치할 수 없다(시행규칙 별표4 제1호 가목).

(2) 연면적 대비 면적 구성

① 종합병원: 연면적의 1/3

② 결핵병원: 연면적의 1/2

③ 정신병원: 연면적의 2/3

(3) 1병상당 면적 표준

① 전체면적(외래, 간호사 기숙사 포함) : $43 \sim 63 m^2/bed$

② 병동면적 : $20 \sim 27 m^2/bed$

③ 병실면적 : $10 \sim 13 m^2/bed$

④ 중환자실의 면적 : $15 m^2$ 이상/bed

(4) 계획 시 유의사항

① 병실의 천장은 환자의 시선이 늘 닿는 곳 : 조도가 높고 반사율이 큰 마감재는 피해야 함

② 병실의 출입문은 안여닫이로 하고 문지방은 없어야 함

③ 병동 간 출입구는 밖여닫이로 가능. 폭 1.15m 이상으로 하여 침대가 통과할 수 있는 폭

④ 각 베드의 머리 후면에 개별 조명설비를 함

⑤ 침대의 머리 방향은 벽을 향하고 옆에 창이 놓이도록 계획

2. 큐비클 시스템

① 천장에 닿지 않는 커튼이나 칸막이를 써서 총 실을 몇 개의 큐비클로 나누어 베드를 배치하는 방식

② 간호나 급식 서비스가 용이함

③ 개방감이 있고 북향에 면한 실의 환경이 균등

④ 공간을 유용하게 사용할 수 있음

⑤ 독립성이 떨어짐

⑥ 면회자들로 인한 실내공기 오염 가능성이 크고 주변 소음에 취약

3. 간호단위 ^{반드시 기억}★★★★

(1) 1간호단위

1조(8~10명)의 간호사가 간호하기에 적절한 병상 수로 25병상이 이상적이며 보통 30~40병상

(2) 간호사 대기실

① 각 간호 단위의 층별, 동별로 설치하며, 간호 작업에 편리한 계단, 엘리베이터에 근접시키며 외인의 출입도 감시할 수 있음

② 간호사의 보행거리는 24m 이내로 환자를 돌보기 쉽도록 병실 군의 중앙에 위치하게 함

(3) P.P.C(Progressive patient care)계획

환자를 질병의 종류와 상관없이 병증의 정도 / 간호의 필요도에 따라 단계적으로 분리해 간호하는 방식

① 집중간호, 보통간호, 자가간호, 장기간호로 구분됨

② 집중간호(ICU : Intensive Care Unit) : 밀도 높은 의료와 간호를 필요로 하는 중환자 대상. 중환자실의 배치형태는 개방형을 주로 사용함

③ C.C.U(Coronary Care Unit) : 심근, 협심증 환자를 대상으로 집중치료하는 간호단위

4. 복도

① 보통 2.1~2.4m가 필요

② 계단 및 계단참의 폭을 120cm 이상이 필요함

③ 계단까지의 보행거리는 주요구조부가 내화구조일 때 50cm 이내, 그 이외에는 30m 이내임

5. 규모

① 종합병원: 입원환자 100명 이상 수용할 수 있는 규모

② 한방병원: 입원환자 30명 이상 수용할 수 있는 규모

③ 의원, 치과의원, 한의원: 입원환자 29명 이하를 수용할 수 있는 규모

④ 300병상 이상의 종합병원은 입원실 병상 수의 100분의 5 이상을 중환자실 병상으로 구비해야 함

⑤ 종합 병원에는 음압격리병실을 1개 이상 설치하되, 300병상을 기준으로 100병상 초과할때마다 1개의 음압격리병실을 추가로 설치

6. 정신병동

① 병동부는 병원 연면적의 약 60% 이상을 차지함

② 간호사 대기실에서 입원실 복도를 감시할 수 있게 함

③ 자물쇠는 외부에서 채울 수 있도록 하여야 함

④ 병실문은 안여닫이, 실내를 감시할 수 있는 창(구멍)을 설치하여야 함

7. 결핵병동

① 원칙적으로 종합병원에 포함시키지 않음. 포함 시 20병상 이하로 하여 별도의 병동으로 계획

② 유틸리티 룸은 청결과 불결의 2실로 하여 불결한 쪽에 소각로, 싱크 등을 설치

③ 검사실 및 처치실을 설치하여 환자가 검사, 치료 등을 위해 타 병동에 갈 기회를 줄임

❷ 중앙진료부 ★

1. 특성

① 병동부와 외래진료부의 중간에 유기적으로 배치

② 진단 방사선부: 외래환자의 80% 이상 이용함. 병동부와 외래부 사이에서 외래부와 더 가깝게 배치함

③ 수술실, 물리치료실, 분만실 등은 통과교통이 되지 않도록 함

④ 환자와 물건의 동선은 교차되지 않도록 함

⑤ 환자의 동선은 이동하기 쉬운 저층부에 설치

2. 수술실 ^{반드시 기억}★★★★★

⑴ 기능과 위치

① 외래와 병동의 사이의 중앙진료부와 가까운 부분에 위치(쌍방 모두 이용)

② 타 부분과 통과교통이 되지 않도록 익단부로 격리(쿨데삭 부분)

③ 관리가 편리하도록 대·중·소 여러 개의 수술실을 관계 부속 설비와 같이 집중배치

④ 병동 및 응급부에서 환자 수송이 용이한 곳

⑵ 계획의 주안점

① 수술실의 규모는 4.5m × 4.5m 이상

② 수술실의 공조설비는 독립된 설비계통으로 수술실 공기의 재순환 불가

③ 온도 26.6℃ 이상, 습도 55% 이상

④ 조명 : 무영등 사용

⑤ 색채 : 적색의 식별이 용이하도록 녹색계통으로 벽체 마감

⑥ 마감 : 바닥은 폭발성 마취약의 스파크 방지를 위해 전도체로 마감

⑦ 직사일광을 피하고 밝기는 일정하게 하며 방위와는 무관함

⑧ 출입구 : 양 여닫이. 1.5m 전후의 폭으로 하고 손잡이는 팔꿈치로 조작

3. 중앙 소독재료부

① 의료기계, 자재, 수술용 자재 등을 소독, 저장

② 수술부 부근에 위치하며 병동의 간호 스테이션과 인접

4. 약국

① 외래환자 및 입원 각 환자에게 약제 공급

② 외래 출입구 부근에 설치하며 간호사실로부터 이용편의 고려

5. 물리치료부

① 외래환자가 많고 치료시간이 길다는 것을 고려

② 이용에 편리한 1층에 둠

6. 방사선부

① 외래환자 이용 편의 고려(외래부에 더 가깝게 배치)

② 벽, 바닥, 천장은 연판으로 피복한 후 콘크리트 처리

7. 구급부

① 병원 후면의 1층에 위치하여 구급차가 출입할 수 있도록 플랫폼 설치

② 구급용 출입구는 입원환자의 눈에 띄지 않으며, 구급차가 접하여 환자를 옮기는데 충분한 넓이로 계획

③ 처리실, x선실, 수술부와는 짧은 동선으로 이어지는 위치

8. 신생아부

① 산부인과의 중앙에 배치하고, 분만실과는 격리

② 정상아 및 조산아의 육아실 별도 설치

③ 실내온도 27℃, 습도 50~55%

④ 감염방지를 위해 방문객의 접근을 금하고 유리창을 통해 볼 수 있도록 함

⑤ 신생아실에서 복도로 직접 통하는 출입구를 설치하지 않음

❸ 외래진료부 반드시 기억★★★★★

1. 운영방식

(1) 오픈시스템(open system)

① 종합병원 근처의 일반 개업의사는 종합병원에 등록되어, 종합병원 내의 큰 시설을 이용할 수 있음

② 자신의 환자를 종합병원 진찰실에서 예약된 장소와 시간에 행할 수 있으며 입원시킬 수 있는 제도임

(2) 클로즈드 시스템(closed system)

대규모의 각종 과를 필요로 하며 우리나라의 종합병원의 외래진료 방식

2. 계획의 주안점

① 다수의 환자가 집합하는 곳. 대기공간 + 합리적 동선 계획

② 이용의 편의성을 고려하여 1층 또는 2층에 둠

③ 보통 병상 수의 2~3배의 환자를 1일 환자 수로 산정

④ 내과계통: 진료검사에 일정 시간이 필요함 - 소 진료실을 다수 설치

⑤ 외과계통: 각과는 1실에서 여러 환자를 볼 수 있도록 대실로 계획

⑥ 전체 병원에 대해 10~15% 정도의 면적비를 가짐

3. 각 과별 계획고려사항

① 내과 : 소아과와 격리하고 임상실험실, x-ray실과 인접. 소진료실 여러 개 설치. 환자 탈의를 고려하여 충분한 난방

② 소아과 : 전염성 질환 환자와 완전 격리하고 소음에 유의. 남쪽에 배치. 부모가 동반하므로 충분한 넓이 필요

③ 외과 : 진찰실과 처치실로 구분. 진찰실은 초진, 재진으로 구분. 외래 수술실에 인접 배치. 1개의 대 진료실로 계획

④ 정형외과 : x-ray실과 인접하게 배치. 대합실 내 보호자의 부축 공간이 필요하므로 다른 진료실 보다 넓은 면적 필요함. 미끄러질 염려가 있는 리놀륨이나 경사로 등 피할 것

⑤ 이비인후과 : 남측광선 차단. 북측채광

⑥ 안과 : 북측이 좋고, 시력검사를 위해 진찰실의 한쪽 길이는 5m 정도의 거리를 확보

⑦ 치과 : 북측이 좋으며 기공실에는 별도 배기

④ 서비스부

1. 식당규모 : $0.45 \sim 1.1 m^2/bed$

2. 급식방식

중앙 배선 방식은 환자에게 적당량의 식사와 영양, 식이요법 등을 제공할 수 있는 장점이 있음

3. 물품 반입을 위한 동선 고려

4. 세탁실 : 입원환자의 린넨 세탁

⑤ 관리부

• 병원 전체의 조직 운영과 안내, 진료관리, 인사관리, 시설관리, 정보관리, 사무관리 등의 기능과 대외 업무의 기능을 가짐

CHAPTER 17

기출문제 : 병원

01 병원의 형태에 따른 건축계획에 대한 설명으로 옳지 않은 것은? 지23

① 수직 고층의 병원은 도시지역에 충분한 대지를 확보하기 어려울 경우에 적합하다.

② 분관형은 평면 분산식으로, 저층 건물이 일반적이고 채광 및 통풍 조건이 좋다.

③ 기단형은 넓은 저층동 상부에 고층동 건물을 계획한 것으로, 저층동의 공간 배치가 자유롭지 못하다.

④ 다익형은 분관형과 기단형의 절충형태로, 각 부분 간의 긴밀한 연계성을 유지하면서도 좀 더 자유로운 계획이 가능한 형태이다.

02 병원 건축계획에 대한 설명으로 옳지 않은 것은? 국21

① 간호단위의 크기는 1조(8~10명)의 간호사가 담당하는 병상수로 나타낸다.

② 병동부의 소요실로는 병실, 격리병실, 처치실 등이 있다.

③ 의료법 시행규칙상 '음압격리병실'은 보건복지부장관이 정하는 기준에 따라 전실 및 음압 시설 등을 갖춘 1인 병실을 말한다.

④ CCU(Coronary Care Unit)는 요양시설과 같이 만성화되어 재원 기간이 긴 환자를 대상으로 하는 간호단위 구성이다.

03 병원의 건축계획에 대한 설명으로 옳은 것은? 국20

① 병원은 전용주거지역, 전용공업지역을 제외한 모든 용도지역에서 건축이 허용된다.

② 병동부의 간호단위 구성 시 간호사의 보행거리는 약 24m 이내가 되도록 한다.

③ 수술실은 26.6℃ 이상의 고온, 55% 이상의 높은 습도를 유지하고, 3종 환기방식을 사용한다.

④ COVID-19 감염병 환자의 병실은 일반 병실과 분리하고 2종 환기방식을 사용한다.

04 병원건축의 간호 단위계획에 대한 설명으로 옳지 않은 것은? 지20

① 공동병실은 주로 경환자의 집단수용을 위해 구성하며, 전염병 및 정신병 병실은 별동으로 격리한다.

② 1개의 간호사 대기소에서 관리할 수 있는 병상수는 일반적으로 30~40개 정도로 구성한다.

③ 오물처리실은 각 간호 단위마다 설치하는 것이 좋다.

④ PPC(progressive patient care)방식은 동일 질병의 환자들만을 증세의 정도에 따라 구분하여 간호 단위를 구성하는 것이다.

05 병원건축에 대한 설명으로 옳지 않은 것은? 국19

① 정형외과 외래진료부는 보행이 부자연스러운 환자가 많으므로 타과 진료부보다 멀리 떨어진 한적한 곳에 배치한다.

② 중앙진료부는 성장, 변화가 많은 부분이므로 증개축을 고려하여 계획한다.

③ 간호사 대기소(nurses station)는 간호단위 또는 각층 및 동별로 설치하되, 외부인의 출입을 확인할 수 있고, 환자를 돌보기 쉽도록 배치한다.

④ 대형 병원의 동선계획 시 병동부, 중앙진료부, 외래부, 공급부, 관리부 등 각부 동선이 가급적 교차되지 않도록 계획한다.

06 병원 건축의 형태에서 집중식(Block type)에 대한 설명으로 옳지 않은 것은? 지18

① 대지를 효율적으로 이용할 수 있는 형태이다.

② 의료, 간호, 급식 등의 서비스 제공이 쉽다.

③ 환자는 주로 경사로를 이용하여 보행하거나 들것으로 이동된다.

④ 일조, 통풍 능의 조건이 불리해지며, 각 병실의 환경이 균일하지 못한 편이다.

07 병원건축 계획에 대한 설명으로 옳지 않은 것은? 국18

① 중앙진료부에 해당하는 수술실은 병동부와 외래부 중간에 위치시킨다.

② ICU(Intensive CareUnit)는 중증 환자를 수용하여 집중적인 간호와 치료를 행하는 간호단위이다.

③ 종합병원의 병동부 면적비는 연면적의 1/3 정도이다.

④ 1개 간호단위의 적절한 병상 수는 종합병원의 경우 70~80bed가 이상적이다.

해설 01③ 02④ 03② 04④ 05① 06③ 07④

01 ③ 기단형의 저층부는 구조적으로 자유로운 평면계획이 가능함

02 ④ CCU(Coronary Care Unit)는 급성 심질환자 전용 집중치료실

03 ① 병원은 전용주거지역, 전용공업지역 제외하고 대부분의 용도지역에서 건축 어려움
③ 수술실은 26.6℃, 습도는 50~55% 유지, 1·2종 환기방식 사용
④ 감염병 병실은 3종 환기 방식사용 필요

04 ④ PPC(Progressive Patient Care)는 질병 종류와 관계없이 증상의 정도에 따라 분류

05 ① 정형외과 외래진료부는 보행 불편 환자 고려하여 주출입구 근처나 저층 배치

06 ③ 분관식: 환자는 주로 경사로를 이용하여 보행하거나 들것으로 이동

07 ④ 1간호단위 병상 수는 30·40병상이 적정
• 수술실은 병동과 외래 중간
• ICU는 중증환자용 간호단위
• 병동부 면적비는 연면적의 약 1/3

08 종합병원 건축계획에 대한 설명으로 옳지 않은 것은? 지17

① 수술실은 타부분의 통과 교통이 없는 건물의 익단부로 격리된 곳에 위치시킨다.
② 중앙소독 및 공급실(central supply facilities)을 수술부와 관리부의 중간에 두어 소독, 멸균, 재료보급 등이 원활할 수 있도록 중앙화시킨다.
③ 병실에는 환자가 직사광선을 피할 수 있도록 실 중앙에는 전등을 달지 않도록 한다.
④ 외과 계통의 각 과는 1실에서 여러 환자를 볼 수 있도록 대실로 계획한다.

09 미술관 또는 박물관의 특수전시기법 중 '하나의 사실' 또는 '주제의 시간 상황'을 고정시켜 연출함으로써 현장감을 느낄 수 있도록 표현하는 것은? 미술관 복습 지16

① 디오라마 전시   ② 파노라마 전시
③ 아일랜드 전시   ④ 하모니카 전시

10 다음 설명에 해당하는 미술관 채광방식은? 미술관 복습 국17

- 관람자가 서 있는 위치 상부에 천장을 불투명하게 하고 측벽에 가깝게 채광창을 설치하는 방식이다.
- 관람자가 서 있는 위치와 중앙부는 어둡게 하고 전시 벽면은 조도를 충분히 확보할 수 있는 이상적 채광법이다.

① 측광창 형식   ② 고측광창 형식
③ 정측광창 형식   ④ 정광창 형식

해설 08 ② 09 ① 10 ③

08 ② 중앙 소독 및 공급실은 중앙진료부에 두어 소독, 멸균, 재료 보급 등이 원활할 수 있도록 함
09 ① 디오라마(Diorama) : 시간·공간 상황을 고정하여 재현, → 사실감과 현장감 극대화, 배경 + 입체모형 혼합 사용

- 파노라마 : 연속적 전경
- 아일랜드 : 전시장 중심부에 독립 설치
- 하모니카 : 좁고 긴 공간 연속 배치
10 ③ 정측광창은 전시 벽면 조도를 충분히 확보할 수 있는 이상적 채광법

CHAPTER 18 공장 및 창고

제1절 일반 계획

1 공장의 위치 ★★★

① 교통 편리(원료, 제품의 반출입 고려)
② 노동력의 공급이 원활한 곳
③ 동력원(전기, 용수, 가스)의 이용이 편리하고 원료의 공급이 쉬운 곳
④ 지반이 양호하고 배수가 편리한 곳
⑤ 지가가 저렴한 곳
⑥ 유사 공업 집단지가 유리
⑦ 건축물 배치 시에는 대지의 현황보다 공장 작업내용에 대한 충분한 검토를 우선하는 것이 바람직함

2 확장 계획

① 공장 설계 시 전체 종합계획 수립
② 부대 설비의 총량을 확장계획에 반영하도록 고려할 것

3 작업장 배치 시 고려사항

① 생산, 관리, 연구, 후생 등 각 부분별 시설을 명쾌하게 나누고 유기적으로 결합
② 견학자의 동선 고려
③ 대규모 공장에서 여러 종류의 작업을 포함하는 경우, 가장 중요한 작업을 가장 유리한 위치에 배치

④ 공장 건축의 형식

1. 분관식

① 부정형의 대지나 고저차가 있는 대지에 유리함

② 공장의 신설과 확장이 비교적 용이함

③ 한 동씩 독립적으로 배치하고 조기 건설이 가능

④ 공장 건설을 병행하여 조기 완성 가능

⑤ 건축 형식과 구조를 각기 다르게 할 수 있음

⑥ 통풍과 채광이 양호함

2. 집중식

① 내부 배치 변경에 탄력성이 있음

② 공간의 효율이 좋음

③ 운반이 용이하고 흐름이 단순

④ 건축비가 저렴함

⑤ 일반기계 조립공장, 단층건물이 많으며, 평지붕 무창 공장에 적합

3. 분관식과 집중식의 비교

	분관식	집중식
신설, 확장	용이함	분관식에 비해 불리
건축비, 공기	공기 단축 가능	건축비 저렴
통풍 채광	양호함	불리함
지붕형식	경사지붕, 중층형	평지붕, 단층형
기타	배수, 홈통 설치 용이함	내부 배치 변경 용이함

표 18.1. 분관식과 집중식의 비교

제2절 | 공장 건축의 레이아웃 ★★★

1 레이아웃의 개념

① 공장 생산에 있어서 그 공정을 합리화하기 위한 기계나 설비의 배치방법
② 공장 사이의 여러 부분, 작업장 내의 기계설비, 작업자의 작업 구역, 자재나 제품을 두는 곳 등 각 부분의 상호관계에 대한 검토
③ 레이아웃은 장래 공장 규모의 변화에 대응한 융통성이 있어야 함

2 제품 중심 레이아웃(연속 작업식)

① 생산에 필요한 모든 공정, 기계, 기구를 제품의 흐름에 따라 배치
② 장치공업(석유, 시멘트), 가전제품 조립공장
③ 대량생산에 유리하고 생산성이 높음
④ 공정간의 시간적, 수량적 균형을 이룰 수 있음
⑤ 상품의 연속성이 유지됨

3 공정 중심 레이아웃(기계 설비 중심)

① 동종의 공정, 동일한 기계, 기능이 유사한 것을 하나의 그룹으로 집합시키는 방식
② 다품종 소량 생산으로 예상 생산이 불가능한 경우 채택
③ 표준화가 행해지가 어려운 경우 채택
④ 생산성이 낮으나 주문 생산 공장에 적합함

4 고정식 레이아웃

① 주가 되는 재료나 조립 부품은 고정되고, 사람이나 기계가 이동해 가면서 작업을 하는 방식
② 선박, 건축등과 같이 제품이 크고, 수량이 적은 경우 적합

5 혼성식 레이아웃 : 여러 가지 레이아웃이 혼성된 형식

제3절 구조 계획

1 공장의 형태

1. 단층공장

① 톱날 모양의 지붕 및 천장이 있는 형태

② 무거운 원료나 제품을 취급하는 공장에 적합

③ 기계, 조선, 주물 공장 등에 적용

2. 중층공장

① 층수가 많은 건물 형태로 가벼운 원료나 제품 취급 공장에 적합

② 제지, 제약, 제과, 제분, 방직공장

3. 단층 및 중층 병용공장

① 단층 공장과 중층공장을 병용한 건물 형태

② 양조, 방적공장

4. 특수 구조의 공장

① 제품에 따라 결정되는 경우

② 제분, 시멘트 공장 등에 적용

2 지붕 형식 ★★★

1. 평지붕: 대개 중층 건물의 최상층 옥상에 사용

2. 뾰족지붕

① 평지붕과 동일한 최상층 옥상에 천창을 내는 형태

② 어느 정도 직사광선을 허용함(결점으로 작용)

3. 솟을지붕

① 채광과 환기에 적합함

② 상부의 개폐/경사에 의해 환기량 조절 용이

③ 채광창의 경사에 따라 채광 조절

4. 톱날지붕

① 북향으로 하루 종일 변함없는 조도를 가진 약 광선을 수용

② 기둥 때문에 기계 배치의 융통성 및 작업 능력의 감소를 초래

5. 샤렌구조

① 기둥이 적게 소요되어 공간이용 효율적인 형태

② 기계배치의 융통성 및 작업 능력의 증대를 기대

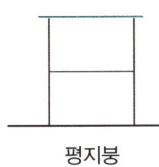  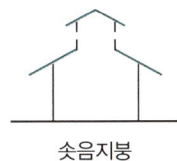 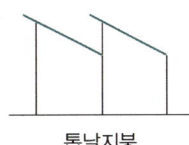 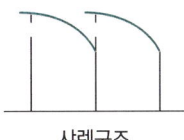

| 평지붕 | 뾰족지붕 | 솟음지붕 | 톱날지붕 | 샤렌구조 |

그림 18.1. 지붕 형식

③ 구조형식

1. 목조

① 소규모 단층공장(바닥면적 $1,000m^2$ 이내),

② 철골 사용시 녹이 생길 우려가 있을 때 사용

2. 철근 콘크리트 구조

① 내풍, 내화, 내구적 구조로 중층공장, 기밀형 공장에 적합

② 단층의 스팬은 10m 이내가 경제적이며 6~7m로 균등해야 함

3. 철골조

큰 스팬이 가능하여 대규모의 단층 공장, 처마 높이가 높은 것, 주행 크레인을 가진 것 등에는 경제적이므로 많이 채용함

4. 철골 철근 콘크리트 구조 : 철근 콘크리트 구조보다 스팬, 층 높이를 크게 할 수 있으나 고가임

5. 특수 구조

① P.S 콘크리트 구조 : 공기를 단축할 수 있음. 장스팬 가능(15m)

② 셸 구조 : 장스팬 가능, 증기 배출 공장에서는 증기가 결로하는 대책으로 사용

제4절 | 환경 설비계획

1 환경

1. 무창공장 ★

① 방적공장 또는 정밀 기계공장에 적합

② 외부로부터 자극이 적어 작업능률을 높이고, 제품 품질이 향상됨

③ 실내에서 발생하는 소음은 큼

④ 공조시 냉난방 부하가 적게 걸림

⑤ 온습도 조정 유지비(동력비)가 절감됨

⑥ 인공조명을 이용하므로 공장내 조도 균일

⑦ 배치 계획에 있어서 방위를 고려할 필요 없음

2. 자연채광

① 적정조도, 조도 분포, 시간적 변동 유무, 현휘 유무 등 체크

② 건물의 폭이 클 경우, 측면창에 의한 채광만으로는 부족 - 천창고려

③ 기계류를 취급하므로 가능한 창을 크게 함

④ 톱날지붕의 채광방법을 이용하여 천창은 북향으로 함

⑤ 광선을 부드럽게 확산시킬 수 있도록 창유리는 빛을 확산시키는 유리(프리즘 유리 등)를 사용

⑥ 벽 및 색채 계획에서 빛의 반사를 고려하여야 함

3. 측면창 채광 ★

① 개구부는 가능한 한 크게 함

② 창의 유효면적을 크게 하기 위해서는 스틸 새시가 유리

③ 가능한 한 동일 패턴의 창을 반복하는 것이 좋음

4. 인공조명 : 균일한 조도 유지, 눈의 피로감 저감

① 일반조명 : 실내를 균일하게 조명

② 국부 일반조명 : 실내의 각 소요 부분을 균일하게 조명

③ 국부조명 : 기계 또는 특수한 부분만 채광하는 것으로 정밀한 작업에 꼭 필요함. 광원의 위치는 작업자의 왼쪽 62cm 이내.

② 설비

1. 클린룸 ★

① 공기중의 온도, 습도, 압력, 기류를 기준치 내에서 제어함

② 먼지와 미세먼지 제어

2. 세부계획 ★

① 청정도 : 1ft³의 공기 중에 0.5마이크로미터 크기의 입자수로 결정

② BCR(Bio Clean Room) : 식품공장, 약품공장, 수술실 등의 청정실

③ 수직 정류방식은 고가의 설치비가 듦

④ 바이오 해저드 방지 : 배관의 연결부나 관통부에 대한 밀봉에 유의

⑤ 재료 선정, 밀폐도, 실내가압, 공기류의 한정, 실내외의 차압제어

제5절 | 창고 계획

① 하역장 형식

1. 외주 하역장 식

① 외주 주위에 수, 육운이 편리해야 함

② 채광 조건이 좋은 장소에서 포장을 고칠 수 있음

③ 해안 부두 등 대규모 창고에 적당

2. 중앙 하역장 식

① 각 창고에서 하역장까지의 거리는 모두 평준화됨

② 짐의 처리, 판매가 비교적 빠름

③ 화물의 처리가 빠르고 일기에 관계없이 하역할 수 있지만 채광상 단점이 있고, 소규모 창고에는 부적합함

3. 분산 하역장 식 : 비교직 소규모 창고에 적합

4. 무인 하역장 식

① 수용면적이 가장 크고 직접 화물을 창고 내에 반입할 때 기계 수량 많이 필요

② 1고 1기(하나의 창고에 할당된 하나의 기계)가 고장일 때 가장 불편

② 창고면적 결정

1. 창고면적 결정 조건

① 화물의 성질: 일반화물, 특수화물(식량, 생산식품, 가구 등)

② 화물의 대소: 포장이 큰 것과 잡화 종류

③ 화물의 다소: 대량 화물이 일시에 들어오는 것과 소량씩 출입하는 것

④ 화물의 빈도: 입·출고가 빈번한 것과 비교적 장기보관을 요하는 것

2. 보관실의 적정 면적

구분	적정 면적(m²)
대량 화물	600
소량 화물	150~300
고가품실	15~30

표 18.2. 보관실의 적정 면적

③ 기타 설치기준

구분	내용
바닥 높이	• 습기 방지를 위해 지반면으로부터 20~30cm 이상 높임 • 바닥면의 실의 중앙부는 주변보다 5~15cm 높여 바닥 전체에 구배를 둠(배수가 용이하도록)
기둥 간격	5.5~7m 간격의 철근 콘크리트조가 일반적, 기둥배치는 정사각형이 유리함
천장 높이	• 주요 화물의 적하고에 하역 작업에 필요한 여유 60~90cm를 더함 • 단층 건물(중층 건물의 1층)은 3.6~9m 정도 • 중층 건물의 기준층은 3~7m 정도 • 최상층은 복사열 완화를 위해 기준층보다 0.3~0.9m 높임
지붕	채광, 환기, 통풍상 뾰족지붕이 적당함

표 18.3. 기타 설치기준

기출문제 : 공장 및 창고

01 다음 설명에 해당하는 공장건축의 지붕 종류를 옳게 짝 지은 것은? 국20

> ㄱ. 채광, 환기에 적합한 형태로, 환기량은 상부창의 개폐에 의해 조절될 수 있다.
> ㄴ. 채광창을 북향으로 하는 경우 온종일 일정한 조도를 가진다.
> ㄷ. 기둥이 적게 소요되어 바닥면적의 효율성이 높다.

	ㄱ	ㄴ	ㄷ
①	솟을지붕	샤렌지붕	평지붕
②	솟을지붕	톱날지붕	샤렌지붕
③	평지붕	샤렌지붕	뾰족지붕
④	평지붕	톱날지붕	뾰족지붕

02 공장건축의 계획 시 고려해야 할 사항으로 옳지 않은 것은? 국18
① 건물의 배치는 공장의 작업내용을 충분히 검토하여 결정한다.
② 중층형 공장은 주로 제지·제분 등 경량의 원료나 재료를 취급하는 공장에 적합하다.
③ 증축 및 확장 계획을 충분히 고려하여 배치계획을 수립한다.
④ 무창공장은 냉·난방 부하가 커져 운영비용이 많이 든다.

해설 01 ② 02 ④

01 ㄱ. 솟을지붕 : 채광·환기에 유리하며, 상부창 개폐로 환기량 조절 가능
ㄴ. 톱날지붕 : 북향 창 → 일정한 조도 제공
ㄷ. 샤렌지붕 : 기둥 간격 넓음, 바닥면적 활용 우수

02 ④ 무창공장은 외기 차단으로 냉·난방 부하가 줄어듦 → 환기·채광은 공조와 조명설비로 대체되지만 열손실이 적어 에너지 효율성은 높은 편

03 공장건축에서 자연채광에 대한 설명으로 옳은 것은? 국16

① 기계류를 취급하므로 창을 크게 낼 필요가 없다.
② 오염된 실내 환경의 소독을 위해 톱날형의 천창을 남향으로 하여 많은 양의 직사광선이 들어오도록 해야 한다.
③ 실내의 벽 마감과 색채는 빛의 반사를 고려하여 결정해야 한다.
④ 실내로 입사하는 광선의 손실이 없도록 유리는 투명해야 한다.

04 공장건축 계획에 대한 설명으로 옳지 않은 것은? 지15

① 배치계획 시 장래 및 확장계획을 충분히 고려하여 전체 종합 계획을 수립한 후 단일건물을 세부적으로 계획한다.
② 아파트형 공장은 토지와 공간을 효율적으로 이용하기 위해 동일 건물 내 다수의 공장이 동시에 입주할 수 있는 다층형 집합건축물을 말한다.
③ 공장의 위치는 동력, 전기, 수도, 용수 등의 여러 설비를 설치하는데 편리한 곳이 좋다.
④ 공장건축 레이아웃 형식 중 생산에 필요한 모든 공정과 제품의 흐름에 따라 기계 및 기구를 배치하는 방식은 공정중심 레이아웃이다.

05 공장건축 계획 시 경제성을 높이기 위한 부지로 적합하지 않은 것은? 지14

① 평탄한 지형을 이루어야 하고 지반은 견고하며 습윤하지 않은 부지
② 동력, 전기, 수도, 용수 등의 여러 설비를 설치하는 데 편리한 부지
③ 타 종류의 공업이 집합되고 자재의 구입이 용이한 부지
④ 노동력의 공급이 풍부하고 교통이 편리한 부지

06 공장의 지붕계획에 대한 설명으로 옳은 것은? 국08

① 솟음지붕은 채광 및 환기에 불리하다.
② 뾰족지붕은 직사광선을 전혀 허용하지 않는다.
③ 톱날지붕은 북향으로 난 채광창에 의해 실내조도를 균일하게 할 수 있다.
④ 샤렌지붕은 기둥이 많이 소요된다.

07 공연장의 평면형식에 대한 내용으로 가장 옳은 것은? 공연장 복습 서18

① 아레나(Arena)형은 객석과 무대가 하나의 공간에 있으므로 일체감을 주며 긴장감이 높은 연극공간을 형성한다.

② 오픈스테이지(Open Stage)형은 무대와 객석의 크기, 모양, 배열 그리고 그 상호관계를 한정하지 않고 변경할 수 있다.

③ 프로시니엄(Prosceniul)피형은 관객이 연기자에게 근접하여 공연을 관람할 수 있다.

④ 가변형 무대는 배경이 한 폭의 그림과 같은 느낌을 주어 전체적인 통일감을 형성하는데 가장 좋은 형태이다.

08 병원 건축계획에 대한 설명으로 옳지 않은 것은? 병원건축 복습 국25

① 외래진료부는 환자가 통원하면서 치료받는 곳으로 병원의 가장 중요한 기능을 담당하므로 중앙진료부에 비해 면적 비율이 높다.

② 큐비클(cubicle) 시스템은 천장에 닿지 않는 커튼이나 칸막이를 써서 병실을 몇 개의 큐비클로 나누어 베드를 배치하는 방식이다.

③ 간호사실(nurse station)은 방문객과 환자의 감시와 통제가 용이하도록 하고 계단, 엘리베이터에 인접하여 배치한다.

④ 중앙진료부에 해당하는 수술실은 외래부와 병동부의 중간 위치에 배치하도록 하고, 통과 교통이 없도록 한다.

해설   03 ③   04 ④   05 ③   06 ③   07 ①   08 ①

03 ③ 실내 벽 마감이나 색채는 반사율 고려 필요, 조도 확보에 직결됨
① 창을 크게 낼 필요가 있음(조도 확보)
② 남향 톱날형은 직사광선 유입 우려, 일반적으로 톱날지붕은 북향이 적합(일정조도 확보)
④ 투명유리는 직사광선·눈부심 유발 → 산광유리, 프리즘 유리가 적절(부드러운 확산)

04 ④ 기계 배치를 공정 흐름에 따라 구성하는 방식은 제품 중심 레이아웃(product layout)

05 ③ 동종 공업이 집합되고 자재의 구입이 용이한 부지

06 ① 솟음지붕(= 솟을지붕)은 채광·환기 우수
② 뾰족지붕은 직사광선 허용 가능
④ 샤렌지붕은 기둥 간격이 넓어 기둥 수가 적음

07 ② 오픈스테이지는 고정적 평면형식, 변경할 수 있는 것은 가변형
③ 프로시니엄형은 무대와 객석 분리되어 있음, 연기자에 근접할 수 있는 것은 오픈 스테이지
④ 프로시니엄형에 대한 설명

08 ① 외래진료부는 통원환자를 진료 및 치료하는 공간은 맞지만, 면적비율은 중앙진료부(수술실, 검사실 포함)가 더 높음.

09 주택계획의 기본방향에 대한 설명으로 가장 옳은 것은? 단독주택 복습 서18

① 개인의 사적 영역을 보장한다.
② 건강 증진을 위해 가급적 동선을 길게 한다.
③ 활동성 증대와 전통성 강화를 위해 좌식을 우선시한다.
④ 가족전체 영역보다는 구성원 개인의 영역을 우선시한다.

10 집합주택의 단면 형식에 의한 분류 중 그 내용으로 가장 적합하지 않은 것은?

공동주택 복습 서18

① 스킵플로어형(Skip FloorType) : 주택 전용면적비가 높아지며 피난 시 불리하다.
② 트리플렉스형(TriplexType) : 프라이버시 확보에 유리하며 공용면적이 적다.
③ 메조네트형(Maisonette Type) : 주호의 프라이버시와 독립성 확보에 불리하며 속복도일 경우 소음 처리도 불리하다.
④ 플랫형(Flat type) : 프라이버시 확보에 불리하며 규모가 클 경우 복도가 길어져 공용면적이 증가한다.

해설　09 ①　10 ③

09 ① 주택은 프라이버시 보호가 최우선 고려 사항 중 하나
② 동선은 짧을수록 효율적
③ 좌식은 전통성이 아닌 활동성 저해 우려 → 좌식과 입식을 혼용하는 것 권장
④ 가족 전체 영역도 중요하며, 개인 영역만 우선시하지 않음

10 ③ 메조네트형은 복층형 구조로 프라이버시 확보에 유리, 소음 처리에도 유리함.

CHAPTER 19 체육시설

제1절 ## 경기장 계획

❶ 향과 배치

① 운동장은 남북 장축으로 배치하고, 오후의 서향일광을 고려하여 경기장의 본부석은 서쪽으로 함

② 실내체육관은 동서장축(남북채광 고려)

❷ 경기장 별 특징

1. 육상경기장

① 코스의 레인폭 최소 1.22m 이상

② 코스의 안쪽(필드와의 경계선)은 높이 5cm, 너비 5cm의 시멘트 혹은 적당재료를 사용

③ 배수 고려

2. 수영장

① 국제수영연맹 규격에 의한 일반 경영수영장 : 21m×50m

② 올림픽/세계선수권 : 25m×50m

③ 레인의 번호 표시 1번은 출발대로부터 풀을 향해 오른쪽

3. 스피드스케이팅 : 좌회전 활주방식이 원칙

4. 골프경기장 : 통상적으로 18홀로 구성(롱홀 4개, 미들홀 10개, 쇼트홀 4개)

5. 야구장 그라운드

① 형상은 센터라인을 축으로 좌우대칭 기본. 왼쪽이 약간 넓기도 함

② 필드는 배수가 잘 되기 위해 트랙 면에서 약 5cm 정도 높게 계획

③ 최전열 관람석 바닥은 경기장 레벨보다 1m 징도 높게, 드랙으로부터 최소 4m 정도의 거리를 둠

④ 트랙과 평행한 직선형 관람석 : 가시효과를 위해 바깥쪽을 곡선으로 처리

⑤ 관람석 좌석의 높이는 발밑에서 최고 45cm로 하고 좌석의 너비는 45~50cm로 계획

⑥ 좌석의 통로 및 출입구는 관객의 퇴장시간을 기준으로 계획. 통로폭은 1.2m 이상 간격은 9~15m 정도

3 **트랙의 형식**

① 1심 원형 : 우리나라 대부분의 트랙. 공사 용이. 거리공차 적음

② 2심 원형 : 소규모인 경우 달리기가 불편함. 축구장 등에 편리. 필드를 넓게 사용할 수 있음

③ 3심 원형 : 유럽에 많음. 달리기가 편한 장점

제2절 | 실내 체육시설

1 **실내 체육시설의 기준**

① 농구 코트의 크기를 표준으로 함

② 최근에는 농구 코트보다 큰 규격의 핸드볼 코트를 포함하는 경우도 있음(가장 넓은 공간이 필요한 종목의 크기를 표준으로 하는 경향)

③ 최소 400m²(코트 12.8m × 22.5m)

④ 보통 500m²(코트 15.2m × 28.6m)

2 **높이 기준**

체육시설	천장 높이
탁구	4m
농구	7m
배드민턴	8m
배구	12.5m

표 19.1. 실내 체육시설의 높이기준

3 **세부계획과 바닥구조**

① 체육관의 기능은 크게 경기, 관람, 관리부분으로 구성

② 경기영역 : 각종 경기가 열리는 코트, 운동기구 창고, 임원실

③ 관람영역 : 관람석, 계단, 통로

④ 관리영역 : 기계실, 관장실, 전기실

⑤ 출입통로, 탈의통로, 탈의실과 샤워실을 연결하는 (wet zone) 통로 등이 교차되지 않도록 함

⑥ 경계라인에서 관람석까지 2m 이상의 안전영역을 확보하는 것을 기준으로 함

⑦ 경기장의 바닥은 탄력성, 강도, 평활 등을 고려, 진동과 소음을 흡수

⑧ 마루 밑바닥 공간은 300~1500mm 사이의 간격을 만들어야 함

⑨ **가동 수납식 관람석** : 접었다 펼 수 있는 관람석

⑩ 가동 수납식 관람석은 벽의 1면에만 설치가능

기출문제 : 체육시설

01 육상 경기장에 대한 설명으로 옳지 않은 것은? 지17

① 관람석 좌석의 높이는 발밑에서 최고 45cm로 하고 좌석의 너비는 45~50cm로 한다.

② 트랙 코스의 레인 폭은 1.22m 이상으로 코스의 안쪽(필드와의 경계선)은 높이 5cm, 너비 5cm의 시멘트, 기타 적당한 재료로 경계를 한다.

③ 좌석의 통로 및 출입구는 관객의 입장시간을 기준으로 계획하고, 통로폭은 1.2m 이상, 간격은 9~15m 정도로 한다.

④ 운동장은 대개 장축을 남북방향으로 배치하고, 오후의 서향 일광을 고려하여 경기장의 본부석을 서편에 둔다.

02 체육관의 공간구성에 대한 설명으로 옳지 않은 것은? 국17

① 체육관의 공간은 경기영역, 관람영역, 관리영역으로 구분할 수 있다.

② 경기장과 운동기구 창고는 경기영역에 포함된다.

③ 관람석과 임원실은 관람영역에 포함된다.

④ 관장실과 기계실은 관리영역에 포함된다.

03 체육시설의 건축계획에 대한 설명으로 옳지 않은 것은? 국13

① 국제수영연맹 규정에 의한 경영수영장의 규격은 18m × 50m이며, 레인 번호 표시 1번은 출발대로부터 풀을 향해 왼쪽이다.

② 스피드 스케이트 경기장은 원칙적으로 좌회전 활주방식으로 계획한다.

③ 골프 경기장은 통상적으로 18개의 홀로 구성되며 롱홀 4개, 미들홀 10개, 쇼트홀 4개의 비율로 이루어진다.

④ 야구장 그라운드의 형상은 센터라인을 축으로 한 좌우대칭을 기본으로 하며 왼쪽이 약간 넓은 경우도 있다.

04 실내체육관 계획에 대한 설명으로 옳지 않은 것은? 국12

① 경기장 바닥면은 경기에 의해 발생하는 진동과 음이 신속하게 다른 방향으로 전달될 수 있도록 반사시켜야 한다.

② 체육관의 기능은 크게 경기부분, 관람부분, 관리부분으로 구성된다.

③ 출입통로, 탈의통로, 탈의실과 샤워실을 연결하는 웨트 존(wet zone) 통로 등은 위생적인 측면에서 교차되어서는 안 된다.

④ 천장높이는 일반적으로 탁구경기장은 최저 4.0m, 배구경기장은 최저 12.5m가 필요하다.

05 부엌 작업 순서에 따른 가구 배치가 바르게 나열된 것은? 단독주택 복습 지15

① 배선대 → 개수대 → 조리대 → 가열대 → 냉장고

② 냉장고 → 조리대 → 개수대 → 가열대 → 배선대

③ 냉장고 → 배선대 → 개수대 → 조리대 → 가열대

④ 냉장고 → 개수대 → 조리대 → 가열대 → 배선대

06 건축평면계획에 있어서 동선의 주요 구성요소에 해당되지 않는 것은? 단독주택 복습 국15

① 빈도(frequency) ② 유형(type)

③ 하중(load) ④ 속도(speed)

07 주택설계의 방향에 관한 설명으로 옳지 않은 것은? 단독주택 복습 지10

① 좌식보다는 입식으로 전용해야 한다.

② 주거면적이 적정토록 해야 한다.

③ 주부의 가사노동을 줄일 수 있도록 고려해야 한다.

④ 개인생활의 프라이버시를 유지하도록 한다.

해설 01 ③ 02 ③ 03 ① 04 ① 05 ④ 06 ② 07 ①

01 ③ 좌석의 통로 및 출입구는 관객의 퇴장시간을 기준으로 계획

02 ③ 임원실은 경기영역에 속함

03 ① 국제수영연맹(FINA) 기준 경영 수영장 규격은 25m × 50m, 레인 번호 표시 1번은 출발대로부터 풀을 향해 오른쪽임

04 ① 바닥면은 진동과 음이 흡수되도록 계획해야 함

05 ④ 냉장고 → 개수대(세척) → 조리대 → 가열대 → 배선대(시빙/배식)

06 【동선의 3요소】
• 빈도(frequency)
• 속도(speed)
• 하중(load)

07 ① 입식과 좌식을 혼용하여 균형잡힌 설계

08 사무소건축의 코어(core)에 대한 설명 중 옳은 것은? 사무소 복습 국07

① 코어는 수직교통시설과 설비시설이 집중된 공용공간인 동시에 내력벽 구조체의 역할을 함께 수행한다.
② 코어 내의 각 공간에는 계단실, 엘리베이터 통로 및 홀, 로비, 전기실 및 기계실, 복도, 공조실, 화장실, 굴뚝 등이 포함된다.
③ 엘리베이터와 화장실은 가급적 분리시킨다.
④ 코어 내의 각 공간은 각 층마다 조금씩 다른 위치에 있도록 한다.

09 건축물의 범죄예방 설계 가이드라인상 설계기준에 대한 설명으로 옳지 않은 것은?

총론 복습 지21

① 공동주택의 지하주차장에는 자연채광과 시야 확보가 용이하도록 썬큰, 천창 등의 설치를 권장한다.
② 단독주택의 출입문은 도로 또는 통행로에서 직접 볼 수 있도록 계획한다.
③ 높은 조도의 조명보다 낮은 조도의 조명을 많이 설치하여 과도한 눈부심을 줄인다.
④ 공적인 장소와 사적인 장소 간의 융합을 통해 공간의 소통을 강화하여 영역성을 확보한다.

10 도서관 계획에 관한 설명으로 옳지 않은 것은? 도서관 복습 국09

① 도서관 계획에는 모듈시스템(modulesystem)을 적용한다.
② 열람실의 소요면적 산정기준은 서가(書架)의 크기 및 장서수로 결정한다.
③ 서고는 모듈시스템(modulesystem)에 의하여 위치를 고정하지 않는다.
④ 도서관의 기능에는 조사, 연구, 수집, 정리 및 보존 기능과 학습, 레크리에이션 등의 사회 교육 기능도 있다.

해설 08 ①   09 ④   10 ②

08 ② 굴뚝은 일반적 코어 내 시설 아님, 로비도 공용공간에 속함
③ 화장실과 엘리베이터는 코어 내 근접 배치
④ 코어 위치는 각 층 동일하게 계획 → 구조·설비 연속성 확보 목적

09 ④ 공적인 장소와 사적인 장소는 융합되어야 하는 것이 아니고, 영역성을 가지고 구분되어야 함.

10 ② 열람실 면적은 좌석수가 주요 기준 → 서가 크기나 장서수는 서고 계획 기준

MEMO

차민휘
건축계획

건축의 역사

CHAPTER 01 서양 건축사

제1절 시대구분

고대	고전		중세				근세	
이집트	그리스	로마	초기 기독교	비잔틴/ 사라센	로마네스크	고딕	르네상스	바로크/ 로코코

산업혁명 시대의 건축(18세기 후반~)					
고전/낭만/ 절충주의	수공예운동 (영국)	아르누보 (프랑스)	세제션 (오스트리아)	시카고파 (미국)	공작연맹 (독일, 1907)

1차 세계대전 전후와 근대의 건축(20세기~)					
표현주의	데스틸	미래파	구성주의	바우하우스	• 월터 그로피우스 • 프랭크 로이드 라이트 • 미스 반 데어 로에 • 르 꼬르뷔지에

현대건축 I					
브루탈리즘	포스트 모더니즘	팀텐(TeamX)	아키그램	메타볼리즘	형태주의

현대건축 II					
대중주의	신 합리주의	지역주의	구조주의	하이테크	해체주의

제2절 | 고대건축

1 고대건축

1. 이집트 문명 vs 메소포타미아 문명 ★★

(1) **이집트의 분묘**: 내세적 세계관

　① 마스타바 – 단형 피라미드 – 굴절형 피라미드 – 피라미드

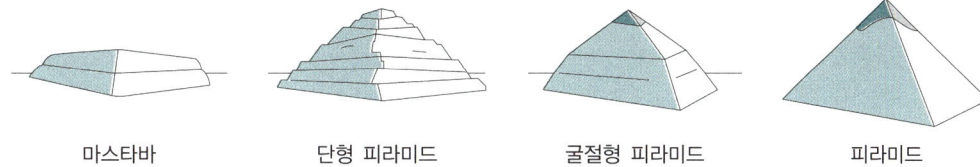

| 마스타바 | 단형 피라미드 | 굴절형 피라미드 | 피라미드 |

그림 1.1. 피라미드의 발전과정

　② 건축가: 임호텝(Imhotep), 센무트(Senmut)

(2) **메소포타미아의 제단**: 현세적 세계관

그림 1.2. 지구라트

① 지구라트: 종교건축, 중앙 집중식 배치, 수직축 강조

② 신에게 제사를 지내는 신전의 기능, 천문 관측대의 기능

구분	피라미드	지구라트
재료	돌	흙벽돌
방향	면이 동서남북으로 향함	모서리가 동서남북으로 향함
내부	묘실	밀적체
기능	분묘	관측소 및 제단

표 1.1. 피라미드와 지구라트

2. 인간 중심? 신 중심?

고대	고전		중세				근세	
이집트	그리스	로마	초기 기독교	비잔틴	로마네스크	고딕	르네상스	바로크/ 로코코
신, 군주	인간적인 신	인간	신	신	신	신(초절정)	인간	인간
						고전으로!	고전으로	

표 1.2. 고대에서 근세로의 흐름

3. 이집트의 신전 vs 그리스 신전

① 신을 위한 집 : 인간을 초월한 존재를 전제하는 건축에는 '수직성의 권위'가 있다(건축사학자 기디온).

피라미드

아부심벨 신전

그림 1.3. 이집트의 신전과 피라미드

② 이집트 건축 : 거대하고 신격화된 지배자들의 힘과 권력을 나타냄

③ 그리스 건축 : 이집트 건축과 비교했을 때 비교적 인간적인 규모

제3절 고전건축

1 그리스 건축

1. 기둥 양식 ★

(1) 도리아식 기둥(Doric order) — 도리아 주범

① 가장 오래된 양식으로 단순하고 장중하며 남성적

② 주초가 없고, 주두와 주신으로 구성

③ 착시 교정을 위해 주신에 배흘림을 주었음

④ 이집트 석주에서 원형을 모방했다고 전함

(2) **이오니아식 기둥(Ionicorder)**

① 우아하고 여성적

② 주초가 있으며 약한 배흘림

③ 착시 교정을 위해 주신에 배흘림을 주었음

(3) **코린티안식 기둥(Corinthianorder)** : 주두에 나뭇잎을 화려하게 장식한 형식

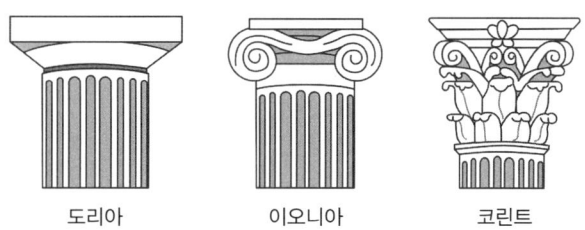

도리아   이오니아   코린트

그림 1.4. 그리스의 기둥양식

2. 착시교정기법

① 배흘림(Entasis) : 기둥의 중앙부가 얇아 보이는 현상을 없애기 위해 기둥 중앙 부분의 직경을 기둥의 상하부보다 크게 하는 기법

② 안쏠림 : 기둥 상단이 약간 외측으로 벌어져 보이는 착시현상을 없애기 위해 양쪽 모서리 기둥을 안쪽으로 약간 기울여 조정하는 기법

③ 라이즈(Rise) : 수평선의 중앙부가 처져 보이는 현상을 교정하기 위해 엔타블러처의 중앙부분을 약간 솟아오르게 하는 기법

3. 그리스 건축양식 *

① 신전건축이 발달하였음

② 조화와 균형에 중점을 둠(형태미 추구)

③ 극장, 경기장 등 민중 건축이 발달함

4. 그리스의 신전건축

① 풍부한 석재가 주 재료 : 기둥(석재), 보(석재, 목재)

② 목재, 흙벽돌을 사용

③ 파르테논 신전 : 주초가 없음. 외부는 도리아식, 내부는 이오니아식

5. 그리스의 아고라 *

① 시민들이 모여 음악, 논쟁, 사색 등을 하고, 일상품을 거래하는 시장으로도 활용

② 건축물이 아니고 점포와 열주로 둘러싸여 있는 야외의 광장을 지칭함

③ 정치, 행정, 상업시설이 집약된 광장과 시장의 역할

④ 도서관, 의회당, 재판소, 신전을 주위에 배치하여 정치 활동의 중심지

② 로마 건축

1. 로마 건축의 특징 반드시 기억★★★★

B.C 753 로마가 최초로 건축된 시기부터 동로마와 서로마로 분리된 365년까지 이탈리아 반도의 로마제국, 유럽, 북아프리카, 서아시아 등 로마 식민지에서 전개되었던 양식

① 석재와 벽돌로 리브를 만들고 콘크리트를 주 재료로 활용

② 비트루비우스 건축십서 : 로마 기둥의 분류 수록

③ 도릭양식 : 건물의 최하단부의 기둥에 사용

④ 구조 : 볼트와 아치를 병용함

⑤ 터스칸식 : 도리아식을 기본모델로 하여 발전시킨 양식

⑥ 콤포지트식 : 이오니아식 코린트식의 복합 양식. 기념문 등의 양식으로 유행

2. 로마의 포럼

① 그리스의 아고라와 동일한 기능을 지니는 공공광장

② 광장 주변에는 바실리카, 신전 등 공공건축물과 개선문, 기념주 등의 기념 건축물 위치

③ 정치, 산업, 사교, 교통 등의 기능이 집약됨

④ 사례 : 포럼 로마나, 폼페이의 포럼

3. 로마의 건축물 ★★

① 대표적인 로마 신전 : 판테온 신전(드럼과 돔의 두 부분으로 구성됨)

② 바실리카 : 공회당, 시장, 재판소 등 법률과 상업의 기능을 수행

③ 투기장, 경기장 : 콜로세움 → 1층 : 도릭오더, 2층 : 이오니아, 3층 : 코린티안

④ 개선문 : 콘스탄티누스가 설계

⑤ 도무스 : 귀족들이 살던 도시의 부유층 주택

⑥ 인슐라 : 노예, 중인들의 도시형 집합주택. 1층은 대체로 점포, 상층부는 주거공간

⑦ 빌라 : 별장

4. 판테온

① 로툰다라고 불리는 원통형의 벽체와 돔형 지붕으로 구성됨

② 돔의 격자천장은 장식적 역할뿐 아니라 돔의 중량을 경감하는 구조적 효과도 있음

③ 로마인들은 그리스인들에 비해 종교에는 무관심했으며 신전의 중요성 감소

5. **바실리카** : 법정과 상업교역소의 역할을 하며 포럼에 면하여 위치함

   ① 평면형태는 장방형으로 길이는 너비의 2~2.5배

   ② 내부 공간은 2열의 열주에 의해 중앙의 신랑과 양측의 측랑으로 분리

   ③ 포럼에 면한 방향으로 주출입구를 내고 반대편 법관석을 설치함

   ④ 중앙 신랑의 천장은 높고, 측랑의 천장은 낮아 이를 활용한 고측창 설치하여 채광

제4절 중세건축

1 초기기독교 ★★

• 기독교가 공인된 313년부터 9세기경까지 이탈리아 반도를 중심으로 유럽 전역에서 전개된 기독교적 건축양식

   ① 기독교가 공인 이후 바실리카를 교회 평면으로 사용(313 콘스탄티누스 칙령)

   ② 회중석이 가장 넓은 공간을 차지

   ③ 중세 교회건축의 원형으로 로마네스크 양식을 거쳐 고딕에 이르러 완성

   ④ 주축을 동서축으로 한 경우가 많고 고측창으로 채광

2 비잔틴 ^{반드시} 기억★★★★

• 동로마 제국을 건국한 330년경부터 콘스탄티노플(오늘날의 이스탄불)이 함락된 1453년까지 동로마 지역에서 전개된 건축양식

• 비잔틴 제국의 기독교 문화를 대표함

• 동/서양의 건축양식이 혼용(사라센 문화, 건축양식의 영향을 받음 - 돔)

1. 비잔틴 건축의 특징

   ① 아케이드 : 아치, 볼트와 열주에 의한 아케이드가 널리 사용됨

   ② 펜던티브 돔 : 사각형 평면 위에 삼각형 곡면부(원형돔)를 설치

   ③ 도서렛(Dosseret) 이중 주두

2. 성 소피아 성당: 비잔틴 양식의 대표 건물, 최대 규모의 성당

그림 1.5. 성 소피아 성당

❸ 사라센(A.D 7C~17C) ★

① 이슬람 사원 모스크를 중심을 전개된 회교의 건축양식
② 모스크는 미나렛(Minaret)이 특징
③ 동서양 건축의 중간적 위치로 전체 서양 건축사의 중심사조로 보기는 어려움
④ 건축 실례 : 알함브라 궁전, 타지마할, 코르도바 사원

❹ 로마네스크 ★★★

• 게르만 민족의 프랑크 왕국이 동유럽을 지배했던 8세기 말부터 고딕양식이 발생, 정착되기 시작한 13세기 초까지 이탈리아 반도를 중심으로 유럽의 각지에서 전개된 교회건축양식
• 초기기독교 – 로마네스크 – 고딕으로 이어지는 과정에서 과도기적 단계의 건축양식
  ① **교회건축** : 바실리카 양식 기본 + 각 지역의 건축 특징
  ② 원형 아치 등 고대 로마의 건축과 유사한 양식
  ③ **볼트의 발달** : 배럴볼트(로마) → 교차볼트(로마네스크) → 리브볼트(고딕)
  ④ 버트레스 : 벽체를 밀어내는 볼트의 추력을 막기 위해 버팀벽을 만들어 횡력을 분산시킴
     → 넓은 개구부를 가진 벽체의 출현이 가능하게 됨
  ⑤ **건축 실례** : 더램 대성당(영국), 보름 대성당(독일)

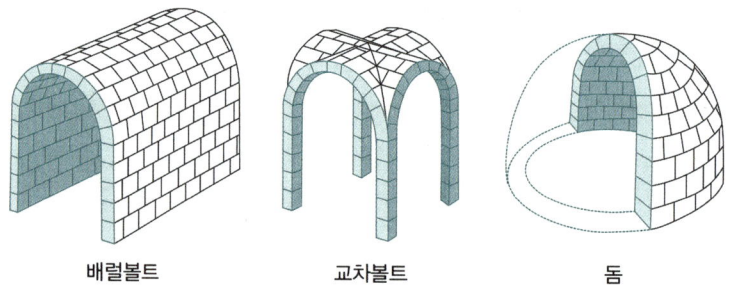

배럴볼트   교차볼트   돔

그림 1.6. 구조형식의 발전

⑤ 고딕 반드시 기억★★★★

• 12세기 초 프랑스에서 발생하여 르네상스 건축이 등장하기 시작한 16세기까지 중북부 유럽에서 전개된 중세의 건축양식

• 교회건축양식의 최전성기

    ① 중세교회 건축을 완성한 양식

    ② 리브볼트 : 교차식 볼트에 첨두형 아치를 덧대어 보강

    ③ 첨두형 아치(Pointed Arch) : 교차볼트의 구조적 결점을 보완함

    ④ 첨탑 : 교회의 정면 좌, 우와 교차부 양 끝 등에 계획됨

    ⑤ 플라잉 버트레스 : 횡압력을 분담하는 석조 버팀대로 건물이 가늘고 높아질 수 있음

    ⑥ 장미창 사용

    ⑦ Bay System : 베이를 기본 단위로 평면을 구성하여 기둥이 지붕의 하중을 전달 받음 → 벽체 없이 기둥으로만 평면을 구성할 수 있음

    ⑧ 건축실례

       – 프랑스파리 노틀담 사원, 샤르트르 대성당, 아미앵 대성당 등

       – **영국** : 솔즈베리 대성당, 요크 성당

       – **독일** : 쾰른 대성당, 성 스테판 대성당, 성 엘리자베드 대성당

       – **이탈리아** : 밀라노 대성당, 플로렌스 대성당

제5절 근세건축

① 르네상스 건축 반드시 기억★★★★

• 상공업 중심의 시민 사회가 성립된 15세기 초 이탈리아에서 시작하여 15, 16세기에 유럽에서 전개된 고전주의적 경향의 건축양식

1. 르네상스 건축의 특징

    ① 개인주의, 인본주의적 건축

    ② 수학적으로 명쾌한 비례, 수평선의 의장의 주요 요소로 활용, 대칭적 평면

    ③ 재질감 강조 : 외벽 돌림띠로 수평선 강조(러스티카 기법)

    ④ 비잔틴 양식의 영향을 받은 돔 구성

    ⑤ 중앙 집중식 평면

2. 르네상스 건축실례 ★★★

① 플로렌스 대성당 : 브루넬레스키가 설계한 돔(큐폴라) − 이중 쉘구조

② 미켈란젤로 : 성 베드로 성당, 캄피돌리오 광장, 라우렌치아 도서관

③ 이탈리아 파르네제 궁전

④ 팔라디오 : 빌라 로톤다, 일 레덴토레 성당

⑤ 레온 바티스타 알베르티 : 루첼라이 궁전

⑥ 필리포 브루넬레스키 : 기하학적 투시도법 창안 ★

⑦ 팔라쪼 : 귀족의 대저택

플로렌스 대성당　　　　　　　　산타마리아 노벨라 대성당

팔라쪼와 러스티케이션 기법

그림 1.7. 르네상스의 건축물

② 바로크 건축 ★★★

• 르네상스의 고전주의, 합리주의적 경향에 반대하여 17세기 초 이탈리아에서 발생. 17, 18세기 로마를 중심으로 전개됨

• 감각적, 역동적, 장식적 효과를 추구

 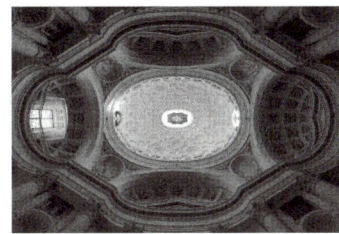 

카를로 콰트로 폰타네-보로미니   베르사유 궁전

그림 1.8. 바로크의 건축물

1. 바로크 건축의 특징

① 장식과잉의 경향을 보임

② 곡선의 입면, 타원형의 평면 - 비정형적이고 동적인 공간구성

③ 역동적이고 거대한 규모의 공간에 주로 전개 되었으며, 실내를 곡선과 곡면을 이용하여 우아하고 화려하게 장식

④ 고전적 비례를 무시하고 극적효과를 추구 - 비대칭, 대비, 과장

2. 바로크 건축실례

① 프랑스 루브르 궁전, 베르사이유 궁전

② 영국 : 성 폴 대성당(크리스토퍼 렌)

③ 베르니니 : 성 베드로 사원 광장

④ 마데르나 : 성 베드로 사원 네이브 부분과 정면

③ 로코코 건축

• 루이 15세의 등장과 더불어 바로크를 계승한 로코코 양식이 파리에서 발생

• 18세기 초부터 프랑스를 중심으로 시작되어 영국, 독일 등에 영향을 줌

1. 로코코 건축의 특징

① 바로크 말기 프랑스, 이탈리아, 독일 등지에서 시작

② 개인의 프라이버시를 위주로 실내공간을 아담하고 아름답게 꾸미고 장식함

③ 구조적 특징 없이 장식직 측면이 강조된 양식

④ 실내를 곡면을 이용하여 우아하고 화려하게 장식

2. 로코코 건축실례

① 오스트리아 쉔브론 궁전

② 독일의 뷔르첸 하일레겐 교회당, 님펜부르크 궁전

제6절 근대 과도기 건축

• 18세기 말 바로크 건축양식이 쇠퇴하고 양식적 혼란기에 전개된 과도기적 건축
• 크게 고전주의, 낭만주의, 절충주의 건축의 세 가지 경향으로 나누어 볼 수 있음

① 고전주의 건축

1. 고전주의 건축의 특징

① 바로크와 로코코 수법을 퇴폐적으로 보고 그리스/로마 문화를 연구 및 모방
② 프랑스는 로마 양식을, 영국은 그리스와 로마의 양식을 모방, 사용
③ 그리스와 로마의 양식을 다시 빌려서 새로운 시대에 대응하는 건축

2. 고전주의 건축실례

① 프랑스 수플로의 성 제네브에브 교회
② 로마의 판테온을 모방한 파리의 판테온, 파리의 개선문, 마들렌 사원
③ 이념적 고전주의: 로지에의 '원시 오두막'
④ 불레: 순수 기하학적 대칭을 갖는 입체(육면체, 구 등)가 건축의 제일 원리라고 주장 – 뉴튼 기념관 계획안

② 낭만주의

1. 낭만주의 건축의 특징

① 19세기 영국에서 고전주의에 대한 반발로 중세 고딕건축을 채택하는 운동이 일어남
② 픽처레스크(자연 경치 중 풍경화 표현에 적합한 풍광) 개념의 장식풍 양식에 집중
③ 자기민족, 국가를 중심으로 표현(향토주의, 중세주의, 평민주의)

2. 낭만주의 건축실례

① 프랑스 비올레 뒤크: 파리 노틀담 대성당 복구공사, 데니스 성당(고딕)
② 바리 경: 영국 국회의사당(고딕)
③ 존 내쉬: 브라이튼 궁전

❸ 절충주의

1. 절충주의 건축의 특징

① 일정한 양식에 국한되지 않고 과거의 모든 양식을 이용

② 과거 양식의 절충을 통하여 새로운 양식의 창조를 시도함

③ 각 양식을 새로운 건축의 성격에 따라 적절히 선택 채용함

2. 절충주의 건축실례

① 찰스 가르니에 : 파리 오페라 하우스(바로크양식 + 르네상스양식 → 신바로크양식)

② 바리 경 : 런던의 여행자 클럽(이탈리아 르네상스 양식)

❹ 기타

① 윌리엄 르 베런 제니 : 홈 인슈어런스 빌딩

② 블라디미르 타틀린 : 제3인터네셔널 기념관

③ 루이스 칸 : '제공하는 공간과 제공받는 공간'

④ 아돌프 로스 : '장식은 죄악이다.' 슈타이너 주택, 뮐러주택

  – 건축적 장식이 배제된 건축 자체의 순수성에 의해 건축이 발전해야 한다고 생각

제7절 | 근대건축

❶ 초기

1. 수공예 운동 ★★

기계의 대량생산에 대한 반작용으로 예술품의 기계 생산을 배격(공업화 거부), 수공예를 통한 예술의 복귀를 주장

① 미술과 공예를 통일하여 대량생산 제품의 질 자체에 대한 예술적 상승 도모

② 아르누보에 영향을 주었고, 독일 공작연맹 창립의 발판을 이룸

③ 가격이 비싸 대중적으로 성행하지 못함

④ 윌리엄 모리스 : '레드 하우스(Red House)' – 필립 웹이 설계, 모리스는 실내 디자인

2. 아르누보 운동 ^{반드시 기억}★★★★

1895년부터 20세기 초까지 프랑스와 벨기에를 중심으로 전 유럽에 유행함

① 창작의 모티브를 자연적인 성장, 식물의 형태에서 찾고자 함

② 고도의 장식적 표현으로 자유곡선, 유기적 장식 – 철의 유연성을 이용

③ 곡선의 식물 문양, 자유곡선 등 비대칭적 형태와 장식적 가치를 추구함

④ 안토니오 가우디 : 구엘 공원, 사그라다 파밀리아, 카사 밀라, 카사 바트요

⑤ 앙리 반 데 벨데 : 아르누보 상징

⑥ 빅토르 호르타 : 타셀 하우스

⑦ 헥토르 기마르 : 파리 지하철 역사, 튜린가의 저택

3. 세제션 운동(빈 분리파) ★★

• 19세기 말. 오스트리아에서 성행한 고딕, 고전, 바로크를 모방하고자 하는 사조에 반기를 들어 발생한 양식

• 과거 역사주의적 양식건축에서 벗어나고자 함.

• 간소하고 실용적인 건축 추구, 경제적 구조

① 아돌프 로스 : '장식은 죄악이다.' – 슈타이너 주택, 뮬러 하우스, 루스 하우스

② 오토 바그너 : 빈 광장 정거장, 빈 우편 저금국

③ 호프만 : 브뤼셀의 스트클레 저택

4. 시카고파 ★★

• 1891년 시카고 대화재와 1893년 만국 박람회 이후 철골구조의 고층건축이 발달

• 근대적 사무소 건축의 발전에 이바지함

① 건물 형태의 기능적인 구조를 표현하는 특징이 있음

② 철골구조의 도입뿐 아니라 기능주의에 의한 새로운 형태 추구

③ 루이스 설리반 : "형태는 기능을 따른다." – 프랭크 로이드 라이트의 스승
　　– 웨인라이트 빌딩, 카슨 피리에 스코트 백화점, 오디토리엄 빌딩

④ 엘리베이터와 철골구조의 결합으로 고층건물 가능

5. 독일 공작연맹 ★★

• 수공예 운동, 아르누보 운동 등 기계생산에 대해 적극적이지 못했던 유럽의 건축 주도권이 독일로 건너오게 됨

• 독일 공업제품의 질적 향상을 목표로 기계생산에 의한 기술개선과 생산품질 향상에 기여 – 디자인을 담당하는 예술가와 산업가 사이의 공백을 메우려 함

① 규격화에 의한 공업생산을 통해 생산 품질 향상

② 기계를 이용한 규격화와 표준화를 디자인에 도입하고자 함

③ 피터 베렌스 : AEG 터빈 공장

④ 월터 그로피우스 : 파구스 제화공장

⑤ 무테지우스 : 영국의 집

6. 미래파(이탈리아, 1909) ★★

• 마리네티의 미래파 선언으로 시작, 산업화된 미래 도시 예견

• 기계화와 속도감에 조형의 기본적 관심을 집중시킴

① 안토니오 산텔리아 : 신도시 계획안

② 마리오 키아토네 : 미래 거대 도시의 건설

7. 표현파(독일, 1차 세계대전 전후 - 1901~1925) ★★

• 1차 세계대전(1914~1918)을 전후하여 짧게 나타났던 건축운동

• 독일을 중심으로 환상적인 이상향이나 극단적 색채, 조형을 추구

① 리듬감이 있는 조형구조 및 동적인 표현이 특징

② 에릭 멘델존 : 아인슈타인 탑(부정형 표현주의적 건축)

③ 한스 펠치히 : 베를린 대극장

④ 브루노 타우트 : 유리 전시관

8. 구성파(러시아, 1913)

• 말레비치가 창시한 절대주의에서 파생한 러시아의 추상예술 운동

• 입체파와 미래파의 영향을 받아 기하학적이고 동적인 형태 표현이 특징

① 타틀린 : 제3인터네셔널 기념탑

② 엘 리스츠키 : 파라운, 레닌을 위한 연단

9. 데 스틸파(네덜란드1917) ★★★

• 네덜란드 화가, 조각가, 가구 디자이너, 건축가들에 의해 시작

• 순수추상주의 표방(몬드리안, 리트벨트, 반 되스버그)

① 기하학적이며 신조형적 표현들, 무채색과 대비되는 적, 청, 황색 등 사용

② 추상과 직선을 강조하는 새로운 양식으로 전개

③ 근대건축에서 기능주의적 디자인 확립에 커다란 역할

④ 게리트 리트벨트 : 슈뢰더 하우스, 적청의자

⑤ 테오 반 되스버그 : 스트라스부르 오베트 엔터테인먼트 단지

10. 바우하우스(1919) ★★

- 월터 그로피우스가 바이마르에 만든 학교 – 예술과 공업의 협력
- 기계화, 표준화를 통한 대량생산 방식 도입
① 이론 교육과 실제 교육의 병행
② 데사우의 바우하우스 : 디자인 학부동, 공작실동, 기숙사 동으로 구성
③ 월터 그로피우스 : 데사우 바우하우스 교사, 파구스 제화공장, 바그다드 대학
④ 한스 마이어 : 바우하우스 2대 교장

② 국제주의 건축

1. 개요 : 월터 그로피우스가 제창한 1920년대 기능주의에 입각하여 순수 형태를 추구

(1) 대칭성 배제, 공간과 매스를 유동적으로 배치

(2) 장식을 배격하고, 단순한 수직, 수평의 직선적 구성 – 곡선이나 곡면을 피함

(3) 백색이나 옅은 색을 많이 사용하고, 재료의 특색을 그대로 표현

(4) C.I.A.M. 근대 건축 국제회의

1928년 스위스에서 그로피우스, 르 코르뷔제 등에 의해 결성, 합리주의 건축 보급
① 인간활동과 자연활동이 서로 조화, 육성하는 것
② 그에 따른 인간의 정신적, 물질적 욕구를 만족시킴
③ 건축과 도시계획에 있어서 사회적, 과학적, 윤리적, 미학적 개념과 일치하는 환경을 창조하는 것
④ 커뮤니티의 생활과 통일된 개성의 발달

2. 월터 그로피우스 ★★★

① 독일공작연맹, 바우스하우스를 통하여 국제주의 양식 확립
② 대량생산 시스템과 합리적 기능주의, 건축의 표준화 추구
③ 주요 작품 : 데사우 바우하우스, 아테네 미국대사관, 파구스 제화공장, 하버드 대학교 대학원

3. 미스 반 데어 로에 반드시 기억★★★★★

① "Less is more." – 적을수록 더 풍요롭다. "보편적 공간", "신은 디테일에 있다."
② 장식을 배제한 순수한 형태 강조
③ 철과 유리를 사용하여 장식을 제거한 미니멀한 건축 추구
④ Flow Space : 공간 상호관입과 전이
⑤ Universal Space : 보편적 공간, 다목적 공간내부 공간 구획을 파티션으로 자유롭게 구획하여 사용함
⑥ 주요 작품 : 바르셀로나 파빌리온, 투겐하트 주택, IIT 대학 마스터 플랜, 판스워드 주택, IIT크라운 홀, 시그램 빌딩, 베를린 국립 박물관

4. 르 코르뷔제 ^{반드시 기억}★★★★

- 근대건축 5원칙 : 필로티, 수평띠창, 옥상정원, 자유로운 평면, 자유로운 입면
- "집은 살기위한 기계", "건축적 산책(걸을 때마다 시야가 바뀌는 구조 경험)"
① 필로티 : 건물을 대지에서 들어 올려 지상층에 기둥으로 이루어진 개방공간 조성
② 옥상정원 : 지붕을 평지붕으로 계획하여 대지 위 정원과 같은 공간 조성
③ 자유로운 입면 : 구조 방식의 발전으로 인해 가능해진 비 내력벽 입면을 자유롭게 구성
④ 돔이노(dom-ino)이론 : 기둥이 하중을 전담, 벽체는 구조체로부터 분리된 자유로운 입면과 평면을 가능하게 함
⑤ 주요 작품 : 빌라 사보아, 유니테 다비타시옹, 찬디가르 국회의사당, 롱샹교회, 라투레트 수도원

5. 프랭크 로이드 라이트 ^{반드시 기억}★★★★

미국의 풍토와 자연에 근거한 자연과 건물의 조화추구, 유기적 건축
① 역동적 캔틸레버 사용 – 내, 외부가 상호 소통하는 유기적 공간 개념 도입
② 주요 작품 : 도쿄 제국 호텔, 로비하우스, 낙수장, 존슨왁스 사무소, 구겐하임 미술관 탈리에신 저택

6. 루이스 설리반

① "형태는 기능을 따른다." – 프랭크 로이드 라이트의 스승
② 주요 작품 : 웨인 라이트 빌딩, 게런티 빌딩

7. 알바 알토

① 핀란드를 대표하는 세계적인 풍토건축의 건축가
② 스칸디나비아의 문화예술 운동인 '낭만적 풍토주의'와 깊은 관련
③ 주요 작품 : 핀란디아 홀, 비퓨리 도서관, 투른 사노마트 빌딩, MIT 기숙사

❸ 현대건축

1. 브루탈리즘

- 1950년대 중반 영국건축가 스미손 부부에 의해 제시
- 건축의 윤리성과 진실성을 강조
① 건축의 구성요소로서 각 요소의 정체성과 연관성을 강조
② 구조와 재료를 정직하고 솔직하게 표현(설비와 서비스 시설을 노출시킴)
③ 주요 건축가 : 스미손 부부, 루이스칸, 제임스 스털링 ★★
④ 스미손 부부 : 쉐필드 대학교 계획안, 이코노미스트 빌딩
⑤ 루이스 칸 : 예일대학교 미술관 증축, 솔크 생물학 연구소, 킴벨 미술관

www.pmg.co.kr

2. 레이트 모더니즘과 포스트 모더니즘 **

미국의 찰스 젠크스는 후기-현대건축(레이트 모더니즘)과 탈-현대건축(포스트모더니즘)으로 구분, 체계화

(1) 레이트 모더니즘

① 기계미학 : 퐁피두 센터

② 구조의 왜곡과 표피의 강조

③ 건물을 주변과 독립된 자립적 대상으로 강조(미니멀리스트적 표현)

④ 주요 건축가 : 리처드 로저스, 노만 포스터, 시저 펠리, 아이엠 페이

(2) 포스트 모더니즘

① 이중 코드화된 건축 : 일반대중, 건축 전문가 모두에게 의사전달

② 맥락(context)과 대중성 강조

③ 로버트 벤추리 : 저서 '복합성과 대립성' - 과거의 의미를 다시 복원하자

④ 마이클 그레이브스 : 희화적 과장법을 사용

⑤ 알도 로시 : '도시의 건축'이라는 잡지를 통해 기능주의 비판

3. 팀텐 *

① C.I.A.M 10차 회의와 관련되고 1950년대 말과 1960년대 새로운 도시이념을 제시한 현대 건축의 한 그룹

② 전체보다는 부분을 주장

③ 고정보다는 변화를 주장

④ 획일성보다는 다양성을 주장

⑤ 주요 건축가 : 알도 반 아이크, 야콥 바케마, 스미손 부부

4. 아키그램

① 1960년대 영국의 젊은 건축가 그룹 - 현대미술처럼 건축에서의 상상력, 유연성 추구

② 런던에서 개최된 전시회에 '살아있는 도시'를 출품함으로써 공식화되었음

③ 소비성, 대중문화, 새로운 기술에 대한 낙관적인 융합을 시도

④ 진보적인 공간구조와 설비를 통해 기술적으로 결합된 거대한 도시형태를 제안

5. 형태주의 *

① 건축의 표현적 및 조형적 특성을 강조하는 미적 측면에 대한 관심

② 기능주의 건축의 기계적 비인간성을 해소하고자 시도함

③ 필립 존슨 : 글래스 하우스, 시그램 빌딩

④ 에로 사리넨 : 제너럴 모터스 기술연구소, 뉴욕 케네디 공항 T.W.A 전용 터미널, MIT 대학 강당 및 예배당, 달라스 국제공항

6. 유기적 건축

① 프랭크 로이드 라이트가 처음 사용

② 스승인 루이스 설리반의 유기론 계승, 발전

③ 기능과 형태상 필요성에 의한 전통 요소 도입

④ 주변 환경과의 조화

⑤ 경직된 정방형의 형태 탈피

⑥ 그 지역의 맥락적인 요소 도입

⑦ 프랭크 로이드 라이트, 휴고 헤링, 알바 알토

④ 오늘날의 건축

1. 대중주의

① 평범하고 친숙한 이미지를 이용하여 대중을 포용하는 건축을 해야 한다고 주장

② 지역적, 문화적, 전통적 요소와 장식을 건축에 도입

③ 로버트 벤추리, 찰스 무어

2. 지역주의

① 장소에 따라 변화하는 특정 풍토, 기술, 문화 등에 대응하여 그 지역 환경에 적합한 건축을 지향하는 건축사조

② 요른 웃존 : 시드니 오페라하우스

③ 알바로 시자 : SAAL 집합주택

3. 구조주의

① 개별 요소는 변하더라도 변하지 않는 관계를 인식하려는 사고방법

② 부분의 요소는 전체의 구조안에서 통합될 때 의미가 있고 인식이 됨

③ 피에트 블롬 : 플락 하우징

4. 하이테크 건축

① 20세기 초 이탈리아 미래파와 러시아 구성주의의 기계미학의 건축이념에서 영향

② 공업기술에 바탕을 두고 기술적 이미지를 과장함

③ 구조를 왜곡하고 표피를 강조

④ 노만 포스터 : 윌리스 보험회사, 홍콩 상해은행, 런던 시청

⑤ 리처드 로저스 : 구조, 설비 노출, 퐁피두 센터, 로이드 보험 사옥

5. 해체주의

① 서구사회를 지배해온 '이성'에 대한 도전으로 고정관념의 해체를 목적으로 함

② 형태면에서는 러시아 구성주의의 영향을 받음

③ 베르나르 츄미 : 파리 라빌레트 공원의 폴리

④ 프랭크 게리 : 스페인 빌바오 구겐하임 미술관, LA 월트 디즈니 콘서트 홀

⑤ 자하 하디드 : 추상적 조형 – 모호함(ambiguity)을 극명하게 드러내는 경향

　　예, 건축실례 : 비트라 소방서, 로젠탈 현대 미술관, DDP(동대문 디자인 플라자)

⑥ 다니엘 리베스킨트 : 베를린 유대인 박물관, 삼성동 아이파크 타워

⑦ 피터 아이젠만 : 뉴욕 파이브의 구성원, 웩스너 시각예술 센터, IBA집합주택

⑧ 렘 쿨하스 : 국립무용극장

기출문제 : 서양 건축사

01 루이스 헨리 설리반(Louis Henry Sullivan)에 대한 설명으로 옳은 것만을 모두 고르면?

지22

> ㄱ. "형태는 기능을 따른다(Form follows function)."라는 명제를 주장하였다.
> ㄴ. 구성주의 이론을 전개하였다.
> ㄷ. 홈 인슈어런스 빌딩을 설계하였다.
> ㄹ. 프랭크 로이드 라이트의 스승이다.

① ㄱ, ㄴ   ② ㄱ, ㄹ
③ ㄴ, ㄷ   ④ ㄱ, ㄷ, ㄹ

02 고대 건축에 대한 설명으로 옳지 않은 것은? 지22

① 인슐라(Insula)는 1층에 상점이 있는 중정 형태의 로마 시대 서민주택이다.
② 로마의 컴포지트 오더는 이오니아식과 코린트식 오더를 복합한 양식으로 화려한 건물에 많이 사용되었다.
③ 조세르왕의 단형 피라미드는 마스타바라고도 부르며 쿠푸왕의 피라미드보다 후기에 만들어졌다.
④ 우르의 지구라트는 신에게 제사를 지내는 신전의 기능과 천문관측의 기능을 동시에 가지고 있었으며, 평면은 사각형이고 각 모서리가 동서남북으로 배치되었다.

해설 01 ② 02 ③

01 ㄴ. 구성주의는 러시아 아방가르드 계열 이론 - 대표
인물 : 블라디미르 타틀린
ㄷ. 홈 인슈어런스 빌딩 - 윌리엄 르 베런제니
【루이스 설리반】
• "형태는 기능을 따른다(Form follows function)."
• 시카고 학파
• 프랭크 로이드 라이트의 스승

02 ③ 조세르왕의 피라미드가 먼저 만들어짐(기원전 27세기) → 마스타바 형태에서 발전한 초기 피라미드, 쿠푸왕의 피라미드는 기원전 26세기

03 서양 건축양식의 변천과정을 시기 순으로 바르게 나열한 것은? 지16

① 비잔틴 → 고딕 → 로마네스크 → 르네상스 → 바로크
② 비잔틴 → 로마네스크 → 고딕 → 르네상스 → 바로크
③ 로마네스크 → 비잔틴 → 고딕 → 바로크 → 르네상스
④ 로마네스크 → 비잔틴 → 고딕 → 르네상스 → 바로크

04 르네상스건축에 대한 설명으로 옳지 않은 것은? 국20

① 일반적으로 층의 구획이나 처마 부분에 코니스(cornice)를 둘렀다.
② 수평선을 의장의 주요소로 하여 휴머니티의 이념을 표현하였다.
③ 건축의 평면은 장축형과 타원형이 선호되었다.
④ 건축물로는 메디치 궁전(Palazzo Medici), 피티 궁전(Palazzo Pitti) 등이 있다.

05 다음에 해당하는 근대건축운동은? 국19

- 장식, 곡선을 많이 사용
- 자연주의 경향과 유기적 형식 사용
- 대표 건축가로는 안토니오 가우디

① 미술공예운동(Arts & Crafts Movement)
② 시카고파(ChicagoSchool)
③ 빈 세제션(WienSecession)
④ 아르누보(Art Nouveau)

06 르 꼬르뷔지에가 주창한 근대건축 5원칙에 관한 내용으로 옳지 않은 것은? 지09

① 필로티(pilotis) : 기둥은 독립하여 건축의 개방된 공간을 관통하여 세워져야 한다.
② 골조와 벽의 기능적 통합 : 외벽뿐만 아니라 내부 칸막이 벽에 있어서도 골조와 벽이 기능적으로 통합되어야 한다.
③ 자유로운 입면(facade) : 기둥은 건물 표면보다 후퇴시켜서 세워지며, 바닥면은 기둥 외부로 돌출하여 나간다.
④ 옥상정원 : 기술적, 경제적, 기능적 및 정신적인 이유로 평지붕과 옥상정원을 채택할 것을 권유한다.

07 다음 중 시기적으로 가장 먼저 나타난 것은? 지11

① 수공예운동(Arts & Crafts Movement)

② 포스트 모더니즘(PostModernism)

③ 브루탈리즘(Brutalism)

④ 바우하우스(Bauhaus)

08 서양의 종교건축에 대한 설명으로 옳지 않은 것은? 지11

① 독일 아헨에 있는 팔라틴 채플은 돔으로 덮인 8각형의 공간으로, 그보다 수 세기 전에 건립된 성 비탈레 성당의 공간과 구조를 모델로 한 것으로 평가받고 있다.

② 고딕성당건축은 플라잉 버트레스(flying buttress)와 같은 새로운 요소의 등장으로 역학적 구조가 직접 예술적으로 표현되는 모습을 보여주고 있다.

③ 브루넬레스키(Brunclleschi)가 설계한 이탈리아 피렌체의 대성당 산타마리아 델 피오레의 거대한 돔(큐폴라)은 르네상스 건축의 상징이 되었다.

④ 바로크 교회건축은 정형적이며 정적(靜的)인 공간적 특성을 지니고 가급적 정사각형의 평면을 유지하려 하였다.

해설 03 ② 04 ③ 05 ④ 06 ② 07 ① 08 ④

03 • 비잔틴(동로마) → 로마네스크(서유럽 초기 기독교) → 고딕(중세 후기) → 르네상스(15~16C) → 바로크(18C)

04 • 르네상스 건축은 장축형, 직사각형 평면을 선호(타원형은 바로크의 특징)
• 수평 강조, 코니스 사용
• 르네상스 대표 건축 : 메디치 궁전, 피티 궁전 등

05 【아르누보(Art Nouveau)】
• 장식, 곡선, 유기적 형태 → 아르누보
• 대표 건축가 : 가우디, 호르타
* 미술공예운동은 영국 윌리엄 모리스 중심의 수공예 복원 운동

06 ② 골조와 벽의 분리 : 자유로운 입면·평면이 가능 (벽체는 비구조요소)

07 • 수공예운동(1880년대)
• 바우하우스(1919년 창설)
• 브루탈리즘(1950~60년대)
• 포스트모더니즘(1960년대 후반~)

08 ④ 바로크 교회는 역동적이고 비정형적인 공간 강조, 곡선적 평면(타원형 등)

09 고대 그리스 도시에서 교역이나 집회의 장(場)으로 사용되었던 옥외 공공광장을 지칭하는 용어는? 지15

① 팔라초(Palazzo)

② 아고라(Agora)

③ 포럼(Forum)

④ 아크로폴리스(Acropolis)

10 건축가와 그가 한 말을 바르게 연결하지 않은 것은? 지15

① 루이스 설리번(Louis H.Sullivan) - 형태는 기능을 따른다.

② 빅토르 호르타(Victor Horta) - 집은 살기 위한 기계

③ 르 꼬르뷔지에(Le Corbusier) - 정육면체, 원뿔, 구, 원통, 피라미드는 위대한 원초적 형태들

④ 루이스 칸(Louis I. Kahn) - 제공하는 공간(ServantSpace)과 제공받는 공간(Served Space)

11 건축가와 그 설계 작품이 옳게 짝지어지지 않은 것은? 지24

① 피터 베렌스(Peter Behrens) - A.E.G 터빈공장(A.E.G Turbine Factory)

② 에리히 멘델존(Erich Mendelsohn) - 아인슈타인 타워(Einstein Tower)

③ 게리트 리트벨트(Gerrit Rietveld) - 슈뢰더 주택(Schröder House)

④ 월터 그로피우스(Walter Gropius) - 로비 하우스(Robie House)

12 프랭크 로이드 라이트(Frank Lloyd Wright)의 작품으로 옳지 않은 것은? 국24

① 유니티 교회(Unity Temple)

② 판즈워스 주택(Farnsworth House)

③ 존슨 왁스 사옥(Johnson Wax Headquarters)

④ 로비 하우스(Robie House)

13 초기 르네상스 시대의 건축가인 레온 바티스타 알베르티(Leon Battista Alberti)에 대한 설명으로 옳지 않은 것은? 국24

① 만토바(Mantova)의 성 안드레아(St. Andrea) 성당에서는 고대 신전과 개선문의 복합 양식을 빌려오는 방식을 채택하였다.

② 리미니(Rimini)의 성 프란체스코(St. Francesco) 성당은 고대의 옛 건물을 개조한 것으로 건물 측면을 굵은 각주로 구획하였다.

③ 미(美)란 각 부분들과 전체 사이의 부조화와 불일치에서 얻어지는 것이라고 주장하였다.

④ 건물들에 고전적 요소를 적용하며 과거의 건축형태를 창조적인 출발점으로 삼았다.

14 근현대 건축 사조와 이를 대표하는 건축가를 옳게 짝지은 것은? 국25

① 포스트 모더니즘 − 로버트 벤츄리(Robert Venturi)

② 바우하우스 − 안토니 가우디(Antoni Gaudi)

③ 표현주의 − 알바 알토(Alvar Aalto)

④ 아르누보 − 아돌프 로스(Adolf Loos)

해설 09 ② 10 ② 11 ④ 12 ② 13 ③ 14 ①

09 • 아고라: 고대 그리스 도시의 정치 · 상업 · 집회용 광장
• 포럼: 고대 로마의 광장
• 아크로폴리스: 도시의 언덕 위 신전지구
• 팔라초: 이탈리아 도시의 궁전/저택

10 ② "집은 살기 위한 기계"는 르 꼬르뷔지에의 말
• 빅터 호르타는 아르누보 건축가 − 타셀 주택

11 • 월터 그로피우스 − 파구스 제화공장, 바우하우스 교사
• 프랭크 로이드 라이트 − 로비 하우스

12 • 판스워스 주택: 미스 반 데어 로에

13 ③ 알베르티는 르네상스 시대의 건축가로 각 부분과 전체 사이의 조화와 비례를 강조하였다.

14 • 바우하우스 − 발터 그로피우스
• 아르누보 − 안토니 가우디, 빅터 호르타
• 표현주의 − 에리히 멘델존
• 분리파 − 아돌프 로스

CHAPTER 02 한국 건축사

제1절 한국건축의 특징

① 주거공간의 구성과 의장적 착시보정기법

1. 주거공간의 구성

① 비대칭성 : 주요 부속 건물을 비대칭적으로 배치, 비대칭의 자연스러움

② 공간의 성격 : 내적 개방성, 외적 폐쇄성

③ 연속성 : 주 공간과 부 공간 상호간 유기적 연결

④ 위계적 공간구성 : 지붕의 크기, 지형의 고저 등을 이용한 위계

2. 착시보정 기법 ★★★

① 후림(안허리곡) : 평면상 처마선을 안쪽으로 휘게 하여 날렵하게 보이게 하는 기법

② 조로(앙곡) : 입면상 처마의 양 끝을 들어올리는 기법

③ 귀솟음(우주) : 모서리 기둥을 높게 하여 추녀를 위로 솟도록 하는 기법

④ 안쏠림(오금) : 기둥머리 부분을 안쪽으로 약간씩 기울이는 기법

⑤ 배흘림 : 기둥의 주신(기둥 몸) 부분의 지름을 굵게 하는 기법
　　　　　강릉 객사문의 배흘림 정도가 가장 강함

⑥ 민흘림 : 기둥머리 상부측 지름을 기둥 뿌리 하부측 지름보다 작게 하는 기법

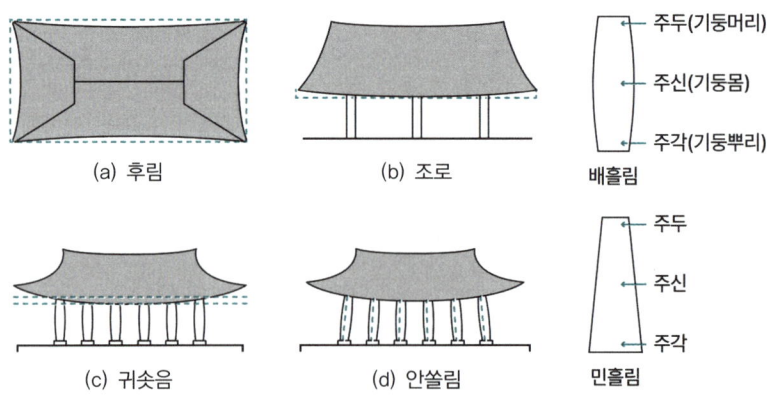

그림 2.1. 전통 건축물의 착시보정기법

제2절 | 한국건축의 평면과 구조

❶ 기둥

① 각주 : 4각, 6각, 8각
② 원주 : 궁궐이나 사찰건축에서 주로 사용
③ 동자주 : 대들보나 중보 위에 올라가는 짧은 기둥
④ 활주 : 추녀 밑을 받쳐주는 보조기둥
⑤ 동바리 : 마루 밑을 받치는 짧은 기둥

❷ 창방과 평방

1. 창방

① 외진기둥을 한 바퀴 돌아가면서 기둥머리를 연결하는 부재
② 주심포식에서는 공포의 하중을 직접 기둥에 전달
③ 다포식에서는 창방만으로 주간포의 하중을 받치기 어려워 평방을 덧댐

2. 평방

① 기둥과 기둥 위에서 공포의 하중을 지탱하는 구조부재
② 창방 위에 덧대어 공포를 통해 내려오는 지붕의 하중을 기둥과 벽에 전달

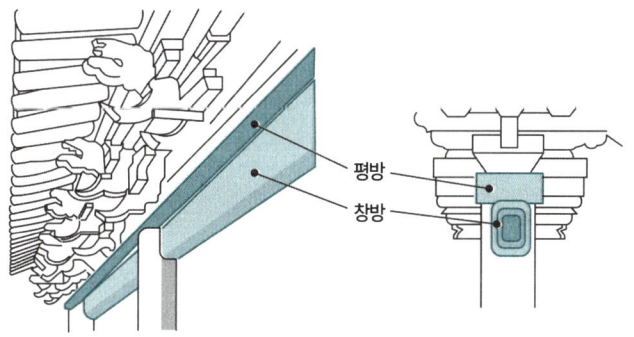

그림 2.2. 창방과 평방

제3절 한국건축의 가구재

1 보의 종류

그림 2.3. 한국 건축의 보

① 우미량(소꼬리 형태): 맞배지붕에서 도리와 도리를 연결하는 곡선형 보

② 툇보: 툇기둥과 안기둥에 앉는 짧은 보

③ 대들보: 작은 보에서 전달되는 하중을 받기 위해 기둥과 기둥 사이에 건너 지른 보

2 도리 **

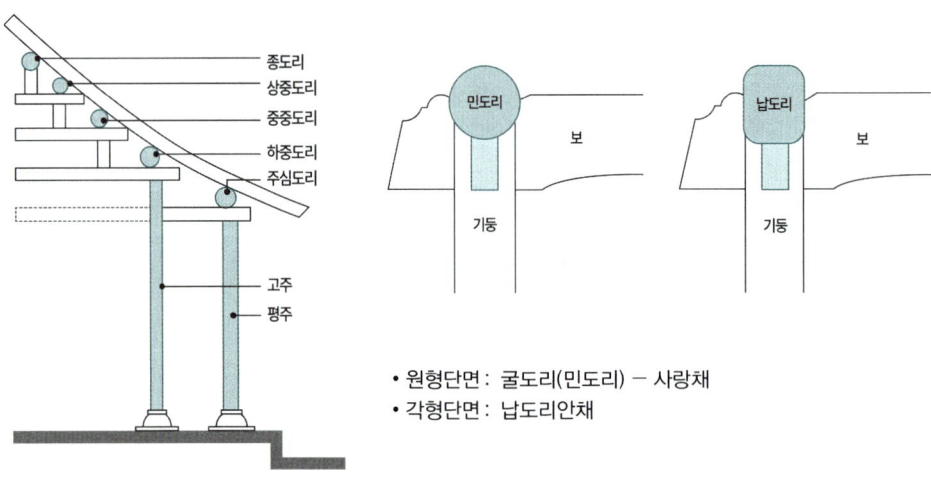

• 원형단면: 굴도리(민도리) – 사랑채
• 각형단면: 납도리안채

그림 2.4. 단면상의 도리

제4절 | 한국건축의 지붕재

1 서까래 ★

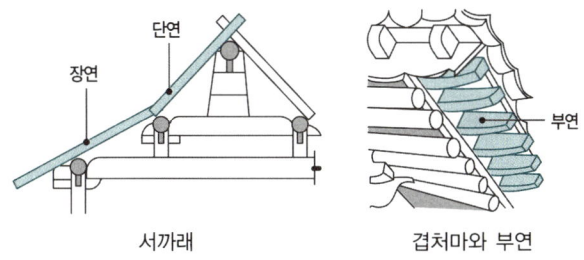

그림 2.5. 서까래와 부연

① 장연 : 중도리에서 처마 사이의 길이가 긴 서까래

② 단연 : 중도리에서 종도리 사이의 길이가 짧은 서까래

③ 부연 : 처마 서까래의 끝에 덧얹어 처마를 위로 올린 모양이 나도록 만든 짧은 서까래

④ 홑처마 : 서까래만으로 구성된 처마

⑤ 겹처마 : 홑처마에 부연이 첨가된 처마

⑥ 서까래는 이음을 하지 않음

⑦ 구조재로서 중요한 부재이며 의장적 측면에서도 중요한 부재

⑧ ┌ 한국 : 원형 단면
   └ 일본 : 각형 단면

2 지붕 ★

① 맞배지붕 : 가장 간단하며 추녀와 활주 없음. 내림마루 있음

② 우진각 지붕 : 지붕면이 4면으로 추녀가 있음. 내림마루 없음

③ 팔작지붕(합각지붕) : 맞배 + 우진각, 내림과 추녀마루 모두 있음

④ 모임지붕 : 용마루 없이 하나의 꼭지점에서 지붕골이 만나는 형식

3 기타

1. 천장의 종류

① 연등천장 : 천장을 만들지 않고 서까래가 노출되도록 한 것

② 우물천장 : 모양이 우물정자로 생긴 형태로 주로 궁궐이나 사찰에 사용

③ 귀접이천장 : 모서리를 점차 줄여나가면서 만든 천장(예 고구려 고분)

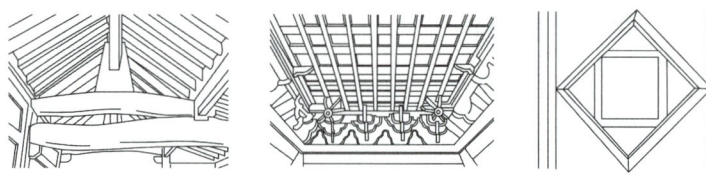

그림 2.6. 연등천장(좌), 우물천장, 귀접이천장(우)

2. 벽체

① **심벽**: 기둥이 드러나는 벽(한국건축)

② **평벽**: 기둥이 드러나지 않는 벽. 기둥 바깥 면에 덧대어 만든 평평한 벽

3. 장혀와 단장혀

① 공포위의 수평재로, 장혀 위에 도리가 배치됨

② ┌ 단장혀: 주심포식에 사용
   └ 긴장혀: 다포식에 사용

제5절 공포

① 공포의 구성 ★★

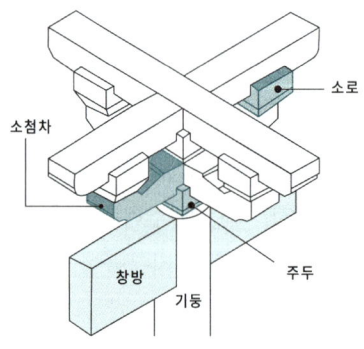

그림 2.7. 공포의 부재 구성과 역할

① 지붕의 하중을 기둥에 전달하기 위해 기둥에서 대들보 아래까지 짧은 부재를 중첩하여 짜맞추어 놓은 것

② **종류**: 주심포, 다포, 익공 등

③ **주두**: 기둥의 윗부분과 첨차 사이에 위치하는 부재

④ **살미**: 주두 위에 보 방향으로 중첩해 설치한 장방형의 긴 부재

⑤ 소로 : 주두와 모양이 같고 크기가 같은 부재, 장혀나 공포재(첨차, 살미 등) 밑에 놓여 상부 하중으로 아래로 전달하는 역할을 하는 부재

⑥ 공포가 없으면 서까래의 길이가 꺾이는 구조적 결함이 발생하는데, 공포를 설치하면 서까래의 내민 길이가 짧아져 지붕을 구조적으로 안정되게 할 수 있음

2 공포의 종류 반드시 기억★★★★★

1. 주심포 ★★★★

(1) 고려 초기에 시작하여 조선시대 초기에 주로 사용됨

(2) 공포를 기둥 위에만 올려 지붕틀을 떠받치는 구조

(3) 강한 배흘림 기둥

(4) 기둥 위에만 공포(포작)가 있음

(5) **주심포식 건축의 예**

① 봉정사 극락전 : 현존하는 최고의(가장 오래된) 목조건축

② 부석사 무량수전 : 팔작지붕

③ 수덕사 대웅전 : 우미량 있음

④ 부석사 조사당, 관룡사 약사전, 봉정사 고금당, 강릉 객사문, 전주 풍남문

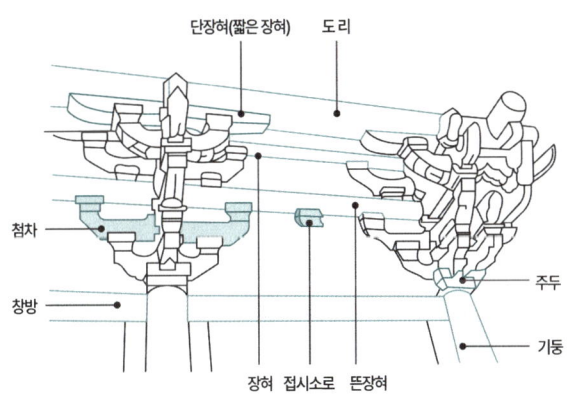

그림 2.8. 주심포의 구성

2. 다포 ★★★★

(1) 창방 위에 평방을 덧대고 공포를 놓아 도리를 받치는 구조

(2) 기둥 사이에 공포를 배치

(3) 고려 말부터 궁이나 사찰의 주요 건물에 대규모 건물로서 사용됨

(4) 팔작기와 지붕에 우물천장인 경우가 많음

(5) 주심포식 건물에 비해 외관이 화려하게 보이는 특징

⑹ 다포식 건축의 예

① 개심사 대웅전 : 지붕은 맞배지붕, 내부천장은 연등천장

② 동대문, 남대문(숭례문), 경복궁 근정전

③ 범어사 대웅전, 석왕사 응진전, 심원사 보광전, 화엄사 각황전

3. 주심포식과 다포식의 비교 *

	주심포식	다포식
발생	고려 초기 남송	고려 말 원나라에서
공포 특징	• 배흘림이 큰 편 • 단아한 외관 • 다포에 비해 중요도 낮은 건물에 사용 • 맞배지붕에 많이 사용 • 단장혀 사용	• 주심포식보다 덜 현저한 배흘림 • 외형이 정비되고 장중한 외관 • 중요도가 높은 건출물에 사용 • 팔작지붕에 많이 적용 • 주로 긴장혀 사용공포배치
공포 배치	기둥 위에 주두를 놓아 배치	기둥 위에 창방과 평방을 놓고 그 위에 공포 배치
소로 배치	비교적 자유롭게 배치	상, 하로 동일 수직선상에 위치를 고정
내부 천장	연등천장	우물천장
고려시대 건축물	• 안동 봉정사 극락전 • 영주 부석사 무량수전과 조사당 • 예산 수덕사 대웅전 • 강릉 객사문	• 심원사 보광전 • 석왕사 응진전
조선시대 건축물	• 초기 건축 : 영주 부석사 조사당, 강화 정수사 법당, 강진 무위사 극락전, 송광사 국사전 • 중기건축 : 달성 도동서원 강당 및 사당, 안동 봉정사 화엄강당, 안동 봉정사 고금당 • 후기건축 : 전주 풍남문, 밀양 영남루	• 초기 건축 : 개성 남대문, 서울 남대문, 안동 봉정사 대웅전, 청양 장곡사 대웅전 • 중기 건축 : 서울 창경궁 명정전, 명정문 및 홍화문, 창녕 관룡사 대웅전, 강화 전등사 대웅전 • 후기 건축 : 화엄사 각황전, 경주 불국사 극락전, 불국사 대웅전, 수원 팔달문, 창덕궁 인정전, 동대문, 경복궁 근정전, 덕수궁 중화전, 범어사 대웅전

표 2.1. 주심포와 다포식의 비교

4. 익공

① 조선시대에 들어와서 일반화된 건축양식 – 크게 확산되지는 못함

② 향교, 서원, 사당 등 유교건축물에 사용

③ 보통 소규모의 부속 건물에 사용

④ 익공식 건축의 예 : 충효당, 광한루, 경복궁 경회루, 강릉 오죽헌

제6절 궁궐 및 도성건축

① 궁궐건축 ★

1. 조선시대 궁궐의 종류와 특징

종류	특징	정전
경복궁	• 정전인 근정전을 중심으로 남북축으로 좌우 대칭 배치 • 부속 건물과 정원은 비대칭으로 자유롭게 배치	근정전
창덕궁	• 태종 5년에 창건(경복궁 다음으로 큼) • 황해군 때 재건했다 인정전 화재로 순조 4년에 재건 • 경사지형에 건물을 자유롭게 비정형 배치 • 비원(후원)과 양반 가옥의 형식인 연경당이 속해 있음	인정전
덕수궁	• 임진왜란 후에 정궁으로 사용 • 조선말기 최초의 서양식 건축물인 석조전 건축	중화전
창경궁	• 현존하는 궁궐 중 시대적으로 가장 오래된 궁궐 • 일제 시대에 동물원으로 개조되어 많은 건물이 헐림 • 창덕궁의 동쪽에 위치	명정전(동향)

표 2.2. 궁궐 건축

2. 경복궁 ★

① 조선왕조의 정궁으로 남쪽 중앙에 광화문을 설치

② 정전인 근정전과 편전인 사정전이 있음

③ 내전으로 왕의 거처인 강녕전과 왕비의 거처인 교태전이 있음

④ 삼중의 문을 두고 정전과 침전이 구성된 전조후침의 구성

3. 인정전: 창덕궁의 정전으로 태종 때 완공되었고 임진왜란에 화재로 전소됨

4. 궁궐건축은 정무공간, 생활공간, 정원공간의 세 영역으로 구성됨

5. 경복궁이 가장 규모가 크고 대표적인 궁궐로 태조 3년에 시창되었고, 임진왜란 시절 소실되었으나 고종 때 재건함

② 읍성건축

① 읍성 : 행정 기능상 중요한 지점에 건축

② 산성 : 국방 기능상 중요한 지점에 건축

③ 성안에 관아와 민가가 있으며 고려 말에서 조선 초기에 많이 나타남

③ 성곽건축(수원화성) ★

① 수원화성은 평지형 읍성을 강화한 것
② 실학정신을 성곽 축조에 반영하여 설계하였고, 거중기를 고안하여 축조됨
③ 화성성역의궤: 공사기록, 설계도서
④ 조선시대 건축에서는 드물게 벽돌을 구조재료로 사용한 대표적 사례
⑤ 모든 작업에 임금지급을 원칙으로 하였음

제7절 불교건축

① 가람: 스님들이 모여 생활하고 수행하는 곳. 범어에서 온 말

1. 가람의 구성

① 강당: 수도와 참선을 위한 곳
② 탑: 석가모니 사후의 사리 봉안
③ 금당: 불상을 안치한 건축물

2. 가람의 배치 ★

구분	특징	사찰명칭
1탑식	• 한 개의 탑을 중심으로 중문, 탑, 금당, 강당으로 건물의 축선을 구성하여 좌우 대칭 배치. • 건물군 주위로는 회랑을 돌리는 형식 • 백제시대에 도입되어 일본에 전파	• 부여 정림사지 • 경주 황룡사지 • 보은 법주사
2탑식	• 통일 신라 시대부터 시작된 배치 방법 • 금당을 중심으로 하고, 그 앞에 2개의 탑을 세움 • 중문 동서 양탑, 금당, 강당, 회랑의 건물들이 중심축 좌우로 배치	• 경주 사천황사지 • 장흥 보림사 • 남원 실상사
무탑식	• 풍수지리설과 선종의 유행으로 형성된 배치법 • 탑의 중요도가 거의 없어져 탑이 사라지게 됨	• 순천 송광사 • 강화 전등사 • 예천 용문사 • 영천 은해사

표 2.3. 가람의 배치 형식과 특징

3. 단청 ★

- 목재 표면에 바르는 칠공사의 일종으로 비바람에 의한 풍화나 병충해로부터 건축물을 보호하는 역할을 한다.

① 단청의 채색과 상징

     – 음양오행 사상에 따라 적, 청, 황, 흑, 백을 기본색으로 함

     – 단청은 이색과 보색을 중심으로 함

② 단청의 시공 : 단청 화원들 가운데서 편수를 선출하여 시공과정 지도, 책임을 맡김

❷ 전각

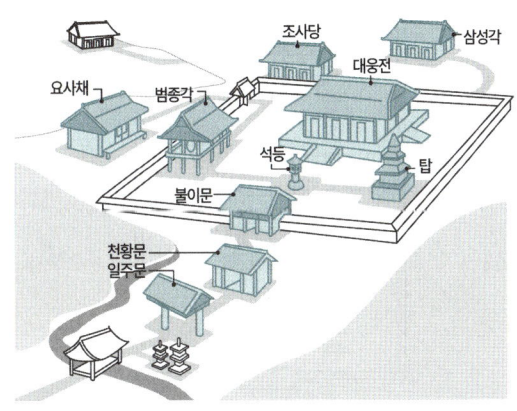

그림 2.9. 전각의 흐름

① **전각의 흐름** : 일주문(마음을 하나로 모음) → 천왕문(부처를 지키는 수호신) → 불이문/해탈문 (불법의 이치를 깨달음) → 금당 → 승당

② 부처님이 모셔진 곳은 전이라고 하고, 그 외는 각이라고 함

③ **금당** : 본존불을 모신 사찰의 중심 건물

④ **당간지주** : 사찰의 입구나 중정의 한쪽에 설치. 당(불화를 그린 깃발)을 걸던 당간을 지지하기 위해 당간 좌우에 설치한 것

⑤ 가람의 배치는 통일신라시대 탑 중심에서 금당 중심으로 변모

⑥ **산지가람** : 부석사, 해인사, 범어사 등이 있음

⑦ **고려시대 불전** : 일부 기둥을 생략하는 감주법을 볼 수 있음

     – **수덕사 대웅전** : 헛첨차(주심포 양식에 사용)를 사용한 것이 특징

     – **부석사 무량수전 내부 불단** : 실내의 서쪽 측면에 놓여있고, 불상은 동쪽 측면을 바라봄

     – **봉정사 극락전** : 하부쪽 배흘림이 뚜렷하지 못함

⑧ **정림사지** : 백제의 대표적 배치형식을 따름. 1탑1금당

⑨ **사천왕사진** : 통일신라의 대표적 배치형식. 2탑1금당

⑩ **승당** : 사찰에서 승려들이 정진하거나 거처하는 건물

제8절 유교건축

① 서원과 향교

① 서원은 각 지방에 세워진 사립학교
② 향교는 정부 지원을 받는 국립학교: 지방의 중등학교와 국립대학에 해당하는 성균관이 있었음

② 향교의 배치

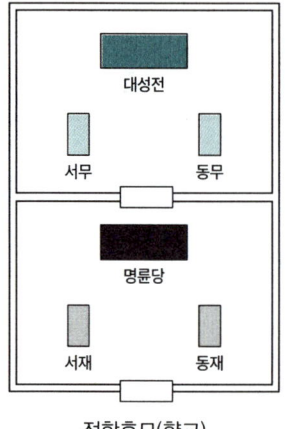

전학후묘(향교)

그림 2.10. 향교의 건물배치

제9절 전통 주거 건축

① 일반사항

① 평주는 외곽기둥으로 사용, 고주와 우주(모서리 기둥)는 내부기둥으로 사용
② 오량가: 단면상 도리가 5줄로 걸리는 형식
③ 장방형 건물은 중앙에 정칸을 두고 좌우에 협칸을 둠
④ 칸: 기둥과 기둥 사이를 의미. 정면 5칸, 측면 3칸 → 15칸
⑤ 사회적, 남성적 공간: 사랑채
⑥ 가정적, 여성적 공간: 안채
⑦ 좌우 대칭과 비대칭의 균형 배치가 공존함
⑧ 내적개방과 외적 폐쇄 공존함

❷ 민가의 형태 ^{지11}

분류	특징
一자형	• 부엌, 방, 마루 등이 일렬로 연속되어 모든 실 남향배치 가능 • 남부지방에서 많이 보이는 형식
ㄱ자형	• 용마루가 직각으로 꺾이는 부분에 안방을 배치, 앞으로는 부엌, 옆으로는 대청과 건넌방을 배치함. • 일조와 일사가 불리하나 독립성이 보장됨 • 중부지방에서 많이 나타나는 형식
田자형	• 한랭지방의 형식 • 바람을 막기 위해 마당을 둘러싸는 모양으로 집을 짓고 마루는 좁거나 없음 • 창문의 수는 적고 크기가 작음 • 북부지방(함경도) 지방에 많음
평안도형	• 평안도와 황해도 북부의 일부 지방에 분포된 형 • 부엌과 방들이 남부지방형과 유사하게 一자형으로 구성됨 • 부엌과 방 두 개가 연속으로 구성되어 삼간형이라고도 함
제주도형	• 중앙에 대청인 상방을 두고, 좌우에 작은 구들, 큰 구들을 설치 • 북쪽에 고팡을 두어 물품을 보관하였음

표 2.4. 민가의 형태

❸ 전통 건축 관련 호칭

① 대목수 : 대목장 혹은 도편수라고도 함. 건물의 설계부터 공사감리까지 책임을 짐
② 소목수 : 가구 제작하는 사람. 창, 창문살, 반자, 마루, 난간 등을 짬
③ 기와공 : 기와공은 지붕 만들기 단계에서 지붕을 잇는 일을 수행
④ 단청장 : 단청장은 한옥에서 중요한 장식요소인 단청을 그리는 일을 함

제10절 │ 고려/조선/근대

❶ 고려시대

특징	• 전체적 외관이 높고 건물이 웅장 • 일조 효율 향상(처마 끝과 주춧돌과의 일조 각도가 0도 내외) • 공포 양식이 발전함
목조건물	• 주심포식 　－ 봉정사 극락전(최초의 목조건물) 　－ 부석사 무량수전 　－ 수덕사 대웅전 　－ 강릉 객사문 • 다포식 　－ 심원사 보광전 　－ 석왕사 응진전 　－ 성불사 응진전
궁궐	• 만월대(개경) • 수녕궁

표 2.5. 고려시대 건축의 특징과 예시

❷ 조선시대

1. 조선시대 건축의 특징 ★

① 유교의 질서와 합리성의 반영으로 단정하고 검소한 조형

② 살림집의 터나 집 자체의 크기를 법령으로 규제하는 가사제한이 있었음

③ 주택은 사랑채, 안채, 별당 등으로 위계적 분화, 비대칭적 배치가 일반적

④ 17세기 후반에서 18세기 중반 : 주자가례에 입각하여 주택내 가묘 설치

⑤ 사대부의 건축 : 절제가 중시되어 자유롭고 활기 있는 면은 찾을 수 없었음

⑥ 서원은 조선 중기(중종) 이후부터 축조됨

⑦ 조선시대 서원의 시작은 1543년 주세붕의 백운동서원

⑧ 서원은 익공식이 대부분이고 일반주택의 건축양식도 일부 도입함

2. 조선시대 건축물

① 서울의 숭례문(남대문) : 조선 초기(세종)에 축조

② 개성의 남대문 : 고려 말에 시작하여 조선 태조 때 완공

❸ 근대건축

1. 주요 건축가 및 건축물 ★★

① 김중업 : 제주대학교 본관, 명보극장(1957), 프랑스 대사관(1960), 삼일빌딩(1969), 올림픽 상징 조형물, UN묘지 정문

② 김수근 : 자유센터(1964), 세운상가(1967), 국립 부여박물관(1970), 경동교회, 국립과학관

③ 조자용 : 에밀레미술관

④ 조승원 : 서울여자상업고등학교 교사 소석관

⑤ 강봉진 : 국립 중앙박물관(민속박물관)

⑥ 박춘명 : 국립 광주박물관

⑦ 승효상 : 수졸당, 수백당, 웨콤시티, 퇴촌주택, 현암

⑧ 이희태 : 절두산성당, 혜화동성당, 메트로 호텔, 공주 박물관

⑨ 유걸 : 서울시청 신청사, DMC타워, 강변교회

⑩ 엄덕문 : 세종문화회관

⑪ 이광도 : 어린이회관, 중국대사관

⑫ 이해성 : 남산 시민 도서관

⑬ 박길룡 : 조선 생명 사옥, 종로 백화점, 화신 백화점

⑭ 류춘수 : 상암 월드컵 경기장

2. 우리나라 근대건축물의 건축양식

① 고딕양식 : 약현성당, 명동성당, 정동교회, 천주교 원효로 성당

② 르네상스양식 : 경성역사, 조선은행(한국은행 본관), 러시아 공사관, 부산 세관, 조선 총독부 청사, 인천 일본제일은행

③ 로마네스크 양식 : 성공회 서울성당, 덕수궁 정관헌

④ 경성부민관 : 근대 합리주의 계열의 절충형식

⑤ 신고전주의 양식 : 경운궁의 석조전

3. 구한말의 건축

건축물	시기	양식
약현성당	1892	삼랑식 고딕 성당
명동성당	1892~1898	한국유일의 순수고딕
정동교회	1895~1898	단순화된 고딕
정관헌	1900년 경	서양식 절충
천주교 원효로 성당	1907	고딕
일본 제일은행	1897~1899	후기 르네상스
부산 세관	1910	영국 르네상스
독립문	1896~1897	석조 건축
덕수궁 석조전	1900~1910	고대 그리스 이오니아식

표 2.6. 구한말 건축

4. 일제 강점기의 건축

건축물	시기	양식
조선 총독부 청사	1916~1926	돔을 가설한 르네상스식
경성 부청 (현 서울 시청)	1925~1926	철근 콘크리트 절충주의
경성 역사 (현 서울역)	1922~1925	대형 돔 르네상스식
보성 전문학교 (본관 및 도서관, 현 고려대 본관)	1833~1937	고딕 양식
화신 백화점	1937	근대 합리주의
경성 제대 본관 (현 문예진흥원)	1931	

표 2.7. 일제 강점기 건축

01 그림은 한국전통건축의 기법을 표현한 것이다. (가)~(라)를 바르게 연결한 것은? 지23

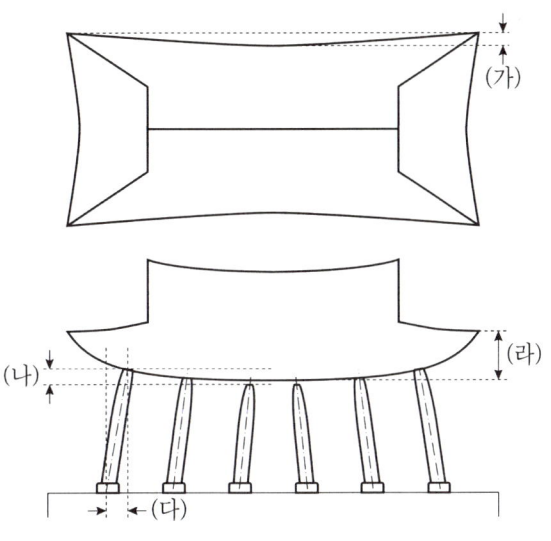

	(가)	(나)	(다)	(라)
①	안허리곡	귀솟음	안쏠림	앙곡
②	앙곡	안허리곡	안쏠림	귀솟음
③	안허리곡	귀솟음	앙곡	후림
④	후림	귀솟음	안쏠림	안허리곡

02 우리나라 전통 목조 가구식 건축에 대한 설명으로 옳은 것은? 지22

① 정면(도리 방향) 5칸, 측면(보 방향) 3칸인 평면구성일 경우에는 칸수가 24칸이다.
② 고주는 외곽기둥으로 사용되며, 평주와 우주는 내부기둥으로 사용된다.
③ 오량가는 종단면상에 보가 3줄, 도리가 2줄로 걸리는 가구형식이다.
④ 장방형의 건물은 일반적으로 정면(도리 방향) 중앙에 정칸을 두고 그 좌우에는 협칸을 둔다.

해설 01 ① 02 ④

01 (가) 안허리곡 : 추녀선이 가운데로 살짝 들어간 곡선
　　(나) 귀솟음 : 처마 끝이 올라간 형태
　　(다) 안쏠림 : 기둥이 안쪽으로 기울어진 상태
　　(라) 앙곡 : 지붕면이 위로 휘어 올라간 곡선

02 ① 칸수는 5 × 3 = 15칸
　　② 고주는 중심부 높은 기둥, 평주 · 우주는 외곽기둥
　　③ 오량가 : 도리가 5줄

03 우리나라 전통건축 부재에 대한 설명으로 옳은 것은? 국23

① 첨차는 보방향으로 걸리고, 살미는 도리방향으로 걸리는 공포부재이다.

② 평방은 외진기둥을 한 바퀴 돌면서 기둥머리를 연결한 부재로, 다포식의 경우에는 평방만으로 간포의 하중을 견디기 어려워 그 위에 창방을 올린다.

③ 소로는 주두와 모양이 같고 크기가 작은 부재로, 장혀나 공포재(첨차, 살미 등) 밑에 놓여 상부 하중을 아래로 전달하는 역할을 하는 부재이다.

④ 장혀는 포와 포 사이에 놓여 화반을 받치고 있는 부재이다.

04 한국의 대표적인 현대건축가와 그 설계 작품을 바르게 연결한 것은? 국22

① 김수근 - 자유센터

② 류춘수 - 수졸당

③ 승효상 - 주한 프랑스 대사관

④ 김중업 - 상암 월드컵 경기장

05 다음 설명에 해당하는 공포 양식을 적용한 건축물을 옳게 짝지은 것은? 국20

> ㄱ. 창방 위에 평방을 올리고 그 위에 공포를 배치한 형식
> ㄴ. 소로와 첨차로 공포를 짜서 기둥 위에만 배치한 형식

	ㄱ	ㄴ
①	수원 화서문	강릉 객사문
②	영주 부석사 무량수전	서울 숭례문
③	서울 창경궁 명정전	예산 수덕사 대웅전
④	안동 봉정사 대웅전	경주 불국사 대웅전

06 한식 목조 건축의 특징에 대한 설명으로 옳지 않은 것은? 지16

① 후림 - 처마선을 안쪽으로 굽게 하여 날렵하게 보이도록 하는 것

② 조로 - 처마 양쪽 끝을 올려 지붕선을 아름답고 우아하게 하는 것

③ 귀솟음 - 평주를 우주보다 약간 길게 하여 처마 끝쪽이 다소 올라가게 하는 것

④ 안쏠림 - 우주를 수직선보다 약간 안쪽으로 기울임으로써 안정감이 느껴지도록 하는 것

07 한국 전통건축의 지붕 형태와 명칭이 옳게 짝지어진 것은? 지13

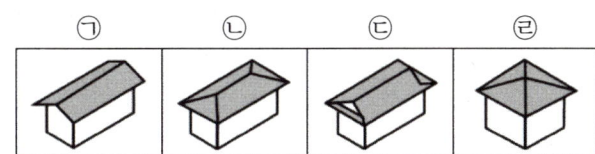

① ㉠ - 팔작지붕
② ㉡ - 우진각지붕
③ ㉢ - 모임지붕
④ ㉣ - 반맞배지붕

08 우리나라 전통 목조 건축 양식 중 주심포계, 다포계 양식에 관한 설명으로 옳지 않은 것은?

국10

① 주심포계 양식은 다포계 양식보다 기둥의 배흘림이 강조되어 있다.
② 주심포계 양식은 다포계 양식과 달리 공포가 기둥 사이사이에 배치되어 있다.
③ 숭례문은 다포계 양식에 속한다.
④ 조선 왕조의 다포계 양식은 주심포계 양식과의 절충이 많다.

해설   03 ③   04 ①   05 ③   06 ③   07 ②   08 ②

03 ① 첨차는 도리방향, 살미는 보방향의 공포부재
② 창방은 외진기둥을 한 바퀴 돌면서 기둥머리를 연결한 부재로, 다포식의 경우에는 창방만으로 간포의 하중을 견디기 어려워 그 위에 평방을 올림
④ 화반은 포와 포 사이에 놓여 장혀를 받치고 있는 부재

04 •류춘수 - 상암 월드컵 경기장
•승효상 - 수졸당
•김중업 - 주한 프랑스 대사관

05 ㄱ: 다포계(기둥 사이에 공포 있음) → 봉정사 대웅전, 숭례문, 명정전 등
ㄴ: 주심포계(기둥 위에만 공포) → 부석사 무량수전, 강릉 객사문, 수덕사 대웅전 등

06 ③ 귀솟음: 우주를 평주보다 약간 길게 하여 처마 끝쪽이 다소 올라가게 하는 것

07 ㉠ - 맞배지붕 ㉢ - 팔작지붕 ㉣ - 모임지붕

08 ② 주심포계는 공포가 기둥 사이에 배치되지 않음
• 주심포계: 기둥 위에만 공포
• 다포계: 기둥 사이에도 공포 설치
• 숭례문: 다포계
• 조선 후기: 절충 양식 많음

09 한국 전통건축의 기둥에 대한 설명으로 옳지 않은 것은? 국16

① 동자주는 대들보나 중보 위에 올라가는 짧은 기둥을 말한다.

② 흘림기둥은 모양에 따라 배흘림기둥과 민흘림기둥으로 나뉘는데 강릉의 객사문은 민흘림 정도가 가장 강하다.

③ 활주는 추녀 밑을 받쳐주는 보조기둥으로 추녀 끝에서 기단 끝으로 연결되기 때문에 경사져 있는 것이 일반적이다.

④ 동바리는 마루 밑을 받치는 짧은 기둥이며, 외관상 보이지 않기 때문에 정밀하게 가공하지 않는다.

10 18세기 말 조선시대에 대두되었던 신진 학자들의 실학정신이 성곽 축조에 반영된 사례는? 국22

① 풍납토성   ② 부소산성

③ 남한산성   ④ 수원화성

11 한국 건축의 처마 부분 (가)~(라) 부재의 명칭을 바르게 연결한 것은? 국24

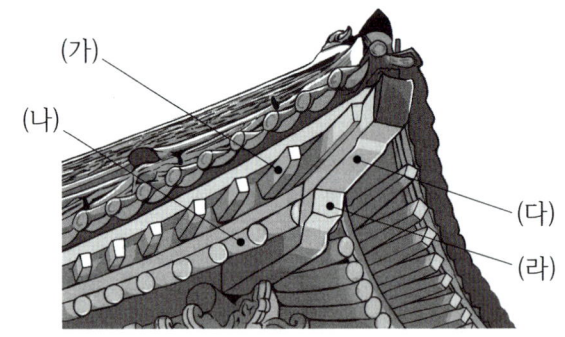

	(가)	(나)	(다)	(라)
①	부연	서까래	사래	추녀
②	서까래	추녀	부연	사래
③	사래	서까래	부연	추녀
④	서까래	사래	추녀	부연

12   그림과 같이 서까래가 노출되어 보이는 천장의 명칭은?

① 연등천장   ② 우물천장
③ 귀접이천장   ④ 보개천장

해설   09 ②   10 ④   11 ①   12 ①

09 ② 강릉 객사문은 배흘림이 강한 예시
- 동자주 : 대들보나 중보 위의 짧은 기둥
- 활주 : 추녀 받치는 보조기둥
- 동바리 : 마루 하부 구조물

10 수원화성 : 실학정신이 반영된 성곽
【수원화성】
- 정약용 중심으로 과학적 축성 기술 적용
- 풍납토성, 부소산성 : 삼국시대
- 남한산성 : 인조 때 축성, 실학 반영 없음

11 • 부연 : 겹처마에서 서까래 끝에 거는 짧고 방형단면인 서까래

12 • 서까래 노출 : 연등천장

차민휘
건축계획

학습의 주안점

건축환경과 설비는 건축계획 과목에서 25~30%가량 출제되어 왔지만, 최근 시험에서는 법규 과목과 함께 출제 비중이 높아지고 있다.

열/빛/음/공기/색채환경의 대주제로 구분할 수 있으며, 건축설비의 공조계획과 연결되는 열환경 계획, 공기환경 계획의 출제 비중이 높다.

간단한 계산이 나오는 부분은 열환경 계획의 열관류율, 음압레벨 파트이다. 복잡한 계산은 출제되지 않으므로 산식의 개념 이해를 중심으로 파악해 두는 것으로 충분하다.

PART

03

건축환경

CHAPTER
01
건축과 환경

제1절 | 기후환경 변화와 조절

① 기후환경 변화

1. 지구 온난화

① 지구에 도달한 태양열이 일부 지표에 흡수되고 다시 우주로 방출되는 과정에서 대기중의 수증기, 이산화탄소 등의 기체가 방출되는 에너지를 흡수함

② 흡수된 에너지는 다시 지표로 도달되어 지표의 온도를 높임

③ 대기 중에서 태양열의 적정 수준의 방출을 막는 이산화탄소, 메탄가스, 프레온가스 등의 기체를 온실가스라고 함

④ 20세기 중반 이후 진행속도와 규모가 더 커짐

2. 열섬현상

① 도시에서 인간의 활동에 의한 대량의 열이 방출(건축물의 복사열, 자동차 등의 배열)되는데 반면 녹지나 수면은 감소함(야간 방사냉각 감소)

② 이에 따라 도심의 기온이 교외의 기온보다 높아지는 현상

3. 산성비

① 대기 오염 물질이 원인

② 하천, 호수, 늪, 토양을 산성화 시켜 생태계에 악영향을 주며 콘크리트를 녹이고 철근에 녹을 발생

② 건축적 조절

1. 화석연료 절감

① 2016년 파리협정에서 지구 온난화를 2도 이하로 억제하는 것에 합의

② 건축물의 경우 냉난방 시 발생하는 탄소배출 및 유해물질 억제를 위한 기준 마련 및 기술개발

2. 옥상녹화

① 에너지 비용 절감 : 단열 효과 증진에 따른 유지관리비 감소

② 건축물 : 옥상으로부터의 냉난방 부하 감소

③ 지상의무 조경면적 완화 : 옥상녹화로 조경면적 대체

3. 생태건축

① 건축물 배치계획 시 지역기후 특성을 고려한 자연적 입지 고려

② 일사유입, 열손실 등에 대응하는 건축물 외피계획

③ 아트리움을 통한 내부 채광유입 및 실내 기후 기능을 조절

④ 태양에너지, 지열 등을 활용하여 건물에 필요한 에너지를 생산 및 이용

⑤ 토양 포장 최소화, 대지 주변 동식물의 서식환경 확보

⑥ 천창 등 자연채광 이용 채광장치 도입

⑦ 건물 외부의 생태적 순환기능 확보를 통해 건물의 에너지 부하를 절감

4. 친환경 건축물 인증제도

① LEED : 미국의 녹색건축 인증 시스템. 1998년 개발

② BREEAM : 1990년 영국에서 최초로 개발된 친환경 관련 종합평가 시스템

③ CASBEE : 2002년 개발된 일본의 친환경 포괄 평가 시스템

④ GBCS : 2002년에 시작된 한국의 친환경 건축물 인증제도

제2절 건축환경 조절

1 자연형 조절(Passive control)

① 자연환경을 최대한 활용한 디자인으로 실내환경을 조절함

② 에너지 절약, 기계장치를 사용하지 않음

2 설비형 조절(Active control)

① 기계에너지를 사용하여 보다 적극적으로 실내환경을 조절함

② 외부환경 부하와 무관하게 쾌적환경을 구현

건축 환경 분류	부하요소	자연형 조절(1차)	설비형 조절(2차)
열환경	열손실, 열취득	단열, 축열, 차폐, 자연통풍	공기조화, 난방
빛환경	조명부하	채광, 차광	조명
음환경	소음, 진동, 실내 음향	차음, 흡음	청음, 방진기 선택
공기 환경	공기 오염원	차폐, 격리	공기정화, 환기, 국부배기
물 환경	급수, 배수, 오수	유지, 도량, 식수	정수, 오·우수관

표 1.1. 건축환경의 분류와 자연형, 설비형 조절

01 생태건축기술에 대한 설명으로 옳지 않은 것은? 국17

① 태양에너지, 지열 등을 활용하여 건물에서 필요한 에너지를 생산 및 이용한다.
② 건물 외부의 생태적 순환기능 확보를 통해 건물의 에너지 부하를 절감한다.
③ 토양에 대한 포장을 최대화하여 대지 주변에 동식물의 서식 환경을 최소화한다.
④ 천창 등 자연채광 이용 및 자연채광 장치를 도입한다.

02 건축물의 에너지 절약 설계에 대한 설명으로 옳은 것은? 지16

① 동일한 형상의 건물이라면 방위에 따른 열 부하는 동일하다.
② 건물의 외표면적비(외피면적비)가 작을수록 에너지 절약에 불리하다.
③ 건물의 평면 형태는 복잡한 형태가 에너지 절약에 유리하다.
④ 건물의 코어 공간을 건물 외벽 쪽에 배치하면 열 부하를 작게 할 수 있다.

03 에너지절약형 친환경주택을 건설하는 경우에 이용하는 기술에 해당하지 않은 것은? 14지

① 신·재생에너지를 생산하는 BIM 기반 설계기술
② 고효율 열원설비, 제어설비 및 고효율 환기설비 등 에너지 고효율 설비기술
③ 자연지반의 보존, 생태면적율의 확보 및 빗물의 순환 등 생태적 순환기능 확보를 위한 외부 환경 조성기술
④ 고단열·고기능 외피구조, 기밀설계, 일조확보 및 친환경자재사용 등 저에너지 건물 조성기술

04 친환경건축의 목적에 관한 설명으로 옳지 않은 것은? 13지

① 자연의 순환체계와 재생 가능한 자원을 효율적으로 활용한다.
② 물과 공기의 오염, 외부로 방출되는 열, 폐기물, 폐수의 양과 농도, 토양 포장 등을 최소화한다.
③ 자연에서 서식하는 다양한 종의 동식물들이 인간과 공존할 수 있는 환경을 지향한다.
④ 건축물의 시공과 유지 관리에 필요한 에너지와 자원의 수요를 최대화한다.

05 지하공간의 특성에 대한 설명으로 옳지 않은 것은? 지11

① 외기온도에 비해 안정된 온열환경을 얻을 수 있다.
② 방음효과가 있어 오디오 룸이나 음악연습실로 자주 이용된다.
③ 채광 덕트의 사용으로 환경을 개선시킬 수 있다.
④ 드라이에어리어(dry area)와 복층형 보이드공간을 이용하여 건설비를 절감할 수 있다.

06 지속가능한 건축물의 계획에서 추구해야 하는 목적으로 옳지 않은 것은? [10지]

① 냉난방 효율 향상을 통한 에너지 소비의 최소화
② 친환경 건축자재를 활용한 건강한 거주환경 계획
③ 내구성 있는 건축자재의 사용과 재활용 계획 수립
④ 컴퓨터 기술을 통한 건축물의 완전한 자동화 계획

07 기후대에 따른 토속건축에 대한 설명으로 옳은 것은? [지23]

① 고온건조기후에서는 일사가 충분하므로 이를 최대한 활용하기 위해 개구부의 수가 많고 크기 또한 크다.
② 고온다습기후에서는 증발에 의한 냉각효과가 잘 일어나므로 습공기의 실내 체류 시간이 최대한 길게 설계되었다.
③ 온난기후에서는 따뜻한 기후가 유지되므로 처마 등의 차양으로 연중 최대한 일사가 들지 않도록 하였다.
④ 한랭기후에서는 열손실을 최소로 하는 것이 중요하므로 용적에 대한 표면적의 비율이 최소화되었다.

해설 01 ③ 02 ④ 03 ① 04 ④ 05 ④ 06 ④ 07 ④

01 ③ 토양에 대한 포장을 최대화하는 것은 생태건축의 개념과 반대된다. 생태건축은 토양의 자연 상태를 유지하고 투수성 포장 등을 통해 자연 생태계의 순환을 고려하는 것이 핵심이다. 또한, 대지 주변에 동식물이 서식할 수 있는 환경을 조성하는 것이 중요하다.

02 ④ 코어를 외벽쪽에 배치하면 외기 접면의 창면 일사가 감소하여 열 부하를 줄일 수 있다.
① 동일한 형상의 건물이라도 방위에 따른 열부하는 다르다.
② 건물의 외표면적비(외피면적비)가 작을수록 에너지 절약에 유리하다.
③ 건물의 평면 형태는 복잡한 형태가 에너지 절약에 불리하다.

03 ① BIM(Building Information Modeling)은 설계도서의 작성 및 건축 정보의 통합관리를 위한 기술이다. 신·재생에너지를 직접 생산하는 기술은 아니다.

04 ④ 친환경건축의 목적은 에너지와 자원의 수요를 최소화하는 것이다. 시공과 유지관리 단계에서 불필요한 자원 낭비를 줄이고, 환경영향을 최소화하는 것이 중요하다.

05 ④ 드라이에어리어나 보이드 공간은 자연채광 및 환기 향상, 심리적 개방감 확보에 도움을 주지만, 건설비 절감과는 직접적인 관련이 없다. 오히려 이러한 공간을 확보하기 위해 비용이 증가할 수도 있다.

06 ④ 지속가능한 건축은 자동화 자체가 목적이 아니라 자원 절약, 환경 보호, 사용자 건강 확보 등이 목적이다.

07 ④ 한랭기후에서는 열손실을 줄이기 위해 외피면적을 줄이고 표면적 대비 용적비를 최대한 높이는(즉, 덩어리형 구조) 방식이 사용된다.
① 고온건조기후에서는 과도한 일사를 차단하기 위해 개구부의 수를 줄이고 크기도 작게 한다.
② 고온다습기후에서는 증발에 의한 냉각효과가 잘 일어나지 않으며, 습공기의 실내 체류 시간을 줄이는 방향으로 설계한다.
③ 온난기후에서는 처마 등의 차양으로 여름철 일사를 조절하고자 하였다.

CHAPTER 02 열환경 계획

제1절 일사와 일조

1 일사

① 태양으로부터 받는 열의 복사에너지를 의미함
② 일사량은 단위시간에 단위면적당 받는 열량으로 표시

2 일사량의 단위는 kcal/m² · h, W/m² : 냉난방(공조설비)설비와 연관됨

3 일조

① 태양광선 중 눈으로 느낄 수 있는 가시광선 이외에 자외선 포함 언제나 건물에 도달하는 빛의 양을 말함
② 열의 양을 대상으로 하는 일사와 구분됨
③ 일조 조명기구 설비와 연관됨

제2절 실내 열환경과 쾌적지표 ★★★

1 인체와 열환경

1. 열생산과 방출

① 에너지 대사 : 음식으로부터의 소화와 근육운동으로 성립

2. 1met : 표준체격 성인남성의 체표면적 1m²에서 발산하는 평균열량

① 열방출 : 인체는 체내의 근육으로부터 열을 생산해 피부 표면으로 방사, 대류, 증발, 전도의 과정을 거쳐 주위로 발산함
② 인체는 열생산과 방출을 통해 외부환경에 대해 체온을 일정하게 유지하는 열평형상태를 유지하려고 함

3. 열쾌적

① 체내의 열이 방사되도록 실내 온도를 피부 온도보다 낮게 유지
② 체내의 열방사가 적절한 정도를 유지하는 환경 범위를 열쾌적 범위라고 함

② 온열 감각

1. 물리적 온열요소

(1) 온도(DBT)

① 인체의 열쾌적 환경 중 가장 중요요소로 건구온도(Dry Bulb Temperature)를 말함
② 16도~28도
③ 권장실내온도 : 여름 – 26도, 겨울 – 18도

(2) 습도(RH)

① 고온이나 저온에서 인체의 열 평형에 크게 작용하지만 중간온도 범위 내에서는 그 영향이 적음
② 쾌적 습도 범위 : 55% ∓ 15%(40~70%)

(3) 기류(m/s)

① 기류는 열 손실을 증가시킴
② 증발을 증가시켜 인체를 냉각
③ 인체의 쾌적한 기류 : 0.25~0.5m/s(1.5m/s 이상은 불쾌감을 느낌)

(4) 복사열(MRT)

① 인체의 복사에 의해 열을 교환하는 주변공간 표면 온도의 평균값
② 기온 다음으로 온열감에 영향
③ 기온보다 2도 높을 때 쾌적하게 느낌

2. 주관적 온열요소 : 착의량(clo), 대사량(met)

③ 온열지표

1. 불쾌지수(DI, Discomfort Index)

건구온도와 상대습도로 계산. 75를 넘으면 10%의 사람이 불쾌하게 느끼고 85를 넘으면 전원이 불쾌하다고 느낌

2. 예상평균온열감(PMV)

① PMV는 온도, 습도, 기류, 방사, 착의량, 대사량을 고려한 온열지표
② 균일한 환경에 대한 온열 쾌적 지표로 상하 온도 분포가 큰 환경이나 불균일한 방사 환경에 대해서는 적절히 평가할 수 없음
③ −0.5 < PMV < +0.5

④ 온열 감각온도

1. 유효온도(ET, Effective Temperature)

① 온도, 습도, 기류를 조합한 지표. 체감온도, 효과온도라고 함
② 상대습도 100%, 풍속 0m/s인 임의 온도를 기준으로 정의
③ 공기조화 평가에 활용
④ 온열요소 중 복사열을 고려하지 않았음에 유의

2. 수정 유효온도(CET, Corrected Effective Temperature)

① 유효온도에 글로브 온도계를 사용하여 둘레의 벽에서 나오는 방사열(복사열)을 고려한 쾌적지표
② 수정 유효 온도는 기온, 습도, 기류, 방사(복사열)를 모두 고려하였음

3. 신유효온도(ET*, New Effective Temperature)

① 수정 유효온도에 반영한 온열 4 요소에 착의량과 대사량(활동량)을 고려
② 착의량 0.6clo, 기류 0.5m/s 이하, 상대습도 50%일 때의 실온

4. 표준유효온도(SET*, Standard Effective Temperature)

① ASHRAE에서 채택한 최신 쾌적 지표
② 착의량을 대사량에 따라 수정하고 있기 때문에 대사량, 착의량에 따른 온랭감, 쾌적감의 평가가 가능함
③ 습도 50%, 기류 0.125m/s, 대사량 1met, 착의량 0.6clo로 표준화

5. 작용온도(OT, Operative Temperature)

① 실온이 같아도 주위 온도와 기류, 방사열의 상태에 따라 체감온도는 다름
② 습도를 고려하지 않고 기온, 기류, 방사의 조건에서 측정하는 체감 온도
③ 풍속이 18m/s일 때 글로브 온도계 눈금과 일치
④ 발한의 영향이 작은 환경에서의 열환경에 관한 지표 - 난방 시에 활용

6. 글로브 온도(GT, Globe Temperature)

① 글로브 온도계로 측정하는 온도
② 기류가 평온인 상태에서는 작용온도와 거의 일치

제3절 | 전열

1 열전달

1. 열의 정의 및 특성

① 열: 물질 내에서 분자를 진동시키는 에너지

② 온도: 물질을 구성하고 있는 분자의 진동 에너지를 평균한 값

③ 열의 특성: 높은 곳에서 낮은 곳으로 이동함

④ 열전달: 고온의 물체 표면에서 저온의 물체 표면으로 전달되는 것

⑤ 온도 평형의 방식: 전도, 대류, 복사

2. 현열과 잠열 ★★

(1) 현열

① 물질의 상태변화 없이 온도 변화에만 관여하는 열(복사/대류)

② 온도계로 측정가능한 열

③ 온수난방에 이용

(2) 잠열

① 물체의 온도 변화 없이 상태변화에만 관여하는 열(증발/응축)

② 온도의 변화없이 일정하기 때문에 온도계로 측정 불가

③ 증기난방에 이용

3. 열전달 방식

(1) 전도(Conduction)

① 고체 또는 정지유체(공기, 물)에서 고온의 분자에서 저온의 분자로 열 에너지가 전해질 때의 열이동 현상

② 전도의 열 이동 크기: 고체 > 액체 > 기체

(2) 대류(Convection)

온도차가 발생한 공간에서 유체(공기, 물 등)의 이동에 의해 열이 전달되는 현상

(3) 복사(Radiation)

① 고온의 물체 표면에서 저온의 물체표면으로 적외선(전자파)에 의해 열이 직접 전달되는 현상

② 열매가 필요 없음

❷ 건축물 내 전열과정 ★★★

• 건축물의 구조체에서의 전열과정은 (외부)전달 − 전도 − 전달(내부)의 흐름
• 관류 : 구조체에서 일어나는 전달 → 전도 → 전달의 과정 전체를 말함

1. 열전도율(λ , W/m · K, kcal/m · h · ℃) ★

① 물체의 고유 성질로 전도에 의한 열의 이동 정도 표시
② 두께 1m²의 재료에 양쪽 온도차가 1℃일 때, 단위시간 동안 흐르는 열량
③ 공극이 많으면 열 전도율 작음(비중이 작으면 열 전도율 작음)
④ 금속 > 보통 콘크리트 > 목재의 순서
⑤ 재료에 습기가 차면 전도율 커짐

2. 열전달율(α, kcal/m² · h · ℃)

① 벽 표면과 유체간의 열의 이동 정도를 표시
② 벽 표면적 1m², 벽과 공기의 온도차가 1℃ 날 때 1시간 동안 흐르는 열량
③ 벽면에 맞닿는 풍속이 크면 강제대류에 의한 전열이 커지므로 전달률 커짐
④ 종합 열 전달율 : 외벽면이 외기온과 동일한 흑체로 덮여 있다고 가정. 일사나 야간 방사에 의한 영향이 없다고 간주한 값
⑤ 열전달 저항 : 열 전달률의 역으로 외기로부터 벽체 표면에 열이 전해지기 어려운 정도를 말함

3. 열관류율(K, kcal/m² · h · ℃, W/m² · K) ★★

① 벽 표면적 1m²에 1℃의 온도차가 있을 때 1시간 동안에 흐르는 열량
② 단위면적당 열관류량 Q[W] = K · A · Δt
③ K : 열 관류율[W/m² · K], A : 벽면적(m²)

$$K = \frac{1}{R} = \cfrac{1}{\dfrac{1}{\alpha_0} + \sum(\dfrac{d_n}{\lambda_n}) + \dfrac{1}{\alpha_i}}$$

α_0 : 실외 열 전달율[≒ 29W/m² · K]
α_i : 실내 열 전달율[≒ 9W/m² · K]
λ_n : 벽체 재료 열 전도율[≒ W/m · K]
d_n : 재료층의 두께[m]

❸ 단열계획

• 단열 : 거주공간에 대해 외계의 열이 실내로 유입되거나 유출되는 것을 막거나 작게 하는 것을 말함

• 열전도 저항, 열 전달저항, 열 관류 저항이 큰 것이 열 전달이 적고 단열 성능이 좋음. 저항의 역수인 열 전도율, 열 전달율, 열 관류율은 작을수록 좋음

• 바닥보다 천장의 단열을 두껍게 하여야 함(열손실 큼)

1. 단열재의 종류와 특성 ★★★

(1) 저항형(기포형) 단열

① 다공질 또는 섬유질의 기포형 단열재는 무수한 기포와 공기층으로 구성

② 다공질 공기층으로 인해 비중이 낮고 열 전도율이 낮음

③ 스티로폼, 유리섬유, 폴리우레탄 등

(2) 반사형 단열

① 복사열 에너지를 반사하여 단열 작용을 함

② 다락이나 마루처럼 복사의 형태로 열전달이 이루어지는 공간에 매우 유효

③ 알루미늄 포일, 알루미늄 시트

(3) 용량형 단열

① 구조체의 축열성능에 의해 외부에서 내부로 열 전달을 지연시키는 타임랙(Time-lag)을 이용하는 방식

② 콘크리트 벽

(4) 단열재 기타 특성

① 단열재는 열전도율, 수증기 투과율이 낮아야 단열 성능이 좋음

② 암면, 유리면, 펄라이트 등은 열에 강하고 시공성이 좋지만 흡수율이 큼

③ 건축물의 사용목적, 사용부위에 따라 단열방식과 재료를 달리함

2. 내단열과 외단열 반드시 기억★★★★

(1) 내단열

① 열용량이 작기 때문에 짧은 시간에 온도를 올릴 수 있다.

② 강당, 집회장 등과 같이 간헐 난방을 하는 곳에 유리함

③ 결로 방지를 위해 고온측에 방습막을 설치할 것

④ 열교에 의한 국부 열손실 방지가 어려움

(2) 외단열

① 연속난방에 유리하며 실온 변동이 적음

② 건물의 열교현상을 방지할 수 있음

③ 단열재의 불연속 부분이 없어 내구성이 크게 향상됨

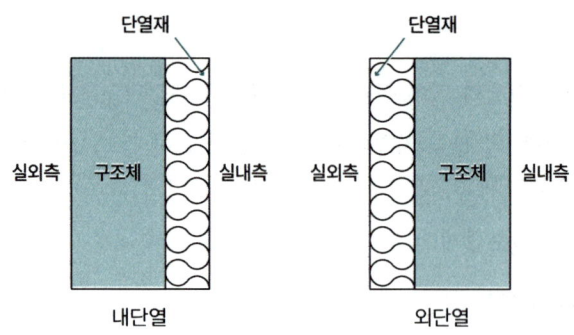

그림 2.1. 내단열과 외단열

3. 중공층과 이중창

(1) 중공층

① 복층유리의 중공층에서 내부가 진공이면 전도, 대류에 의한 열이동은 없지만, 방사(전자파)에 의해 열이동이 발생함(복층유리의 열관류율은 0이 아님)

② 벽체 내의 밀폐된 중공층의 열저항은 중공층의 두께가 100mm를 넘으면 거의 변화가 없음

③ 진공상태가 아닌 경우 중공층 내에서 대류가 발생하여 열을 전하기 때문에 열저항은 작아짐

④ 벽체 내의 중공층 표면의 한쪽을 알루미늄 필름으로 가리면, 방사열(전자파)을 반사하기 때문에 열저항은 커짐

(2) 이중창

① 외측창의 유치실 내측 표면결로를 방지하기 위해서는 외측 새시의 기밀성을 높게 하는 것보다 안쪽 새시의 기밀을 높이는 것이 효과적임

② 이중 새시의 안쪽보다 외측 새시의 기밀성을 높게 하면 겨울철에는 실내의 습기를 포함한 높은 온도의 공기가 내측 새시를 통과해 외측 새시의 안쪽에서 멈추기 때문에 결로 발생이 쉬움

④ 열 이동 현상

1. 열교현상 ^{반드시 기억}★★★★★

① 건물 내외에서 열이 전해지기 쉬워지는 현상을 말함

② 벽과 지붕, 벽과 바닥의 접합부, 창틀 등에서 발생하기 쉬움

③ 열교현상이 발생하면 구조체의 전체 단열성이 저하됨

④ 열교부분의 실내 표면온도는 외기에 가깝

⑤ 외단열 공법으로 하면 온도차가 작아져서 결로를 방지하는 효과

2. 콜드 드래프트

① 창 부근에 발생하는 콜드 드래프트는 웃풍을 말함

② 실내 공기가 창의 유리면에서 차갑게 식어서 무거워져 바닥 면을 향해 강하하는 현상

3. 열손실 계수

① 대류, 복사, 전도에 의해 지붕, 벽, 창문, 바닥으로 열이 주위에 유출되는 것을 열손실이라고 함

② 열손실 계수는 건축물에서 단열성이나 보온성을 평가하는 수치

③ 작을수록 단열효과가 좋음

5 축열

• 열을 비축하는 의미이고 열용량은 축열하는 용량을 말함

1. 비열

① 비열은 물질 1kg을 1K 올리는 데 필요한 열량을 말함

② 물의 비열 4.2kJ/kg · K

2. 열용량

① 열용량 = 비열 × 질량

② 열용량은 재료의 비중과 질량에 비례함

③ 열용량이 큰 재료는 가열하기 어렵고 식히기 어려움

④ 공기는 밀도가 가능 낮으며 열저항이 가장 큼

⑤ 타임랙(Time-lag) : 한쪽 벽면에 도달한 열이 그 반대편 면에도 도달하여 배출되는 시간의 차를 의미함. 타임랙이 크면 축열량이 많다고 볼 수 있음

3. 비중량과 열용량

① 물의 밀도 : 1,000kg/m³

② 공기의 밀도 : 1.2kg/m³

③ 콘크리트의 밀도 : 2,400kg/m³

④ 물의 열용량 : 4,200kJ/m³ = 4.2kJ/kg · K × 1,000kg/m³

⑤ 공기의 열용량 : 1.2kJ/m³ = 1.01kJ/kg · K × 1.2kg/m³

⑥ 콘크리트의 열용량 : 2,016kJ/m³ = 0.84kJ/kg · K × 2,400kg/m³

6 건축물의 일사조절

1. 방위계획 및 기후별 계획

① 난방기간 중 가장 많은 수직면 일사량을 받는 동서로 긴 남향이 유리

② 남쪽에서 동쪽으로 약 22도 기울어진 방위가 유리함

③ 남 → 남남동 → 남남서 → 남동 → 남서 순으로 유리함

④ 태양열 주택은 서쪽으로 기울어진 방위가 유리

⑤ 한랭기후 : 외피면적 최소화

⑥ 온난기후 : 차양설치

⑦ 고온건조 : 열용량이 큰 두꺼운 벽을 통한 야간 기후 조절

⑧ 고온다습 : 개구부에 의한 주야간 통풍

2. 형태계획

길이, 폭, 높이 간의 비율을 조정. 겨울에는 최대의 태양열 획득, 여름에는 태양열을 최대한 차단할 수 있도록 하여야 함

(1) 외피면적과 체적

① S/V비(외피면적/부피) : 체적에 비해 외피면적이 작을수록 열성능상 유리

② S/F비(외피면적/바닥면적) : 바닥면적에 비해 외피면적이 작을수록, 고층일수록 단위면적당 에너지 소비가 적음. 20층 넘어가면 별 차이 없음

③ 부피비(건물과 부피가 같은 반구의 표면적/건물의 표면적) : 높은 부피비를 갖는 건물이 유리함

(2) 최적형태 : 열적 효과를 극대화하기 위해 1 : 1.5의 장방형으로 동서장축

① 정사각형 건물은 위치와 관계없이 최적형태는 아님

② 남북측의 건물은 여름과 겨울 수열면에서 불리

〈고위도〉

 - 남면 : 겨울의 일사량이 여름의 약 2배

 - 동서면 : 여름에 겨울의 2.5배에 해당되는 일사량

〈저위도〉

 - 남면 : 겨울과 여름의 일사량비가 고위도보다 큼

 - 동서면 : 남면일사의 2~3배

3. 일사차폐계획

(1) 내부차양장치

① 외부 일조 조건을 실내에서 조절하는 장치

② 커튼, 버티컬 블라인드, 불투명 롤 블라인드, 베네시안 블라인드 등

(2) **외부차양장치** ★★★

　① 외부에 설치하여 일조를 조절하는 장치로 에너지 절약에 효과 있음

　② 선스크린 : 직사광선 차단을 위해 설치하는 작은 루버형 차양

　③ 롤 블라인드 : 개별적 차광가능, 부분 일사 조절에 효과적임

(3) **고정차양장치**

　① 수직루버 : 태양의 방위각에 의한 일조조절에 효과적(동서향에 유리)

　② 수평루버 : 태양의 고도변화에 대한 일조조절에 효과적(남향에 설치)

(4) **복합차양** : 남면은 수평차향, 동, 서면은 수직차양을 설치

⑦ 건축물의 에너지 절약설계

1. 에너지 절약 설계기준상의 용어

　① 거실 : 건축물 안에서 거주, 집무, 작업, 집회, 오락 기타 유사 목적을 위해 사용되는 방. 냉/난방 공간 또한 거실에 해당

　② 외피 : 거실 또는 거실 외 공간을 둘러싸고 있는 벽, 지붕, 바닥, 창 및 문

　③ 창 및 문의 열관류율 : 유리와 창틀을 포함한 평균 열관류율

　④ 방습층 : 구조체 결로 발생 위험을 방지하기 위해 설치함

　⑤ 투광부 : 창, 문면적의 50% 이상이 투과체로 구성된 문, 유리블럭, 플라스틱 패널과 같이 채광이 가능한 부위

2. 설계 고려사항 ★★

　① 동일 형상의 건물이라도 방위에 따른 열 부하는 다를 수 있음

　② 건물의 외피면적비가 작을수록 에너지 절약에 유리함

　③ 건물의 평면 형태는 단순한 형태가 에너지 절약에 유리함

　④ 수목, 연못 등을 건물 주변에 배치하면 냉난방 부하가 감소함(열손실 감소)

3. 건축과 신에너지 및 재생에너지

(1) **신에너지** : 화석연료를 변환시켜 이용하거나 수소, 산소 등의 화학반응을 통하여 전기나 열을 이용

　① 수소에너지, 연료전지

　② 석탄 액화가스화 및 중질잔사유 가스화

(2) **재생에너지**

햇빛, 물, 지열, 강수, 생물유기체 등을 포함하는 재생 가능한 에너지를 변환시켜 이용하는 에너지

　① 태양광, 태양열, 풍력 수력

　② 해양, 지열, 바이오, 폐기물

CHAPTER 02 기출문제 : 열환경 계획

01 일조와 일사에 대한 설명으로 옳은 것은? [국23]

① 일조는 태양으로부터 받는 열의 복사에너지를 말한다.

② 일조시간을 가조시간으로 나눈 비율을 일조율이라고 한다.

③ 일사 차단을 위한 차양은 실내에 설치하는 것이 실외에 설치하는 것보다 효과적이다.

④ 일사량의 단위는 W/m²℃로 나타낸다.

02 열교에 대한 설명으로 옳지 않은 것은? [지22]

① 열의 손실이라는 측면에서 냉교라고도 한다.

② 난방을 통해 실내온도를 노점온도 이하로 유지하면 열교를 방지할 수 있다.

③ 중공벽 내의 연결 철물이 통과하는 구조체에서 발생하기 쉽다.

④ 내단열 공법 시 슬래브가 외벽과 만나는 곳에서 발생하기 쉽다.

03 다음 설명에 해당하는 쾌적지표는? [국20]

> 온도, 기류, 습도를 조합한 감각지표로서 효과온도 또는 체감온도라고도 한다. 상대습도(RH)가 100%, 풍속0m/s인 임의 온도를 기준으로 정의한 것이며, 복사열은 고려하지 않는다.

① 작용온도   ② 유효온도

③ 수정유효온도   ④ 신유효온도

04 열전달에 대한 설명으로 옳은 것은? [지20]

① 대류란 고체와 고체 사이의 접촉에 의한 열전달을 의미하고 전도란 고체 표면과 유체 사이에 열이 전달되는 형태이다.

② 물은 다른 재료보다 열용량이 커서 열을 저장하기에 좋은 재료이다.

③ 복사열은 대류와 마찬가지로 중력의 영향을 받으므로 아래로는 복사가 가능하나 위로는 복사가 불가능하다.

④ 물이 높은 곳에서 낮은 곳으로 흐르는 것과 마찬가지로 열도 높은 곳에서 낮은 곳으로 흐르므로 고온도에 있는 열을 저온도로 보내는 장치를 열 펌프(heat pump)라 한다.

05 재료의 열전도 특성을 파악할 수 있는 열전도율의 단위는? 지19

① kcal/mh℃   ② kcal/m³℃

③ kcal/m²h℃   ④ kcal/m²h

06 건축 열환경과 관련된 용어의 설명으로 옳지 않은 것은? 국19

① '현열'이란 물체의 상태변화 없이 물체 온도의 오르내림에 수반하여 출입하는 열이다.

② '잠열'이란 물체의 증발, 응결, 융해 등의 상태 변화에 따라서 출입하는 열이다.

③ '열관류율'이란 열관류에 의한 관류열량의 계수로서 전열의 정도를 나타내는 데 사용되며 단위는 kcal/mh℃이다.

④ '열교'란 벽이나 바닥, 지붕 등의 건물부위에 단열이 연속되지 않은 열적 취약부위를 통한 열의 이동을 말한다.

07 인체의 온열 감각에 영향을 주는 요소에서 주관적인 변수로 옳지 않은 것은? 지18

① 착의 상태(Clothing value)   ② 기온(Air temperature)

③ 활동 수준(Activity level)   ④ 연령(Age)

해설   01 ②   02 ②   03 ②   04 ②   05 ①   06 ③   07 ②

01 ② 일조는 태양빛이 비치는 시간을 말하며, 일사는 태양의 복사에너지를 의미한다. 일조율은 일조시간 ÷ 가조시간

① 일사는 태양으로부터 받는 열의 복사에너지를 말한다.

③ 일사 차단을 위한 차양은 실외에 설치하는 것이 실내에 설치하는 것보다 효과적이다.

④ 일사량의 단위는 W/m²로 나타낸다.

02 ② 실내온도는 노점온도 이상으로 유지해야 결로나 열교를 방지할 수 있음.

03 ② 유효온도는 온도, 습도, 기류를 고려한 체감온도. 복사열은 고려하지 않는다.

• 작용온도 : 복사열 포함

• 수정유효온도 : 복사열 고려

• 신유효온도 : 복사, 착의량, 활동량 등 포괄한 지표

04 ② 물은 열용량이 커 열을 저장하기에 좋은 축열재이다.

① 대류는 유체 간, 전도는 고체 내 열 이동이다.

③ 복사는 중력과 무관하게 작용한다.

④ 열펌프는 외기 등의 열을 흡수해 저온부에서 고온부로 이동시키는 장치이다.

05 ① 열전도율은 단위두께 재료를 통해 1시간에 1℃ 온도차가 날 때 전달되는 열량

06 ③ 열관류율의 단위는 kcal/m²·h·℃이다.

• 열관류율, 열전달률은 m²(면적단위)

• 열전도율은 m(두께-길이 단위)

07 ② 기온은 물리적 온열요소로 주관적 변수에 해당하지 않는다.

08 건물의 단열에 대한 설명으로 옳지 않은 것은? 국18

① 열교는 벽이나 바닥, 지붕 등에 단열이 연속되지 않는 부위가 있을 경우 발생하기 쉽다.

② 단열재의 열전도율은 재료의 종류와는 무관하며 물리적 성질인 밀도에 반비례한다.

③ 반사형 단열재는 복사의 형태로 열 이동이 이루어지는 공기층에 유효하다.

④ 벽체의 축열성능을 이용하여 단열을 유도하는 방법을 용량형 단열이라 한다.

09 단열공법에 대한 설명으로 옳은 것은? 지16

① 내단열은 외단열에 비해 일시적 난방에 적합하다.

② 내단열은 외단열에 비해 열교 부분의 단열 처리가 유리하다.

③ 외단열은 적은 열용량을 갖고 있으므로 실온 변동이 크다.

④ 내단열 설계에서 방습층은 실외 저온 측면에 설치하여야 한다.

10 외단열 및 내단열에 대한 설명으로 옳지 않은 것은? 지14

① 내단열은 고온측에 방습막을 설치하는 것이 좋다.

② 외단열은 단열재를 건조한 상태로 유지하여야 하며 외부충격에 견뎌야 한다.

③ 내단열은 연속난방에, 외단열은 간헐난방에 유리하다.

④ 외단열은 벽체의 습기 문제와 열적 문제에 유리한 방법이다.

해설   08 ②   09 ①   10 ③

08 ② 열전도율은 재료의 고유 성질에 따라 달라진다.

09 ① 내단열은 열응답이 빠르므로 일시적 난방에 적합하다.
    ② 열교 처리는 외단열이 더 효과적이다.
    ③ 외단열은 열용량이 크기 때문에 온도 변동이 작다.

④ 내단열 설계에서 방습층은 실내 고온측(내측)에 설치해야 한다.

10 ③ 내단열은 간헐난방에, 외단열은 연속난방에 유리하다.

CHAPTER 03 공기환경 계획

제1절 실내 공기오염

1 공기오염물질의 종류

1. 일산화탄소(CO)

① 탄소를 포함한 물질을 연소 시켰을 때, 산소가 충분하지 않으면 발생함(산소가 충분하면 이산화탄소가 발생)

② 혈액내의 헤모글로빈과 결합하기 쉬워 일산화탄소 중독을 일으킴

2. 이산화탄소(CO_2)

① 호흡, 흡연 등 일상생활, 조리 등의 연소에 의해 발생

② 실내 이산화탄소 허용 농도는 0.1%

3. 라돈 : 방사성이 있으며 무미, 무취, 무색의 기체

2 포름알데히드 : VOCs(휘발성 유기화합물)의 일종

① 각종 접착제를 사용하는 가구, 바닥재, 합판 등 목재에서 발생

② 새집 증후군의 원인으로 중요하게 취급됨

제2절 환기 및 필요 환기량

1 환기횟수

1. 환기횟수 : 1시간에 방의 공기를 외기와 교체하는 횟수

$$Q = \frac{V}{n}$$

Q : 환기량(m^3/h) n : 환기횟수(회/h) V : 실체적(m^3)

2. 기준 환기횟수: 실별 환기의 정도를 나타내는 지표

실명	n	실명	n
〈주택〉		〈극장〉	
거실	2~3	관람석	8~10
복도	1~4	대기실	6
부엌	2~5	〈학교〉	
화장실	2~5	교실	6
		강당	8

표 3.1. 실별 환기 횟수

2 실내 공기 기준

1. 일반사항

① 이산화탄소의 양을 기준으로 한 환기량

② 환기인자에 대한 실내의 허용 농도에 따라 다름

2. 면적 산정을 위한 실내 공기 기준

① 1인당 소요 환기량: 50m³/h(아동은 1/2)

② 주택: 30~40m³/h

③ 학교, 사무실, 극장, 호텔, 백화점: 50m³/h

④ 병원: 60~80m³/h

$$필요\ 환기량 = \frac{실내\ CO_2\ 발생량}{실내\ CO_2\ 허용\ 농도 - 외기의\ CO_2\ 농도}\ [m^3/h] ★$$

3 환기의 종류

1. 자연환기 ★★

(1) 풍력환기

① 풍상측(바람이 불어오는 쪽)에서 공기가 유입되어, 풍하측(바람이 불어가는 쪽)으로 공기가 유출되는 현상

② 풍상에서는 정압이 적용되고 풍하에서는 부압이 됨

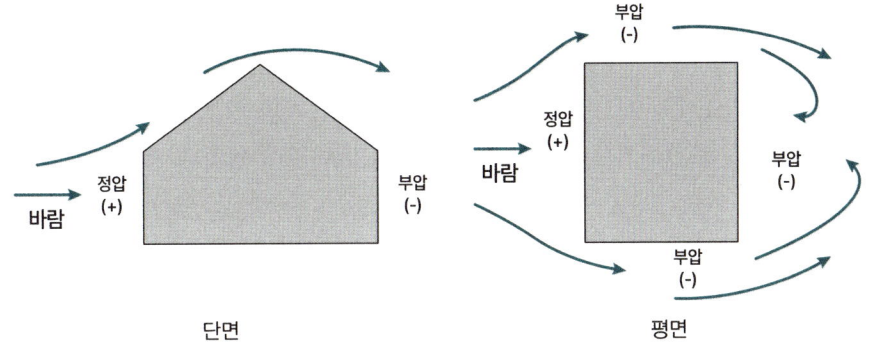

단면   평면

그림 3.1. 풍력환기의 단면, 평면

⑵ 온도차 환기(중력에 의한 환기)

① 어느 정도 높이가 있는 실내에서 실내온도보다 외기온이 낮은 경우, 실내 하부에는 외기가 들어오는 힘이 발생함

② 실내 공기는 상부에서 유출되는 힘이 발생

⑶ 굴뚝효과(연돌효과) ★★

① 실의 높은 곳에 개구부가 있으면 실내공기는 위쪽으로 나가고 실외 공기는 아래쪽으로 유입되는 현상

② 부엌, 욕실 및 화장실 등의 수직 파이프나 덕트에 의해 환기가 이루어지는 곳에서 주로 발생

③ 환기경로의 수직높이가 클 경우 더 잘 발생함

④ 실외에 바람이 불지 않는 날에도 환기를 유발하여 굴뚝효과가 생김

⑤ 화재 시 고층건물 계단실이나 엘리베이터실에서 나타날 수 있음

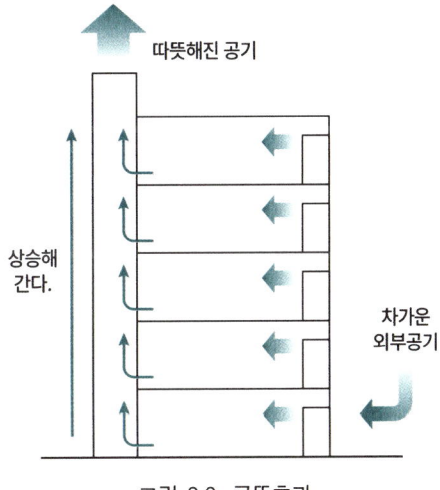

그림 3.2. 굴뚝효과

2. 기계환기 ^{반드시 기억★★★★★}

(1) 중앙식과 개별식

① 중앙식: 한 장소에서 덕트를 통해 외기 혹은 실내공기의 일부를 각 실에 보내 환기

② 개별식: 각 실에 개별적으로 설치한 소형 송풍기를 통해 임의로 각 실의 환기를 하는 방식

(2) 중앙식의 분류

① 1종 환기: 기계 급기, 기계 배기. 병원의 수술실, 스모크 타워

② 2종 환기: 기계 급기, 자연 배기. 수술실, 무균실, 반도체 공장

③ 3종 환기: 자연 급기, 기계 배기. 화장실, 주방, 욕실, 주차장, 스모크타워

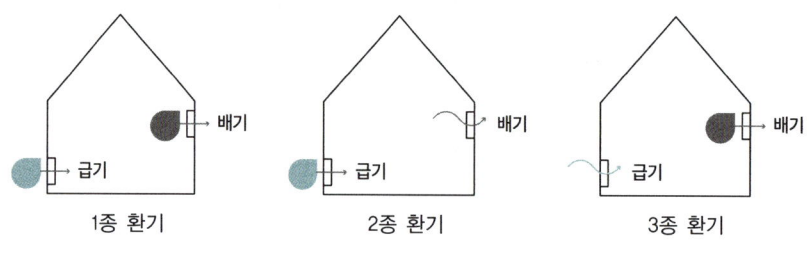

그림 3.3. 기계환기의 분류

(3) 스모크 타워

① 고층건물의 화재 시 연기를 배출시키기 위해 수직으로 뚫린 부분

② 스모크 타워는 비상계단 내 전실에 설치함

③ 스모크 타워의 배기구는 복도 쪽에, 급기구는 계단실 쪽에 가깝게 설치

④ 전실의 천장은 가급적 높게함

⑤ 전실에 창이 설치된 경우에도 스모크 타워를 반드시 설치

4 도심의 기류현상

1. 통로효과(가로풍)

가로에 건물이 연속한 경우. 통로 같은 환경이 조성되어 바람이 빠르게 흐르는 현상

2. 차압효과

두개의 건물이 나란히 있는 경우 뒤쪽 건물의 정압대에서 앞의 건물 부압대로 바람이 빠르게 흐름

3. 피라미드 효과

피라미드 형태로 건물이 위치한 경우, 상공의 바람은 차단이 적고, 지표면 부근에는 강풍 발생이 어려움(모든 방향의 풍속이 유사하게 됨)

4. 벤츄리 효과

베르누이 정리와 유사한 개념으로 건물의 간격이 좁아지면 그 사이로 바람이 빠르게 흐름

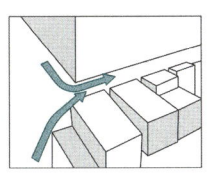
통로효과

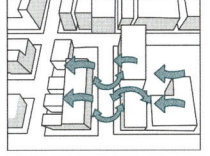
차압효과

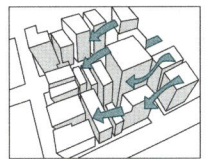
피라미드 효과

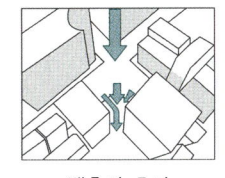
벤츄리 효과

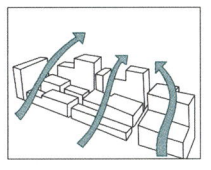
차폐효과

그림 3.4. 도심의 기류현상

제3절 결로

① 습공기선도

1. 습공기선도의 이해

① 건구 온도, 습구 온도를 기본으로 하여, 절대습도, 상대습도, 노점온도, 비엔탈피 등을 기재하여 어느 한쪽 2개의 값을 정하면 습공기의 상태치를 가시적으로 구할 수 있는 선도임

② 공기를 냉각, 가열 하여도 절대습도는 변하지 않음

③ 습구온도는 건구온도보다 높을 수 없음

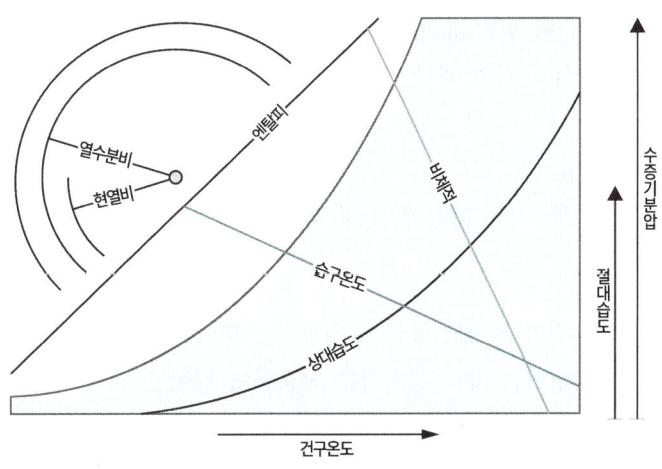

그림 3.5. 습공기 선도

2. 혼합공기 온도계산

온도와 양이 서로 다른 유체(공기, 물)를 혼합했을 때, 건구온도의 계산은 다음 공식을 사용함

$$Q_1 \times t_1 + Q_2 \times t_2 = (Q_1 + Q_2) \times t_3$$

$$t_3 = \frac{Q_1 \times t_1 + Q_2 \times t_2}{Q_1 + Q_2} \, ℃$$

Q_1, Q_2 : 혼합 전 공기량
t_1, t_2 : 혼합 전 공기온도
t_3 : 혼합 후 공기온도

2 결로

1. 결로의 종류

(1) 표면결로

① 건물의 표면온도가 주변 공기의 노점온도보다 낮을 때 발생하며 표면이 불투습성이라면 간단히 처리 가능

② 일시적인 결로로 냉각된 중량 건물이 갑자기 따뜻해지는 경우 조절 불가

③ 지속적인 결로구조체의 단열에 문제가 있을 때

(2) 내부결로

실내가 외부보다 습도가 높고, 벽체가 투습력이 있으면 벽체 내에 수증기압 구배가 생김. 외부 온도보다 낮으면 온도구배 생김

2. 결로의 원인 ^{반드시 기억}★★★★

① **실내외 온도차**: 실내에서 단열성능이 나쁜 곳

② **실내 습기의 과다 발생**: 실의 표면 온도 상승이 느려 실내 측의 상대습도가 높을 때 결로 발생, 화장실, 주방 등에서 습기의 과다 생성

③ 생활 습관에 의한 환기 부족

④ 구조재의 열적 특성

⑤ **시공의 불량**: 단열재 시공 불량, 열 관류저항이 작은 부분에 발생

3. 결로의 해

① 결로로 인해 젖은 벽이나 바닥 등을 방치하면 표면에 곰팡이가 생김

② 습기가 있는 한 곰팡이는 계속 증식하는 악순환이 일어남

③ 내부 결로는 콘크리트 골조의 철근이 녹슬고 팽창하여 강도 저하

4. 결로 방지 대책 ^{반드시 기억}★★★★

(1) 표면결로 방지대책

① 벽 표면온도를 실내 공기의 노점온도보다 크게 함

② 실내 수증기 발생을 제어 또는 환기를 통해 발생한 습기를 배제

③ 적절한 투습 저항을 가지는 방습층을 벽의 안쪽에 마련함

④ 단열성능이 높은 유리창을 사용함

⑤ 방열기를 창 아래 설치함

(2) 내부결로 방지대책

① 벽체 내의 온도를 그 부분의 노점온도보다 크게 함

② 벽체 내의 수증기압을 포화 수증기압보다 작게 함

③ 실내 측에 방습층을 마련

④ 내단열보다 외단열 공법을 위주로 시공

⑤ 고온 난방을 단시간 제공하기보다 저온 난방을 지속적으로 하는 것이 나음

5. 구조체별 결로 특성

① 건물의 기밀 강화는 결로의 감소에 도움을 주지 못함

② 목조 주택보다 콘크리트 주택의 결로 발생 가능성이 높음

③ 투습성은 목조가 콘크리트보다 높으나 열관류율은 콘크리트가 목재보다 높기 때문

01 기계환기방식 중 송풍기에 의한 급기와 자연적인 배기로 클린룸과 수술실 등에 적용하는 환기방식은? [국19]

① 제1종 환기 ② 제2종 환기
③ 제3종 환기 ④ 제4종 환기

02 1인당 공기공급량(m^3/h)을 기준으로 할 때 다음과 같은 규모의 실내 공간에 1시간당 필요한 환기 횟수[회]는? [지20]

- 정원 : 500명
- 실용적 : 2,000m^3
- 1인당 소요 공기량 : 40m^3/h

① 8 ② 10
③ 16 ④ 25

03 다음과 같은 현상을 무엇이라고 하는가? [지16]

부엌, 욕실 및 화장실 등의 수직 파이프나 덕트에 의해 환기가 이루어지는 곳에서는 환기 경로의 유효높이가 몇 개 층을 관통하여 길어지므로 온도차에 의한 자연환기가 발생한다.

① 윈드스쿠프(windscoop) ② 굴뚝효과(stack effect)
③ 맞통풍(cross ventilation) ④ 전반환기(general ventilation)

04 결로에 대한 설명으로 옳지 않은 것은? [지19]

① 결로는 실내외의 온도차, 실내습기의 과다발생, 생활습관에 의한 환기 부족, 구조재의 열적 특성, 시공불량 등의 다양한 원인으로 발생할 수 있다.
② 난방을 통해 결로를 방지할 때에는 장시간 낮은 온도로 난방하는 것보다 단시간 높은 온도로 난방하는 것이 유리하다.
③ 외단열은 벽체 내의 온도를 상대적으로 높게 유지하므로 내단열에 비해 결로발생 가능성을 현저히 줄일 수 있다.
④ 표면결로는 건물의 표면온도가 접촉하고 있는 공기의 포화온도보다 낮을 때 그 표면에 발생한다.

05 내부결로 방지대책으로 옳지 않은 것은? 국19

① 단열공법은 외단열로 하는 것이 효과적이다.
② 단열성능을 높이기 위해 벽체 내부 온도가 노점온도 이상이 되도록 열관류율을 크게 한다.
③ 중공벽 내부의 실내측에 단열재를 시공한 벽은 방습층을 단열재의 고온측에 위치하도록 한다.
④ 벽체 내부로 수증기의 침입을 억제한다.

06 다음과 같은 조건의 도서관에서 실내 이산화탄소 농도를 1,000ppm으로 유지하기 위해 필요한 환기량[m³/h]은? (단, 실내 연소물에 의한 이산화탄소 배출은 없다) 국25

• 재실자 수: 20인
• 1인당 이산화탄소 배출량: 0.018m³/h · 인
• 외기의 이산화탄소 농도: 400ppm

① 100　　　　　　　　　② 200
③ 300　　　　　　　　　④ 600

07 실내의 결로를 방지하기 위한 방법으로 가장 적합하지 않은 것은? 국13

① 환기를 자주 시킨다.　　　　② 고온 난방을 단시간 제공한다.
③ 벽체의 단열 성능을 높인다.　　④ 창문 주변의 틈새를 단열재로 충진시켜 준다.

해설 　01② 　02② 　03② 　04② 　05② 　06④ 　07②

01 ② 제2종 환기 방식은 기계 급기 + 자연 배기, 클린룸, 수술실 등에 적용된다.
• 제1종: 기계 급기 + 기계 배기
• 제3종: 자연 급기 + 기계 배기

02 • 필요 환기량 = 500명 × 4m³/h = 20,000m³/h
• 환기 횟수 = 20,000 ÷ 2,000 = 10회/h

03 ② 상하 온도차로 인한 자연 상승 기류 발생 = 굴뚝효과에 대한 설명이다.
① 윈드스쿠프(Windscoop): 바람을 이용한 환기장치
③ 맞통풍(cross ventilation): 창문을 양쪽에 열어 환기
④ 전반환기(general ventilation): 전체 공간 환기 의미

04 ② 결로 방지는 단시간 고온 난방보다 장시간 저온 난방이 더 효과적이다.

05 ② 단열성능을 높이기 위해서는 열관류율을 작게 하여야 한다.

06
• $Q = \dfrac{G}{G_i - C_o}$
• Q: 환기량(m³/h)
• G: 이산화탄소 발생량(m³/h)
• C_i: 실내 CO_2 농도(ppm)
• Co: 외기 CO_2 농도(ppm)
1) CO_2 총 발생량 G 계산
　G = 20인 × 0.018 = 0.3m³/h
2) 농도차 계산
　$C_i - C_o$ = 1000 − 400 = 600ppm = 600×10^{-6}
3) Q 대입
　$Q = \dfrac{0.36}{0.0006} = 600m³/h$

07 ② 결로 방지는 단시간 고온 난방보다 장시간 저온 난방이 적합하다.
【결로방지대책】
• 환기를 자주하여 습도를 낮춤
• 단열성능을 강화
• 장시간의 저온 난방

08 습공기의 건구온도와 습구온도를 알 때, 습공기선도를 사용하여 알 수 없는 것은? ^{지13} 지13

① 습공기의 엔탈피　　　　　　　② 습공기의 노점온도
③ 습공기의 기류　　　　　　　　④ 현열비

09 벽체 일부와 지붕이 유리로 마감된 실내수영장에서 유리 표면 결로를 없앨 수 있는 가장 효율적인 방법은? ^{지11} 지11

① 수영장 유리면을 난방하여 실내공기의 노점온도보다 높여준다.
② 수영장 실내를 난방하여 실온을 높인다.
③ 수영장 풀의 수온을 높인다.
④ 수영장 바닥의 온도를 노점온도 이하로 낮춘다.

10 반도체 공장의 클린룸에 적합한 환기방식은? ^{국25} 국25

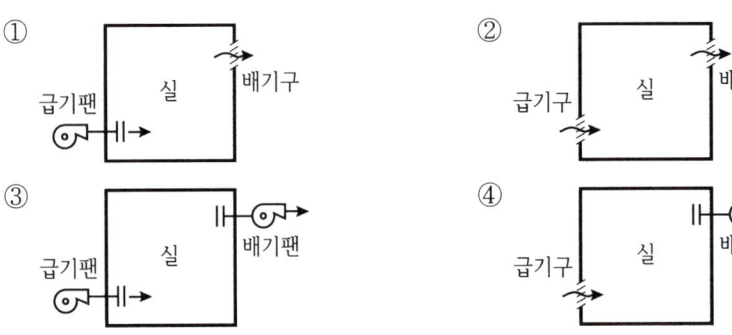

CHAPTER 04 음환경 계획

제1절 음의 성질

- 음은 공기(기체) 또는 물(액체), 고체 안에서 발생한 진동파에 의해 귀로 전해짐
- 고체전반음(고체음)은 건축물의 골조 안에서 전해지는 진동에 의해 벽이나 천장 등의 표면으로부터 공간에 방사되는 소리

1 음의 구조 ★★

1. 음파

① 음으로 전해지는 파장
② 정점-정점 : 1파장
③ 정점의 높이 : 진폭

2. 주파수(f) = 진동수

음이 전파되면 파동이 발생. 이때 1초간 왕복하는 진동횟수를 주파수 또는 진동수라고 함(단위 : Hz, 회/s)

3. 파장(λ) : 파동 상의 두 반복점 간의 거리

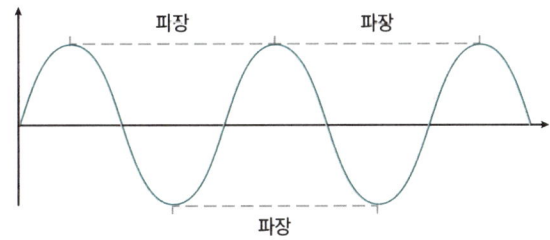

$$(\lambda = \frac{V}{f} \qquad \lambda : \text{파장(m)}, \ f : \text{주파수(Hz)}, \ v : \text{음속(m/s)}, \ \text{주기} \ T = \frac{1}{f})$$

그림 4.1. 파장의 정의

❷ 음의 3요소

1. 음 높이(주파수pitch)

① 음파의 높이가 아니라 1초간 음파의 수

② 음높이의 단위는 헤르츠(Hz)이고, 음높이가 크고 주파수가 크면 고음

③ 음높이가 낮고 주파수가 작으면 저음

2. 음 크기(강약)

① 음파의 고저차로서 음의 강약을 의미함

② 음파가 높은음은 공기의 압력 변화가 커 강한소리, 낮은 음은 약한 소리

③ 이러한 압력 변화의 양을 '음압'이라고 함

3. 음색(파형)

① 음색이란 음의 파형에 의한 소리의 질

② 음높이(주파수)나 크기(강약)가 같아도 음색이 다르면 다른 음으로 들림

❸ 음의 진행 방식

1. 음의 속도

$$v[m/s] = 331.5 \times \sqrt{\frac{273+t}{273}} = 331.5 + 0.6 \times t$$

t : 기온, $t = 15℃$ 의 경우, $v = 340$m/s, 일상적으로 사용됨. 기온이 높아질수록 음속은 빨라짐

2. 음의 회절

① 음의 진행방향에 물체가 있어도 그 장애물의 뒤에 음이 회절하여 전해지는 현상

② 회절현상은 <u>파장이 긴 저주파 음에서 크게 나타남</u>

3. 음의 굴절

① 음속이 기온에 따라 변화하므로 지상의 다른 공기층에서는 음의 진행 방향이 굴절하는 현상

② 밤에는 먼 곳에서 음이 잘 들리지만, 낮에는 그다지 들리지 않음

  → 낮에는 따뜻해진 지면과 차가운 상공의 온도차이로 음이 굴절하기 때문

4. 공명

입사음의 진동수가 벽/천장표면 등의 고유진동수와 일치되었을 때 일어나는 현상. 공명이 일어나면 균일한 음의 분포를 얻기 어려움

5. 간섭 : 2개 이상의 음파가 동시에 어떤 점에 도달하면 서로 강화하거나 약화하는 현상

④ 음의 감쇠

• 음원으로부터 방사된 음은 확산하기 때문에 음의 세기는 음원으로부터 멀어지면서 점차 작아짐

1. 점음원

① 지향성이 없고, 파장에 비해 음원의 크기가 작은 음원
② 모든 방향으로 균등하게 방사됨
③ 음원으로부터의 거리가 2배가 되면 음압레벨은 6dB 감쇠함

2. 선음원

① 음원의 폭이 높이에 비해 충분히 긴 선상의 음원
② 교통량이 많은 도로 등에서 원통형 방사
③ 음원으로부터의 거리가 2배가 될 때마다 음의 세기레벨은 3dB씩 감소

3. 면음원

① 음원이 충분한 넓은 면의 음원으로 어떤 면에서 점음원이 무수히 모여 면음원이 됨
② 고층 아파트에서는 최상층일수록 건물 주변의 음이 면음원으로 전해짐

제2절 음의 단위

① 음압(P) ★★★

1. 음압레벨(SPL : sound pressure level)

① 음파에 의해 공기진동으로 생기는 대기 중의 변동으로 단위 면적에 작용하는 힘(Pa)
② $2 \times 10^{-5} \text{N/m}^2$을 기준값으로 하여 어떤 음의 음압이 기준음압의 몇 배인가를 대수로 표시한 것

$$SPL = 20 \times \log \frac{P}{P_0} (dB)$$

③ 가청음의 음압 레벨: 0~140dB
④ 음압 레벨 20dB 증가: 음압 10배 증가
⑤ 음압 레벨 40dB 증가: 음압 100배 증가
⑥ 읍압 레벨 60dB 증가: 음압 1000배 증가

2. 음향파워

음압과 거의 같은 의미로 사용됨. 음은 실내의 크기, 벽, 바닥, 천장 등에서 음반사 또는 흡수에 의한(음압레벨) 실내의 특성에 관계함

2 음의 세기와 음의 세기레벨

1. 음의 세기(I: sound intensity)

음파의 방향에 직각되는 단위 면적을 통해 1초간에 전파되는 음 에너지량

2. 음의 세기레벨(IL: sound intensity level) ★★★

10^{-12}W/m² 또는 10^{-16} W/m²을 기준값으로 하여 어떤 음의 세기가 기준음의 몇 배인가를 표시

$$IL = 10 \times \log\frac{I}{I_0}(dB)$$

제3절 흡음과 차음

1 흡음 반드시 기억★★★★★

1. 흡음률과 흡음력

① 흡음률: 입사 에너지에서 반사되지 않은 에너지의 비율

② 흡음률의 범위: 0~1

③ 흡음률 0: 음은 완전히 흡수도 투과도 되지 않음. 모두 반사

④ 흡음률 1: 음이 모두 흡음된 상태

⑤ 흡음률 0.3 이상: 고도의 흡음재

⑥ 흡음재의 특성: 다공질, 섬유질, 비중이 낮음

⑦ 흡음률은 입사음파의 재료면에 대한 입사각도에 의해 달라짐

2. 흡음재와 흡음 구조 반드시 기억★★★★★

(1) 다공성 흡음재

① 재료 표면에 입사한 음파는 좁은 틈 사이의 공기 속을 전파 할 때 주위 벽과의 마찰이나 점성 저항 등에 의해 음에너지 일부가 열에너지로 변해 흡음

② 다공질 재료와 단단한 벽면 사이의 공기층을 두껍게 하면 저음역 흡음률이 높아짐

③ 통기성이 낮은 재료는 고주파에서의 흡음률이 낮아짐

(2) 판(막) 진동 흡음재

① 얇은 판에 소리가 입사되면 판 진동이 일어나 음에너지 일부가 내부 마찰에 의해 소비되어 흡음

② 저음에서의 흡음에 효과적

③ 흡음판은 막진동하기 쉬운 얇은 것일수록 흡음률 큼

④ 단단히 고정하는 것보다 진동이 용이하도록 못 등으로 고정하는 것이 흡음률이 커짐

(3) 공명기형 흡음재

① 음파가 입사할 때 구멍부분의 공기는 입사음과 일체되어 압뒤로 진동,

② 배후의 공기층의 공기가 스프링과 같이 압축과 팽창을 반복함

③ 공명 주파수 부근에서 공기 진동이 커지고 마찰 점성 저항이 생겨 음에너지가 열에너지로 변하는 양이 증가함

④ 주로 저주파 영역의 흡음에 사용됨

(4) 가변 흡음구조

① 실의 용도에 따라 잔향시간 조절 가능

② 오디토리엄, 방송스튜디오, 시청각실 등에 사용

② 차음

1. 차음의 특징

① 차음 : 음을 다른 공간에 투과시키지 않는 것

② 음의 투과율 : 투과음의 에너지와 입사음의 에너지의 비

③ 방음벽 : 음의 회절에 의한 감쇠를 이용하는 것. 저음역보다 고음역의 차단에 유효

2. 투과손실

① 투과율의 역수를 dB로 표시한 값

② 입사한 음에 대해 재료를 투과한 음의 음압 레벨의 차이

③ 구조체를 지나면서 몇 dB의 음이 소멸되는가를 말하는 것

$$\text{투과율} = \frac{\text{투과음의 세기}}{\text{입사음의 세기}}$$

④ 투과손실(TL[dB])

$$TL = 10 \log \frac{1}{T}(dB), \ T = \frac{E_t}{E_i}$$

TL : 투과손실(dB) E_t : 입사음[W/m²] T : 투과율[dB] E_i : 투과음[W/m²]

3. 효과적인 차음

① 이중벽에서 중공층의 두께는 최소한 100mm 이상이 되어야 공기층에 의한 결함을 차단가능 공명 주파수를 가청 주파수 이하로 만들 수 있음

② 이중창의 유리는 가능한 가벼운 것을 쓰고, 양쪽 유리의 두께를 다르게 하는 것이 차음효과가 좋음

③ 바닥구조 : 충격 소음을 줄이기 위해 완충재 삽입, 표면 마무리는 카펫, 고무타일, 고무패드 등의 탄성재 사용

④ 문은 가능한 무거운 재료로 하고 기밀화

제4절 음향설계

1 잔향

1. 잔향시간 반드시 기억★★★★★

① 잔향 : 음원에서 음파가 벽 등의 다양한 방향으로 반사하면서 감쇠하여 늦게 도달하는 반사음

② 잔향시간 : 음원으로부터 발생한 음이 정지하고 나서, 실내의 평균 음압 레벨이 60dB 저하하기까지의 시간을 말함

③ 잔향 시간 계산 시에는 실온을 고려하지 않음

④ 잔향 시간은 실의 용적에 비례하고, 실내의 흡음력에 반비례함
→ 실의 용적이 큰 만큼 길어지고, 흡음률이 낮을수록 잔향 시간이 길어짐

⑤ 실내의 흡음률은 천장의 높이를 1/2 낮게 해도, 잔향시간은 1/2이 되지 않음. 실의 용적이 같은 경우라도, 실의 목적에 따라 최적 잔향 시간이 다름

⑥ 잔향시간이 너무 길면 대화음의 요해도 저하

⑦ 고주파음에서의 잔향은 청취조건상 바람직하지 못함

⑧ 회화 청취를 주로 하는 실의 잔향은 음악의 감상을 목적하는 실보다 짧은 잔향시간이 요구됨

2. 잔향 계산식

$$\text{Sabine의 잔향식} : Rt = K \cdot \frac{V}{A} = 0.16\frac{V}{A}$$

Rt : 잔향시간(초) V : 실의 용적(m³) K : 비례상수(0.16) A : 실내의 총 흡음력(m³)

Sabine의 잔향식 : 흡음력이 매우 적은 실에 적합

3. 잔향계획 고려사항

① 실의 사용목적과 실의 부피에 의해 최적 잔향시간 결정

② 강연 및 연극 등 대화의 명료도가 필요한 실에는 짧게, 오케스트라, 뮤지컬 등 풍부한 음량, 여운이 필요한 실에는 비교적 길게 계획함

③ 실의 용도가 다목적인 경우 잔향가변장치 갖춤

④ 전기음향 이용 시 잔향시간을 권장값보다 짧게 함

② 반향(에코 : echo)

① 직접음과 반사음이 사람의 귀에 이르는 시간의 차이가 1/20s를 넘으면, 음원으로부터 발생한 하나의 음은 처음에는 직접 음이 들린 뒤 다음에 반사음이 들리는 2개 음이 됨

② 시간 차이를 거리로 계산하여 직접음과 반사음의 거리 차가 17m 이상이 되면 에코(반향)가 발생할 가능성이 있음

③ 반향이 발생하면 음의 명료도가 저하되며 음향환경이 나빠짐

③ 특수한 음현상

1. 플러터 에코(flutter echo)

① 다중 반향 현상

② 박수소리나 발자국 소리 등이 천장, 바닥면, 옆벽 사이를 왕복 반사하여 반복적으로 발생하는 반향

2. 속삭임의 회랑

① 반사면이 크게 움푹 들어간 곡면을 이루고 있을 때 곡면 근처에서 음을 발하면, 그 곡면을 따라 몇 번이나 반사하면서 음이 매우 먼 곳까지 전해지는 현상

② 유럽의 대성당이 이를 이용한 예라 할 수 있음(예 런던 세인트폴 대성당의 돔)

3. 음의 초점(데드 스폿)

① 실내에 움푹 들어간 곡면 부분이 있으면, 그 곡면의 초점이 되는 중심(곡률반경의 중심)에 반사음이 집중

② 이외의 장소에서 음압이 불충분하고 소리가 잘 들리지 않는 현상이 발생

④ 소음

1. 생활소음

① 냉장고, 청소기 등 가정용 기기로부터 발생하는 소리 외에 설비, 구조면에서는 급배수의 소리, 도어의 개폐음 등

② TV등 음향기기, 발소리 등

③ 벽체 통과음, 바닥 진동음

2. 소음방지

① 차음(음원의 차단)

② 흡음(음원실의 흡음처리)

③ 방진(진동음원의 방진과 제진)

3. 실내 소음 방지 방법

① 고체의 진동에 의해 전달되는 소음의 경우 별도의 방진설계 검토

② 건물 내 소음이 발생되는 공간은 한곳에 집중하여 관리할 것

③ 공기중으로 직접 전달되는 소음은 흡음재 부착(배관 등 설비 소음)

④ 평면이 길고 천장고가 높은 소규모 실은 흡음재를 벽체에 활용, 천장이 낮고 큰 평면을 가진 대규모 실에서는 흡음재를 천장에 사용하는 것이 효과적

⑤ 명료도와 요해도

1. 명료도 : 언어를 어느 정도 정확하게 청취할 수 있는지를 표시하는 기준을 백분율로 나타낸 것

$$명료도(PA) = 96 \times Ke \times Kr \times Kn$$

Ke : 음의 세기에 의한 명료도 저하율

Kr : 잔향시간에 의한 명료도의 저하율

Kn : 소음에 의한 명료도의 저하율

2. 요해도

① 언어의 명료도에 의해 말의 내용이 이해되는 정도를 백분율로 나타냄

② 요해도와 명료도 : 각 음절의 전부를 확실히 들을 수 없어도 전체적인 내용이 이해되는 경우 명료도가 낮아도 요해도는 높을 수 있음

3. 명료도와 요해도를 고려한 실의 계획

① 음원에 가까운 부분은 반사, 확산성을, 후면에는 흡음성을 갖는 재료를 사용

② 실의 세변의 비 1 : 1 : 1 또는 1 : 2 : 4 같은 간단한 배수비는 피하는 것이 좋음

③ 객석은 음원 가까이 하되 실의 중심축에서 좌우 70도 이내에 모일 수 있게 위치. 정방형의 실보다는 부채꼴에 가까운 평면이 음향면에서 유리함

④ 타원형이나 원형의 평면은 데드스폿 현상이나 반향이 나타날 우려가 있으므로 피하는 것이 좋음

6 기타 용어

1. 마스킹 효과

동시에 2개의 음이 존재 할 때, 한쪽의 음이 다른 한쪽의 음을 덮어서 다른 한쪽의 음이 잘 들리지 않게 되는 현상

2. 바이노럴 효과 : 음원의 위상차로 청취자가 실제 소리를 듣는 듯한 착각을 일으킴

3. 하스효과 : 2곳에서 음이 발생하여도 먼저 귀에 닿는 쪽 음 위주로 들리는 현상

4. 도플러 효과 : 소리를 내는 음원이 이동하면 그 이동방향과 속도에 따라 음의 주파수가 변화하는 현상

기출문제 : 음환경 계획

01 음에 대한 설명으로 옳은 것만을 모두 고르면? 국23

> ㄱ. '음의 강도(sound intensity)'와 '최소가청음 강도(= 10 − 12W/m²)'의 비율로 '음의 세기레벨'을 구할 수 있다.
>
> ㄴ. '음압레벨'이 20dB에서 40dB로 변하면 음압은 10배로 증가한다.
>
> ㄷ. '잔향시간'은 실의 용적에 비례하고 흡음력에 반비례한다.

① ㄱ, ㄴ ② ㄱ, ㄷ
③ ㄴ, ㄷ ④ ㄱ, ㄴ, ㄷ

02 음환경에 대한 설명으로 옳지 않은 것은? 지22

① 다공성 흡음재는 중·고주파 흡음에 유리하고 판(막)진동 흡음재는 저주파 흡음에 유리하다.
② 잔향시간이란 실내에 일정 세기의 음을 발생시킨 후 그 음이 중지된 때로부터 실내의 평균 에너지 밀도가 최초값보다 60dB 감쇠하는 데 소요되는 시간을 말한다.
③ 동일 면적의 공간에서 층고를 낮추면 잔향시간은 늘어난다.
④ 공기의 점성저항에 의한 음의 감쇠는 잔향시간에 영향을 준다.

03 음(音)에 대한 설명으로 옳지 않은 것은? 지18

① 음의 회절은 주파수가 낮을수록 쉽게 발생한다.
② 음악 감상을 주로 하는 실에서는 회화 청취를 주로 하는 실에서보다 짧은 잔향시간이 요구된다.
③ 볼록하게 나온 면(凸)은 음을 확산시키고 오목하게 들어간 면(凹)은 반사에 의해 음을 집중시키는 경향이 있다.
④ 음의 효과적인 확산을 위해서는 각기 다른 흡음처리를 불규칙하게 분포시킨다.

04 잔향 및 잔향시간에 대한 설명으로 옳지 않은 것은? 국15

① 잔향시간이 너무 길면 대화음의 요해도가 저하된다.
② 잔향시간이란 정상상태에서 30dB 음이 감쇠하는 데 소요되는 시간을 말한다.
③ 고주파수에서의 잔향은 거칠고 짜증스러운 청취조건을 유발하기 쉽다.
④ 회화청취를 주로 하는 실은 음악을 주목적으로 하는 실보다 짧은 잔향시간이 요구된다.

05 건물 내의 소음 방지대책에 대한 설명으로 옳지 않은 것은? 지14

① 고체의 진동에 의해 전달되는 소음의 경우에는 별도의 방진 설계를 검토한다.
② 소음이 공기 중으로 직접 전달되는 경우에는 흡음재 등을 부착한다.
③ 주택의 경우 침실과 서재는 소음원에서 멀리 배치하도록 한다.
④ 건물 내에서 소음이 발생되는 공간은 가능한 분산 배치한다.

06 음환경에 대한 설명으로 옳지 않은 것은? 국11

① 담장 뒤에 숨어 있어도 음이 들리는 것은 음이 담장을 돌아 나오기 때문이고, 이를 회절현상이라 하며 주파수가 높은 음일수록 회절현상을 일으키기 쉽다.
② 사람이 음을 지각할 수 있는 것은 음의 크기, 높이, 음색의 미묘한 조합의 차이를 판단하기 때문이고, 이 3가지 조건을 음의 3요소라 한다.
③ 진동수가 같다면 음의 크기는 진폭이 클수록 큰 음으로 지각된다.
④ 이상적인 선음원일 경우는 거리가 2배가 되면 음의 세기는 1/2배가 되고, 음압레벨은 3dB 감소한다.

07 잔향시간에 관한 설명으로 옳은 것은? 지10

① 잔향시간이란 정상상태에서 80dB의 음이 감소하는 데 소요되는 시간을 말한다.
② 잔향시간은 실의 체적에 비례한다.
③ 잔향시간은 재료의 평균 흡음율에 비례한다.
④ 음악을 연주하는 홀은 강연을 위한 실보다 짧은 잔향시간이 요구된다.

해설 01 ④　02 ③　03 ②　04 ②　05 ④　06 ①　07 ②

01 ㄱ: 음의 세기레벨은 강도와 기준강도의 비율
ㄴ: 20dB 증가 시 음압은 100배
ㄷ: 잔향시간 ∝ 체적, ∝ 1/흡음력

02 ③ 층고를 낮추면 체적이 줄어늘어 산향시간노 짧아진나.
• 다공성: 중고주파, 판진동: 저주파

03 ② 음악 감상 공간은 오히려 긴 잔향시간이 필요함.

04 ② 잔향시간은 60dB 감쇠시간 기준. 30dB는 오답

05 ④ 소음 발생 공간은 집중 배치하여야 한다. → 방음, 관리

06 ① 회절은 저주파가 더 잘됨. 주파수 높을수록 회절 어려움.

07 ② 잔향시간 ∝ 체적 / 흡음력. 흡음률과는 반비례
① 잔향시간이란 정상상태에서 60dB의 음이 감소하는 데 소요되는 시간을 말한다.
③ 잔향시간은 재료의 평균 흡음율에 반비례한다.
④ 음악을 연주하는 홀은 강연을 위한 실보다 긴 잔향시간이 요구된다.

08 실내 음환경에서 잔향시간에 대한 설명 중 옳은 것은? 국09

① 잔향시간은 음성전달을 목적으로 하는 공간이 음향청취를 목적으로 하는 공간보다 짧아야
한다.
② 잔향시간을 길게 하기 위해서는 실내공간의 용적이 작아야 한다.
③ 실의 흡음력이 클수록 잔향시간은 길어진다.
④ 잔향시간은 흡음재료의 사용 위치에 따라 달라진다.

09 흡음과 차음에 대한 설명으로 옳은 것만을 모두 고르면? 국25

> ㄱ. 흡음은 음에너지가 열에너지로 변하는 현상을 말한다.
> ㄴ. 차음효과는 공진이나 일치효과와 같은 현상에 의해 증가된다.
> ㄷ. 구조체의 차음성능은 투과율이나 투과손실에 의해 표시된다.
> ㄹ. 재료의 흡음률은 주파수에 따라 다르다.

① ㄱ, ㄴ   ② ㄱ, ㄹ
③ ㄴ, ㄷ   ④ ㄱ, ㄷ, ㄹ

10 다음은 기계 환기 설비에 대한 설명이다. 이에 해당하는 ㉠ 환기방법, ㉡ 많이 사용되는
공간, ㉢ 실내압 상태를 바르게 연결한 것은? 지17

> 배풍기만을 사용하여 실내의 공기를 배기하는 방식으로, 공기가 나가는 위치에 배풍기를
> 설치한다.

	㉠	㉡	㉢
①	제2종 환기법	수술실	부압
②	제2종 환기법	주방	정압
③	제3종 환기법	정밀공장	정압
④	제3종 환기법	주차장	부압

해설   08 ①   09 ④   10 ④

08 ② 잔향시간은 실의 체적에 비례한다. 큰 용적이 잔향에 유리
③ 실의 흡음력이 클수록 잔향시간은 짧아진다.
④ 위치에 따라 영향은 있으나 핵심 조건 아님

09 ㄴ. 차음성능은 공진 / 일치효과가 일어나면 감소한다.

10 ④ 배풍기만 사용하는 제3종 환기 → 주차장, 화장실, 음압병실 등

CHAPTER 05 빛환경 계획

제1절 | 일조

❶ 태양과 일조

- 태양이 방출하는 에너지는 매초 3.8×10^{26} Joule의 전자파
- 전자파의 일부가 주로 3개의 다른 파장으로 나누어져 방사에너지로 지구에 도달
    - ① 일조 : 가시광선의 분야
    - ② 일사 : 적외선의 분야
    - ③ 자외선 : 파장이 약 20~380nm. 가시광선보다 짧고 x선보다 긴 전자파.
    - ④ 가시광선 : 약 380~780nm. 육안으로 볼 수 있는 전자파
    - ⑤ 적외선 : 약 780~4,000nm의 긴 빛으로 열선이라고 함

❷ 일조와 가조 ★★

1. 일조율

① 일조율은 실제로 태양이 비치는 것을 말함
② 가조란 일출부터 일몰까지의 시간
③ 일조시간은 가조시간보다 짧음

$$일조율[\%] = \frac{일조시간}{가조시간} \times 100$$

2. 일조 조정

① 일조변화에 따라 실내환경에 적절히 일조 조절
② 수직루버 : 동쪽, 서쪽
③ 수평루버 : 남쪽

제2절 | 채광

1 시각

1. 색온도

① 광원의 색을 나타내는 척도, 단위 : K(켈빈)

② 흑색(저온) → 적색황색(중온) → 백색청색(고온)

2. 순응

① 순응은 눈으로 입사할 때 빛의 양에 따라 감도가 변환하는 현상

② 명순응 : 밝기에 익숙해지는 눈의 반응. 1~2분 정도 소요

③ 암순응 : 어두움에 익숙해지는 눈의 반응을 의미. 10~30분 소요

④ 명순응보다 암순응이 시간을 더 필요로 함

3. 항상성

① 밝기, 색이 조명 등의 물리적 변화에 대해 망막 자극의 변화에 비례하지 않음. 이것을 색, 또는 밝기의 항상성이라고 함

② 여러 시지각 조건이 바뀌어도 친숙한 대상은 항상 같게 지각됨

4. 명시

① 대상이 잘 보이는 것을 명시라고 함

② 명시의 조건 : 크기, 밝기, 대비, 시간

5. 글레어(현휘 : glare)

① 눈이 순응하고 있는 휘도보다 현저하게 휘도가 높거나, 대비가 크면 잘 보이지 않거나 불쾌감을 느낌

② 불능 글레어 : 빛의 산란으로 인한 시각방해. 눈의 순응 휘도를 높여 시야확보 어려움

③ 불쾌 글레어 : 휘도가 높아 불쾌감을 일으킴

④ 광막반사 : 휘도가 높지 않은 경우에도 작업면에서 일어나는 반사로 인해 시야가 잘 보이지 않는 현상

❷ 빛의 단위 ★★

1. 광속

① 단위 시간당 흐르는 빛의 방사 에너지 양

② 광원으로부터 발산되는 빛의 양

③ 단위 : lm(lumen)

2. 광도

① 점광원으로부터 단위 입체각(스테라디안)당 광속

② 빛의 강도. 세기를 나타냄

③ 단위 : cd(candela)

3. 조도

① 단위 면적당 입사광속, 면에 투사되는 광속 밀도

② 일반적 실의 밝기를 나타냄

③ 단위 : lux(luminance) = lm(lumen)/m²

④ 조도의 산정 : 조도는 거리의 제곱에 반비례함

⑤ 조도의 예시 : 주택의 거실 − 150~300lx 사무실 작업면 1,000lux

$$E = \frac{I}{d^2}$$

E : 조도 I : 광속 d : 거리

4. 휘도

① 어떤 점에서 발하는 빛의 눈부심을 의미

② 빛의 발산면을 어떤 방향에서 보았을 때 밝기를 나타내는 측광량

③ 단위 : cd/m² = nt(니트)

측광량		정의	기호	단위
광속		단위 시간당 흐르는 빛 에너지 량	F	lm
광속의 면적	조도	단위 시간당 입사광속	E	lx
	광속 발산도	단위 시간당 발산 광속	R	rlx
발산 광속의 입체각 밀도	광도	점광원으로부터 단위 입체각당 발산광속	I	cd
광도의 투영 면적 밀도	휘도	발산면의 단위투영면적당 단위 입체각당 발산광속	B	cd/m²

표 5.1. 단위의 정의와 기호

③ 자연채광

1. 주광률 ★★

(1) 정의

① 실내의 밝기(실내조도)와 실외 밝기(전천공조도)의 비율

② 낮시간 주광에 의한 실내 밝기는 천공 상태에 따라 영향을 받으므로 조도 등의 밝기 단위를 채광의 평가지표로 사용할 수 없음

③ 주광률은 외부조도에 대한 실내조도의 비이므로 돌출창이 직접적으로 주광률을 떨어뜨리지 못함

④ 주광률은 실내 각부의 반사율에 영향을 받음

⑤ 장시간 정밀 작업에 대한 기준 주광률: 3%, 학교의 교실 2%

$$주광률(DF) = \frac{실내의\ 작업면\ 조도(E)}{실외의\ 수평면\ 조도(E_s)} \times 100(\%)$$

(2) 주광설계 지침

① 개구부 분할, 수직창, 수평창의 설치, 돌출창 설치, 외부 장애물 제거 등으로 주광률을 상승시킬 수 있음

② 양측채광 또는 높은 곳에서 주광을 투사함

③ 현휘 방지를 위해 예각 모서리의 개구부는 피하고, 개구부 부근 벽면은 경사지게 함

④ 수평창보다 수직창이 주광률 상승에 유리함

2. 채광창의 유형별 특징 ★★★

(1) 측광채광

① 실의 측벽에 설치된 채광방식

② 편측 채광: 1면이 창으로 구성

③ 양측 채광: 양면으로 채광, 편측채광에 비해 사입량 많아짐

④ 고창 채광: 측광 채광보다 통풍면에서는 불리하나 실의 구석에 빛을 공급하기에는 유리함

⑤ 장점: 시공이 용이하고 우수처리 용이함, 유지관리 용이, 개방감 좋음

⑥ 단점: 조도가 불균일하고, 주변 조건에 따라 채광량이 달라질 수 있음

(2) 천창채광

① 지붕 면에 있는 수평, 또는 수평에 가까운 창으로 채광하는 방식

② 장점: 채광량 면에서 매우 유리(측창의 3배), 조도 분포 균일

③ 단점: 구조와 시공이 불리, 비처리 불리, 통풍과 차열에 불리

(3) 정측광채광

① 측창 이용이 곤란한 공장이나 미술관 등 수평면보다 연직면의 조도면을 높이고자 할 때 사용

② 톱날형 지붕 : 산업체 공장에서 많이 사용되는 형식. 연직창에서 채광, 창문을 약간 경사지게 하여 채광량을 증대

③ 모니터 지붕 채광 : 원래 환기를 위해 사용된 것, 채광 유리, 비처리 불리함

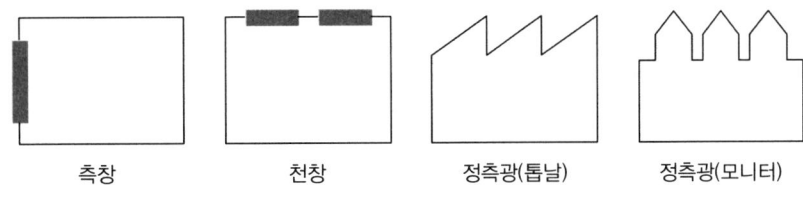

| 측창 | 천창 | 정측광(톱날) | 정측광(모니터) |

그림 5.1. 채광창의 유형

3. 자연채광을 활용한 건축계획

(1) 아트리움 ★★

① 외부공간보다 쾌적한 온열 환경을 제공할 수 있음

② 여름철 과열현상 방지를 위해 가동식 차양장치를 설치하고 굴뚝효과에 의한 유도환기의 이용 필요함

③ 화재 발생 시 아트리움은 아궁이 역할을 함. 화재 등 재난 방재에 불리

(2) 덕트 채광 방식

고반사율의 박판경을 사용한 도광 덕트에 의해 주로 천공산란광을 효율적으로 실내에 사입. 야간, 우천시에는 인공조명 점등

(3) 태양광 반사루버나 광선반을 활용할 때에는 실내에 되도록 반사율이 높은 재료로 마감하는 것이 좋음

제3절 | 조명

1 조명 용어

1. 균제도

① 어떤 작업면의 최저 조도를 최고조도(또는 평균조도)로 나눈 값

② 최고 조도가 높으면 균제도는 낮아짐

③ 균제도가 크다는 것은 밝기가 균일하다는 것

$$균제도(U_0) = \frac{최소(최저)조도값}{최고(평균)조도값}$$

2. 광속발산도

① 사람의 눈에 느껴지는 밝기를 나타내는 정도

② 확산하는 광원의 표면성의 점에서 방출되는 단위면적의 광속 밀도

③ 단위: lm/m^2, rlx(레드룩스)

2 조명 방법

1. 건축화조명 ★★

① 건축물의 일부에 광원을 만들어 건축물과 일체화하여 조명하는 방식

② 다운라이트: 천장에 구멍을 뚫고 그 속에 기구를 매입한 것

③ 루버 천장 조명: 천장면에 루버 설치 후 내부에 광원배치

④ 코브라이트 조명: 광원을 천장 또는 벽면에 가려 벽면 또는 천장면에 반사시켜 반사광을 이용하는 간접 조명 방식

⑤ 라인 라이트 조명: 천장에 광원을 선형으로 매입하여 배치하는 방법

⑥ 광천장 조명: 확산투과성 플라스틱판이나 루버로 천장을 마감하여 그 속에 전등을 매입한 방법

2. 실내 상시 보조 인공조명(PSALI : Permanent supplementary artificial lighting ininterior) ★

① 자연채광이 불충분하거나 불쾌할 때 건축물의 조도를 보충하기 위해 설치하는 실내의 상시 보조 인공조명을 말함

② 프사리 존의 인공조명은 경험식에 의함

$$E = 500DF$$

DF : 프사리존의 평균 주광률

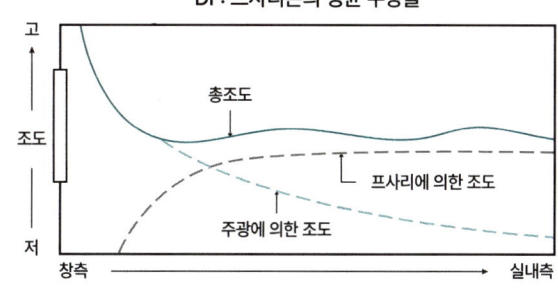

그림 5.2. 프사리 조명의 조도

3. 직접조명과 간접조명 ★★

① 직접조명 : 조명효율이 좋음, 조도 분포가 불균일함
② 간접조명 : 조명효율이 다소 떨어짐, 조도분포가 균일함, 차분한 분위기 조성

❸ 조명 설계 순서

① 소요조도 결정
② 조명방식 및 조명기구의 결정 : 직접/간접조명, 루버, 반사율
③ 광원 선택 : 조명효율, 소요조도 등 고려
④ 광속계산(실내 평균조도 계산)

$$F = \frac{E \cdot A \cdot D}{N \cdot U} = \frac{E \cdot A}{N \cdot U \cdot M} (단위 : lm)$$

F : 사용 광원 1개의 광속(lm)
D : 감광 보상률(직접조명 : 1.3~2.0, 간접조명 : 1.5~2.0)
E : 작업면의 평균조도
A : 방의 면적(m²)
N : 광원의 개수
U : 조명률
M : 유지율(보수율 : 감광보상율의 역수)

⑤ 필요한 조명기구 수 산정
⑥ 조명기구(광원)의 배치

⑦ 광속발산도 계산

실지수: 방의 크기와 형태에 따라 달라지며 실지수가 커지면 조명률도 커짐

$$실지수 = \frac{XY}{H(X+Y)} (m^2/m^2)$$

X : 방의 가로길이(m)

Y : 방의 세로길이(m)

H : 작업면에서 광원까지의 높이(m)

④ 에너지 절약을 위한 친환경 조명 설계

① 창문 높이와 위도(태양고도)를 기초로 지붕이나 발코니 등의 돌출부 최적화

② 창문에 광선반(light shelf)을 통합할 것

③ 경사천장을 사용하여 빛을 분산

④ 벽 표면의 반사율을 높이고 흡수율을 줄일 것

⑤ 동일 조도를 요하는 실을 조닝

⑤ 건축재료의 반사율

• 건축재료가 빛을 반사하는 정도 ★★

① 백색 플라스터 : 60~80

② 백색 유광타일 : 60~80

③ 붉은 벽돌 : 10~30

④ 진한색 벽 : 10~30

⑤ 목재 니스칠 : 40~50

⑥ 백색 페인트 : 60~70

⑦ 검은색 페인트 : 5~10

⑧ 창호지 : 5~10

기출문제 : 빛환경 계획

01 빛의 단위로 옳은 것은? 지21

① 광도 – 칸델라(cd)
② 휘도 – 켈빈(K)
③ 광속 – 라드럭스(rlx)
④ 광속발산도 – 루멘(lm)

02 건축화조명에 대한 설명으로 옳은 것만을 모두 고르면? 국21

> ㄱ. 조명이 건축물과 일체가 되는 조명방식으로 건축물의 일부가 광원의 역할을 한다.
> ㄴ. 다운라이트 조명은 광원을 천장 또는 벽면 뒤쪽에 설치 후 천장 또는 벽면에 반사된 반사광을 이용하는 간접조명 방식이다.
> ㄷ. 광천장 조명은 천장면에 확산투과성 패널을 붙이고 그 안쪽에 광원을 설치하는 방법이다.
> ㄹ. 코브라이트 조명은 천장면에 루버를 설치하고 그 속에 광원을 설치하는 방법이다.

① ㄱ, ㄴ
② ㄱ, ㄷ
③ ㄴ, ㄹ
④ ㄷ, ㄹ

03 건축물 벽 재료에 대한 반사율이 높은 것부터 순서대로 바르게 나열한 것은? 지19

① 붉은벽돌 > 창호지 > 목재 니스칠
② 목재 니스칠 > 백색 유광 타일 > 검은색 페인트
③ 진한색 벽 > 검은색 페인트 > 목재 니스칠
④ 백색 유광 타일 > 목재 니스칠 > 붉은벽돌

해설   01 ①   02 ②   03 ④

01 ② 휘도 = 니트(nt)/스틸브(sb)
    ③ 광속 = 루멘(lm)

02 ㄴ. 다운라이트 조명은 간접조명 방식 아니다.
    ㄹ. 루버 라이트 조명에 대한 설명이다.

03 • 반사율 높은 순 : 백색 유광 타일 > 목재 니스칠 > 붉은 벽돌

04 건축화조명에 대한 설명으로 옳지 않은 것은? 국19

① 실내장식의 일부로서 천장이나 벽에 배치된 조명기법으로 조명과 건물이 일체가 되는 조명 시스템이다.

② 다운라이트조명, 라인라이트조명, 광천장조명 등이 있다.

③ 눈부심이 적고 명랑한 느낌을 주며, 필요한 곳에 적절하게 조명을 설치하여 직접조명보다 조명효율이 좋다.

④ 건축물 자체에 광원을 장착한 조명방식이므로 건축설계 단계부터 병행하여 계획할 필요가 있다.

05 빛 환경에 대한 설명으로 옳지 않은 것만을 모두 고른 것은? 국18

> ㄱ. 조명의 목적은 빛을 인간생활에 유익하게 활용하는데 있으며 좋은 조명은 조도가 높아야 한다.
> ㄴ. 국부조명은 조명이 필요한 부분에만 집중적으로 조명을 행하는 것으로 눈이 쉽게 피로 해진다.
> ㄷ. 시야 내에 눈이 순응하고 있는 휘도보다 현저하게 높은 휘도 부분이 있으면 눈부심 현상이 일어나 불쾌감을 느끼게 된다.
> ㄹ. 간접조명은 조도 분포가 균일하여 적은 전력으로도 직접조명과 같은 조도를 얻을 수 있다.
> ㅁ. 실내상시보조인공조명(PSALI)은 주광과 인공광을 병용한 방식이다. 이때 조명설비는 주광의 변동에 대응해서 인공광 조도를 조절할 수 있는 시스템이다.

① ㄱ, ㄴ   ② ㄱ, ㄹ

③ ㄴ, ㄷ, ㄹ   ④ ㄷ, ㄹ, ㅁ

06 친환경 건물의 에너지절약을 위한 빛의 분산 전략으로 옳지 않은 것은? 지17

① 창문높이와 위도(태양고도)를 기초로 지붕이나 발코니 등의 돌출부를 최적화한다.

② 창문에 광선반을 통합시킨다.

③ 천장의 조명시스템과 자연채광을 통합한다.

④ 천장면은 경사지거나 구부러지지 않게 계획한다.

07 빛에 대한 설명으로 옳지 않은 것은? 국12

① 광속은 단위시간에 여러 면을 통과하는 방사에너지의 양을 말하며 단위로는 와트(w)를 사용한다.

② 광도(Luminousintensity)는 광원에서 발산하는 광의 세기를 말한다.

③ 조도는 면에 투사되는 광속의 밀도를 말하며, 단위로는 룩스(lx)를 사용한다.

④ 휘도는 광원면, 투과면 또는 반사면의 어느 방향에서 보았을 때의 밝기를 말하며, 단위로는 스틸브(sb)와 니트(nt)가 사용된다.

08 일사조절 방법 중 고정 돌출차양 설치에 관한 설명으로 옳지 않은 것은? 국07

① 여름에 햇빛을 차단하고 겨울에 가능한 한 많은 빛을 받아들일 수 있도록 계획한다.
② 남측창에는 수평차양을 설치한다.
③ 동서측창에는 수직차양을 설치한다.
④ 주광에 의한 조명효과를 높이기 위해 돌출차양의 밑면은 어두운 색으로 한다.

09 각 기후 조건에서의 건물계획 특성으로 옳지 않은 것은? 국17

① 한랭기후 – 외피면적의 최소화
② 온난기후 – 여름에 차양 설치
③ 고온건조 – 얇은 벽을 통한 야간 기후 조절
④ 고온다습 – 개구부에 의한 주야간 통풍

10 건물의 결로(結露)에 대한 설명 중 가장 부적합한 것은? 국07

① 다층구성재(多層構成材)의 외측(저온측)에 방습층이 있을 때 결로를 효과적으로 방지할 수 있다.
② 온도차에 의해 벽표면 온도가 실내공기의 노점온도보다 낮게 되면 결로가 발생하며, 이러한 현상은 벽체내부에서도 생긴다.
③ 구조체의 온도변화는 결로에 영향을 크게 미치는데, 중량 구조는 경량구조보다 열적 반응이 늦다.
④ 내부결로가 발생되면 경량콘크리트처럼 내부에서 부풀어 오르는 현상이 생겨 철골부재와 같은 구조체에 손상을 준다.

해설 04 ③ 05 ② 06 ④ 07 ① 08 ④ 09 ③ 10 ①

04 ③ 조명효율은 건축화 조명보다는 직접조명이 더 높다.

05 ㄱ. 조명의 목적은 빛을 인간생활에 유익하게 활용하는 데 있으며 좋은 조명은 조도가 용도에 맞게 적절해야 한다.
ㄹ. 간접조명은 직접조명과 같은 조도를 얻을 수는 없다.

06 ④ 천장면을 경사지거나 구부러지게 계획하는 것이 채광 분산에 유리하다.

07 ① 광속의 단위는 루멘(lm)이고 와트(W)는 방사에너지 단위이다.

08 ④ 주광에 의한 조명효과를 높이기 위해 돌출차양의 밑면은 밝은 색으로 한다.

09 ③ 고온건조기후는 두꺼운 벽으로 낮의 열 차단하고, 야간 방출이 바람직하나.

10 ① 방습층은 고온측(실내측)에 설치해야 결로 방지에 유리하다.

CHAPTER 06 색채환경 계획

제1절 색의 분류

❶ 색의 3속성 ★

1. 색상(H : hue)

① 색채의 명칭

② 물건을 보았을 때 시감각에 대응하는 색깔의 명칭

③ 색의 유목성(시선을 모으는 정도) : 적색 > 청색 > 녹색

2. 명도(V : value)

(1) 밝기를 나타내는 것

(2) 색상끼리의 명암상태

(3) 명도단계는 11단계로 구분(먼셀)

① 고명도(명색) : 밝은색(10~7도)

② 중명도(중명색) : 중간 밝은색(6~4도)

③ 저명도(암색) : 어두운 색(3~0도)

(4) 사람의 눈은 명도에 가장 예민

3. 채도(C : chroma) ★★

① 색의 선명함이나 그 색의 강도를 말함

② 최대의 채도는 색상이나 명도에 따라 다르지만 각 색상 중 가장 채도가 높은 색을 순색이라고 함

③ 14단계로 분류

④ 색채의 포화상태를 나타냄

❷ 색의 혼합

1. 색료혼합(감산혼합)

① 마젠타(M), 청록(C), 노랑(Y)의 색료 혼합

② 감법혼합, 감산혼합이라고도 함

③ 혼합할수록 명도, 채도가 저하됨

④ 보색끼리의 혼합은 검은색에 가까워짐

⑤ 색상환의 근거리 혼합은 중간색

⑥ 원거리 색상의 혼합은 명도, 채도가 저하되어 회색에 가까워짐

2. 색광혼합(가산혼합)

① 빨강(R), 녹색(G), 파랑(B)의 색광혼합으로 가법혼색, 가산혼합이라고도 함

② 혼합된 색의 명도는 혼합하려는 색의 명도보다 높아짐

③ 보색의 혼합은 무채색이 됨

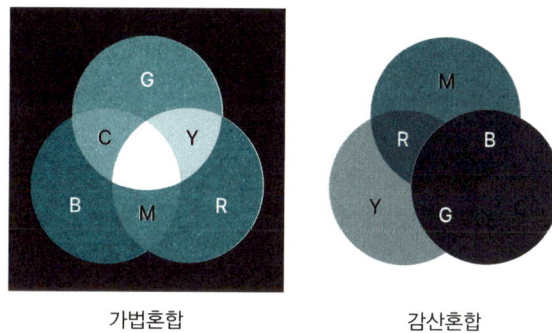

가법혼합   감산혼합

그림 6.1. 가법혼합과 감산혼합

3. 기본색

① 다른 색을 섞어서 만들어 낼 수 없는 색

② 1차 색 : 빨강, 노랑, 파랑

4. 2차색

① 기본색을 혼합해 만들어내는 색

② 오렌지(빨강 + 노랑), 녹색(파랑 + 노랑), 자주색(빨강 + 파랑)

❸ 색의 관계

1. 순색

① 어떤 색상 중 가장 채도가 높은 색

② 순색의 채도는 색상이나 명도에 따라 다름

2. 보색

① 색상환에서 색끼리의 상보적인 관계를 말함

② 보색의 색조합은 상승효과가 있어 '보색조화'라고 함

제2절 표색계

① 먼셀 표색계 ^{반드시 기억}★★★★

1. 색상

① 10 색상을 기본으로 함

② R(빨강), Y(노랑), G(초록), B(파랑), P(보라)

③ BG(청록), PB(청자), RP(적자), YR(주황), GY(황록 : 연두)

2. 명도

① 11단계를 무채색의 기본단계로 함

② 검정을 0으로 흰색을 10으로

3. 채도 : 무채색을 0으로 하여 순색까지의 채도 단계를 정함

4. 먼셀의 색입체 ★★★

① 색상, 명도, 채도를 3차원 입체로 표현한 것. 총 100색상의 표색계

② 무채색을 중심으로한 색입체 수직 절단 시 좌우 보색관계의 동일한 색상면이 나타남

③ <u>색입체의 위로 갈수록 고명도, 아래쪽은 저명도</u>

④ <u>색입체의 바깥쪽 : 고채도</u>

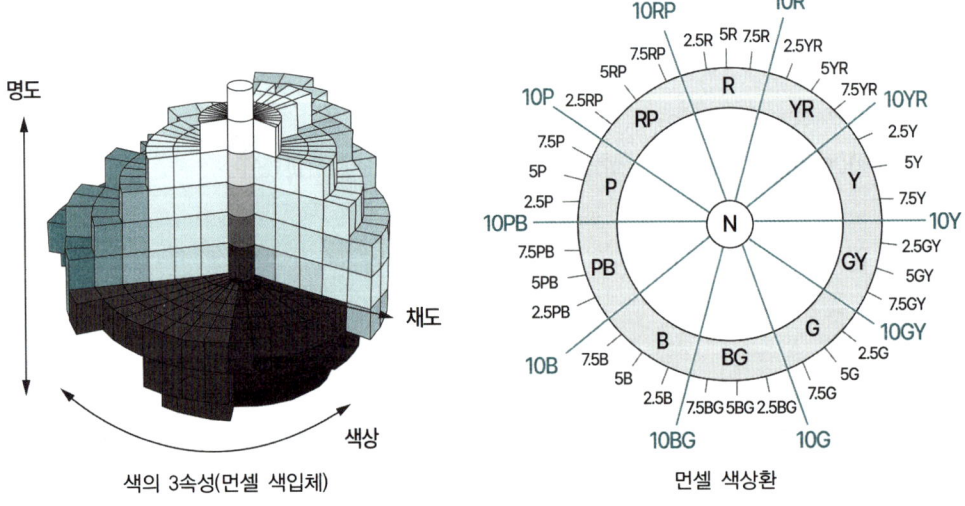

색의 3속성(먼셀 색입체)

먼셀 색상환

그림 6.2. 먼셀의 색입체

2 XYZ 표색계

① 국제조명위원회(CIE)에 의해 1931년 국제적으로 정한 표색계

② 적색(R), 녹색(G), 청색(B), 빛의 3원색을 가법 혼합에 의해 적절한 비율로 혼합하면 다양한 색이 생길 수 있다는 발상

③ X(적색), Y(녹색), Z(청색)에 의한 색상과 채도의 관계를 표현

④ X축의 값이 커지면 붉은 빛이 강해짐 Y축의 값이 커지면 녹색이 강해짐

⑤ 0점에 가까워지면 청색이 강해짐

⑥ 외측으로 갈수록 채도가 높아지고 선명

⑦ Y는 측광적(빛의 여러 성질 측정)인 밝기를 나타냄

3 오스트발트 표색계

① 모든 색은 백색량, 흑색량, 순색량의 합을 100으로 하여 배합하였으므로 모든 색의 혼합량은 항상 100으로 일정

② 오스트발트 표색계는 보색이 되도록 배치한 24색상환을 기본으로 함

③ **무채색** : 백색량흑색량 = 100%

④ **유채색** : 백색 + 흑색순색 = 100%

제3절 색채대비

1 동시대비 : 두색 이상의 색을 동시에 보았을 때 일어나는 공간적으로 접하는 색의 대비 현상

1. 명도대비

① 밝은색은 더 밝게, 어두운색은 더 어둡게(명도차 클수록 대비 강함)

② 명도 > 색상 > 채도

2. 색상대비

① 색상차가 더욱 커 보임

② 상대편 색은 그 보색 방향으로 변하며, 보색관계에 있는 2개 색이 인접한 경우 강하게 나타남

③ 색상차를 강조하도록 작용하는 대비

3. 보색대비

① 보색관계의 두 색을 동시에 보았을 때 각각의 채도가 더 높게 보이는 현상

② 무채색 옆에 유채색을 놓으면 무채색 옆에 있는 유채색의 보색인 유채색이 약간 보임

4. 채도대비

① 채도차가 크게 보이는 현상

② 강조하고 싶은 요소의 배경색으로 채도를 낮추면 상대적으로 채도가 높은 요소가 강조됨

③ 채도가 높은 색은 더 높게, 낮은 채도의 색은 더 낮게 보임

② 계시대비

① 잔상으로 일어나는 대비

② 처음에 본 색이 두 번째 본색에 영향을 미침

③ 적색을 본 후 노란색을 보면 적색의 보색인 청록과 노랑이 합쳐져 연두색으로 보임

③ 면적대비

① 면적의 크고 작음에 의해 색이 다르게 보임

② 면적이 크면 명도, 채도가 증가하고, 작으면 명도, 채도가 감소함

③ 넓은 면적은 채도가 낮은 색으로, 좁은 면적은 채도가 높은색으로 하는 것이 좋음

제4절 | 색채의 심리적 생리적 효과

① 색의 기능적 역할

1. 명시도(시인성)

① 두 색을 대비 시켰을 때 멀리서 구별되어 잘 보이는 정도

② 같은 거리에 있는 크기의 색 중에서 확실히 보이는 색이 명시도가 높다고 할 수 있음

③ 시인성이 높을수록 외곽선이 분명해지고 가독성이 높아짐

④ 배경색과 대상의 색 차가 클수록 잘 보임

2. 유목성(주목성)

① 고명도, 고채도의 색이 유목성이 높음

② 색의 진출, 후퇴, 팽창, 수축 현상과 직접적 관계가 있음

③ 시인성이 높은 색이 대체로 유목성도 높음

② 색채와 감정

1. 온도감 ★★

(1) **난색(Warm color)**

① 빨간색 계통의 색(빨강, 주황, 노랑 등)

② 장파장의 색, 팽창 진출성이 있음

③ 부드러운 느낌을 주고 느슨함과 여유를 불러일으킴

(2) **한색(Cool color)**

① 수축 후퇴성, 심리적으로 긴장감을 가진 색

② 푸른계열의 색

③ 단파장 영역의 색

(3) **중성색**

① 연두, 녹색, 자주 등 안정감이 있는 색

② 고명도의 중성색은 차갑게 느껴지며 저명도일 경우는 따뜻하게 느껴짐

2. 푸르키네 현상(퍼킨제, Purkinje)

① 푸르키네 현상은 암소시에서 비시감도가 최대가 되는 파장이 짧은 파장으로 이동하는 현상

② 시감도 차에 의해 명소시에 비해 암소시에 있어 청색이 밝게 보이고 적색이 어둡게 보이는 현상을 말함

3. 안전색채

① 안전색에는 안전색 6색, 대비색 2색이 있음

② 안전색 : 적색, 황적색, 황색, 녹색, 청색, 적보라색

③ 대비색 : 백색, 흑색

④ 대비색은 횡단보도, 차도의 안전지대에 사용

⑤ 신호나 자동차 테일램프 등 빛에 관한 광원색 램프로는 안전 4색(적색, 황색, 녹색, 청색), 대비색(백색)이 있음

⑥ 녹색 : 안전상태, 진행을 나타냄

제5절 건축물의 색채계획

1 실내 색채계획

① 저학년 교실의 벽, 식당의 벽면은 난색계열이 좋음
② 건축물의 형태, 재료, 용도 등에 따른 배색 계획을 수립
③ 실내의 색채는 위에서부터 아래로 향하여 명도를 낮추는 것이 좋음
④ 넓은 공간은 전체적으로 저채도, 좁은 공간은 고채도가 좋음
⑤ 색상표에 의한 실내계획을 할 경우에는 목표 색상보다 약간 낮춘 색상표를 선정하는 것이 좋음
⑥ 건축색채는 건축과 배경의 관계에서 배경이 되어야 함
⑦ 건축색채는 차분함이 기본이 되어야 하므로 저명도, 저채도, 난색계가 기본
⑧ 형태 > 재료 > 색채
⑨ 고명도는 조명효율을 증가시킴

2 공간별 색채계획

① 주거공간: 사용자의 기호와 취미를 반영
② 특수공간

병원	수술실	녹색
	소아과	빨강, 노랑, 파랑, 등의 밝은 원색
	신생아실	부드럽고 따듯한 중간색
	병실	명도를 낮추고 유채색을 사용하며, 벽체는 흰색을 피하도록 함
항공기 실내		• 한, 난색계를 배합한 색채계획 • 채도를 낮추고, 안전한 느낌, 경쾌한 느낌을 줄 수 있도록 함
공장	빨강	방화물
	주황	절박한 위험 표시
	녹색	비상구, 대피소, 응급실
	파랑	전기위험, 주의표시의 기준

표 6.1. 공간별 색채계획

기출문제 : 색채환경 계획

01 먼셀 색채계에 따른 색채(color)의 속성에 대한 설명으로 옳지 않은 것은? 국22

① 기본색(primary color)은 원색으로서 적색(red), 황색(yellow), 청색(blue)을 말하며, 기본색이 혼합하여 이루어진 2차색(secondary color) 중 녹색(green)은 황색(yellow)과 청색(blue)을 혼합한 것이다.

② 오렌지색(orange)과 자주색(violet)은 상호 보색(complimentarycolor)관계이다.

③ 먼셀 색입체(Munsell color solid)에서 명도(value)는 흑색, 회색, 백색의 차례로 배치되며, 흑색은 0, 백색은 10으로 표기된다.

④ 채도(chroma)는 색의 선명도를 나타낸 것으로서 먼셀 색입체(Munsell colorsolid)에서 중심 축과 직각의 수평방향으로 표시된다.

02 색(色)에 대한 설명으로 옳지 않은 것은? 지18

① 색상대비는 보색관계에 있는 2개의 색이 인접한 경우 강하게 나타난다.

② 먼셀(Munsell) 색입체에서 수직축은 명도를 나타낸다.

③ 강조하고 싶은 요소가 있으면 그 요소의 배경색으로 채도가 높은 것을 선정한다.

④ 동일 명도와 채도일 경우, 난색은 거리가 가깝게 느껴지고 한색은 멀게 느껴진다.

해설   01 ②   02 ③

01 ② 오렌지와 자주색은 보색 관계가 아니다.
• 보색 관계 : 빨강-녹색, 파랑-오렌지, 노랑-보라

02 ③ 강조하고 싶은 요소의 채도를 높게 하고, 배경은 채도를 낮게 한다.

03 먼셀표색계(MunsellSystem)에 대한 설명으로 옳지 않은 것은? 국18

① 빨강(R), 노랑(Y), 녹색(G), 파랑(B), 보라(P)의 5가지 주색상을 기본으로 총 100색상의 표색계를 구성하였다.

② 모든 색은 백색량, 흑색량, 순색량의 합을 100으로 하여 배합하였기 때문에 어떠한 색도 혼합량은 항상 100으로 일정하다.

③ 명도는 가장 어두운 단계인 순수한 검정색을 0으로, 가장 밝은 단계인 순수한 흰색을 10으로 하였다.

④ 색채기호 5R7/8은 색상이 빨강(5R)이고, 명도는 7, 채도는 8을 의미한다.

04 건축물의 색채 계획에 대한 내용으로 옳지 않은 것은? 국17

① 건물의 형태, 재료, 용도 등에 따라 배색 계획을 수립한다.

② 식당의 벽면에는 식욕을 돋우는 한색계통을 사용한다.

③ 교실의 색채는 교실 종류와 학생의 연령에 따라 달라야 한다.

④ 저학년 교실의 벽면은 난색계통이 좋다.

05 기본색을 혼합해 이루어지는 2차색에 해당하지 않는 것은? 지16

① 황색(Yellow)

② 오렌지 색(Orange)

③ 녹색(Green)

④ 자주색(Violet)

06 색채에 대한 설명으로 옳지 않은 것은? 국14

① 유목성(誘目性)은 사람의 시선을 끄는 성질을 말한다.

② 시인성(視認性)은 배경색과 무관한 색 자체의 특징을 말한다.

③ 면적효과는 색칠한 면적이 커질수록 채도가 높게 보이는 것이다.

④ 동시대비란 시야에 2색 이상이 동시에 들어왔을 때 일어나는 대비현상이다.

07 먼셀 표색계 7.5Y 5/10이라는 색의 표시 중 3속성이 잘못 기술된 것은? ^{지09}

① 7.5 Y는 황색 계열의 색상이다.
② 5/10은 색상 표시이다.
③ 10은 채도 표시이다.
④ 5는 명도 표시이다.

08 먼셀(Munsell)의 색채표기법에 대한 설명 중 옳지 않은 것은? ^{국09}

① 색상은 색상환에 의해 표기되며, 기준색인 적(R), 청(B), 황(Y), 녹(G), 자(P)색 등5종의 주요색과 중간색으로 구성된다.
② 명도는 완전흑(0)에서 완전백(10)까지의 스케일에 따른 반사율 및 외관에 대한 명암의 주관적 척도이다.
③ 채도의 단계는 흑색과 가장 강한 색상 사이의 색상변화를 측정하는 단위이다.
④ 5R − 4/10은 빨강의 색상 5, 명도 4, 채도 10을 나타낸다.

해설　03 ②　04 ②　05 ①　06 ②　07 ②　08 ③

03 ② 색혼합량의 합을 100으로 하여 배합하는 것은 오스트발트 표색계이다.

04 ② 식욕 유도에는 난색계(주황, 빨강 등)가 적합하다 (한색은 식욕 억제 효과 있음).

05 ① 황색은 기본색(1차색). 2차색 : 주황, 녹색, 자주

06 ② 시인성은 배경과의 대비 포함한 특징이다, 색 자체의 고유특성만은 아니다.

07 ② 7.5Y는 색상이고, 5/10은 명도/채도이다. 5/10은 색상 표시가 아니다.

08 ③ 채도는 흑색과 가장 강한색과의 색상 변화를 측정한 것이 아니고, 중심축과의 거리를 뜻한다.

차민휘
건축계획

🔺 학습의 주안점

건축설비는 건축계획 과목에서 건축환경과 더불어 25~30%가량 출제되어 왔지만, 최근 시험에서는 법규 과목과 함께 출제 비중이 높아지고 있다.

위생설비/공조/냉난방/전기/가스, 소화설비의 대주제로 구분할 수 있으며, 공조설비의 출제 비중이 높다.

주요설비의 작동원리와 개념, 수치 기준 등을 중심으로 학습을 권장한다.

제1장 위생설비 ★★★☆☆

- 급수방식
- 자연형 태양열 시스템
- 트랩
- 봉수파괴 원인과 대책
- 통기설비의 종류

제2장 공조설비 ★★★★★

- 공기조화 방식의 분류
- 공기조화 방식
- 이중덕트, 팬코일 유닛

제3장 냉·난방 설비 ★★★☆☆

- 난방방식
- 온수난방, 복사난방
- 역환수 방식

제4장 전기설비 ★★☆☆☆

- 수변전 설비
- 태양광 발전 시스템
- 자동화재 탐지설비
- 피뢰침 설비

제5장 가스·소화설비 ★★★☆☆

- 옥내소화전
- 스프링클러
- 드렌쳐
- 연결 송수관 설비

PART

04

건축설비

CHAPTER
01 위생설비

제1절 급수설비

1 수압과 수두

1. 압력: 유체의 단위면적당 작용하는 힘

2. 수압과 수두의 관계: 액체의 압력은 임의의 면에 대해 항상 수직으로 작용함

$$P(수압) = W \cdot H = 1,000 \text{kg/m}^3 \times (\text{m}) = 1,000 (\text{kg/m}^2)$$
$$P = 0.1H (\text{kg/cm}^2)$$

$$W: 물의 단위체적당 중량(\text{kg/m}^3)$$
$$수두(\text{Head}) \ 또는 \ 수전고(\text{m})$$

3. 위생기구와 급수압: 배관 말단의 각 위생기구에는 적절한 급수압이 요구됨

기구명	필요압력(MPa)	필요압력(kPa)
블로우 아웃식 대변기	0.1	100
세정밸브(플러시 밸브)	표준0.1	표준100
보통밸브	표준0.1	표준100
자동밸브	0.07	70
샤워	0.07	70
순간온수기(대)	0.05	50
순간온수기(중)	0.03	30
순간온수기(소)	0.01(저압용)	10(저압용)

표 1.1. 위생기구와 급수압

2 급수방식 반드시 기억★★★★★

1. 수도직결방식

① 수도 본관의 압력을 그대로 이용하여 건축물 내의 필요 부분에 급수

② 2~3층 이하의 소규모 건물에 적절

③ 급수 오염 가능성이 가장 적음

④ 단수 시 급수가 불가능

⑤ 정전 시에도 급수 가능

⑥ 설치가 간단하고 저수조가 필요없음

⑦ 수도 본관의 최저 필요압(P_0)

$$P \geq P_1 + P_2 + 0.01h \,(\text{Mpa}) \;\; \text{또는} \;\; P \geq P_1 + P_2 + 10h \,(\text{kPa})$$

> P: 수도 본관의 최저 필요압력
>
> P_1: 기구 최저 필요압력
>
> P_2: 마찰손실 수압
>
> h: 수도 본관에서 최고층 급수기구까지의 높이(m)

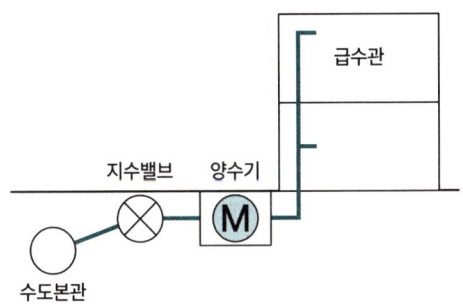

그림 1.1. 수도 직결 방식

2. 고가수조방식

① 수도 본관으로부터 물을 받아 수조에 저수 후 옥상에 설치한 고가수조로 양수한 뒤 중력에 의한 자연급수로 건축물 내의 필요 부분에 급수

② 일정한 수압으로 급수 가능

③ 공사나 정전 시에도 일정량 만큼 급수 가능

④ 저수조에서의 급수오염 가능성이 큼

⑤ 설비비, 경상비가 고가

⑥ 구조물 보강이 필요

⑦ 대규모 건축물(아파트나 사무실 등)

$$H \geq H_1 + H_2 + H_3 \,(\text{m})$$

> H_1: 최고층 급수전 또는 기구에서의 소요 압력에 상당하는 높이(m)
>
> H_2: 관내 마찰손실수두(m)
>
> H_3: 지상에서 최고층에 있는 수전까지의 높이(m)

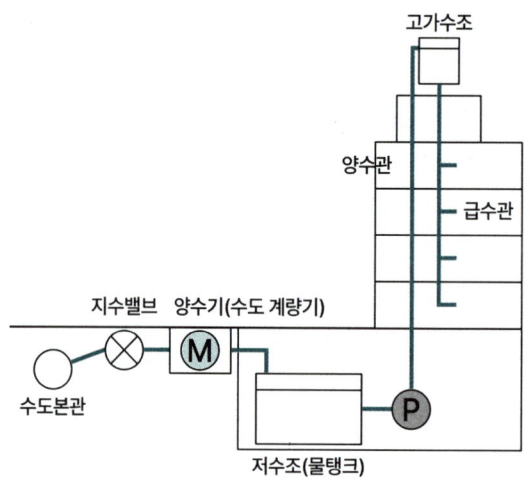

그림 1.2. 고가 수조 방식

3. 압력탱크방식

① 수조 내부에 물을 먼저 압입하고, 압축공기로 물에 압력을 가하는 방식

② **공급방식**: 상수도본관 − 저수조 − 양수펌프 − 압력탱크 − 각 수전

③ 최고, 최저 압력의 차가 크기 때문에 급수압이 일정하지 않음

④ 공기 압축설비가 별도로 필요하므로 시설비와 관리비가 큼

⑤ 저수량이 적어 정전 시, 펌프 고장 시 급수 중단됨

$$P = P_1 + P_2 + P_3 (\text{Mpa})$$

P_1 : 기구별 소요압력(kg/cm^2)

P_2 : 관내 마찰손실수두(kg/cm^2)

P_3 : 압력탱크의 최고층 수전에 해당하는 수압(kg/cm^2)

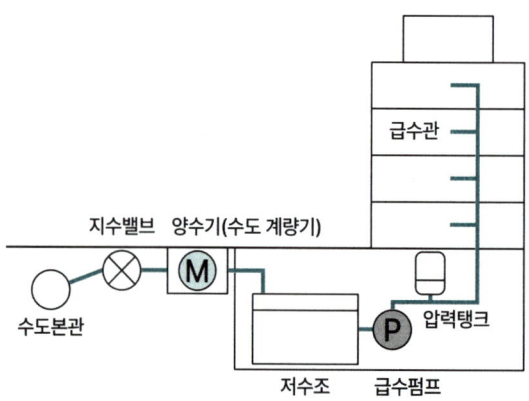

그림 1.3. 압력 탱크 방식

4. 부스터 방식

① 수도 본관의 물을 받아 수조에 저수한 후, 급수 사용량에 따라 가동 펌프의 개수가 다름

② 설비비 고가

③ 펌프를 계속 가동하여야 하므로 전력 소비 큼

④ 정전시 급수 불가

⑤ 자동 제어 설비비 고가

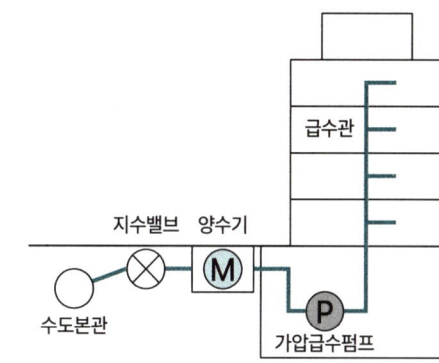

그림 1.4. 부스터 방식

5. 급수방식의 특징 비교

	수도 직결식	고가탱크식	압력탱크식	부스터 방식
수질오염 가능성	거의 없음	많음	보통	보통
급수압	변화 있음	거의 일정	수압변화 큼	거의 일정함
단수 시 급수	급수 불가	일정시간 가능	일정시간 가능	일정시간 가능
정전 시 급수	급수 가능	일정시간 가능	일정시간 가능	일정시간 가능
설비비	저렴	고가	고가	고가
유지 및 관리비	저렴	보통	고가	고가

표 1.2. 급수방식의 비교

6. 급수방식의 장단점 비교

	장점	단점	용도
수도직결	• 설비비 저렴 • 정전 시 급수 가능 • 오염 가능성 적음	단수 시 급수 불가	소규모 주택
옥상탱크	• 일정 수압 급수 • 대규모 급수설비 • 정전 시 일정량 급수 • 부속품 파손 적음	• 오염 가능성 큼 • 구조물 보강 필요 • 설비비, 경상비	• 대규모 건축물 • 아파트 • 사무실
압력탱크	• 고압 필요한 곳 적합 • 탱크설치 위치 제한 없음	• 급수압 일정치 않음 • 시설비 관리비 고가 • 취급작동 어려움	• 체육시설 • 경기장
부스터 방식	• 오염이 적고 유지관리 용이함 • 설치 면적 작음	• 설비비/운전비 고가 • 고장 수리가 어려움	주택단지

표 1.3. 급수방식의 장단점

❸ 배관방식과 저수조

1. 상향 및 하향 배관

(1) 상향배관방식

① 최하층에서 급수 주관을 전개하여, 펌프에 의해 각 지관으로 상향 배관하여 급수

② 상향배관 방식은 최하층 천장에 주관을 배관, 이것보다 위쪽의 기구에 상향으로 급수함

(2) 하향배관방식

최상층까지 물을 퍼올려 저수한 다음 급수주관을 전개하여, 각 지관을 하향으로 배관, 하부층에 급수함

2. 고층건물의 급수

① 급수를 1계통으로 실시하면, 하층계에 있어 급수 압력이 과해짐

② 급수압이 올라감에 따라 워터햄머 현상 발생

③ 중간수조나 감압밸브를 설치하여 수압을 낮추기 위한 조닝을 실시

④ 30~50m 이내마다 조닝

3. 저수조

① 용량 : 하루 평균 급수량의 1일분이 기본

② 저장시간의 장기화를 고려하여 양질의 물을 유지하기 위해 1일분의 반(4/10~6/10) 받아 저수조의 실용량으로 함

③ 점검스페이스 : 벽면과 바닥면은 600mm 이상, 천장면은 1000mm 이상

④ 슬로싱 : 저수조의 물이 지진 등에 의해 진동하는 현상

4. 수질오염 방지

(1) 저수 탱크 수질오염 방지

① 음용수 탱크는 완전 밀폐, 오버플로관은 철망으로 벌레 등의 침입을 막음

② 콘크리트 제품은 완전한 방수시공이 불가하므로 스테인리스 강판, FRP 제품 및 강판 제품 사용

③ 배수 및 우수의 영향을 받지 않도록 함

④ 탱크는 정기적으로 청소할 수 있는 구조로 함

(2) 배수의 역류

① 단수 시 급수관 내의 일시적 부압이 형성되거나 변기의 세정밸브에 진공 방지기가 달려 있지 않은 경우 일어나는 현상

② 역사이펀 작용이 일어나지 않도록 토수구 공간에는 반드시 역류 방지기

(3) 크로스커넥션

① 수돗물에 수돗물 이외의 물질이 혼입되어 오염시키는 것을 말함

② 음료탱크와 그 밖의 배관을 연결하였거나 역사이펀 작용에 의해 발생됨

③ 방지책 : 역사이펀 작용 방지, 주의시공

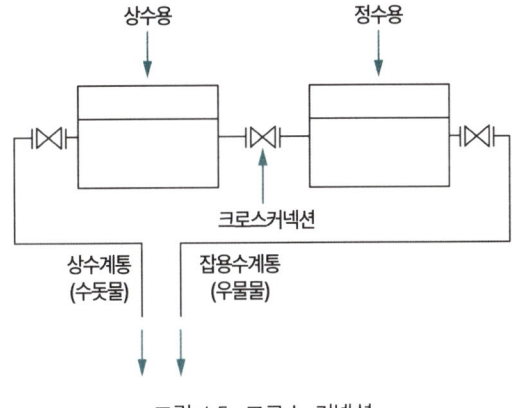

그림 1.5. 크로스 커넥션

④ 펌프

1. 펌프의 종류

(1) 왕복펌프

① 특징 : 송수압의 변동이 심함. 양수량이 적고 양정이 클 때 직합

② 종류

– 피스톤 펌프 : 피스톤 작용에 의해 물을 펌핑(공장 급수용)

– 플런저 펌프 : 플런저(로드)에 의해 펌핑하는 것으로 수압이 높고 유량이 적은 곳에 사용

– 워싱턴 펌프 : 고압의 증기압을 원동력으로 구조가 간단, 고장이 적음(보일러 급수용)

(2) 원심펌프

① 특징

- 고속운전에 적합, 진동이 적고 장치가 간단
- 양수량의 조절이 용이하고 송수압의 변동이 적음
- 고양정 펌프

② 종류

- 볼류트 펌프 : 저양정으로 비교적 많은 양수량을 필요로 할 때 사용
- 터빈펌프
- 보어홀 펌프 : 깊은 우물물 양수

(3) 특수펌프

① 종류

- 기어펌프 : 기름 반송용으로 두개의 기어 사이에 끼어있는 액체가 케이싱 내벽을 따라 송출됨
- 논 클로그 펌프 : 고형물 등이 포함된 양수를 할 때 사용. 오수 펌프

2. 펌프의 구경 산출

$$d = 1.13 \sqrt{\frac{Q}{V}} = \sqrt{\frac{4Q}{V\pi}} \text{ (m)}$$

Q : 양수량(m³/sec)　　　V : 유속(m/sec)

3. 펌프의 양정

펌프의 진공의 의한 흡입 높이는 표준기압상태에서 이론상 10.33m(실제로는 7m 이내)

$$H(\text{전양정}) = H_s + H_d + H_f \text{(m)}$$

$$H(\text{실양정}) = H_s + H_d \text{(m)}$$

H_s : 흡입양정(m)　　H_d : 토출양정(m)　　H_f : 관내마찰손실수두(m)

4. 펌프의 용량 산정

$$\text{축동력} = \frac{WQH}{6,120 \times E} \text{(kw)}$$

W : 물의 비중량(kg/m³)　　Q : 양수량(m³/min)

H : 전양정(m)　　E : 효율(%), $1,000l = 1\text{m}^3$

5. 수격작용(water hammering) ★★

(1) 관내 유속이 빠르거나 밸브, 수전 등으로 관내 흐름을 순간적으로 폐쇄하면, 관내에 압력이 상승하면서 생기는 배관 내의 마찰음 현상

(2) 밸브의 급조작시, 유속의 급정지 시에 발생

(3) 관경이 작거나 수압 과다, 유속이 클 때 발생

(4) **방지대책**

① 관내 유속을 느리게 하고, 곡관부를 최대한 줄이고 직선배관으로 함

② 에어챔버(air chamber) 설치

③ 관경을 확대하고, 수압을 감소시킴

④ 수격 방지기구는 발생원이 되는 밸브와 가급적 가까운 곳에 부착

⑤ 중수 시스템(재처리 수)

1. 중수

① 상수와 하수 사이의 중간적 성격을 갖는 물로 재생한 물을 말하며 음용에는 부적합함

② 중수의 원수로서는 세면기나 급탕실로부터의 배수 외에 주방의 배수도 이용가능

2. 중수 시스템의 특징

① 물의 수요가 급증함에 따라 수자원 부족을 해결하기 위한 합리적 대책

② 배관 부식의 우려가 있으므로 용도를 적절히 설정하고 이에 맞는 수질 및 유지 관리에 대한 고려 필요

3. 중수의 이용

① 중수는 상수가 될 수 없으며 소정의 소독과정을 거쳐 재사용 함

② 일정 규모 이상의 사업장에서 중수 이용 시 세금 관련 혜택

③ 소화용수, 변기 세정수, 청소용수, 화단용수 등으로 사용가능

④ 일정 규모 이상의 시설물을 신축하는 경우 물 사용량의 10% 이상의 중수도를 설치 및 운영하여야 함

제2절 급탕설비

1 급탕방식

1. 배관방식 ★★

(1) 단관식

① 급탕관만 설치, 반탕관이 없는 방식

② 급탕온도가 안정될 때까지 시간 필요

③ 배관길이가 짧아서 열손실 적음

④ 주택 등 소규모 급탕설비에 이용

(2) 복관식

① 온수공급관과 환수관이 분리되어 있음

② 수전을 열면 즉시 온수가 나옴

③ 시설비는 비쌈

④ 대규모 건축물에 이용함

2. 순환방식

(1) **중력순환식**: 물의 온도차에 의해 자연순환 시키는 방식으로 순환속도가 느려 소규모 건물에 이용

(2) **강제순환식**: 순환펌프를 이용하여 강제적으로 급탕 순환. 순환속도가 빨라 대규모 건물에 이용

(3) **배관구배**

① 중력순환식: 1/150

② 강제순환식: 1/200

(4) **수압시험**: 최고압력의 1.5배 이상으로 60분 이상 실시

3. 공급 급탕방식

(1) **직접환수(다이렉트리턴)방식**

① 급탕관은 펌프에서 가까운 각 기기에 차례로 접속

② 반탕관은 펌프에서 먼 기기로부터 차례대로 배관하는 방식

③ 말단분기의 물이 잘 흐르지 않음

④ 분기마다 압력차가 생김

⑵ 역환수(리버스리턴)방식

① 급탕관은 펌프에서 가까운 각 기기에 차례로 접속

② 반탕관은 펌프에서 가까운 기기로부터 차례대로 먼 기기에 배관하는 방식

③ 모든 분기의 물이 잘 흐르고 분기마다 압력차도 일정

④ 급탕관과 반탕관의 유량이 동일한 순환 배관계에는 적합함

⑤ 급탕관과 반탕관으로 유량이 크게 다른 경우에는 적합하지 않음

4. 중앙식 ^{반드시 기억★★★★★}

• 중앙 기계실에 급탕 설비를 하고, 배관에 의해 각 사용장소로 공급하는 방식

• 대규모 급탕에 적합하지만 배관의 길이에 따라 열 손실이 커질 수 있음

⑴ 직접가열식

① 온수 보일러에서 가열된 온수를 저탕조에 저장하였다가 급탕관을 통해 기구로 공급함

② 고압의 보일러 필요. 저양정의 순환펌프 사용

③ 주택 또는 소규모 건물에 적합

⑵ 간접가열식

① 보일러 내에서 만든 고온수나 증기를 열교환기로 보내 간접 가열

② 대규모 건물에 사용함

③ 가열코일 필요

④ 저탕조 내에 가열코일을 설치하고 보일러에서 증기와 온수를 저탕조로 보내 가열하는 방식

구분	직접가열식	간접가열식
보일러	급탕용, 난방용 각각 필요	난방용(급탕은 증기 이용)
설비비	많음	적음
보일러 내 스케일	많이 낌	거의 안낌
보일러 수명	짧음	길음
보일러 압력	고압	저압
저탕조 내 가열코일 유무	불필요	필요
급탕 규모	소규모	대규모
열효율	유리	불리

표 1.4. 직접 가열식과 간접 가열식의 비교

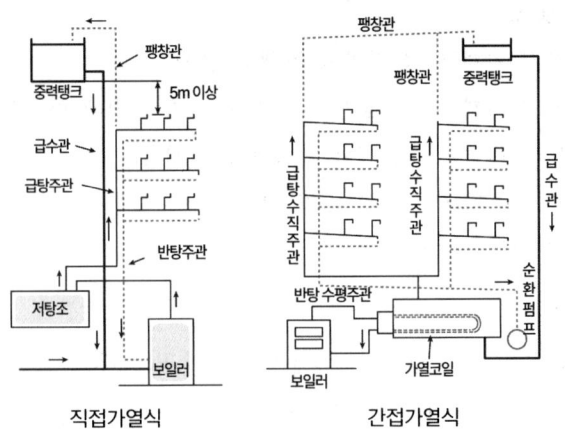

그림 1.6. 직접가열식과 간접가열실의 비교

5. 개별식 ★★

(1) 순간 온수기

① 급탕관의 일부를 가스나 전기로 가열시켜 직접온수를 얻는 방법

② 열의 전도효율이 좋음

③ 내구성이 우수함

④ 주택, 소규모 업장, 싱크 등에서 사용

(2) 저탕형 탕비기

① 가열 온수를 저탕조 내에 저장

② 기숙사, 여관 등에서 사용

③ 가열된 물이 항상 저장 되어 있음

④ 열손실은 크지만 특정시간 다량의 온수를 필요로 하는 장소에 적합

(3) 기수 혼합식 탕비기

① 보일러에서 생산한 증기를 물속에 직접 불어 넣어 온수를 얻음

② 고압의 증기 사용으로 소음이 큼

③ 소음 방지를 위해 스팀 사일렌서 사용

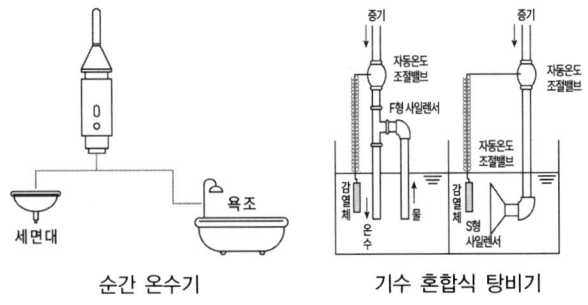

그림 1.7. 개별식 급탕방식의 종류

❷ 태양열 급탕설비

- 물 또는 공기를 열매로 태양열을 집열하여 급탕이나 난방에 사용
- 태양열 시스템은 집열부, 축열부, 이용부로 구성됨

1. 설비형 태양열 시스템(Active)

① 집열기 : 태양열을 흡수하는 장치가 있음. 집광식, 평판식, 진공슬라이드식
  - 전체 설비형 태양열 시스템의 효율에 가장 큰 영향을 미침

② 축열기 : 물이나 화학물질 또는 자갈을 이용하여 열을 저장
  - 설비형 시스템의 중심적 역할을 함

③ 급열장치 : 가열된 물을 급탕 및 난방을 위해 공급

④ 제어부 : 전체 시스템을 자동제어

⑤ 열원보조 장치 : 장시간 흐린 날씨와 태양열 부족 시 부족한 열량을 공급하는 보일러와 버너

⑥ 수열면은 태양과 직각이 되도록 함

⑦ 가열면에 유리를 덮어 효율을 높임

⑧ 열 흡수율과 열용량이 큰 재료를 사용

2. 자연형 태양열 시스템(Passive) ★★

① 집열부 : 남쪽면의 투명한 유리면에 설치

② 축열부 : 물 또는 기타 액체 등과 함께 조적구조, 콘크리트 구조 등이 사용
  - 직접획득방식, 축열방식, 축열지붕 방식, 부착온실 방식, 자연대류방식 등

③ 시스템 설치비가 설비형에 비해 저렴

④ 작동방법이 간편하고 관리 용이

3. 자연형 태양열 시스템의 분류 ★★★

(1) 직접획득방식

일반건물에 쉽게 적용 가능하다는 장점이 있으나 과열현상 초래할 수 있음

(2) 간접획득방식

① 축열벽형(트롬월) : 실내의 남쪽창의 안쪽으로 돌이나 콘크리트 벽을 설치하여 낮에 축열한 뒤 밤에 열을 실내로 방출함

② 축열지붕형 : 냉난방에 모두 효과적이며, 성능이 우수함. 구조적 처리가 어렵고 다층 건물 활용이 제한

PART 04

(3) **분리획득방식**

① **부착온실방식**: 집열창과 축열체는 주거공간과 분리, 온실로 사용가능

　기존 건물에 적용이 쉽고, 여유공간 확보도 가능하지만 시공비가 올라감

② **자연대류방식**: 열손실이 가장 적음. 설치비용은 저렴한 반면 설치위치가 제한적이고 축열조가 필요함

	장점	단점
자연형 (Passive)	• 초기투자비 저렴 • 설계 및 유지관리 용이	• 제어가 어려움 • 실내온도 격차 발생우려 • 계획에 따라 초기투자비 상승
설비형 (Active)	제어 용이(실내 온도 일정)	• 초기투자비, 유지관리비 큼 • 고장위험 있음
혼합형	제어가 용이함	고비용

표 1.5. 패시브와 액티브, 혼합형의 장단점

4. 이중외피

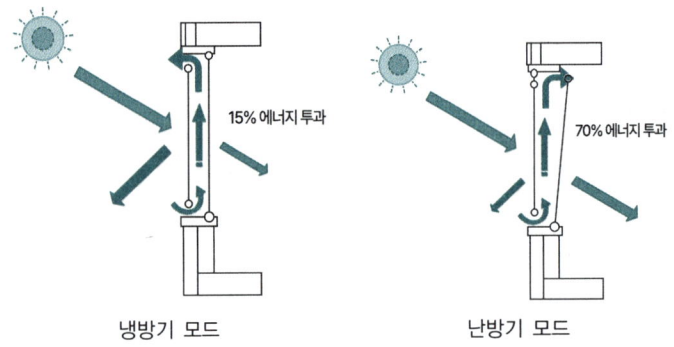

냉방기 모드　　　　　　난방기 모드

그림 1.8. 이중외피의 활용

① **정의**: 전면 유리를 사용하여 외부 열적 부하에 취약한 건물 외피의 성능을 향상시키 위하여, 건물 외벽의 외측에 또 다른 외피를 이중으로 만드는 것.

② 일사에 따른 발열량을 중공층에서 컨트롤

③ 냉난방 부하 최소화 및 에너지 절약

③ 급탕관과 수조

1. 급탕온도와 사용온도

① 레스토랑, 병원, 학교 등에서는 90℃ 이상의 온수 사용

② 가정의 식기세척기 60℃

③ 샤워나 주방에서는 60℃ 온수와 15℃ 냉수를 섞어 약 40℃ 사용

④ 순환식 중앙급탕의 급탕온도는 60℃ 이상 유지(레지오넬라 속균)

2. 물의 팽창과 배관의 신축이음

① 물은 4℃를 기준으로 가열하여 온도가 올라가면 체적이 팽창함

② 온수의 팽창은 급수관의 팽창과 수축에 영향을 줌

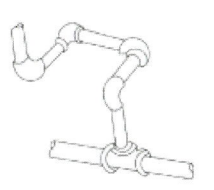　　　

스위블 조인트　　　　　　　슬리브형　　　　　　　벨로우즈형

그림 1.9. 신축 이음쇠

3. 팽창관과 팽창수조 ★★

① 가열장치와 팽창탱크를 연결하는 배관을 팽창관이라고 함

② 신축을 흡수하는 장치를 설치함

③ 온수를 대량을 사용하는 중앙난방이나 빌딩용 공조, 대규모 급탕 시스템에서 발생하는 팽창수를 흡수하기 위해서는 팽창수조가 필요함

④ 밀폐식 팽창탱크와 개방식 팽창탱크가 있음

제3절 ｜ 배수설비

❶ 배수의 종류

• 배수 : 오수, 잡배수, 주방배수, 특수배수, 드레인, 빗물 등을 위한 설비

배수 명칭	배수 종류
잡배수	목욕, 샤워, 세면, 세탁 등 오수 이외의 생활배수
오수	화장실 배수
특수배수	공장, 병원 등에서의 유해물질을 포함한 배수
드레인	공조 응축기의 배수
우수	눈, 비, 우박 등의 배수
용수	지하에 침투한 우수, 지중 수위면의 배수

표 1.6. 배수의 종류

② 배수계통

1. 합류식

① 오수와 우수를 같은 관(합류관)으로 배수함

② 합류식은 매설관이 1개이며 우수배수와 오수배수를 옥외의 배수 피트에서 동일 계통으로 함

2. 분류식

① 오수와 우수를 다른 관(오수관과 빗물관)으로 배수

② 오수와 잡배수를 다른 계통으로 하고, 공공 하수도에 있어서도 오수 및 잡배수와 우수를 다른 계통으로 처리하는 것을 말함

③ 배수트랩

1. 트랩의 목적

① 배수관을 굴곡시켜 '물의 벽'을 형성함

② 하수도의 악취나 가스를 차단하고 옥내에 침입하는 것을 막는 설비

③ 해충이나 쥐 등이 실내 진입을 방지하는 역할

④ 급배수 위생설비에서 사용하는 배수트랩과 난방설비에서 사용하는 증기트랩이(증기를 잡아둠) 있음

⑤ 트랩은 구조가 간단할 것

⑥ 봉수가 파괴되지 않고, 항상 유지될 수 있는 구조

⑦ 재질은 내식성, 내구성이 있는 것 사용

2. 트랩의 종류 및 특징 ^{반드시 기억}★★★★★

(1) S트랩

① 바닥방향(수직)으로 배수되어 유속이 빨라지므로 봉수파괴가 쉬움

② 세면기, 대변기, 소변기에 많이 사용

(2) P트랩

① 벽배수의 대표적 방식으로 S트랩보다 봉수 파괴가 덜 일어남

② 각개 통기관을 사용하면 봉수파괴에 보다 안전함

③ 세면기에 가장 적합

(3) U트랩

① 가로(횡) 주관에 사용

② 가옥트랩, 메인트랩이라고도 함

③ 옥내 수평 배수주관의 말단에 설치, 공공하수관의 가스 침입을 방지

④ 수평 배수관 도중에 설치한 경우 유속을 저해하는 결점 있음

⑤ 사이펀계 트랩이어서 봉수 파괴 염려 있음

(4) 드럼 트랩

① 관트랩에 비해 다량의 봉수를 가지고 있음

② 봉수의 양이 많으므로 봉수 파괴가 잘 일어나지 않음

③ 자정작용이 없어 침전물이 정체되기 쉬움

④ 용도 : 주방 싱크대 배수용

(5) 벨 트랩

① 벨형 기구를 배수구에 씌운 모양의 트랩

② 화장실이나 욕실 등 바닥배수에 이용

(6) 그리스 트랩

① 호텔 식당, 조리실 등 주방 바닥에 이용

② 주방 바닥 기름기 제거용 트랩

③ 양식 등 기름이 많은 조리실에 이용

(7) 가솔린 트랩

① 주유소, 세차장

② 휘발성분 많은 가솔린을 트랩 수면 위에 띄워 통기관을 통해 휘발

(8) 이중트랩 : 절대 불가. 설치해서는 안 됨

① 배수트랩을 직렬로 2개 늘어놓고 배관하는 것

② 트랩사이의 공기가 밀폐되어 배수 흐름이 나빠지므로 금지되어 있음

③ 그리스 조집기에 접속하는 배수관에는 기구트랩을 설치하면 이중트랩이 되므로 설치해서는 안됨

④ 이용빈도가 낮은 위생기구에는 기구를 포함한 트랩의 하류 배관 도중에 U트랩을 마련하면 이중트랩이 됨

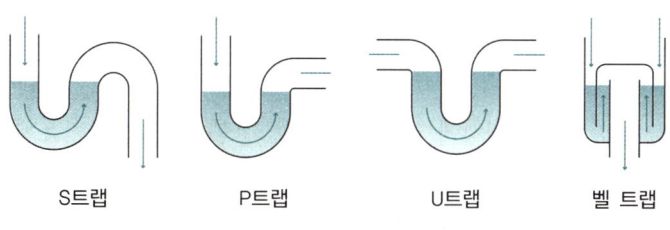

S트랩   P트랩   U트랩   벨 트랩

그림 1.10. 트랩의 종류

3. 배수관의 구배

① 배수관의 표준 구배는 1/50~1/100 정도가 적당

② 배수관 관경은 너무 커지면 유속이 감소, 배수능력이 저하됨

4. 트랩의 구조

① 오물이 트랩에 체류하지 않도록 구조는 간단하고 내표면은 평활할 것

② 내식성이 있고 청소가 간편한 구조

③ 유수의 의해 트랩 내부 세정이 가능하여야 함(자기 세정작용)

④ 봉수의 파괴

1. 봉수의 역할

① 벌레, 쥐 등의 실내 침입 방지

② 하수가스, 악취의 실내침입 방지

2. 봉수의 깊이 ★★

① 배수 트랩의 봉수심은 5~10cm를 확보함

② 조집기: 배수의 유출을 방해하는 협잡물이나 유지를 제거하여 배수 계통을 방호하는 기능이 있음

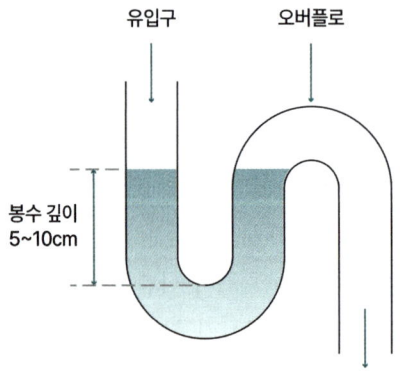

그림 1.11. 트랩의 명칭과 봉수 깊이

3. <u>봉수 파괴의 원인과 대책</u> ^{반드시 기억★★★★★}

(1) 사이펀 작용

① 자기사이펀 작용

- 만수된 물이 다량으로 일시에 흐르게 되면 물이(봉수) 사이펀 작용에 의해 배수관 쪽으로 흡인되어 봉수 파괴

- 방지대책: 통기관 설치, 트랩의 유출부 단면적이 유입부보다 큰 것 사용

② 유도사이펀 작용

   − 수직관 상부에서 일시에 다량의 물을 배수할 때 감압에 의한 흡입작용으로 압력이 저하되어 봉수 파괴

   − 방지대책 : 수직관 상부에 통기관 설치, 수직배수 관경을 충분히 크게 산정

⑵ **분출작용(토출작용) = 역사이펀 작용**

   ① 하류 또는 하층기구의 트랩 속 봉수가 공기압에 의해 역으로 역압 작용을 일으켜 봉수가 파괴됨

   ② 기구 사용빈도가 낮을 때 주로 발생

   ③ 방지대책 : 수직관의 낮은 부분에 통기관 설치

⑶ **모세관현상**

   ① 트랩의 출구에 모발이나 이물질 등이 걸렸을 경우 모세관현상에 의해 봉수 파괴

   ② 방지대책 : 거름망 설치로 이물질 유입방지

⑷ **증발작용**

   위생기구를 장시간 사용하지 않을 경우, 트랩부의 물이 자연 증발하여 봉수가 파괴되는 현상

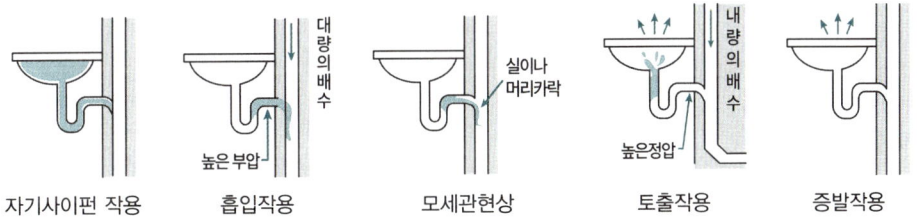

자기사이펀 작용   흡입작용   모세관현상   토출작용   증발작용

그림 1.12. 봉수파괴 원인

제4절 | 통기설비

1 통기설비의 목적

   ① 배수관내의 배수 흐름을 원활히 함

   ② 봉수 파괴를 방지함

   ③ 관내의 기압을 일정하게 함

   ④ 사이펀 현상을 막고, 관내 환기로 청결 유지

② 통기방식 반드시 기억★★★★★

1. 각개통기관
① 각 기구의 트랩마다 통기관을 설치하는 방식
② 가장 이상적인 통기방식이나 시설비가 가장 고가
③ 접속되는 배수관 구경의 1/2 이상 (32mm 이상)

2. 루프통기관
① 최상류 기구 바로 아래 배수 수평지관에서 연결 후 통기 수직관에 연결
② 1개의 통기관은 8개의 위생기구(세면기 기준)를 감당할 수 있음
③ 통기관 길이는 7.5m 이내
④ 관경은 40mm 이상

3. 신정통기관
① 수직통기관을 설치하지 않고 배수 수직관 상부에 연장하여 그대로 대기중으로 개방하는 단순한 통기방식
② 설치비는 가장 저렴함

4. 도피통기관
① 관경 32mm 이상
② 루프통기관에서 통기능률을 촉진시키기 위해 설치하는 통기관
③ 배수 수평지관의 하류에서 배수 수직관과 가장 가까운 배수관의 접속점 사이에 설치해 환상통기관에 연결

5. 결합통기관
① 고층건물은 배수수직관과 통기수직관을 접속하는 통기관
② 5개 층마다 설치하여 배수 수직관의 통기를 촉진
③ 관경 50mm 이상
④ 결합통기관은 통기와 배수를 겸하지 않음

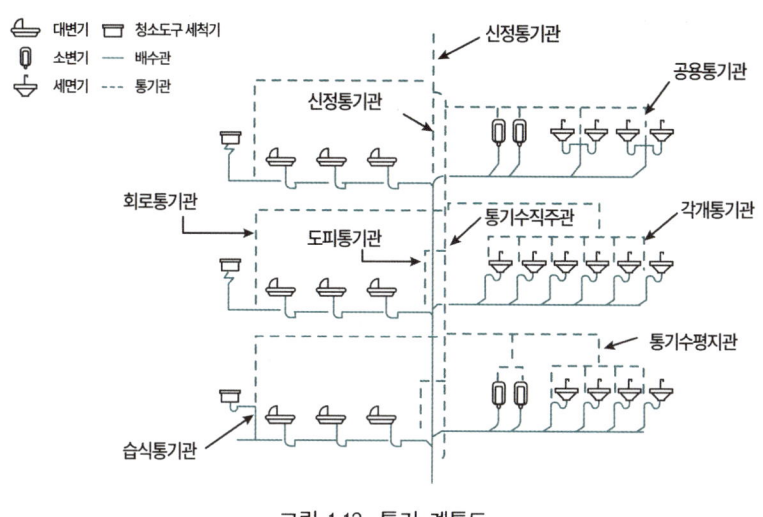

그림 1.13. 통기 계통도

제5절 **오수설비**

❶ 수질검사 항목과 용어

1. BOD(생물화학적 산소요구량, Biochemical Oxygen Demand)

① 작을수록 깨끗한 물

② 수중물질의 오염지표

③ 생활하수에 의한 물의 오염정도를 측정하는 지표

2. COD(화학적 산소 요구량, Chemical Oxygen Demand)

① 작을수록 깨끗한 물

② 용존 유기물을 화학적으로 산화시키는 데 필요한 산소량

③ 공장폐수 등의 측정 기준

3. SS(Suspended Solid) : 오수 중에 함유하는 부유물질을 ppm으로 나타낸 것. 수질 오염도

4. DO(Dissolved Oxygen) : 용존산소량을 나타낸 값. 클수록 깨끗한 물

5. 스컴(Scum) : 정화조 내의 오수 표면 위에 떠오르는 오물 찌꺼기

6. 활성오니 : 미생물 덩어리

② 오수정화조 정화순서 **

1. 부패탱크식: 오수유입 → 부패조(혐기성균) → 여과조 → 산화조(호기성균) → 소독조 → 방류

2. 장기폭기식: 오수유입 → 스크린(분쇄기) → 폭기탱크 → 침전조 → 소독탱크 → 방류

3. 정화조 성능

$$BOD제거율 = \frac{유입수\,BOD - 유출수\,BOD}{유입수\,BOD} \times 100$$

※ BOD 제거율이 높을수록, 방류수의 BOD가 낮을수록 고성능 정화조

③ 정화조의 구조

1. 부패조

① 10℃~15℃에서 가장 활발히 활동하는 혐기성균을 사용하여 부패

② 최소 2개 이상의 부패조와 예비여과조로 구성됨

③ 제1, 제2 부패조와 여과조의 용적비는 4 : 2 : 1 또는 4 : 2 : 2

④ 저유깊이: 1.2~3m

⑤ 도입관 하단은 수심의 1/3에 위치

2. 여과조

① 부패조와 산화조 사이에 설치하는 예비 여과조에서 오수를 하단부에서 상단부로 유입되도록 하여 오수 중 부유물을 쇄석층에서 제거

② 쇄석층의 윗면은 오수면보다 10cm 정도 아래에 둠

③ 여과층은 수심의 1/3, 쇄석의 크기는 5~7.5cm 정도가 적당

3. 산화조

① 살수홈통에 공기를 공급하여 산화처리

② 호기성균에 의해 산화 처리

③ 산화조의 용량: 부패조 용량의 1/2

④ 쇄석층 두께는 0.9~2m

4. 소독조

① 차아염소산나트륨(NaClO) 등의 소독제를 이용하여 살균

② 산화주의 각종 대장균 멸균

③ 염소산나트륨, 염소산 소다를 소독액으로 사용

④ 약액조의 용량은 25L 이상

⑤ 처리 대상인원 500명 초과하면 소독조를 반드시 설치

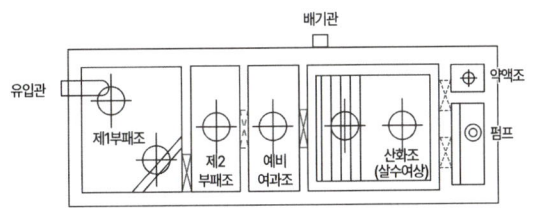

그림 1.14. 정화조 평면도

④ 위생기구

1. 대변기

(1) 플래시밸브방식

① 플래시 밸브는 레버를 내리면 밸브가 열려 일정량의 물이 흘러 오물을 처리하는 것

② 연속사용이 가능하여 많은 사람이 사용하는 공공 건축물에 적합

(2) 탱크식

① 세락식: 세정수의 낙차에 의한 유수 작용에 의해 오물을 흘러가게 하는 세정방식

② 사이펀식/사이펀제트식: 분출구에서 세정수를 강하게 분출하여 그 압력으로 오물 배출

2. 소변기

① 무수 소변기는 물을 사용하지 않는 절수방식

② 소변으로부터의 악취 확산을 막기 때문에 트랩 내에 물보다 비중이 작은 봉입액(seal)을 사용함

3. 세면기

① 최저 필요압: 일반 수전 30kPa, 샤워는 70kPa

② 병원의 세면기는 오버플로 구멍이 없는 세면기가 유효

4. 헤더 배관공법

① 배관을 헤더라고 하는 집중기구에 연결하여 헤더로부터 분배하고 사용부분에 직접 배관하는 방법

② 배관의 교체가 용이하고 동시 사용 시 수량변화가 적음

③ 배관상 관 이음새가 없으므로 이음에서 발생하는 누수사고가 없음

제6절 배관과 밸브

1 배관재료 특성 및 이음

1. 주철관

(1) **특징**: 내식성, 내구성, 내압성이 우수, 충격에 약하고 인장강도 큼

(2) **접합방법**

① 소켓 접합: 누수 우려 있음

② 플랜지 접합: 플랜지를 단 후 볼트로 조여 접합함. 기밀성 높음

2. 강관

(1) **특징**: 가볍고 인장강도 우수하나 부식이 쉬움

(2) **접합방법**

① 나사접합: 50A 이하의 관 이음에 적합

② 플랜지 접합, 용접 접합

3. 동관

(1) **특징**: 열전도율이 크고 내식성 강함. 난방이나 급탕에 사용

(2) **접합방법**: 납땜 접합, 플레어 접합

4. PVC관

(1) **특징**: 내화학적, 열에 약함, 마찰손실 적음

(2) **접합방법**

① 열간 공법: 열을 가하여 접합

② 냉간 공법: 접착제 등을 이용하여 접합

5. 연관

(1) **특징**: 유연하여 곡관부 시공 용이. 산에는 강하나 알칼리에 약함

(2) **접합방법**: 플라스턴 접합(납과 주석의 합금), 납땜 접합

6. 황동관

(1) 동의 합금관으로 관의 내, 외면에 주석도금을 함

(2) 동관과 동일한 접합방식 사용

7. 콘크리트 관: 옥외배수나 상하수도의 배관으로 이용됨

2 배관이음

① 배관의 방향전환 시 : 엘보, 밴드

② 분기관 : T, 크로스, Y

③ 배관의 직선연결 : 소켓, 유니온, 플랜지

④ 이경의 관의 연결 : 이경소켓, 이경엘보, 이경T, 부싱(Bushing), 리듀서(Reducer)

⑤ 배관 말단부 : 플러그, 캡

⑥ 유니언 : 50mm 이하의 관에 사용

⑦ 플랜지 : 50mm 이상의 관에 사용

3 밸브의 종류 ★★★

1. 슬루스 밸브

① 물과 증기배관에 주로 사용됨

② 유체의 흐름에 의한 마찰손실이 적음

③ 게이트 벨브라고도 함

④ 급수, 급탕 배관 도중에 설치하여 수압 및 유량 조절

⑤ 증기배관 도중에 사용하여 증기 수평관에 드레인이 고이는 것을 방지

2. 글로브 밸브

① 스톱밸브 또는 구형밸브라고 함

② 유체의 저항 손실이 큼

③ 배관 내 공기의 체류를 유발하기 쉬움

④ 배관말단에 설치하여 유로를 폐쇄하거나 유량 조절 시 사용

3. 앵글 밸브

① 글로브 밸브의 일종

② 싱크, 변기 등 벽에서 나오는 유체의 흐름을 직각으로 바꿈

4. 역지 밸브(체크밸브)

① 쐐기형의 밸브가 오르내림으로써 유체의 흐름을 한 방향으로 흐르도록 유도

② 유량조절 기능이 없음

③ 리프트형, 스윙형 등이 있음

5. 콕 밸브 : 90도 회전으로 유로를 급속 개폐하는 밸브

6. 플러시 밸브 : 대변기, 소변기 세정에 주로 사용

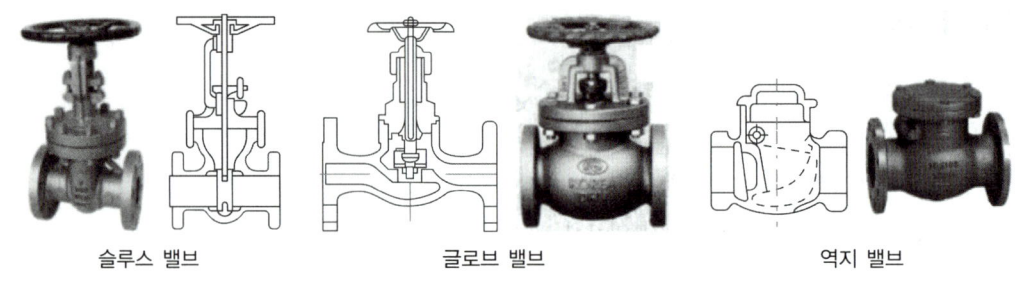

슬루스 밸브   글로브 밸브   역지 밸브

그림 1.15. 밸브의 종류

④ 기타 배관 자재

1. 스트레이너: 밸브류 앞에 설치하여 오염물질을 제거하는 부속품

2. 공기 빼기 밸브: 배관 내 공기를 빼기 위해 설치(배관 굴곡부 상단, 보일러 최상부)

3. 감압 밸브

    ① 고압배관과 저압배관 사이에 설치 일정압으로 유지하기 위해 사용

    ② 초고층 건물의 급수압 조절과 고압 증기배관 등에 사용

4. 안전 밸브

    ① 증기 보일러, 압축 공기 탱크, 압력탱크 등에 사용

    ② 배관 계에 과잉압력이 발생하게 되면 자동으로 압력 방출

⑤ 배관 식별 색채 ★★★

종류	공기	가스	증기	물	기름	전기	산알칼리
식별색	백색	황색	적색	청색	황색	황적색	회자색

표 1.7. 배관의 식별 색채

기출문제 : 위생설비

01 배수 및 통기설비에 대한 설명으로 옳지 않은 것은? 국23

① 자기 사이펀 작용은 수직관 가까이 기구가 설치되어 있을 때 수직관 위로부터 일시에 대량의 물이 낙하하면 순간적으로 관내 연결부에 진공이 생겨 봉수를 파괴한다.

② 루프통기방식은 2개 이상의 트랩을 하나의 통기관을 이용하여 통기하는 방식이며, 감당할 수 있는 기구수는 8개 이내이다.

③ 트랩은 배수관 내의 유해가스나 악취의 역류를 방지하는 기구이다.

④ 통기관의 설치목적은 트랩의 봉수가 파괴되지 않도록 하며 배수의 흐름을 원활히 하는 것이다.

02 건축물의 급수방식에 대한 설명으로 옳지 않은 것은? 지22

① 고가수조방식은 상수도에서 받은 물을 저수탱크에 저장한 뒤, 펌프로 건물 옥상 등에 끌어 올린 후 공급하는 방식이다.

② 초고층 건물에서는 과대한 수압으로 인한 수격작용이나, 저층부와 상층부의 불균등한 수압 차 문제를 해소하기 위해 급수조닝을 할 필요가 있다.

③ 수도직결방식은 일반주택이나 소규모 건물에서 많이 사용하는 방식으로 상수도 본관에서 인입관을 분기하여 급수하는 방식이다.

④ 부스터 방식은 수도 본관에서 물을 받아 물받이 탱크에 저수한 다음 급수펌프로 압력탱크에 물을 보내면 압력탱크에서는 공기를 압축 가압하여 급수하는 방식이다.

03 화장실 바닥 배수에 주로 사용하는 트랩은? 지22

① U형 트랩
② 드럼 트랩
③ 벨 트랩
④ 샌드 트랩

해설   01 ①   02 ④   03 ③

01 ① 유도사이펀 작용에 대한 설명이다.

02 ④ 압력탱크 방식은 수도 본관에서 물을 받아 물받이 탱크에 저수한 다음 급수펌프로 압력탱크에 물을 보내면 압력탱크에서는 공기를 압축 가압하여 급수하는 방식 이다.

03 ③ 화장실 바닥 배수에는 벨트랩 사용이 일반적이다.
• 드럼트랩은 봉수의 보유량이 많으며, 주방에 사용하는 트랩이다.

04 트랩(trap)의 봉수파괴 원인이 아닌 것은? 국22

① 위생기구의 배수에 의한 사이펀작용
② 이물질에 의한 모세관현상
③ 장기간 미사용에 의한 증발
④ 낮은 기온에 의한 동결

05 배관 속에 흐르는 물질의 종류와 배관 식별색을 바르게 연결한 것은?(단, KS A 0503 : 2020 배관계의 식별표시를 따른다) 국22

① 증기(S) − 어두운 빨강　　　② 물(W) − 하양
③ 가스(G) − 연한 주황　　　　④ 공기(A) − 초록

06 급탕 배관에 이용하는 신축이음쇠의 종류에 대한 설명으로 옳지 않은 것은? 지21

① 슬리브형(sleeve type) : 배관의 고장이나 건물의 손상을 방지한다.
② 벨로즈형(bellowstype) : 온도 변화에 따른 관의 신축을 벨로즈의 변형에 의해 흡수한다.
③ 스위블 조인트(swivel joint) : 1개의 엘보(elbow)를 이용하여 나사부의 회전으로 신축 흡수한다.
④ 신축곡관(expansionloop) : 고압 옥외 배관에 사용할 수 있으나 1개의 신축길이가 길다.

07 수도직결방식에 대한 설명으로 옳지 않은 것은? 지21

① 탱크나 펌프가 필요하지 않아 설비비가 적게 소요된다.
② 수도 압력 변화에 따라 급수압이 변한다.
③ 정전일 때 급수를 계속할 수 있다.
④ 대규모 급수 설비에 가장 적합하다.

08 수격작용(water hammering)에 대한 설명으로 옳지 않은 것은? 국21

① 수격작용은 밸브, 수전 등의 관내 흐름을 순간적으로 막을 때 발생한다.
② 수격작용이 발생하면 배관이나 기구류에 진동이나 소음이 발생한다.
③ 수격방지기구는 발생원이 되는 밸브와 가급적 먼 곳에 부착한다.
④ 수격작용을 방지하기 위하여 관내 유속을 가능한 한 느리게 한다.

09 급수펌프에 대한 설명으로 옳은 것은? 국20

① 펌프의 진공에 의한 흡입 높이는 표준기압상태에서 이론상 12.33m이나 실제로는 9m 이내이다.

② 히트펌프는 고수위 또는 고압력 상태에 있는 액체를 저수위 또는 저압력의 곳으로 보내는 기계이다.

③ 원심식 펌프는 왕복식 펌프에 비해 고속운전에 적합하고 양수량 조정이 쉬워 고양정 펌프로 사용된다.

④ 왕복식 펌프는 케이싱 내의 회전자를 회전시켜 케이싱과 회전자 사이의 액체를 압송하는 방식의 펌프이다.

10 배관 및 밸브 설비에 대한 설명으로 옳지 않은 것은? 국20

① 동관이나 스테인리스강관은 내구성, 내식성이 우수하여 급수관이나 급탕관으로 적합하다.

② 급탕배관의 경우 슬루스밸브는 배관 내 공기의 체류를 유발하기 쉬우므로 글로브밸브를 사용하는 것이 좋다.

③ 체크밸브는 유체를 한 방향으로 흐르게 하고 반대 방향으로는 흐르지 못하게 하는 밸브이다.

④ 급탕배관의 경우 신축·팽창을 흡수 처리하기 위해 강관은 30m, 동관은 20m마다 신축이음을 1개씩 설치하는 것이 좋다.

해설 04 ④　05 ①　06 ③　07 ④　08 ③　09 ③　10 ②

04 ④ 동결은 물리적 문제지만 봉수 파괴의 직접적 원인으로 보지 않는다.

05 【배관 식별색 관련】
- 증기 : 어두운 빨강
- 공기 : 하양
- 물 : 청색
- 가스 : 황색

06 ③ 스위블조인트는 2개 이상의 엘보로 신축을 흡수한다.

07 ④ 수도직결은 소규모에 적합하다(대규모에는 부적절).

08 ③ 수격방지기는 밸브 근처에 설치해야 효과적이다.

09 ③ 원심식은 고속 운전 및 양수량 조절에 유리하다.
① 진공흡입 높이는 이론상 10.33m, 실제 약 7~8m
② 히트펌프는 저수위 또는 저압력에서 고수위 또는 고압력 상태의 열원 이동에 사용됨
④ 왕복식은 회전자 방식 아닌 피스톤 방식이다.

10 ② 탕배관의 경우 글로브 밸브는 배관 내 공기의 체류를 유발하기 쉬우므로 슬루스 밸브를 사용하는 것이 좋다.

CHAPTER 02 공조설비

제1절 공기조화

1 보건용 공기조화

① 공기조화는 공기를 통한 냉난방, 환기설비를 말함
② 사람의 건강과 쾌적성이 요구됨

2 공업용 공기조화

① 물품의 생산이나 저장을 위해 품질의 보관, 유지와 제품의 향상을 도모
② 제조과정에 적합한 실내환경을 확보

제2절 열반송 설비

1 전공기방식

① 공기만을 실내에 급배기하고 공기조절을 실시하는 방식
② 보수관리가 용이함
③ 공조기 설치 스페이스가 많이 필요함
④ 냉온수관을 사용하지 않음

2 수방식

① 실온을 개별적으로 제어하기 쉽지만 외기도입이 어려워 실내 공기오염 우려
② 환기기능을 갖춘 장치가 필요함
③ 팬코일 유닛 방식이 대표적

3 공기 + 수방식

① 실내의 열을 물과 공기로 분담하여 공급하는 방식
② 유닛마다 개별제어 용이

4 **냉매방식**

① 냉매만으로 실내에 열을 공급하는 방식

② 개별운전이 손쉬움

제3절 공기조화 방식 반드시 기억★★★★★

1 **정풍량 단일덕트 방식**

① 송풍량은 항상 일정, 열부하에 따라 송풍의 온/습도만 변화시킴

② 각 실의 부하변동에 대응이 어려움

③ 반송동력비가 증가

④ 고도의 공소환성이 필요한 글린룸, 수술실 등에 적합

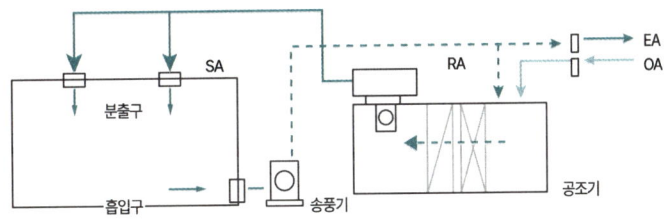

그림 2.1. 정풍량 단일덕트 방식

2 **변풍량 단일덕트방식 ★★★**

① 온도를 일정하게 하고 풍량을 변화시켜 실내환경 조절

② 가변풍량 유닛을 적용하여 각 실별로 개별제어가 가능

③ 이중덕트 방식에 비해 에너지 절감효과가 큼

④ 정풍량방식보다 설비용량은 작아지고 설비비 고가, 운전비 절약

⑤ 최소 풍량 시 환기량 부족 발생

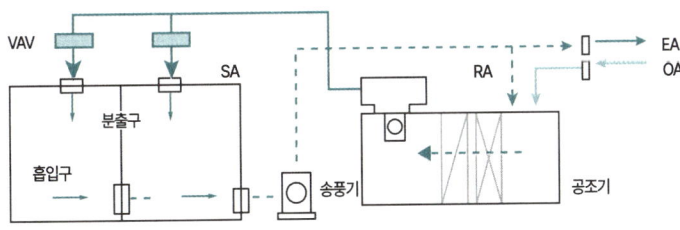

그림 2.2. 변풍량 단일덕트 방식

③ 이중덕트 방식

① 1대의 공조기에 의해 냉풍과 온풍을 각각 덕트로 보내 말단의 혼합상자에서 혼합하여 실의 냉난방 부하에 대응에너지 다소비형 공조
② 개별제어가 양호하여 대규모시설에 이용(고층건물, 고급사무소)
③ 냉·난방을 동시에 할 수 있어 계절마다 냉·난방의 전환이 필요치 않음
④ 냉온수관 불필요
⑤ 설비비와 운전비가 고가
⑥ 덕트면적 비율이 높음
⑦ 실온 유지를 위해 여름에도 보일러 운전

④ 멀티존 유닛 방식

① 공조기 내에 가열코일과 냉각코일을 병렬로 설치하고, 별도의 온풍과 냉풍을 출구의 혼합댐퍼로 혼합
② 존(zone)별 제어가 가능
③ 여름, 겨울의 냉·난방 시 에너지 혼합손실이 이중 덕트보다 작음
④ 각 실의 풍향 밸런스를 잡기가 어려움
⑤ 중간기에 혼합 손실이 발생하여 에너지 손실이 많음
⑥ 중간 규모 이하의 건물에 적합

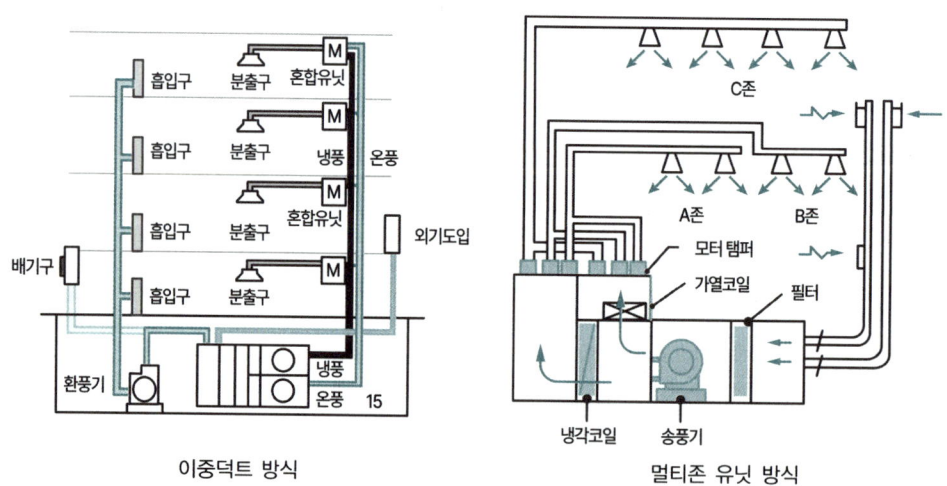

이중덕트 방식   멀티존 유닛 방식

그림 2.3. 이중덕트 방식과 멀티존 유닛 방식

5 각층 유닛 방식

① 각층에 설치한 각 층 존(zone) 유닛에 1차로 처리된 외기를 보내는 방식

② 각층 또는 각실을 구획하여 온도 조절 가능

③ 각층마다 운전부하 다른 경우 적합

④ 중간기 외기냉방 가능

⑤ 공조기 대수가 많아지므로 설비비 고가, 보수 관리 어려움

⑥ 방송국, 신문사, 백화점 등 대형 건축물

6 유인 유닛 방식

① 중앙에 1차 공기를 처리하는 공조기를 설치하고 조절된 1차 공기를 실내의 유인 유닛에 보내 실내의 2차 공기를 유인하여 혼합 추출하는 방식

② 유닛에 동력장치가 필요 없고 장수명

③ 부하변동에 대응이 쉽고 개별제어 쉬움

④ 덕트면적 절감

⑤ 1차 공기가 고속이므로 소음 큼

⑥ 배관 계통이 복잡

⑦ 팬 코일 유닛에 비해 고가임

7 팬코일 유닛 방식 ★★

① 중앙 기계실로부터 냉온수를 공급받아 팬코일이라고 부르는 소형 유닛을 실내에 설치

② 건물의 외주부에 주로 적용

③ 장래의 부하 증가에 대해 팬코일 유닛의 증설만으로 용이함

④ 각실 제어가 양호

⑤ 유지 보수 관리 어려움

⑥ 극장, 스튜디오에는 부적당

8 패키지 유닛 방식

① 냉동기를 내장한 공조기를 실내에 설치히는 방식

② 설비비가 적게 듦

③ 단독운전과 제어가 가능

④ 현장설치가 간단하고 공사기간이 짧음

⑤ 온습도 제어가 어렵고 진동과 소음이 큼

기출문제 : 공조설비

01 다음에서 설명하는 공기조화 방식에 해당하는 것으로만 묶은 것은? 지22

> • 온도 및 습도 등을 제어하기 쉽고 실내의 기류 분포가 좋다.
> • 실내에 설치되는 기기가 없어 실의 유효 면적이 증가한다.
> • 외기냉방 및 배열회수가 용이하다.
> • 덕트 스페이스가 크고, 공조 기계실을 위한 큰 면적이 필요하다.

① 패키지유닛방식, 룸에어컨
② CAV방식, VAV방식, 이중덕트방식
③ 팬코일유닛방식, 유인유닛방식
④ 인덕션유닛방식, 복사냉난방방식

02 건물에서 공조방식의 결정요인에 대한 설명으로 옳지 않은 것은? 국22

① 건물 설계방법이나 공조 설비계획에서 이루어지는 에너지 절약
② 각 존(zone)마다 실내의 온·습도 조건을 고려하여 제어하는 개별제어
③ 공조구역별 공조계통과 내·외부 존(zone)을 통합하는 조닝(zoning)
④ 설비비, 운전비, 보수관리비, 시간 외 운전, 설비의 변경 등의 요인

03 공기조화방식 중 패키지 유닛방식에 대한 설명으로 옳지 않은 것은? 지20

① 설비비가 저렴하다.
② 각 유닛을 각각 단독으로 조절할 수 있다.
③ 일반적으로 진동과 소음이 적다.
④ 용량이 작으므로 대규모 건물에는 적합하지 않다.

04 공기조화방식에서 변풍량단일덕트방식(VAV)에 대한 설명으로 옳지 않은 것은? 지18

① 고도의 공조환경이 필요한 클린룸, 수술실 등에 적합하다.
② 가변풍량 유닛을 적용하여 개별 제어가 가능하다.
③ 저부하 시 송풍량이 감소되어 기류 분포가 나빠지고 환기성능이 떨어진다.
④ 정풍량 방식에 비해 설비용량이 작아지고 운전비가 절약된다.

05 팬코일유닛(FCU) 방식에 대한 설명으로 옳지 않은 것은? ^{지16}

① 각 유닛마다 조절할 수 있다.
② 전공기 방식에 비해 덕트 면적이 작다.
③ 전공기 방식에 비해 중간기 외기냉방 적용이 용이하다.
④ 장래의 부하 증가 시 팬코일유닛의 증설로 용이하게 대응할 수 있다.

06 건축물의 주출입구 계획 시 내·외부 간의 공기흐름을 조절하여 냉난방 효율을 높일 수 있는 계획기법과 직접 관련이 없는 것은? ^{국16}

① 방풍실 설치
② 회전문 설치
③ 캐노피 설치
④ 에어 커튼 설치

07 공기조화방식에 대한 설명으로 옳지 않은 것은? ^{지14}

① 공기조화방식은 열순환 매체 종류에 따라 전공기방식, 공기-수방식, 전수방식, 냉매방식으로 분류된다.
② 공기-수방식의 종류로는 멀티존 방식, 단일덕트 방식, 이중덕트 방식이 있다.
③ 전공기방식은 반송동력이 커지는 단점이 있다.
④ 전수방식은 물을 냉난방 열매로 사용한다.

해설 01 ② 02 ③ 03 ③ 04 ① 05 ③ 06 ③ 07 ②

01 ② 전공기방식(CAV, VAV, 이중덕트)은 실내기 없고 외기냉방 및 배열회수 용이하지만 덕트공간은 크다.

02 ③ 공조구역별 내부존과 외부존은 통합하는 것이 아니고 구분하여 조닝하여야 한다.

03 ③ 일반적으로 진동과 소음이 크다.

04 ① CAV는 고도의 공조환경이 필요한 클린룸, 수술실 등에 적합하다(VAV는 기류 불균형 발생).

05 ③ 팬코일은 외기냉방 적용이 어렵고 외기처리를 위한 보조기기 필요

06 ③ 캐노피는 공기흐름과 무관, 주로 비·햇빛 차단용 구조물이다.

07 ② 멀티존, 단일덕트, 이중덕트 모두 전공기방식에 속한다.

08 **공조방식에 대한 설명으로 옳지 않은 것은?** 국25

① 정풍량 단일덕트 방식은 외기 냉방이 가능하다.
② 이중덕트 방식은 계절마다 냉·난방 전환이 필요하다.
③ 팬코일유닛 방식은 고성능 필터를 사용하기 어렵다.
④ 가변풍량 단일덕트 방식은 실별 부하변동의 대응에 유리하고, 개별 제어가 가능하다.

09 **공기조화방식의 특성으로 옳지 않은 것은?** 지10

① 이중덕트방식 – 각 실별로 혼합상자(Mixing Box)를 설치
② 단일덕트 정풍량방식 – 각 실의 부하변동에 대한 대응에 불리
③ 단일덕트 변풍량방식 – 타 방식에 비해 에너지 절약에 유리
④ 팬코일유닛방식 – 건물의 내주부에 적용

10 **다음 글에서 설명하는 공조방식은?** 국10

> • 온도의 개별제어가 가능하다.
> • 냉난방을 동시에 할 수 있어 계절마다 냉난방 전환이 필요하지 않다.
> • 전 공기식(all−air duct)이므로 냉온수관이나 전기배선을 실내에 설치하지 않아도 된다.
> • 운전동력비가 많이 든다.

① 정풍량 방식   ② 2중 덕트 방식
③ 각층 유닛 방식   ④ 팬코일 유닛 방식

해설 08 ②   09 ④   10 ②

08 ② 이중덕트 방식은 냉풍과 온풍을 상시가동하므로 냉난방 전환 필요 없다.

09 ④ 팬코일유닛은 외주부 적용이 일반적. 내주부엔 적합하지 않음.

10 ② 냉난방 동시공급 가능, 개별제어 가능, 전공기방식이며 운전비가 많이 든다.

CHAPTER 03 냉·난방설비

제1절 냉방설비

- 냉동의 원리 : 압축한 냉매의 증발에 의해서 냉수를 만들어 냄
- 순환하는 냉매가 증발기 내에서 기화할 때 주위로부터 열을 빼앗는 작용에 의해 공기나 물을 냉각함
- 기화한 냉매는 압축기로 압축 후 응축기로 냉각되어 액화함
- 응축기는 기내에서 발생한 열을 냉각수에서 방열하며, 이 열은 냉각탑에 의해 다시 냉각됨

1 압축식 냉동기

1. **압축기** : 증발기에서 넘어온 저온, 저압의 냉매가스를 응축 액화하기 쉽도록 압축하여 응축기로 보냄

2. **응축기** : 고온, 고압의 냉매가스를 공기나 물을 접촉시켜 응축 및 액화시킴

3. **팽창밸브** : 저온, 고압의 냉매액을 증발기에서 증발하기 쉽도록 하기 위해 저온, 저압액으로 팽창시킴

4. **증발기**
   ① 팽창 밸브에서 압력과 온도를 내린 저온, 저압의 액체 냉매가 피냉각 물질로부터 열을 흡수하여 증발
   ② 이 과정에서 냉동의 목적을 달성

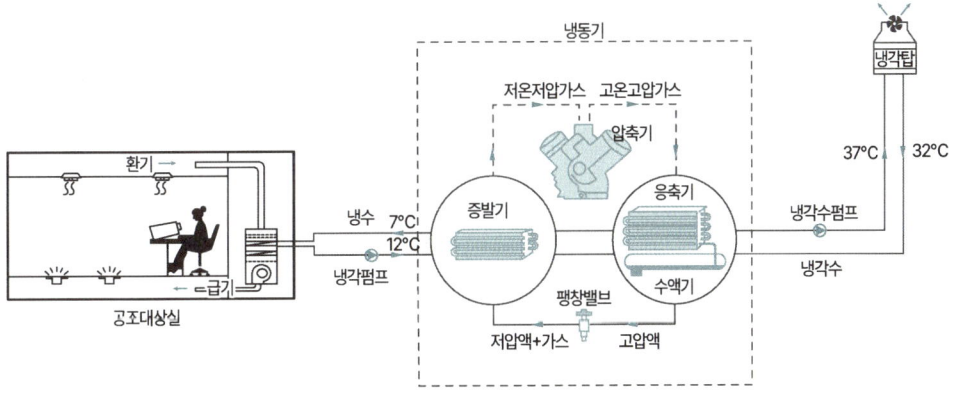

그림 3.1. 압축식 냉동기

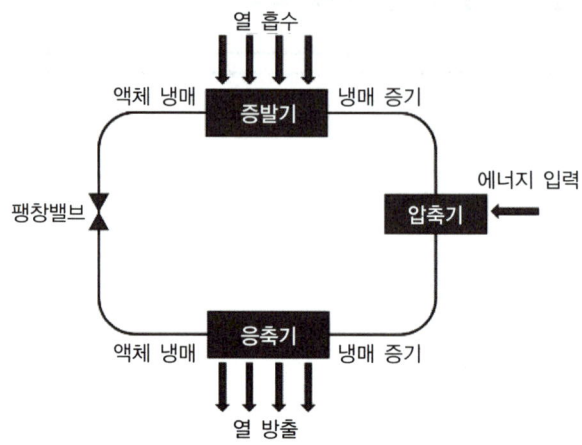

그림 3.2. 압축식 냉동기와 히트펌프 사이클

❷ 흡수식 냉동기

1. 증발기

① 저온 저압의 기체 혼합냉매(물과 수증기)가 증발기로 들어옴

② 증발기 내는 거의 진공상태여서 100℃의 물의 비점이 7~10℃까지 내려가기 때문에 냉수 배관 내의 비교적 따듯한 물에서 열을 빼앗아 수증기가 됨

2. 흡수기 : 수증기가 브롬화 리튬에 흡수됨

3. 재생기(발생기)

재생기 내에서 냉매, 흡수액의 혼합액을 가열해 원래의 수증기와 응축액을 분리시키면 흡수액은 흡수기로 돌아오고, 수증기는 응축기로 보내짐

4. 응축기

응축기 내에서 열을 빼앗아 물로 돌아온 냉매는 팽창 장치로 감압 되어서 증발기에 흐르며 반복 하는 사이클

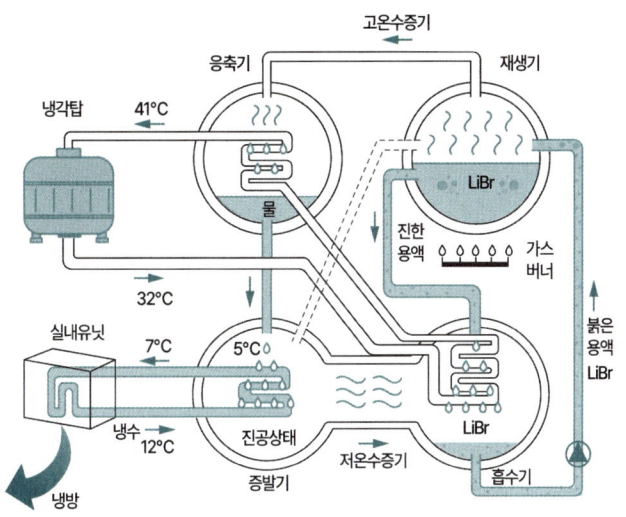

그림 3.3. 흡수식 냉동기

① 흡수식 냉동기는 전동기가 불필요하여 소음 및 진동이 작음
② 냉각수의 필요량이 많음

제2절 | 냉동축열

1 빙축열 : 얼음의 형태로 축열하는 잠열 축열 시스템

2 수축열 : 물의 온도변화를 이용한 현열 축열 시스템

	수축열 시스템	빙축열 시스템
장점	• 수변전 설비용량 감소 • 부분부하, 열원 고장 시 대처 용이 • 열원기기 고효율 운전 가능	• 축열조 용량이 작음 • 펌프 등 동력비 절감
단점	• 축열조 큼 • 축열조에서 열손실 발생 • 야간 운전 시 인건비 증가	설계, 시공의 난도가 높음

표 3.1. 수축열과 빙축열 시스템

(1) 냉난방 효율을 높이기 위한 계획

① 방풍실, 회전문, 에어커튼으로 외부와 실내의 완충공간 계획
② 현관의 캐노피는 햇빛의 일시적 차단은 가능하나 냉난방 효율을 높이지는 못함

제3절 난방설비 방식

① 난방방식 ^{반드시 기억}★★★★

1. 증기난방

(1) 증기난방 방식의 특징

① 보일러에서 물을 가열하여 발생된 증기를 각실의 방열기로 보내 수증기의 증발잠열로 난방

② 증발잠열을 이용하므로 열 운반 능력이 크다고 할 수 있음

③ 온수난방에 비해 예열시간이 짧고, 순환이 빠르다

④ 방열 온도가 높아 상, 하부의 공기 온도차 발생쾌적감이 나쁨

⑤ 스팀해머 현상으로 소음이 크고 배관 부식 우려. 온도 제어 곤란

⑥ 설비비가 저렴하여 학교, 공장 등에 적합

(2) 응축수환수 방식에 따른 분류

① 중력환수식 : 방열기가 항상 보일러보다 위에 있으며 중력에 의해 환수됨

② 진공환수식

－ 환수관 말단에 설치된 진공펌프가 증기트랩 이후의 환수관내를 진공압으로 만들어 응축수 강제 환수

－ 증기 순환이 가장 빠름

－ 대규모 건축에 적합

－ 공기빼기 밸브 불필요

(3) 증기 압력에 의한 분류

① 저압 증기난방 : 0.1MPa 미만, 중력 순환식, 소규모

② 고압 증기난방 : 0.1MPa 이상, 기계, 진공 순환식, 대규모

(4) 환수주관 위치에 따른 분류

① 건식 환수방식 : 환수주관이 보일러 수면보다 높음

－ 환수주관이 파손되어도 보일러의 누수 없음

－ 전체 응축수 환수 가능

② 습식 환수방식 : 환수주관이 보일러 수면보다 낮음

－ 완전한 응축수 환수가 어려움

－ 환수주관 파손 시 보일러 누수 생길 수 있음

－ 하트포드 접속법 : 밸런스관을 부착하여 보일러의 안전수위 유지

2. 온수난방 ^{반드시 기억}★★★★★ : 개방식 팽창탱크나 밀폐식 팽창탱크 필요

(1) **온수난방 방식의 특징**

① 현열을 이용한 난방으로 증기난방에 비해 쾌감도 높음

② 예열시간이 길고 난방 휴지기간이 길면 동결우려가 있음, 연속난방 시 적합

③ 증기난방에 비해 설비비 고가

④ 증기난방에 비해 부하변동에 따른 순환수 조절이 쉽고 제어가 용이함

⑤ 난방을 정지하여도 일정시간 온기가 지속됨

⑥ 주택, 병원 등 재실시간이 긴 경우 적합

(2) **배관 방식에 따른 분류**

① 단관식 : 온수공급관과 환수관을 공용으로 사용

② 복관식 : 온수공급관과 환수관을 각각 계통별로 배관

③ 역환수식 : 보일러에서 방열기까지의 온수 공급관과 방열기에서 보일러까지의 관의 길이를 같게 하여 온수의 유량을 균등하게 함

3. 온풍난방 : 온풍로를 이용하여 가열된 공기를 실내로 직접 공급하여 난방

① 예열시간이 짧고 누수, 동결우려 없음

② 설비비 저렴

③ 온습도 조정 용이

④ 쾌감도가 낮고 소음 발생

4. 복사난방 ^{반드시 기억}★★★★★

① 실내의 온도분포가 균등하고 쾌감도 높음

② 방열기가 불필요하며, 바닥면의 이용도 높음

③ 예열에 시간이 많이 소요되고, 열 손실에 유의(단열재 시공)

④ 열용량이 크므로 외기 변화에 유연하게 대처가 어려움

⑤ 설비비 비싸고 시공 어려움

⑥ 주택, 병원의 병실

5. 지역난방

① 대규모 지역이나 단지에 고온수나 고압 증기를 공급하여 난방하는 방식

② 운반 열손실이 큼

③ 열효율이 좋고 연료비가 적게 소요됨

④ 초기 시설비가 높음

② 난방설비 기기

1. 증기난방

① 방열기 밸브 : 유체의 흐름, 열매의 종류에 따라 다르게 분류됨. 글로브 밸브를 주로 사용

② 방열기 트랩 : 수증기 유출을 방지하고 배관 내 잡물을 제거. 보일러 응축수만 환수하기 위해 사용

③ 감압밸브 : 고압을 저압으로 감압하고, 저압측 압력을 일정하게 유지

④ 증기헤더 : 보일러에서 증기를 공급받아 각 계통별로 필요한 만큼 분기

⑤ 인젝터 : 증기보일러의 급수장치

⑥ 냉각테 : 증기난방의 건식 환수방식에서 사용. 환수주관보다 한 치수 작은 관경 사용.

2. 온수난방

① 리턴콕 : 온수 방열기의 환수밸브로 온수의 유량을 조절

② 순환펌프 : 환수주관의 말단부에 설치

3. 보일러 ★★

(1) 주철제 보일러

① 가격이 싸고 장방형

② 분할이 가능하므로 반입, 조립, 증설이 용이함

③ 내식성이 우수하고 장수명

④ 대용량이나 고압에는 부적합(내압, 충격에 약함)

(2) 수관보일러

① 드럼 속의 관내에 물을 흐르게 하여 가열

② 보유 수량이 적어 증기발생이 빠름

③ 열효율이 좋지만 수명이 짧고 압력의 변화 큼

④ 대규모 건물, 산업용으로 적합

4. 보일러의 성능

(1) 보일러 마력

1시간에 100℃의 물 15.65kg을 전부 증기로 증발시킬 수 있는 것을 보일러 마력이라고 함

(2) 보일러의 용량

① 정격출력 = 상용출력 + 예열부하

② 상용출력 = 난방부하 + 급탕부하 + 배관부하

(3) 보일러의 설치

① 보일러실은 내화구조로 하고 천장높이는 보일러 상부에서 1.2m 이상 되도록 함. 보일러실 외벽에서 벽까지의 거리는 0.45m 이상으로 함

② 2개 이상의 출입구를 두되 그중 1개는 반출입이 용이한 크기로 함

(4) 보일러의 급수 장치

① 저압용 보일러 : 응축수 펌프, 환수용 진공 펌프

② 고압용 보일러 : 전동 급수 펌프, 워싱턴 펌프, 인젝터

5. 방열기

(1) 주철제 방열기

① 니플볼트 이용해 필요한 절수를 조립하여 방열기를 만듦

② 내구성이 있음

③ 1기압 이하의 저압증기에 사용

(2) 강판제 방열기

(3) 알루미늄제 방열기

(4) 대류 방열기(컨벡터 : convector)

① 대류의 작용을 응용한 난방 방식

② 핀이 붙은 튜브 형 가열기를 강판으로 케이싱 한 뒤 최하부의 입구에서 들어온 공기를 가열해 상부로 배출함

(5) 상당방열면적(EDR : Equivalent Direct Radiation)

① 표준방열상태에서 방열기의 단위면적당 방사열량

② 보일러 능력을 방열기의 방열면적으로 표시

01 난방방식에 대한 설명으로 옳지 않은 것은? 국23

① 온수난방은 난방 휴지기간이 길면 동결의 우려가 있으나 증기난방에 비하여 쾌감도는 높다.
② 증기난방은 현열을 이용하므로 배관 관경이 크고 열의 운반능력 또한 커서 연속난방에 적합하다.
③ 온풍난방은 예열시간이 짧아 손쉽게 이용할 수 있으나 소음이 크고 쾌감도가 낮다.
④ 복사난방은 방이 개방된 상태에서도 난방효과가 있으며 방열기가 필요 없어 바닥면의 이용도가 높다.

02 온수난방에 대한 설명으로 옳은 것은? 지21

① 난방 부하의 변동에 따라 온수 온도와 온수의 순환수량을 쉽게 조절할 수 있다.
② 온수순환방식에 따라 단관식, 복관식으로 분류한다.
③ 증기난방에 비해 방열 면적과 배관의 관경이 작아 설비비를 줄일 수 있다.
④ 예열시간이 짧고 동결 우려가 없다.

03 증기난방 중 진공환수식에 대한 설명으로 옳지 않은 것은? 국20

① 환수관의 말단에 설치된 진공펌프가 증기트랩 이후의 환수관내를 진공압으로 만들어 강제적으로 응축수를 환수한다.
② 환수가 원활하고 급속히 이루어지므로 관경을 작게 할 수 있다.
③ 보일러와 방열기의 높이차를 충분히 유지할 수 있어야 한다.
④ 중력환수식 증기난방과 달리 환수관의 말단에 공기빼기 밸브를 설치할 필요가 없다.

04 복사난방 방식에 대한 설명으로 옳지 않은 것은? 지20

① 매입 배관 시공으로 설비비가 비싸나 유지관리는 용이하다.
② 실내의 온도 분포가 균등하고 쾌감도가 우수하다.
③ 외기 급변에 따른 방열량 조절은 어려우나 층고가 높은 공간에서도 난방 효과가 우수하다.
④ 바닥의 이용도가 높으며 개방상태에서도 난방 효과가 있다.

05 건물의 난방용 열원기기인 보일러의 종류에 대한 설명으로 옳지 않은 것은? 국24

① 관류보일러는 수관보일러와 다르게 수관이 없지만, 드럼이 있기 때문에 보유 수량이 많은 장점이 있다.

② 수관보일러는 드럼과 드럼 간에 여러 개의 수관을 연결하고 관내에 흐르는 물을 가열하여 온수 및 증기를 발생시킨다.

③ 노통연관보일러는 노통 내의 파이프 속으로 연소 가스를 통과시켜 파이프 밖에 있는 물을 가열 또는 증발시킨다.

④ 주철제보일러는 주철제로 된 여러 장의 섹션(section)을 조합하여 구성하는 보일러로 난방 부하의 크기에 따라 조립하여 사용한다.

06 다음의 난방 방식 중 직접난방 방식이 아닌 것은? 지15

① 증기난방　　　　　　　　　② 온풍난방
③ 온수난방　　　　　　　　　④ 복사난방

07 온수(보통온수)난방 및 증기난방의 특징으로 옳지 않은 것은? 국15

① 온수난방은 열용량이 크므로 난방부하의 변동에 따른 온수온도 조절이 곤란하다.

② 온수난방은 온수의 현열을 이용한 난방이므로 증기난방에 비해 난방 쾌감도가 높다.

③ 온수난방은 증기난방에 비하여 방열면적과 배관의 관경이 커야 한다.

④ 온수난방은 연속난방, 증기난방은 간헐난방에 더 적합하다.

해설　01 ②　02 ①　03 ③　04 ①　05 ①　06 ④　07 ③

01 ② 증기난방은 잠열을 이용, 현열은 온수난방의 특성이다.

02 ② 온수 순환방식이 아니라 배관방식에 따른 분류로 단관식/복관식이 있다.
③ 증기난방에 비해서 방열면적과 배관의 관경이 커야 하기 때문에 설비비가 약간 비싸다.
④ 예열시간 길고 동결 우려가 있다.

03 ③ 진공환수식은 펌프 사용으로 높이차 필요 없다(높이차가 필요한 것은 중력환수식).

04 ① 매입 배관 복사난방은 유지관리가 어렵다.

05 ① 관류 보일러는 수관식 보일러처럼 드럼을 본체로 하여 물을 순환시키는 것이 아니고, 일방향으로 수관에 흐르게 하는 형식이다.

06 ④ 증기, 온수, 복사난방은 배관을 통해 직접전달, 온풍 난방은 공기를 통해 간접 전달한다(생산열원이 실내로 직접 전달되는가를 묻는 문제).

07 ③ 증기난방은 온수난방에 비하여 방열면적과 배관의 관경이 커야 한다.

08 보일러에 대한 설명으로 옳지 않은 것은? 국14

① 1보일러 마력은 1시간에 100℃의 물 15.65kg을 전부 증기로 증발시키는 능력을 말한다.
② 주철제 보일러는 반입이 용이하지 않지만, 내식성이 강하여 수명이 길다.
③ 수관보일러는 예열시간이 짧고 효율이 좋아서 병원이나 호텔 등의 대형건물 또는 지역난방에 사용된다.
④ 보일러의 설치 위치는 보일러 동체 최상부로부터 천장, 배관 또는 구조물까지 1.2m 이상의 거리를 확보하여야 한다.

09 난방방식에 대한 설명으로 옳지 않은 것은? 국13

① 증기난방은 예열시간이 온수난방에 비해 짧다.
② 온수난방은 현열을 이용한 난방 방식이다.
③ 복사난방 방식은 바닥, 벽, 천장에 설치 가능하다.
④ 복사난방은 방을 개방하면 난방효과가 없다.

10 복사난방에 대한 설명으로 옳은 것은? 지11

① 바닥면의 이용도가 낮다.
② 높이에 따른 실내온도의 분포가 비교적 균일하다.
③ 열 손실을 막기 위한 단열층이 필요하지 않다.
④ 대류가 많아 바닥면의 먼지가 상승한다.

해설   08 ②   09 ④   10 ②

08 ② 주철제 보일러는 분할 반입이 용이하고, 내식성이 강하여 수명이 길다.

09 ④ 복사난방은 개방 상태에서도 난방효과가 있다.

10 ② 복사난방은 실내온도 분포가 비교적 균등하다.
① 바닥면의 이용도가 높다.
③ 열 손실을 막기 위한 단열층이 필요하다.
④ 대류가 난방열의 전달 수단이 아니다.

CHAPTER 04 전기설비

제1절 강전설비 ★★★

① 전압, 전류, 저항

1. 전압 : 전위차

① 전기가 흐르는 세기(압력)

② 전기를 물의 흐름에 비유하면 전압은 물의 낙차(수압)

③ 전압이 높은 만큼 전기가 흐르는 힘(전압)이 커짐

④ 단위 : V(볼트)

2. 전류

① 실제로 흐르고 있는 전기의 양

② 단위 : A(암페어)

③ 허용 전류치는 주로 주위 온도, 전선 이격거리에 따라 변화

④ 동일 전선관에 전선개수가 늘어나면 전선의 허용 전류는 작아짐

3. 저항

① 전류가 흐르는 것을 저지하는 것을 의미

② 단위 : Ω(옴)

③ 저항치가 작으면 전기가 잘 통하고 송전하는 데 유리함

④ 옴의 법칙

$$Q(J) = R \times I^2 \times t$$

$$I = \frac{V}{R}$$

I : 전류(A = 암페어)

V : 전압(v = 볼트)

R : 저항(Ω = 옴)

② 직류와 교류

1. 직류 : 전류, 전압이 함께 변하지 않고, 항상 일정한 방향으로 흐름

2. 교류 : 전류, 전압이 변화하여 방향을 변화시키면서 흐름

(1) 단상

단상 교류를 이용하는 전선의 수는 2개. 1개가 수전, 나머지 1개가 송전을 하기 위한 것으로 교대로 전기가 오고 감
① 배선의 수가 적기 때문에 전압이 낮고, 안전
② 고전압이 필요하지 않은 가정의 전기 공급에 이용

(2) 3상 : 3개의 파형이 항상 흐르고 있음
① 단상에 비해 적은 전류로 같은 전력을 얻을 수 있음
② 전기 손실이 적고, 많은 전기를 사용하는 공장 등에서 이용

3. 전압강하

전선에 전류가 흐르면 손실이 발생하여 수전 끝의 전압이 송전 끝의 전압보다 낮아지는 것을 말함

③ 수변전 설비

1. 변전실의 위치
① 부하의 중심에 가까운 곳
② 채광과 통풍이 양호한 곳
③ 인입선과 접지선의 접속이 편리하고 화재의 위험이 적은 곳

2. 발전기실의 위치와 구조
① 기기 반출입, 운전, 보수가 용이한 위치
② 부하 중심과 가까운 곳
③ 변전실과 가까운 곳
④ 기초와는 일정 거리 이격할 것(진동 문제 발생)

3. 변전 설비용 기기 : 변압기, 차단기, 콘덴서, 배전반

4. 변전설비 설계순서

① 부하설비 용량 산출

② 변압기의 용량

③ 계약전력과 수전 전압 결정

④ 인입방식과 배선방식 결정

⑤ 배전설비 형식 결정

⑥ 변전실의 위치와 크기 결정

⑦ 기기의 배치

5. 수변전 설비의 용량 추정식

① 수용률(수요율)(%) $= \dfrac{\text{최대수용전력(kw)}}{\text{부하설비용량(kw)}} \times 100$: 일반건물은 보통 $60 \sim 70\%$

② 부등률(%) $= \dfrac{\text{각 부하의 최대수용전력의 합계(kw)}}{\text{합계 부하의 최대수용전력(kw)}} \times 100$

③ 부하율(%) $= \dfrac{\text{평균수용전력(kw)}}{\text{최대수용전력(kw)}} \times 100$: 보통 100%보다 작음

④ 부하설비용량 $=$ 부하밀도$(\text{VA/m}^2) \times$ 연면적(m^2)

④ 예비전원설비

1. 예비전원 설비

① 축전지 : 정전 후 충전하지 않고 30분 이상 방전

② 자가발전설비 : 비상사태 발생 후 10초 이내에 가동하어 규징 진압을 발생

③ 축전지 자가발전설비 병용 : 축전지는 충전 없이 20분 이상 방전 가능. 자가 발전 설비는 정전 후 45초 이내, 기동 후 30분 이상 규정 전압이 발생해야 함(방송실, 수술실, 전산실)

2. 자가발전설비의 발전기 용량 : 수전설비 용량의 20%

제2절 약전설비

1 방송설비

① 화재 발생 시 건물 내의 사람들에게 화재 발생의 경보와 피난 유도를 실시하기 위한 설비
② 자동화재 경보설비와 연동하여 자동적으로 음성 경보음에 의한 방송을 실시

2 감시설비

① 일반적으로 방범을 목적으로 함
② 대형 상업빌딩, 병원, 공장에는 공조설비나 전기설비, 급배수설비 등을 감시하는 다양한 기능이 있음

3 태양광 발전 시스템

① BIPV : 건물 일체형 태양광 발전 시스템. 건물 지붕이나 외벽, 유리창 등에 태양광 발전 모듈을 설치
② 에너지밀도가 낮아 설치면적을 많이 필요로 함
③ 유지보수가 용이하고 무인화가 가능
④ 태양전지, 전력저장용 배터리(축전지), 전력조정기, 직교류 변환장치로 구성

제3절 방재설비 **

1 비상용 콘센트 설비

① 화재 시 소방차의 발전기에 전원을 공급하여 소방관이 환기 및 전등을 이용하는 데 사용됨
② 설치기준 : 11층 이상
③ 유효반경 : 50m 이내
④ 1회선 접속 콘센트 개수 : 10개 이내
⑤ 설치높이 : 바닥면으로부터 0.8~1.5m

② 항공장애등

① 설치기준 : 지표나 수면으로부터 60m 이상

② 최대광도

    – 고광도 장애등 : 2000cd 이상

    – 저광도 장애등 : 20cd 이상

③ 등광 : 광원의 중심을 포함하는 수평면 아래 15도 이하에서 상향의 모든 방향에서 식별 가능할 것

③ 자동화재 탐지설비 **

1. 열감지기

① 정온식 : 온도가 일정한 온도를 넘으면 작동됨

② 차동식 : 일정한 온도 상승률 이상으로 오르거나 온도 상승률이 일정한 값을 초과할 경우 작동

③ 보상식 : 정온식과 차동식을 혼합한 형태

2. 연기감지기 : 열전달이 늦은 천장. 높은 장소에 설치

① 광전식 : 연기 입자로 광전소자에 대한 입사량이 변화하는 것을 이용

② 이온식 : 연기의 입자 때문에 이온전류가 변화하는 것을 이용

④ 피뢰 설비 **

① 설치규정 : 건축물 높이 20m 이상 및 낙뢰우려 있는 건축물

② 일반 건축물 피뢰침의 보호각 : 60도 이하

③ 위험 건축물의 피뢰침 보호각 : 45도 이하

④ 높이와 관계없이 피뢰설비를 해야 하는 경우 : 낙뢰 가능성이 많은 지역, 천연기념물, 많은 사람이 모이는 공공건축물, 위험물 취급 및 저장을 위한 건축물, 그 밖의 주요 건축물

⑤ 위험물 취급 저장 시설 : 한국산업규격이 정하는 보호등급 II등급 이상

⑥ 돌침 : 건축물 맨 윗부분으로부터 25cm 이상 돌출시켜 설치

⑦ 피뢰설비 재료 : 피복 없는 동선을 기준으로 수뢰부, 인하도선 및 접지극 $50mm^2$ 이상이거나 이와 동등한 성능

⑧ 돌침 생략 : 철골 철근콘크리트, 철근콘크리트 건물의 지붕이 두께 2mm 이상의 금속판으로 되어 있는 경우

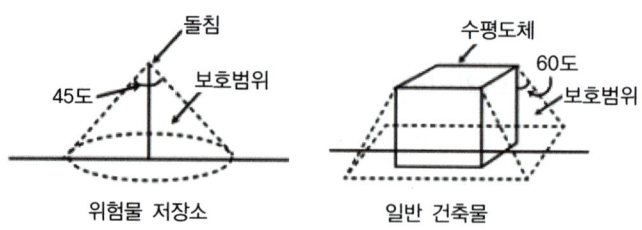

그림 4.1. 피뢰침 보호범위

제4절 승강설비

① 엘리베이터의 종류

① 승용 엘리베이터
② 승용 및 화물 겸용 엘리베이터
③ 화물용 엘리베이터
④ 환자용 엘리베이터
⑤ 부엌용 리프트(덤 웨이터)
⑥ 특수 엘리베이터

② 엘리베이터의 속도

	속도(m/min)	구동 방식
저속	15, 20, 30, 45	교류 1단, 교류 2단
중속	60, 70, 90, 105	교류 2단, 직류기어
고속	120, 150, 1180, 210, 240, 300	직류 기어리스

표 4.1. 엘리베이터의 속도

CHAPTER
05
가스 · 소화설비

제1절 **가스설비**

• 가스설비는 가스의 공급과 연소를 위한 설비로 나뉘어짐.
• 가스연료는 액화석유가스(LPG : Liquefied Petroleum Gas)와 액화천연가스(LNG : Liquefied Natural Gas), 그리고 석탄가스로 구분

1 LNG와 LPG ★★

1. LPG
① 석유 정제 시 생성되는 가스를 액화함
② 프로판은 가정취사 및 난방용으로 사용
③ 부탄은 가스버너와 택시 운송용으로 사용
④ 액화 및 기화가 용이함
⑤ 비중이 공기보다 커 누출 시 중독의 위험성 있음(아래로 가라앉음)

2. LNG
① 주성분은 메탄을 사용함
② 공기보다 가벼워 안전성이 높고 무공해
③ 연료용으로 우수함
④ 배관을 통해 공급

2 배관 설치 시 주의사항
① 가스계량기, 전기개폐기, 전기계량기와는 60cm 이상 떨어질 것
② 인접 전기설비, 굴뚝과 30cm 이상 떨어질 것
③ 지중 매설 깊이는 60cm 이상, 콘크리트 매설은 피함
④ 배관은 노출배관으로 하고 황색으로 표시
⑤ 건물의 주요 구조부를 관통하지 않도록 함
⑥ 배관 도중 신축 흡수를 위한 이음을 실시

제2절 소화설비

• 소방용 설비(소방법): 소방의 용도를 이용하는 설비. 소화설비, 경보설비 및 피난설비를 의미함
• 화재의 종류에는 A, B, C, D 가스 화재의 5종류가 있음. A, B, C 화재는 일반 소화기를 사용할 수 있음

1 소화방법

1. 물리적 소화

① 질식 소화: 불연성포말 혹은 액체 등으로 연소물을 덮어 산소를 차단
② 희석 소화: 가연물 가스의 산소 농도와 가연물의 조성을 연소 한계점보다 묽게 하는 방법
③ 냉각 소화: 점화원을 발화점 이하로 온도를 낮추어 연소를 차단
④ 제거 소화: 연소물을 제거하여 연소를 차단

2. 화학적 소화(부촉매 소화법)

① 증발잠열이 크고 비열이 큰 부촉매를 사용하여 가연물의 연소를 억제
② 숯, 코크스, 목탄 등의 연소에는 효과가 없음
③ 할론, 분말, 청정소화약제, 산/알칼리, 화학포, 강화액 소화기 등

2 소화설비

• 화재 시 물과 소화약제를 분출하는 설비 「위험물안전관리법」 혹은 「화재안전기준」을 따라 용량과 규격을 결정함

1. 옥내소화전 ★★★

① 건축물 내부의 각층에 설치
② 화재 시 급수설비로부터 배관을 통해 호스와 노즐의 방수압력에 따라 소화
③ 표준방수압: 0.17MPa 이상
④ 호수: 노즐구경(13mm), 호스구경(40mm), 호스길이(15m 2본 = 30m)
⑤ 방수량: 130L/min, 20분 이상 방수
⑥ 저수조 용량: 130L/min 20분 한 층 소화전 개수(2개 이상이면 2개)
⑦ 설치간격: 각층 각 부분에서 소화전까지 수평거리 25m 이내
⑧ 개폐밸브 위치: 지면으로부터 1.5m 이하
⑨ 수원의 용량: 2.6m³
⑩ 연면적 3000m² 이상(지하층, 무창층 혹은 4층 이상의 층으로 바닥면적 600m² 이상)인 소방대상물의 전층에 설치해야 함

2. 옥외소화전

① 건축물 밖에 설치하여 1, 2층의 화재를 진압하는 고정설비

② 표준방수압 : 0.25MPa 이상

③ 호수 : 노즐구경(19mm), 호스구경(65mm), 호스길이(15m 2본 = 30m)

④ 방수량 : 350L/min, 20분 이상 방수

⑤ 저수조 용량 : 350L/min 20분 소화전 개수(최대 2개 이하)

⑥ 설치간격 : 건축물 각 부분에서 소화전까지 수평거리 40m 이내

⑦ 개폐밸브 위치 : 지면으로부터 1.5m 이하

⑧ 수원의 용량 : 7m³

3. 스프링클러 ^{반드시 기억}★★★★

• 화재 시 72도 내외에서 실내열을 감지하여 물을 분사하여 진화

(1) **헤드 표준방수압** : 0.1MPa 이상

(2) **저수조 용량** : 1.6 × 스프링클러 헤드의 설치 개수(30개 이하)

(3) **표준방수량** : 80L/min, 20분 이상 방수

(4) **헤드1개의 소화면적** : 10m²

(5) **설치간격**

① 정방향 : $\sqrt{2}R$

② 장방향 : 2R

(6) **폐쇄형 스프링클러**

① 습식배관 : 가압된 물이 스프링클러 배관의 헤드까지 차 있어 화재 시 헤드 개구와 동시에 자동적으로 살수, 알람밸브가 이를 감지하여 경보를 울리고 스프링클러 펌프를 가동하여 헤드에 급수

② 건식배관 : 스프링클러 1차측 배관에 물 대신 압축공기가 차 있어 화재의 열로 헤드가 열리면 배관 내의 공기압이 저하되면서 건식밸브가 이를 감지하여 경보. 스프링클러 펌프를 가동하여 헤드에 급수

③ 준비 작동식 : 스프링클러 배관에 대기압상태의 공기가 차 있어 화재감지기가 화재를 감지하게 되면 준비작동밸브를 개방하고 동시에 경보를 울림. 스프링클러 펌프를 가동하여 헤드에 급수함 (동파 우려가 있는 한랭지, 주차장)

(7) **일제살수식 설비**

① 스프링클러에 감열부가 없는 설비방식으로 항상 열려 있는 개방형 헤드를 사용하여 화재 감지 시 헤드가 설치된 방수구역 내에 동시에 살수하는 방식

② 수동 개방도 가능하여 스프링클러가 설치된 모든 구역에 살수가 가능함

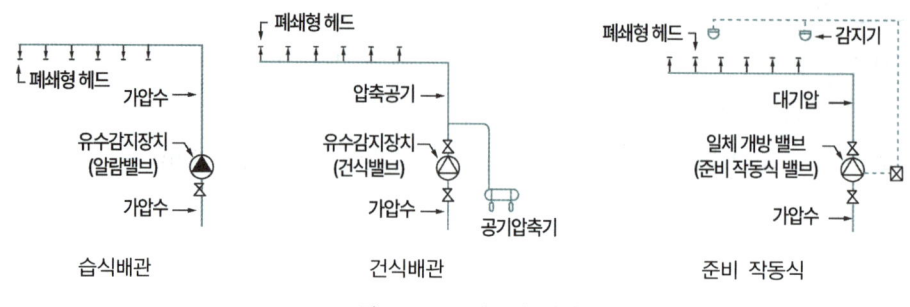

그림 5.1. 스프링클러 설비

⑻ **스프링클러의 설치간격**

건물의 구조	반경(m)	헤드간격(m)	방호면적(m²)
극장, 준위험물, 특별 가연물	1.7	2.4	5.78
준내화건축	2.1	3.0	8.76
내화건축	2.3	3.2	10.56
아파트	3.2	4.5	20.43

표 5.1. 스프링클러 설치간격

4. 드렌처 ★★

① 건물의 외벽, 창 등에 설치하여 건물화재 시 수막을 형성함

② 인접건물로부터의 화재에 대응하여 화재가 커지는 것을 막기 위한 설비

③ 헤드 설치간격 : 수평 2.5m 이하, 수직 4m 이하마다 설치

④ 분당 헤드 방수량 : 80L/min

⑤ 표준 헤드방수압 : 0.1MPa 이상

⑥ 수원수량(m³) : 1.6m³ × 드렌처헤드의 설치개수

5. 연결송수관

① 빌딩에 소방대전용 송수관을 미리 설치

② 화재 시 소방차로부터 소방용수를 공급받아 해당 층의 전용 방수구를 통해 소화

③ 소방대 전용 소화전설비

④ 지하층 포함 7층 이상인 건축물, 5층 이상 연면적 6000m² 이상의 건물

⑤ 지하층 층수가 3층 이상, 지하층 바닥면적 합계 1000m² 이상 건물에 설치

⑥ 방수량 2400L/min

기출문제 : 전기/가스/소화설비

01 분전반 설치 시 유의사항으로 옳지 않은 것은? 지20

① 가능한 한 매층마다 설치하고 제3종 접지를 한다.
② 통신용 단자함이나 옥내 소화전함과 조화 있게 설치한다.
③ 조작상 안전하고 보수·점검을 하기 쉬운 곳에 설치한다.
④ 가능한 한 부하의 중심에서 멀리 설치한다.

02 다음 설명에 해당하는 설비는? 국21

> 건물 내부의 각 층에 설치되어 화재 시 급수설비로부터 배관을 통하여 호스(hose)와 노즐(nozzle)의 방수압력에 따라 소화 효과를 발휘하는 설비이다. 소방대상물의 가 부분으로부터 수평거리 25m 이하에 설비를 설치하여야 한다.

① 드렌처(drencher) 설비
② 스프링클러(sprinkler) 설비
③ 연결 송수관 설비
④ 옥내 소화전 설비

03 화재경보설비에 대한 설명으로 옳지 않은 것은? 지19

① 감지기는 화재에 의해 발생하는 열, 연소 생성물을 이용하여 자동적으로 화재의 발생을 감지하고, 이것을 수신기에 송신하는 역할을 한다.
② 감지기에는 열감지기와 연기감지기가 있다.
③ 수신기는 감지기에 연결되어 화재발생 시 화재등이 켜지고 경보음이 울리도록 한다.
④ 열감지기에는 주위 온도의 완만한 상승에는 작동하지 않고 급상승의 경우에만 작동하는 정온식과 실온이 일정 온도에 달하면 작동하는 차동식이 있다.

해설 01 ④   02 ④   03 ④

01 ④ 분전반은 부하 중심에 가깝게 설치해야 효율적이다.

02 ④ 옥내 소화전은 건물 내부 각 층에 설치, 수평거리 25m 이내 설비한다.
• 드렌처 : 외벽 화재 확산 방지용
• 스프링클러 : 자동소화설비
• 연결송수관 : 소방차 연계 설비

03 • 정온식 : 설정 온도 도달 시 작동
• 차동식 : 일정 온도 상승률 도달 시 작동(급상승 시 작동)

04 소화설비 중 소화활동설비에 해당하지 않는 것은? 국18

① 자동화재탐지설비
② 제연설비
③ 비상콘센트설비
④ 연결살수설비

05 다음은 도심지 건물 화재 사고를 재구성한 내용이다. 사고 내용 중 B, C 건물의 화재를 막을 수 있는 가장 적절한 설비는? 지17

> <△△시 A건물 화재 사건>
> ○○○○년 ○○월 ○○일 A건물 화재 사건은 1차 화재로 끝나지 않고 인접한 B건물로 2차 화재, C건물로 3차 화재가 번져 피해가 매우 컸다. 화재의 가장 큰 원인은 A, B, C 건물 모두 인동간격이 각각 1.5m 이내로 촘촘히 붙어 있어 화재가 번지기 쉬웠다.

① 스프링클러(sprinkler) 설비
② 물 분무 소화 설비
③ 연결 살수 설비
④ 드렌처(drencher) 설비

06 다음 중 건축물의 화재에 대비하기 위한 자동소화설비는? 지15

① 스프링클러 설비
② 옥내 소화전 설비
③ 소화기 및 간이 소화용구
④ 옥외 소화전 설비

07 소화방법에 대한 설명으로 옳지 않은 것은? 국14

① 질식소화법은 불연성 포말 혹은 액체로 연소물을 덮어 산소의 공급을 차단하는 방법이다.
② 희석소화법은 가연물 가스의 산소 농도와 가연물의 조성을 연소 한계점보다 묽게 하는 방법이다.
③ 냉각소화법은 발화점 이하로 온도를 낮추어 연소가 중지되도록 하는 소화방법이다.
④ 촉매소화법은 증발잠열이 크고 비열이 큰 부촉매를 사용하여 가연물의 연소를 억제하는 소화방법이다.

08 피뢰설비에 관한 설명으로 옳지 않은 것은? 지13

① 돌침은 건축물의 맨 윗부분으로부터 25cm 이상 돌출시켜 설치하되, 건축물의 구조기준 등에 관한 규칙에 따른 설계하중에 견딜 수 있는 구조이어야 한다.

② 피뢰설비는 한국산업표준이 정하는 피뢰레벨 등급에 적합해야 한다.

③ 피뢰설비의 재료는 최소 단면적이 피복이 없는 동선을 기준으로 수뢰부, 인하도선 및 접지극은 50mm² 이상이거나 이와 동등 이상의 성능을 갖추어야 한다.

④ 건축물의 설비기준 등에 관한 규칙에 따르면 지면상 10m 이상의 건축물에는 반드시 피뢰설비를 설치하도록 규정하고 있다.

09 스프링클러 설비시설에 대한 설명으로 옳지 않은 것은? 국13

① 화재의 열에 의해 스프링클러 헤드가 자동적으로 개구되어 방수하는 방식을 개방형 스프링클러 설비라 한다.

② 특수 가연물을 저장 취급하는 장소에 위치한 스프링클러 헤드 1개의 유효반경은 1.7m 이하로 한다.

③ 스프링클러 헤드의 방수 압력은 1kg/cm² 이상으로 한다.

④ 스프링클러 헤드의 방수량은 80ℓ/min 이상으로 한다.

10 발전기실의 위치 및 구조에 관한 설명으로 옳지 않은 것은? 지10

① 기기의 반출입이나 운전, 보수가 용이한 곳이 좋다.

② 발전기실은 진동 시 문제가 발생하므로 기초와 연결하는 것이 바람직하다.

③ 배기 배출기에 가깝고 연료보급이 용이한 곳이 좋다.

④ 부하 중심 가까운 곳에 둔다.

해설 04 ① 05 ④ 06 ① 07 ④ 08 ④ 09 ① 10 ②

04 ① 화재탐지설비는 경보설비, 소화활동설비에 해당하지 않는다.

05 ④ 드렌처는 외벽, 개구부 차폐 살수로 인접 건물 화재 확산 방지하기 위한 설비이다.

06 ① 스프링클러는 대표적인 자동소화 설비이다.

07 ④ 부촉매 소화법에 대한 설명이다.

08 ④ 건축물의 설비기준 등에 관한 규칙에 따르면 지면상 20m 이상의 건축물에는 반드시 피뢰설비를 하도록 규정하고 있다.

09 ① 화재의 열에 의해 스프링클러 헤드가 자동적으로 개구되어 방수하는 방식을 폐쇄형 스프링클러 설비라 한다.

10 ② 진동 문제로 기초와는 분리설치가 원칙이다.

차민휘
건축계획

PART

05

건축법규

CHAPTER 01 건축법

제1절 총칙

1 용어

1. 건축물

(1) 정의

토지에 정착(定着)하는 공작물 중 지붕과 기둥 또는 벽이 있는 것과 이에 딸린 시설물, 지하나 고가(高架)의 공작물에 설치하는 사무소·공연장·점포·차고·창고, 그 밖에 대통령령으로 정하는 것을 말한다.

(2) 토지에 정착하는 공작물 중 건축물로 보는 기준

① 지붕과 기둥 또는 지붕과 벽이 있는 것

② ①에 부수되는 시설물(건축물에 부수되는 대문, 담장 등)

③ 지하 또는 고가의 공작물에 설치하는 사무소, 공연장, 점포, 차고, 창고

(3) 일정 규모가 넘는 신고대상 공작물

① 높이 2m를 넘는 옹벽 또는 담장

② 높이 4m를 넘는 장식탑, 기념탑, 첨탑, 광고탑, 광고판, 그 밖에 이와 비슷한 것

③ 높이 5m를 넘는 태양에너지 발전설비

④ 높이 6m를 넘는 굴뚝, 골프연습장

⑤ 높이 8m를 넘는 고가수조나 그 밖에 이와 비슷한 것

⑥ 높이 8m(위험을 방지하기 위한 난간의 높이는 제외) 이하의 기계식 주차장 및 철골 조립식 주차장(바닥면이 조립식이 아닌 것을 포함)으로서 외벽이 없는 것

⑦ 바닥면적 30㎡를 넘는 지하대피호

⑧ 건축조례로 정하는 제조시설, 저장시설(시멘트 저장용 사일로 포함)

(4) 거실★★★★

① 정의: 건축물 안에서 거주, 집무, 작업, 집회, 오락 그 밖에 이와 유사한 목적을 위하여 사용되는 방을 말한다.

② 거실과 비거실

(5) 지하층 ★★

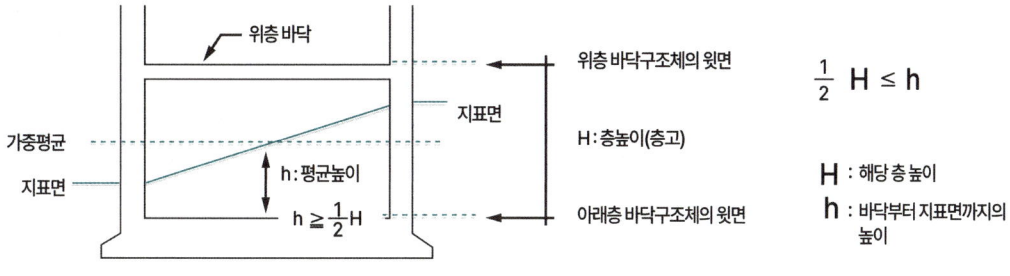

그림 1.1. 지하층의 산정

① **정의**: 건축물의 바닥이 지표면 아래에 있는 층으로서, 바닥에서 평균 지표면까지 평균 높이가 해당 층 높이의 1/2 이상인 것을 말한다.

② **지표면의 산정**

$$가중\ 평균면 = \frac{흙에\ 접한\ 건축물의\ 벽면적}{건축물의\ 둘레길이}$$

(6) 건축설비

① **개념**: 건축설비는 건축물의 기능을 유지하기 위한 것이다.

② **종류**

- 전기 · 전화 설비, 초고속 정보통신 설비, 지능형 홈 네트워크
- 가스 · 급수 · 배수(配水) · 배수(排水) · 환기 · 난방 · 냉방 · 소화 · 배연 및 오물 처리의 설비
- 굴뚝, 승강기, 피뢰침, 국기 게양대, 공동시청 안테나, 유성방송 수신시설
- 우편함, 저수조, 방범시설

📌 셔터, 차양, 부엌은 건축설비가 아니다.

2. 건축 ★

(1) 정의: 건축물을 신축 · 증축 · 개축 · 재축 · 이전하는 것

(2) 건축행위의 비교

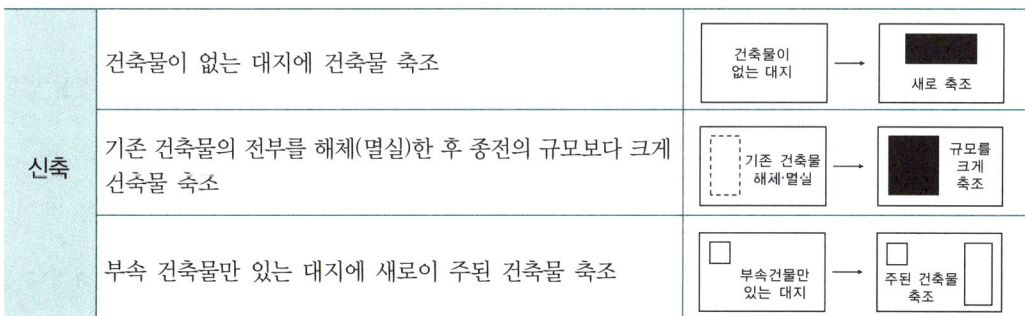

신축	건축물이 없는 대지에 건축물 축조	건축물이 없는 대지 → 새로 축조
	기존 건축물의 전부를 해체(멸실)한 후 종전의 규모보다 크게 신축물 축조	기존 건축물 해체·멸실 → 규모를 크게 축조
	부속 건축물만 있는 대지에 새로이 주된 건축물 축조	부속건물만 있는 대지 → 주된 건축물 축조

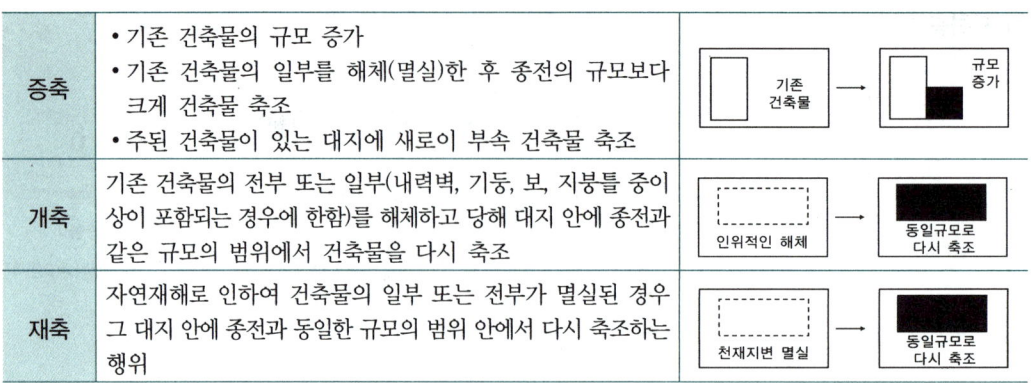

증축	• 기존 건축물의 규모 증가 • 기존 건축물의 일부를 해체(멸실)한 후 종전의 규모보다 크게 건축물 축조 • 주된 건축물이 있는 대지에 새로이 부속 건축물 축조	
개축	기존 건축물의 전부 또는 일부(내력벽, 기둥, 보, 지붕틀 중 이상이 포함되는 경우에 한함)를 해체하고 당해 대지 안에 종전과 같은 규모의 범위에서 건축물을 다시 축조	
재축	자연재해로 인하여 건축물의 일부 또는 전부가 멸실된 경우 그 대지 안에 종전과 동일한 규모의 범위 안에서 다시 축조하는 행위	

표 1.1. 건축행위의 비교

3. 주요구조부 ★★★★

(1) 개념

① 주요구조부 : 내력벽, 기둥, 바닥, 보, 지붕틀 및 주계단을 말한다.

② 사이기둥, 최하층 바닥, 작은보, 차양, 옥외계단, 기타 이와 유사한 것으로 건축물의 구조상 중요하지 아니한 부분은 주요 구조부가 아니다.

(2) 주요구조부와 제외되는 부분

구조	주요 구조부	제외 부분
	내력벽	내력벽
	기둥	사이기둥
	바닥	최하층 부닥
	보	작은보
	지붕틀	차양
	주계단	옥외계단 등

표 1.2. 주요 구조부

4. 대수선 ★★

(1) 대수선의 정의

건축물의 기둥, 보, 내력벽, 주계단 등의 구조나 외부 형태를 수선·변경하거나 증설하는 것을 말한다.

(2) 대수선의 범위

① 내력벽 : 증설·해체하거나 벽면적을 30m^2 이상 수선·변경하는 것

② 기둥, 보, 지붕틀 : 증설 또는 해체하거나 세 개 이상 수선 또는 변경하는 것

③ 방화벽, 방화구획을 위한 바닥, 벽 및 주계단, 피난계단, 특별피난계단 : 증설 또는 해체하거나 수선 또는 변경 하는 것

④ 다가구 주택의 가구 간 경계벽 또는 다세대주택의 세대 간 경계벽: 증설 또는 해체하거나 수선 또는 변경하는 것

⑤ 건축물의 외벽에 사용하는 마감재료: 증설 또는 해체하거나 벽면적 $30m^2$ 이상 수선 또는 변경하는 것

(3) 리모델링 ★★

건축물의 노후화를 억제하거나 기능 향상 등을 위해 대수선하거나 건축물의 일부를 증축 또는 개축하는 행위

5. 도로

(1) 도로 정의

보행 및 자동차 통행이 가능한 너비 4m 이상의 도로로서 다음에 해당하는 도로 또는 그 예정도로를 말한다.

(2) 막다른 도로의 너비 ★

막다른 도로의 길이	도로의 너비
10m 미만	2m 이상
10m 이상 35m 미만	3m 이상
35m 이상	6m 이상 (도시지역이 아닌 읍·면지역에서는 4m 이상)

표 1.3. 막다른 도로의 너비

6. 고층 건축물 반드시 기억 ★★★★★

고층건축물	층수가 30층 이상이거나 높이가 120m 이상인 건축물
준초고층 건축물	고층건축물 중 초고층 건축물이 아닌 것을 말함
초고층 건축물	층수가 50층 이상이거나 높이가 200m 이상인 건축물을 말함

표 1.4. 고층 건축물의 기준

7. 특수구조 건축물 ★

① 한쪽 끝은 고정되고 다른 끝은 지지되지 아니한 구조로 된 보, 차양 등이 외벽의 중심선으로부터 3m 이상 돌출된 건축물

② 기둥과 기둥 사이의 거리(기둥 중심선 사이의 거리, 내력벽과 내력벽 중심선 사이의 거리)가 20m 이상인 건축물

③ 특수한 설계, 시공, 공법 등이 필요한 건축물로서 국토교통부장관이 정하여 고시하는 구조로 된 건축물

8. 건축물의 용도 **

대분류	소분류

단독주택
(가정어린이집 · 공동생활가정 ·
지역아동센터 · 공동육아나눔터 ·
작은도서관 및 노인복지시설
포함)
	• 단독주택
	• 다중주택
	  – 학생 또는 직장인 등 다수인이 장기간 거주할 수 있는 구조로 되어
	    있을 것
	  – 독립된 주거의 형태가 아닐 것
	  – 1개 동의 주택으로 쓰이는 바닥면적의 합계가 660m² 이하이고 층
	    수가 3층 이하일 것
	• 다가구주택 : 다음의 요건을 모두 갖춘 주택으로서 공동주택에 해당하지
	  않는 것
	  – 주택으로 쓰이는 층수가 3개층 이하일 것
	    예외) 1층의 전부 또는 일부를 필로티 구조로 하여 주차장으로 사용
	        하고 나머지 부분을 주택 외의 용도로 쓰는 경우에는 해당
	        층을 주택의 층수에서 제외함
	  – 1개 동의 주택으로 쓰이는 바닥면적(부설 주차장 면적은 제외)의
	    합계가 660m² 이하일 것
	  – 19세대 이하가 거주할 수 있는 것
	• 공관

공동주택
(가정어린이집 · 공동생활가정 ·
지역아동센터 · 공동육아나눔터 ·
작은도서관 · 노인복지시설 ·
소형주택 포함)
	• 아파트 : 주택으로 쓰이는 층수가 5개 층 이상인 주택
	• 연립 주택 : 주택으로 쓰이는 1개 동의 바닥면적 합계가 660m²를 초과
	  하고, 층수가 4개 층 이하인 주택
	• 다세대 주택 : 주택으로 쓰이는 1개 동의 바닥면적 합계가 660m² 이하
	  이고, 층수가 4개 층 이하인 주택
	• 기숙사 : 학교 또는 공장 등의 학생 또는 종업원 등을 위하여 쓰는 것
	  으로 1개 동의 공동취사시설 이용 세대수가 전체의 50% 이상인 것

제1종 근린생활시설	• 일용품을 판매하는 소매점, 지역자치센터, 파출소, 지구대, 소방서, 우
	  체국, 방송국, 보건소, 공공도서관 등과 같은 시설로써 해당 용도로 쓰는
	  바닥면적의 합계가 1000m² 미만인 것
	• 탁구장, 체육도장으로서 같은 건축물에 해당 용도로 사용하는 바닥면
	  적의 합계가 500m² 미만인 것
	• 휴게음식점, 제과점 등으로서 같은 건축물에 해당 용도로 사용하는 바닥
	  면적의 합계가 300m² 미만인 것
	• 의원, 치과의원, 한의원, 침술원, 접골원, 조산원, 안마원, 산후조리원 등
	• 변전소, 마을회관, 공중화장실, 대피소, 지역아동센터, 마을공동구판장 등

제2종 근린생활시설	• 단란주점으로서 같은 건축물에 해당 용도로 사용하는 바닥면적의 합
	  계가 150m² 미만인 것
	• 종교집회장, 공연장으로서 같은 건축물에 해당용도로 사용하는 바닥
	  면적의 합계가 500m² 미만인 것
	• 테니스장, 체력단련장, 에어로빅장, 볼링장, 당구장, 골프연습장, 금융
	  업소, 사무소, 부동산중개사무소, 결혼상담소 등 소개업소로서 같은
	  건축물에 해당용도로 사용하는 바닥면적의 합계가 500m² 미만인 것
	• 학원(같은 건축물에 해당 용도로 사용하는 바닥면적의 합계가 500m²
	  미만인 것에 한하며, 자동차학원 및 무도학원은 제외함)
	• 사진관, 표구점, 일반음식점, 독서실, 기원
	• 안마시술소, 노래연습장, 장의사, 동물병원, 동물미용실

문화 및 집회시설	• 공연장, 집회장으로서 제2종 근린생활시설에 해당하지 않는 것 • 관람장(경마장, 경륜장, 경정장, 자동차경기장, 그 밖에 이와 비슷한 것과 체육관 및 운동장으로서 관람석의 바닥면의 합계가 1000m² 이상인 것) • 전시장(박물관, 미술관, 과학관, 문화관, 체험관, 기념관, 산업전시장, 박람회장 등) • 동·식물원(동물원, 식물원, 수족관 포함)
종교시설	• 종교집회장으로서 제2종 근린생활시설에 해당하지 아니하는 것 • 종교집회장에 설치하는 봉안당
판매시설	도매시장, 소매시장, 상점
운수시설	여객자동차터미널, 철도시설, 공항시설, 항만시설
의료시설	• 병원(종합병원, 병원, 치과병원, 한방병원, 정신병원 및 요양병원) • 격리병원(전염병원, 마약진료소)
교육연구시설 (제2종 근린생활시설에 해당하는 것은 제외)	• 학교(유치원, 초등학교, 중학교, 고등학교, 전문대학, 대학, 대학교, 그 밖에 이에 준하는 각종 학교) • 교육원(연수원 포함) • 직업훈련소(운전 및 정비 관련 직업훈련소는 제외) • 학원(자동차 학원, 무도학원 및 정보통신기술을 활용하여 원격으로 교습하는 것은 제외) • 교습소(자동차교습, 무도교습 및 정보통신기술을 활용하여 원격으로 교습하는 것은 제외) • 연구소(연구소에 준하는 시험소와 계측계량소를 포함) • 도서관
노유자시설	• 아동관련시설(어린이집, 아동복지시설, 그 밖에 이와 비슷한 것으로서 단독주택, 공동주택 및 제1종 근린생활시설에 해당하지 않는 것) • 노인복지시설(단독주택과 공동주택에 해당하지 않는 것)
수련시설	생활권 수련시설, 자연권 수련시설, 유스호스텔, 야영장 시설
운동시설	• 탁구장, 체육도장, 테니스장, 체력단련장, 에어로빅장, 볼링장, 당구장, 실내낚시터, 골프연습장, 놀이형 시설, 그 밖에 이와 비슷한 것으로서 제1종 근린생활시설 및 제2종 근린생활시설에 해당하지 아니 하는 것 • 체육관으로서 관람석이 없거나 관람석의 바닥면적이 1000m² 미만인 것 • 운동장(육상장, 구기장, 볼링장, 수영장, 스케이트장, 롤러스케이트장, 승마장, 사격장, 궁도장, 골프장 등과 이에 딸린 건축물) 으로서 관람석이 없거나 관람석의 바닥면적이 1000m² 미만인 것
업무시설	• 공공업무시설 : 국가 또는 지방자치단체의 청사와 외국공관의 건축물로서 제1종 근린생활시설에 해당하지 아니하는 것 • 일반 업무시설 − 금융업소, 사무소, 결혼상담소 등 소개업소, 출판사, 신문사, 그 밖에 이와 비슷한 것으로서 제1종 근린생활시설 및 제2종 근린생활시설에 해당하지 않는 것 − 오피스텔

PART 05

숙박시설	• 일반숙박시설 및 생활숙박시설 • 관광숙박시설(관광호텔, 수상관광호텔, 한국전통호텔, 가족호텔, 호스텔, 소형호텔, 의료관광호텔 및 휴양 콘도미니엄) • 다중생활시설(제2종 근린생활시설에 해당하지 아니하는 것을 말함)
위락시설	• 단란주점으로서 제2종 근린생활시설에 해당하지 아니하는 것 • 유흥주점, 유원시설업의 시설, 무도장, 무도학원, 카지노영업소
공장	물품의 제조 및 가공 또는 수리에 계속적으로 이용되는 건축물로서 제1종 근린생활시설, 제2종 근린생활시설, 위험물 저장 및 처리시설, 자동차 관련 시설, 자원순환 관련시설 등으로 따로 분류되지 아니한 것
창고시설 (위험물 저장 및 처리시설은 제외)	• 창고 • 하역장, 물류터미널, 집배송 시설
위험물 저장 및 처리시설	• 주유소(기계식 세차설비를 포함) 및 석유 판매소 • 액화석유가스 충전소, 판매소, 저장소(기계식 세차설비를 포함) • 위험물 제조소, 저장소, 취급소 • 액화가스 취급소, 판매소 • 유독물 보관, 저장, 판매시설 • 고압가스 충전소, 판매소, 저장소 • 도료류 판매소, 도시가스 제조시설, 화약류 저장소
자동차 관련시설 (건설기계 관련시설 포함)	• 주차장, 세차장, 폐차장, 검사장, 매매장, 정비공장 • 운전학원 및 정비학원(운전 및 정비 관련 직업훈련시설을 포함) • 차고 및 주기장 • 전기자동차 충전소로서 제1종 근린생활시설에 해당하지 않는 것
동물 및 식물 관련시설	• 축사(양잠, 양봉, 양어, 양돈, 양계, 곤충사육 시설 및 부화장 등을 포함) • 가축시설, 도축장, 도계장, 종묘배양시설, 화초 및 분재 등의 온실, 식물 재배사
자원순환 관련시설	하수 등 처리시설, 고물상, 폐기물재활용시설, 폐기물 처분시설, 폐기물 감량화시설
교정 및 군사시설 (제1종 근린생활시설에 해당하는 것은 제외)	• 교정시설 • 갱생보호시설, 그 밖에 범죄자의 갱생, 보육, 교육, 보건 등의 용도로 쓰는 시설 • 소년원 및 소년분류심사원 • 국방, 군사시설
방송통신시설 (제1종 근린생활시설에 해당하는 것은 제외)	• 방송국(방송프로그램 제작시설 및 송신, 수신, 중계시설을 포함) • 전신전화국, 촬영소, 통신용 시설, 데이터 센터
발전시설	발전소(집단에너지 공급시설을 포함)로 사용되는 건축물로서 제1종 근린 생활시설에 해당하지 아니하는 것
묘지 관련시설	• 화장시설 • 봉안당(종교시설에 해당하는 것은 제외) • 묘지와 자연장지에 부수되는 건축물 • 동물화장 시설, 동물건조장 시설 및 동물 전용의 납골시설

관광 휴게시설	• 야외 음악당, 야외극장, 어린이회관, 관망탑, 휴게소 • 공원, 유원지 또는 관광지에 부수되는 시설
장례시설	• 장례식장(의료시설의 부수시설에 해당하는 것은 제외) • 동물 전용의 장례식장
야영장시설	관광진흥법에 따른 야영장 시설로서 관리동, 화장실, 샤워실, 대피소, 취사시설 등의 용도로 쓰는 바닥면적의 합계가 300m² 미만인 것

표 1.5. 건축물의 용도

9. 준주택의 종류(주택법 시행령4조) ★

① 기숙사

② 다중생활시설

③ 노인복지주택

④ 오피스텔

▸ 다중주택은 단독주택으로 분류함

10. 다중이용 건축물

(1) 아래 용도로 쓰이는 바닥면적의 합계가 5000m² 이상인 건축물

① 문화 및 집회시설(동물원 및 식물원은 제외)

② 종교시설

③ 판매시설

④ 운수시설 중 여객용 시설

⑤ 의료시설 중 종합병원

⑥ 숙박시설 중 관광숙박시설

(2) 16층 이상 건축물

11. 주택법상 용어의 정의 ★

(1) 부대시설

① 주차장, 관리사무소, 담장 및 주택단지 안의 도로

② 건축물에 설치하는 전기·전화설비, 초고속 정보통신 설비, 지능형 홈네트워크 설비, 가스·급수·배수·환기·난방·냉방·소화·배연 및 오물처리 설비, 굴뚝, 승강기, 피뢰침, 국기게양대, 공동시청 안테나, 유선방송 수신시설, 우편함, 저수조, 방범시설

(2) 기간시설: 도로, 상하수도, 전기시설, 가스시설, 통신시설, 지역난방시설 등을 말한다.

(3) 도시형 생활 주택

300세대 미만의 국민주택규모에 해당하는 주택으로서 대통령령으로 정하는 주택을 말한다.

(4) 에너지 절약형 친환경 주택

저에너지 건물 조성 기술 등 대통령령으로 정하는 기술을 이용하여 에너지 사용량을 절감하거나 이산화탄소 배출량을 저감할 수 있도록 건설된 주택을 말한다.

(5) 복리시설

주택단지의 입주자 등의 생활복리를 위한 것으로서, 어린이 놀이터, 근린생활시설, 유치원, 주민 운동시설 및 경로당 등이 있다.

(6) 세대구분형 공동주택

공동주택의 주택 내부 공간의 일부를 세대별로 구분하여 생활이 가능한 구조로 하되, 그 구분된 공간의 일부를 구분소유할 수 없는 주택을 말한다.

2 면적, 높이 및 층수산정

1. 건축물의 면적 산정

(1) 대지면적 ★★★

① 원칙: 대지의 수평투영면적으로 한다.

② 대지면적에 포함시키지 않는 경우

- 대지에 건축선이 정하여진 경우: 그 건축선과 도로 사이의 대지면적
- 대지에 도시·군계획시설인 도로·공원 등이 있는 경우: 그 도시·군 계획시설에 포함되는 대지면적

2. 건축선의 지정

(1) 건축선의 정의

도로에 접한 부분에 있어서 건축물을 건축할 수 있는 선으로 대지와 도로 경계선이다.

(2) 소요너비에 미달되는 도로의 건축선

조건		건축선의 기준
원칙	도로 양쪽에 대지가 있을 때	미달되는 도로의 중심선에서 소요너비 1/2 수평거리를 후퇴한 선
예외	도로의 반대쪽에 경사지·하천·철도·선로부지 등이 있을 때	경사지 등이 있는 쪽의 도로경계선에서 소요너비에 상당하는 수평거리의 선

표 1.6. 소요폭 미달 도로의 건축선

★ 대지에 접한 도로경계선의 교차점으로부터 도로경계선에 따라 위의 표에 따른 거리를 각각 후퇴한 두 점을 연결한 선을 건축선으로 한다.

3. 건축면적 ★★

구분	산정기준
원칙	건축물의 외벽(외벽이 없는 경우에는 외곽부분의 기둥)의 중심선으로 둘러싸인 부분의 수평투영면적(단, 태영열을 주된 에너지원으로 이용하는 주택의 건축면적은 건축물의 외벽 중 내측 내력벽의 중심선을 기준으로 함)
제외	• 지표면으로부터 1m 이하에 있는 부분(창고 중 물품을 입출고하기 위하여 차량을 접안시키는 경우에는 지표면으로부터 1.5m 이하에 있는 부분) • 건축물의 지상층에 일반인이나 차량이 통행할 수 있도록 설치된 보행통로나 차량통로 • 지하주차장의 경사로

표 1.7. 건축면적

4. 바닥면적 ★★

(1) 원칙

건축물의 각 층 또는 그 일부로서 벽, 기둥, 그 밖에 이와 비슷한 구획의 중심선으로 둘러싸인 부분의 수평투영면적이다.

(2) 바닥면적 산정의 예

① 벽, 기둥의 구획이 없는 건축물에 있어서는 그 지붕 끝부분으로부터 수평거리 1m를 후퇴한 선으로 둘러싸인 수평투영면적으로 한다.

② 건축물의 노대 등의 바닥은 난간 등의 설치 여부에 관계없이 노대 등의 면적에서 노대 등이 접한 가장 긴 외벽에 접한 길이에 1.5m를 곱한 값을 뺀 면적을 바닥면적에 산입한다.

(3) 바닥면적에 산입되지 않은 부분

① 필로티나 그 밖에 이와 비슷한 구조(벽면적의 2분의 1 이상이 그 층의 바닥면에서 위층 바닥 아래면까지 공간으로 된 것만 해당)의 부분은 그 부분이 공중의 통행이나 차량의 통행 또는 주차에 전용되는 경우와 공동주택의 경우

② 승강기탑, 계단탑, 장식탑, 층고 1.5m 이하인 다락(경사진 형태의 지붕인 경우에는 1.8m)

③ 건축물의 내부에 설치하는 냉방설비 배기장치 전용 설치공간($1m^2$ 이하로 한정), 건축물의 외부 또는 내부에 설치하는 굴뚝, 더스트슈트, 설비덕트 등

④ 옥상, 옥외 또는 지하에 설치하는 물탱크, 기름탱크, 냉각탑, 정화조, 도시가스 정압기 등

⑤ 공동주택으로서 지상층에 설치한 기계실, 전기실, 어린이 놀이터, 조경시설 및 생활폐기물 보관시설

5. 연면적 ★★

구분	산정기준
원칙	하나의 건축물의 각 층 바닥면적의 합계
용적률 산정 시 제외하는 면적	• 지하층의 면적 • 지상층의 주차용(해당 건축물의 부속용도인 경우만 해당)으로 쓰는 면적 • 초고층 건축물과 준초고층 건축물에 설치하는 피난안전구역의 면적 • 건축물의 경사지붕 아래에 설치하는 대피공간의 면적

표 1.8. 연면적 산정기준

6. 건축물의 높이 산정

(1) 건축물의 높이 산정

① 일반적인 높이 산정

구분	내용	
원칙	지표면으로부터 그 건축물 상단까지의 높이로 함	건축물의 높이 (H)
건축물 1층 전체가 필로티인 경우 (경비실, 계단실, 승강기실 등 포함)	건축물의 높이제한 및 공동주택의 높이제한의 규정을 적용함에 있어서 필로티의 층고를 제외한 높이로 함	

표 1.9. 건축물의 높이 산정

② 건축물의 최고높이 제한에 의한 높이 산정

구분	내용
원칙	전면도로 중심선에서 건축물 상단까지의 높이로 함
전면도로의 노면에 고저차가 있는 경우	그 건축물이 접하는 범위의 전면도로부분의 수평거리에 따라 가중평균한 높이의 수평면을 전면도로면으로 봄
건축물의 대지의 지표면이 전면도로보다 높은 경우	그 고저차의 1/2의 높이만큼 올라온 위치에 그 전면도로의 면이 있는 것으로 봄

표 1.10. 최고높이 제한에 의한 높이 산정

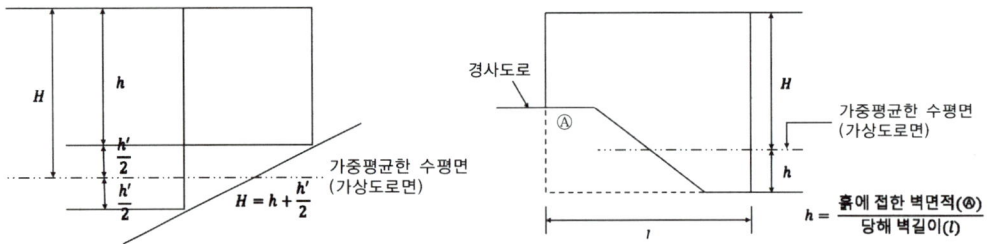

그림 1.2. 전면도로의 노면에 고저차가 있는 경우

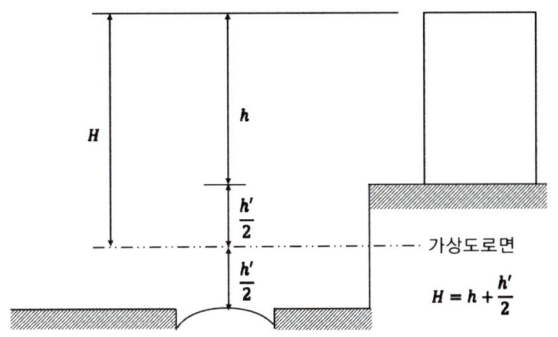

그림 1.3. 전면도로가 낮은 경우

③ 일조확보를 위한 건축물의 높이제한

- 건축물 높이를 산정할 때 건축물 대지의 지표면과 인접 대지의 지표면 간에 고저차가 있는 경우에는 그 지표면의 평균 수평면을 지표면으로 본다.
- 해당 대지가 인접 대지의 높이보다 낮은 경우에는 해당 대지의 지표면을 지표면으로 보고, 공동주택을 다른 용도와 복합하여 건축하는 경우에는 공동주택의 가장 낮은 부분을 그 건축물의 지표면으로 본다.

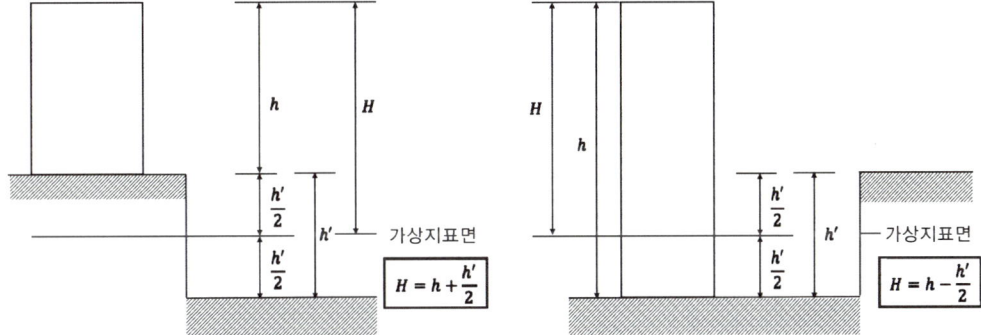

그림 1.4. 인접대지의 지표면이 낮은 경우(좌), 인접대지의 지표면이 높은 경우(우)

④ 건축물의 옥상부분의 높이 산정 ★★★

구분	산정기준
원칙	건축물의 옥상에 설치되는 승강기탑, 계단탑, 망루, 장식탑, 옥탑 등으로서 그 수평투영면적의 합계가 해당 건축물 건축면적의 1/8 이하(주택법에 의한 사업계획승인 대상인 공동주택 중 세대별 전용면적이 85m² 이하인 경우에는 1/6 이하)인 경우는 그 높이가 12m를 넘는 부분에 한하여 해당 건축물의 높이에 산입함
예외	지붕마루장시, 굴뚝, 방화벽의 옥상돌출부 등이 옥상돌출물과 난간벽(그 벽면저이 1/2 이상이 공간으로 되어 있는 것에 한함)

표 1.11. 옥상의 높이 산정

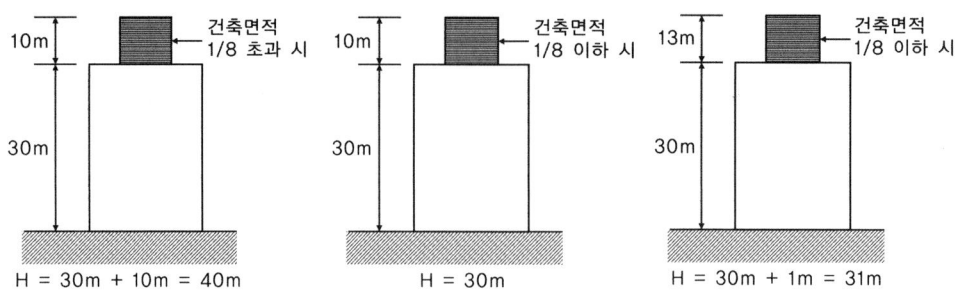

그림 1.5. 옥상부분 높이 산정

(2) 처마높이 ★

지표면으로부터 건축물의 지붕틀 또는 이와 유사한 수평재를 지지하는 벽, 깔도리 또는 기둥의 상단까지 높이이다.

(3) 반자높이 ★

① 방의 바닥면으로부터 반자까지의 높이로 한다.

② 한 방에서 반자높이가 다른 부분이 있는 경우에는 그 각 부분의 반자면적에 따라 가중평균한 높이로 한다.

(4) 층고 ★

① 방의 바닥구조체 윗면으로부터 위층 바닥구조체 윗면까지의 높이로 한다.

② 한 방에서 층의 높이가 다른 부분이 있는 경우에는 그 각 부분 높이에 따른 면적에 따라 가중평균한 높이로 한다.

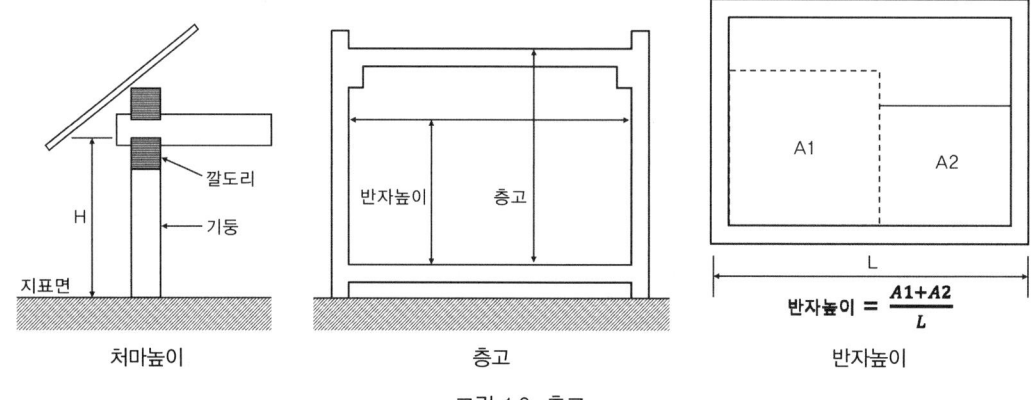

그림 1.6. 층고

(5) 층수 ★

① 승강기탑, 계단탑, 망루, 장식탑, 옥탑, 그 밖에 이와 유사한 건축물의 옥상 부분으로서 그 수평투영면적의 합계가 해당 건축물 건축면적의 1/8 이하(주택법에 따른 사업계획승인대상 공동주택 중 세대별 전용면적 85m² 이하인 경우는 1/6)인 것은 층수에 산입하지 아니한다.

② 지하층은 건축물의 층수에 산입하지 아니한다.

③ 층의 구분이 명확하지 아니한 건축물은 그 건축물의 높이 4m마다 하나의 층으로 보고 층수를 산정한다.

④ 건축물의 부분에 따라 그 층수를 달리한 경우에는 그중 가장 많은 층수를 그 건축물의 층수로 본다.

7. 적용제외

(1) 리모델링이 용이한 구조의 공동주택에 대한 완화기준 ★

리모델링이 쉬운 구조	완화대상	완화기준
• 각 세대는 인접한 세대와 수직 또는 수평 방향으로 통합하거나 분할할 수 있을 것 • 구조체에서 건축설비, 내부 마감재료 및 외부 마감재료를 분리할 수 있을 것 • 개별 세대 안에서 구획된 실의 크기, 개수 또는 위치 등을 변경할 수 있을 것	용적률, 높이제한, 일조권	120/100의 범위

표 1.12. 리모델링 완화 기준

(2) 건축법을 적용하지 않는 건축물 ★

문화재보호법에 의한 문화재	지정문화재나 임시지정문화재
철도, 궤도의 선로 부지 안에 있는 시설	• 운전보안시설 • 철도 선로의 위나 아래를 가로지르는 보행시설 • 플랫폼 • 해당 철도 또는 궤도사업용 급수, 급탄 및 급유시설
기타	• 고속도로 통행료 징수시설 • 컨테이너를 이용한 간이창고(공장의 용도로만 사용되는 건축물의 대지 안에 설치하는 것으로서 이동이 용이한 것에 한함) • 하천법에 따른 하천 구역 내의 수문 조작실

표 1.13. 건축법을 적용하지 않는 건축물

PART 05

제2절 | 건축물의 행정절차

1 건축허가

1. 건축허가 절차

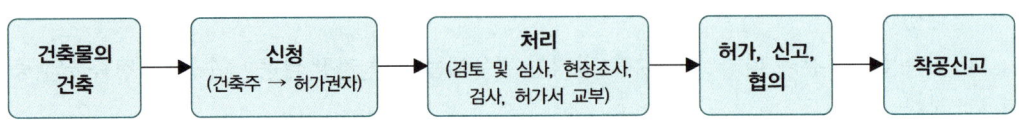

그림 1.7. 건축허가 절차

2. 건축허가 신청도서 ★

① 건축계획서, 배치도, 평면도, 입면도, 단면도, 구조도, 구조계산서, 소방설비도

② 배치도 : 축척 및 방위, 대지에 접한 도로의 길이 및 너비, 대지의 종/횡단면도, 건축선 및 대지 경계선으로부터 건축물까지의 거리, 주차동선 및 옥외주차계획, 공개공지 및 조경계획을 포함

③ 구조계산서구조계산서 목록표, 구조 내력상 주요한 부분의 응력 및 단면 산정과정, 내진설계의 내용(지진에 대한 안전 여부 확인 대상 건축물)

④ 구조도 : 구조내력상 주요한 부분의 평면 및 단면 필요 구조 안전 여부 확인 대상 건축물

⑤ 건축계획서개요(위치, 대지면적), 지역, 지구 및 도시계획사항, 건축물 규모(건축면적, 연면적, 높이, 층수 등), 주차장 규모, 건축물의 용도별 면적, 에너지절약계획서, 노인 및 장애인 등을 위한 편의시설 설치계획서(관계법령에 의하여 설치의무가 있는 경우에 한함)

2 건축신고 ★

• 허가 대상 건축물이라도 신고함으로써 건축허가를 받은 것으로 본다.

신고대상	규모
증축, 개축, 재축	바닥면적의 합계가 85m² 이내(3층 이상인 경우 증축·개축 또는 재축하려는 부분의 바닥면적의 합계가 건축물의 연면적의 1/10 이내인 경우로 한정함)
관리지역, 농림지역 또는 자연환경보전지역	연면적이 200m² 미만이고 3층 미만인 건축물의 건축(지구단위계획구역, 방재지구 등 재해취약지역은 제외함)
대수선	연면적 200m² 미만이고 3층 미만인 건축물
주요구조물의 해체가 없는 대수선	• 내력벽의 면적을 30m² 이상 수선하는 것 • 기둥을 세 개 이상 수선하는 것 • 보를 세 개 이상 수선하는 것 • 지붕틀을 세 개 이상 수선하는 것 • 방화벽 또는 방화구획을 위한 바닥 또는 벽을 수선하는 것 • 주계단·피난계단 또는 특별피난계단을 수선하는 것

그 밖의 소규모 건축물	• 연면적의 합계가 100m² 이하인 건축물 • 건축물의 높이를 3m 이하의 범위에서 증축하는 건축물 • 표준설계도서에 따라 건축하는 건축물로서 그 용도 및 규모가 주위환경이나 미관에 지장이 없다고 인정하여 건축조례로 정하는 건축물 • 공업지역, 지구단위계획구역 및 산업단지에서 건축하는 2층 이하인 건축물로서 연면적 합계 500m² 이하인 공장 • 농업이나 수산업을 경영하기 위하여 읍·면지역 － 연면적 200m² 이하의 창고 － 연면적 400m² 이하의 축사, 작물재배사, 종묘배양시설, 화초 및 분재 등의 온실

표 1.14. 건축신고 대상

3 허용오차 *

항목	허용오차의 범위		
건폐율	0.5% 이내(단, 건축면적 5m²를 초과할 수 없음)		
용적률	1% 이내(단, 연면적 30m²를 초과할 수 없음)		
건축물 높이	2% 이내	1m를 초과할 수 없음
출구 너비		－
반자 높이		－
평면 길이		건축물 전체의 길이는 1m를 초과할 수 없고, 벽으로 구획된 각 실은 10cm를 초과할 수 없음
벽체 두께 바닥판 두께 건축선의 후퇴거리 인접대지 경계선과의 거리 인접 건축물과의 거리	3% 이내		

표 1.15. 건축물의 히용 오차

제3절 건축물의 대지 및 도로

① 공개공지 등의 확보 ★★★

1. 공개공지 대상지역과 건축물

다음에 해당하는 지역의 환경을 쾌적하게 조성하기 위하여 법률에 정하는 바에 따라, 소규모 휴식시설 등의 공개공지 또는 공개공간을 설치하여야 한다.

대상지역		대상 건축물	
• 일반 주거지역 • 준주거지역 • 상업지역 • 준공업지역 • 특별자치시장·특별자치도지사 또는 시장·군수·구청장이 도시화의 가능성이 크거나 노후 산업단지의 정비가 필요하다고 인정하여 지정·공고하는 지역	바닥면적 합계가 5,000m² 이상인 건축물	• 문화 및 집회시설 • 종교시설 • 판매시설(농수산물 유통시설 제외) • 운수시설(여객용 시설만 해당) • 업무시설 및 숙박시설	그 밖에 다중이 이용하는 시설로서 건축조례가 정하는 건축물

표 1.16. 공개공지 대상지역 건축물

2. 공개공지 확보면적

① 공개공지의 면적은 대지면적의 10% 이하의 범위 안에서 건축조례로 정한다.

② 조경면적과 매장문화재 보호 및 조사에 관한 법률에 따른 매장문화재의 현지보존 조치면적을 공개공지 등의 면적으로 할 수 있다.

③ 공개공지 등을 설치 할 때에는 모든 사람들이 환경친화적으로 편리하게 이용할 수 있도록 긴 의자 또는 조경시설 등 건축조례로 정하는 시설을 설치해야 한다. 이 경우 공개공지는 필로티의 구조로 설치할 수 있다.

3. 공개공지 설치시 건축규제 완화 : 건폐율은 완화가 가능하지만 구체적인 수치에 대한 규정은 없음

법 규정	완화범위
용적률	해당 지역의 1.2배 이하
건축물의 높이제한	해당 높이의 1.2배 이하

표 1.17. 용적률과 건폐율 완화범위

| 제4절 | **건축물의 구조 및 재료** |

❶ 구조내력 등

1. 건축허가에 따른 구조안전 확인대상건축물(건축물의 건축, 대수선) ★

구조 안전의 확인 서류를 받아 착공신고 시 허가권자에게 제출하여야 하는 건축물

① <u>층수가 2층</u>(주요구조부인 기둥과 보를 설치하는 건축물로서 그 기둥과 보가 목재인 목구조 건축물의 경우에는 3층) <u>이상인 건축물</u>

② <u>연면적이 200m²</u>(목구조 건축물의 경우에는 500m²) <u>이상인 건축물</u>

   예외) 창고, 축사, 작물 재배사

③ <u>높이가 13m 이상인 건축물</u>

④ <u>처마 높이가 9m 이상인 건축물</u>

⑤ <u>기둥과 기둥 사이의 거리가 10m 이상인 건축물</u>

❷ 건축물의 피난시설 및 용도제한

1. 건축물의 피난 시설 등 ★★

① 직통계단 설치: 피난층 외의 층에서의 보행거리는 30m 이하로 한다.

   예외) 지하층에 설치하는 바닥면적의 합계가 300m² 이상인 공연장·집회장·관람장 및 전시장

② 완화규정

   - 주요구조부가 내화구조 또는 불연재료로 된 건축물: 50m 이하

   - 주요구조부가 내화구조 또는 불연재료로 된 층수가 16층 이상인 공동주택: 40m 이하

   - 자동화 생산시설에 스프링클러 등 자동식 소화설비를 설치한 공장: 75m(무인화 공장: 100m 이하)

③ 피난층에서의 보행거리

구분	원칙	주요구조부가 내화구조, 불연재료일 경우
계단으로부터 옥외로의 출구까지	30m 이하	50m 이하 (16층 이상 공동주택: 40m)
거실로부터 옥외로의 출구까지 (피난에 지장이 없는 출입구가 있는 것은 제외)	60m 이하	100m 이하 (16층 이상 공동주택: 80m)

표 1.18. 피난층에서의 보행거리

2. 피난계단의 설치

① 피난 및 특별피난계단의 설치대상 *

구분	대상	예외
피난계단 또는 특별피난계단	• 5층 이상 또는 지하 2층 이하의 층으로부터 피난층 또는 지상으로 통하는 직통계단(지하 1층인 건축물의 경우에는 5층 이상의 층으로부터 피난층 또는 지상으로 통하는 직통계단과 직접 연결된 지하 1층의 계단 포함) • 판매시설의 용도에 쓰이는 층으로부터의 직통계단은 그중 1개소 이상을 특별피난계단으로 설치하여야 함	건축물의 주요구조부가 내화구조 또는 불연재료로 되어 있는 경우로서 다음의 어느 하나에 해당하는 경우 • 5층 이상의 바닥면적의 합계가 200m² 이하인 경우 • 5층 이상의 바닥면적 매 200m² 이내마다 방화구획이 되어 있는 경우
특별피난계단	• 11층 이상(공동주택은 16층 이상)의 층으로부터 피난층 또는 지상으로 통하는 직통계단 • 지하 3층 이하인 층으로부터 피난층 또는 지상으로 통하는 직통계단	• 갓복도식 공동주택 • 해당 층의 바닥면적이 400m² 미만인 층

표 1.19. 피난계단 및 특피계단 설치대상

② 직통계단 외에 별도의 피난계단, 특별피난계단 설치대상 : 4층 이하의 층에 쓰이지 않는 계단

대상 건축물	설치기준
건축물의 5층 이상의 층으로서 다음에 해당하는 시설 • 문화 및 집회시설 중 전시장 또는 동식물원 • 판매시설, 운수시설(여객용 시설만 해당) • 운동시설, 위락시설 • 관광휴게시설(다중이 이용하는 시설에 한함) • 수련시설 중 생활권 수련시설	• 그 층의 해당 용도로 쓰는 바닥면적의 합계가 2000m² 이내마다 1개소의 피난계단 또는 특별피난계단을 설치해야 함 • 4층 이하의 층에 쓰이지 않는 피난계단 또는 특별피난계단에 한함

표 1.20. 별도의 피난계단, 특별피난계단 설치대상

3. 옥외피난계단의 설치기준

대상 건축물	건축물의 용도	해당 용도에 쓰이는 층의 거실 바닥면적 합계
3층 이상 (피난층 제외)	• 제2종 근린생활시설 중 공연장 • 문화 및 집회시설 중 공연장 • 위락시설 중 주점 영업	300m² 이상
	문화 및 집회시설 중 집회장	1000m² 이상

표 1.21. 옥외 피난계단

4. 피난계단 및 특별피난계단의 구조 ★★★

구분		구조 기준
건축물의 내부에 설치하는 피난계단	계단실	• 내화구조의 벽으로 구획(창문, 출입구, 기타 개구부는 제외) • 실내에 접하는 부분의 마감은 불연재료로 할 것 • 예비전원에 의한 조명설비를 할 것
	창문	• 계단실 바깥쪽과 접하는 창문 등(망이 들어있는 유리의 붙박이창으로서 그 면적이 각각 1m² 이하인 것은 제외)은 당해 건축물의 다른 부분에 설치하는 창문 등으로부터 2m 이상의 거리를 두고 설치할 것 • 건축물의 내부와 접하는 계단실의 창문 등(출입구는 제외)은 망이 들어 있는 유리의 붙박이창으로서 그 면적을 각각 1m² 이하로 할 것
	출입구	• 유효너비는 0.9m 이상으로 할 것 • 60분 + 방화문, 60분 방화문을 설치할 것
	계단	내화구조로 하고 피난층 또는 지상까지 직접 연결되도록 할 것
건축물의 바깥쪽에 설치하는 피난계단		• 계단은 그 계단으로 통하는 출입구 외의 창문 등(망이 들어 있는 유리의 붙박이창으로서 그 면적이 각각 1m² 이하인 것은 제외)으로부터 2m 이상의 거리를 두고 설치할 것 • 건축물의 내부에서 계단으로 통하는 출입구에는 60분 + 방화문 또는 60분 방화문을 설치할 것 • 계단의 유효너비는 0.9m 이상으로 할 것 • 계단은 내화구조로 하고 지상까지 직접 연결되도록 할 것
특별피난계단		• 건축물의 내부와 계단실은 노대를 통하여 연결하거나 외부를 향하여 열 수 있는 면적 1m² 이상인 창문(바닥으로부터 1m 이상의 높이에 설치한 것에 한함) 또는 배연설비가 있는 면적 3m² 이상인 부속실을 통하여 연결할 것 • 계단실·노대 및 부속실은 창문 등을 제외하고는 내화구조의 벽으로 각각 구획할 것 • 계단실 및 부속실의 실내에 접하는 부분은 불연재료로 할 것 • 계단실에는 예비전원에 의한 조명설비를 할 것 • 계단실·노대 또는 부속실에 설치하는 건축물의 바깥쪽에 접하는 창문 등(망이 들어 있는 유리의 붙박이장으로서 그 면적이 각각 1m² 이하인 것은 제외)은 계단실·노대 또는 부속실 외의 당해 건축물의 다른 부분에 설치하는 창문 등으로부터 2m 이상의 거리를 두고 설치할 것 • 계단실에는 노대 또는 부속실에 접하는 부분 외에는 건축물의 내부와 접하는 창문 등을 설치하지 아니 할 것 • 계단실의 노대 또는 부속실에 접하는 창문 등은 망이 들어 있는 유리의 붙박이창으로서 그 면적을 각각 1m² 이하로 할 것 • 노대 및 부속실에는 계단실 외의 건축물의 내부와 접하는 창문 등(출입구를 제외)을 설치하지 아니 할 것 • 건축물의 내부에서 노대 또는 부속실로 통하는 출입구에는 60분 + 방화문 또는 60분 방화문을 설치하고, 노대 또는 부속실로부터 계단실로 통하는 출입구에는 60분 + 방화문, 60분 방화문 또는 30분 방화문을 설치할 것 • 방화문은 언제나 닫힌 상태를 유지하거나 화재로 인한 연기 또는 불꽃을 감지하여 자동적으로 닫히는 구조로 해야 하고, 연기 또는 불꽃으로 감지하여 자동적으로 닫히는 구조로 할 수 없는 경우에는 온도를 감지하여 자동적으로 닫히는 구조로 할 수 있음 • 계단은 내화구조로 하되, 피난층 또는 지상까지 직접 연결되도록 할 것 • 출입구의 유효너비는 0.9m 이상으로 하고 피난의 방향으로 열 수 있을 것

표 1.22. 피난계단 및 특별피난계단의 구조

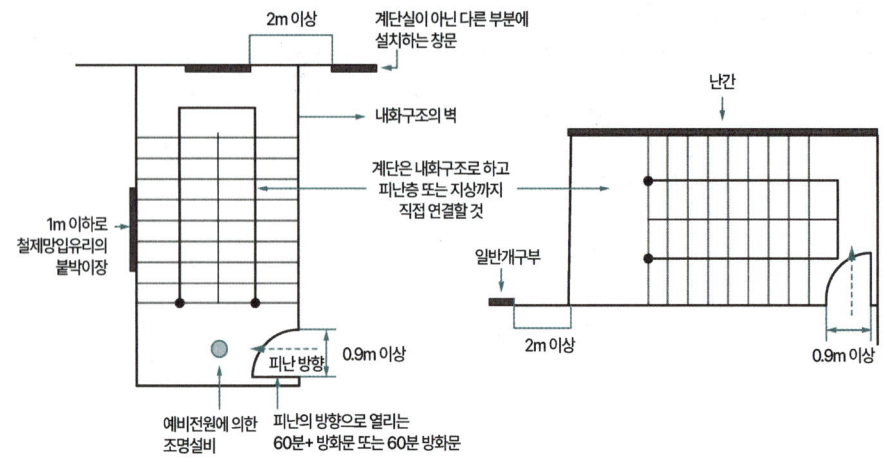

그림 1.8. 피난계단의 구조

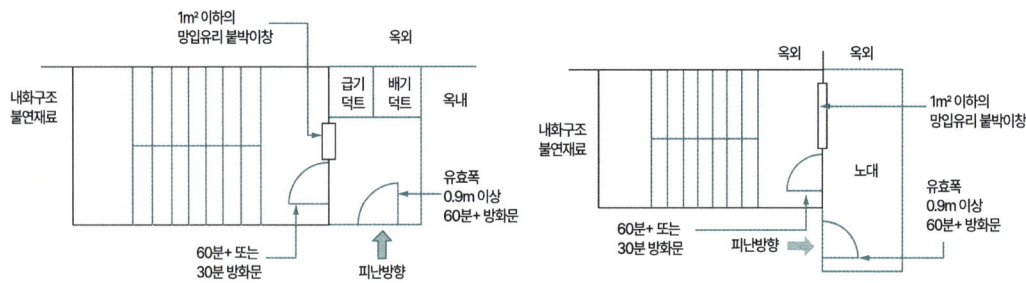

그림 1.9. 특별피난계단의 구조

5. 계단의 설치 ★★★★

① 대상 : 연면적 200m²를 초과하는 건축물에 설치하는 계단 및 복도는 국토교통부령으로 정하는 기준에 적합하여야 한다.

② 건축물에 설치하는 계단의 기준

구분	대상	설치기준
계단참	높이가 3m를 넘는 계단	높이 3m 이내마다 유효너비 1.2m 이상의 계단참을 설치할 것
난간	높이가 1m를 넘는 계단	계단 및 계단참의 양옆에는 난간(벽 또는 이에 대치되는 것을 포함)을 설치할 것
중간난간	너비가 3m를 넘는 계단	계단의 중간에 너비 3m 이내마다 난간을 설치할 것 예외) 계단의 단 높이가 15cm 이하이고, 계단의 단 너비가 30cm 이상인 경우
유효높이	2.1m 이상으로 할 것	

표 1.23. 계단의 기준

③ 계단 및 계단참의 유효너비, 단 높이 및 단 너비

계단의 종류	계단 및 계단참의 유효너비	단 높이	단 너비
초등학교의 계단	150cm 이상	16cm 이하	26cm 이상
중·고등학교의 계단	150cm 이상	18cm 이하	26cm 이상
문화 및 집회 시설 (공연장, 집회장, 관람장에 한함), 판매시설과 유사한 용도에 쓰이는 건축물의 계단	120cm 이상	–	–
계단을 설치하려는 층이 지상층인 경우 해당 층의 바로 위층부터 최상층까지의 거실 바닥면적 합계가 200m² 이상인 경우		–	–
계단을 설치하려는 층이 지하층인 경우 지하실 거실 바닥면적 합계가 100m² 이상인 경우		–	–
기타의 계단	60cm 이상	–	–

표 1.24. 유효너비, 단 높이 및 단 너비

6. 문화 및 집회시설 중 공연장에 설치하는 복도 ★

① 공연장의 개별 관람실(바닥면적이 300m² 이상인 경우)의 바깥쪽에는 그 양쪽 및 뒤쪽에 각각 복도를 설치할 것

② 하나의 층에 개별 관람실(바닥면적이 300m² 미만인 경우)을 2개소 이상 연속하여 설치하는 경우에는 그 관람실의 바깥쪽의 앞쪽과 뒤쪽에 각각 복도를 설치할 것

7. 관람실 등으로부터의 출구 설치 기준 ★

① 대상 건축물 및 출구의 방향

대상	기준
• 제2종 근린생활시설 중 공연장·종교집회장(해당 용도로 쓰는 바닥면적의 합계가 각각 300m² 이상인 경우만 해당) • 문화 및 집회시설(전시장 및 동·식물원은 제외) • 종교시설, 위락시설, 장례시설	건축물의 관람실 또는 집회실로부터 밖으로의 출구에 쓰이는 문은 안여닫이로 해서는 안 됨

표 1.25. 대상건축물 및 출구의 방향

② 공연장 개별 관람실의 출구기준 ★

대상	설치기준
문화 및 집회시설 중 공연장의 개별 관람실 (바닥면적이 300m² 이상인 것에 한함)	• 관람실별로 2개소 이상 설치할 것 • 각 출구의 유효너비는 1.5m 이상일 것 • 개별 관람실 출구의 유효너비 합계는 개별 관람실 바닥면적 100m²마다 0.6m 비율로 산정한 너비 이상으로 할 것 $$\frac{\text{개별 관람실의 바닥면적}}{100\text{m}^2} \times 0.6\text{m 이상}$$

표 1.26. 공연장 개별 관람실의 출구기준

제5절 │ 지역 및 지구의 건축물

① 건축물의 건폐율 ★

1. 정의

$$건폐율(\%) = \frac{건축면적(대지에 둘 이상의 건축물이 있는 경우는 건축면적의 합계)}{대지면적} \times 100$$

2. 건폐율의 최대한도

용도지역 안에서 건폐율의 최대한도는 관할구역의 면적 및 인구규모, 용도지역의 특성 등을 감안하여 다음의 범위 안에서 특별시·광역시·특별자치시·특별자치도·시 또는 군의 조례로 정한다.

🔖 용도지역 안에서의 건폐율(단위: %)

주거지역			상업지역				공업지역			녹지지역			관리지역			농림지역	자연환경
전용	일반	준	근린	유통	일반	중심	전용	일반	준	보전	자연	생산	계획	생산	보전	지역	환경
50	60	70	70	80	90		70				20		40	20		20	20

표 1.27. 건폐율의 최대한도

📌 일반주거지역의 경우 건폐율의 최대한도는 제1종과 제2종은 60% 이하, 제3종은 50% 이하이다.

② 일조 등의 확보를 위한 건축물의 높이 제한 **

① 전용주거지역과 일반주거지역 안에서 건축하는 건축물의 높이는 일조 등의 확보를 위하여 정북방향의 인접 대지경계선으로부터의 거리에 따라 다음에서 정하는 높이 이하로 하여야 한다.

높이	띄우는 거리	예외
10m 이하인 부분	1.5m 이상	해당 대지가 너비 20m 이상의 도로(자동차 · 보행자 · 자전거 전용도로를 포함하며, 도로에 공공공지, 녹지, 광장, 그 밖에 건축미관에 지장이 없는 도시 · 군계획시설이 접한 경우 해당 시설을 포함함)에 접한 경우
10m 초과인 부분	해당 건축물 각 부분 높이의 1/2 이상	

표 1.28. 일조등의 확보를 위한 건축물의 높이 제한

② 정남방향의 인접대지 경계선으로부터 띄우는 거리

구분		내용
대상지역	택지개발지구	대지조성사업지구
	지역개발사업구역	국가산업단지, 일반산업단지, 도시첨단산업단지 및 농공단지
	도시개발구역	정비구역
	정북방향으로 도로, 공원, 하천 등 건축이 금지된 공지에 접하는 대지	
	정북방향으로 접하고 있는 대지의 소유자와 합의한 경우나 그 밖에 대통령령으로 정하는 경우	
높이제한	①에서 정하는 높이의 범위에서 특별자치시장 · 특별자치도지사 또는 시장 · 군수 · 구청장이 정하여 고시하는 높이 이하로 할 수 있음	

표 1.29. 정남방향 인접대지 경계선 이격 대상

③ 공동주택의 일조 등의 확보를 위한 높이 제한

1. 채광을 위한 창문 등이 향하는 방향의 높이 제한

건축물(다세대주택 및 기숙사 제외)의 각 부분의 높이는 그 부분으로부터 채광을 위한 창문 등이 향하는 방향으로 인접 대지경계선까지의 수평거리의 2배 이하의 범위 안에서 건축조례가 정하는 높이 이하로 할 것

2. 같은 대지 내에서 2동 이상의 건축물이 서로 마주보고 있는 경우의 건축물 각 부분 사이의 거리(1동의 건축물의 각 부분이 서로 마주보고 있는 경우를 포함)

① 채광을 위한 창문 등이 있는 벽면으로부터 직각방향으로 건축물 각 부분의 높이의 0.5배 이상

② 채광창(창넓이 0.5m² 이상의 창)이 없는 벽면과 측벽이 마주보는 경우는 8m 이상

③ 측벽과 측벽이 마주보는 경우는 4m 이상

제6절 건축설비

① 승강기 ★

1. 설치대상

① 건축주는 6층 이상으로서 연면적이 2000m² 이상인 건축물을 건축하려면 승강기를 설치하여야 한다.

② 예외 : 층수가 6층인 건축물로서 각 층 거실의 바닥면적 300m² 이내마다 1개소 이상의 직통계단을 설치한 건축물

2. 승용승강기의 설치기준(8인승 이상 15인승 이하 기준)

건축물의 용도	3,000m² 이하	3,000m² 초과	공식
• 문화 및 집회시설(공연장, 집회장, 관람장만 해당) • 판매시설, 의료시설	2대	2대에 3,000m²를 초과하는 경우에는 그 초과하는 매 2,000m² 이내마다 1대를 더한 대수	$2 + \dfrac{A - 3,000m^2}{2,000m^2}$
• 문화 및 집회시설(전시장 및 동·식물원만 해당) • 업무시설, 숙박시설, 위락시설	1대	1대에 3,000m²를 초과하는 경우에는 그 초과하는 매 2,000m² 이내마다 1대를 더한 대수	$1 + \dfrac{A - 3,000m^2}{2,000m^2}$
• 공동주택 • 교육연구시설 • 노유자시설	1대	1대에 3,000m²를 초과하는 경우에는 그 초과하는 매 3,000m² 이내마다 1대를 더한 대수	$1 + \dfrac{A - 3,000m^2}{3,000m^2}$

표 1.30. 승용 승강기 설치기준

② 비상용 승강기 ★★★★

1. 설치대상

설치대상	설치 예외
높이 31m를 넘는 건축물 (승강기를 비상용 승강기의 구조로 한 경우는 제외)	• 높이 31m를 넘는 각 층을 거실 이외의 용도로 쓰는 건축물 • 높이 31m를 넘는 각 층의 바닥면적의 합계가 500m² 이하인 건축물 • 높이 31m를 넘는 층수가 4개층 이하로서 당해 각 층의 바닥면적의 합계가 200m²(벽 및 반자가 실내에 접하는 부분의 마감을 불연재료로 한 경우에는 500m²) 이내마다 방화구획으로 구획한 건축물

표 1.31. 비상용 승강기 설치 대상

2. 설치기준

높이 31m를 넘는 각 층의 바닥면적 중 최대 바닥면적 (Am²)	설치대수	공식
1,500m² 이하	1대 이상	–
1,500m² 초과	1대에 1,500m²를 넘는 3,000m² 이내마다 1대씩 더한 대수 이상	$1 + \dfrac{A - 1,500m^2}{3,000m^2}$

※ A = 해당 층의 최대 바닥면적

표 1.32. 비상용 승강기 설치 기준

3. 비상용승강기의 승강장 및 승강로의 구조

구분	구조
승강장	• 승강장의 창문·출입구 기타 개구부를 제외한 부분은 당해 건축물의 다른 부분과 내화구조의 바닥 및 벽으로 구획할 것 • 승강장은 각 층의 내부와 연결될 수 있도록 할 것 • 노대 뜨는 외부를 향하여 열 수 있는 창문이나 배연설비를 설치할 것 • 벽 및 반자가 실내에 접하는 부분의 마감재료(마감을 위한 바탕을 포함)는 불연재료로 할 것 • 채광이 되는 창문이 있거나 예비전원에 의한 조명설비를 할 것 • 승강장의 바닥면적은 비상용 승강기 1대에 대하여 6m² 이상으로 할 것 • 피난층이 있는 승강장의 출입구(승강장이 없는 경우에는 승강로의 출입구)로부터 도로 또는 공지에 이르는 거리가 30m 이하일 것 • 승강장 출입구 부근의 잘 보이는 곳에 당해 승강기가 비상용승강기임을 알 수 있는 표지를 할 것
승강로	• 승강로는 당해 건축물의 다른 부분과 내화구조로 구획할 것 • 각 층으로부터 피난층까지 이르는 승강로를 단일구조로 연결하여 설치할 것

표 1.33. 비상용 승강기의 승강장 및 승강로의 구조

❸ 공동주택 및 다중이용시설의 환기설비기준 등 ★

1. 환기 설비 기준

신축 또는 리모델링 하는 주택 또는 건축물은 <u>시간당 0.5회 이상의 환기</u>가 이루어 질 수 있도록 자연 또는 기계환기설비를 설치하여야 한다. 또한 다중이용시설의 기계환기설비 용량기준은 <u>시설 이용 인원당 환기량</u>을 원칙으로 산정한다.

2. 설치 대상

① 30세대 이상의 공동주택

② 주택을 주택 외의 시설과 동일건축물로 건축하는 경우로서 주택이 30세대 이상인 건축물

④ 환기구의 안전 기준 ★

• 환기구는 보행자 및 건축물 이용자의 안전이 확보되도록 바닥으로부터 2m 이상의 높이에 설치하여야 한다.

⑤ 배연설비

1. 구조기준 ★

구분	구조기준
배연창	• 건축물이 방화구획으로 구획된 경우에는 그 구획마다 1개소 이상의 배연창을 설치하되, 배연창의 상변과 천장 또는 반자로부터 수직거리가 0.9m 이내일 것 • 면적이 1m² 이상으로서 그 면적의 합계가 당해 건축물의 바닥면적의 1/100 이상일 것. 이 경우 바닥면적의 산정에 있어서 거실바닥면적의 1/20 이상으로 환기창을 설치한 거실의 면적은 이에 산입하지 아니함
배연구	• 연기감지기, 열감지기에 의해 자동으로 열 수 있는 구조로 하되 손으로 여닫을 수 있도록 할 것 • 예비전원에 의해 열 수 있도록 할 것
기계식 배연설비	소방관계법령의 규정에 따름

표 1.34. 배연설비 구조기준

⑥ 소화설비 ★

① 옥내소화전 설비는 연면적 3,000m² 이상이거나 지하층, 무창층, 또는 4층 이상의 층중 바닥면적이 600m² 이상인 층이 있는 전 층에 설치

② 스프링클러 헤드를 설치하는 천장, 반자, 선반 등의 각 부분으로부터 <u>하나의 헤드까지 수평거리는 2.1m 이하로 하며, 내화구조인 경우에는 2.3m로 함</u>

⑦ 건축물의 피난계획 ★★

① 용도별 기준면적 이상의 다중이용시설을 지하층에 계획할 경우, 피난을 위해 천장이 개방된 외부공간을 설치함

② 대지 안의 통로와 공지는 피난과 소화를 위한 것으로, 건축물의 용도에 따라 확보 기준이 다름

③ 건축물의 피난층으로 이르는 직통계단의 개수와 보행거리는 그 층의 용도와 바닥면적에 따라 달리 계획함

8 **건축기본법** ★★

① 국토교통부장관은 건축정책기본계획을 5년마다 수립·시행해야 함

② 시장·도지사는 광역건축기본계획을 5년마다 수립·시행해야 함

③ 시장·군수·구청장은 필요한 경우 기초건축기본계획을 5년마다 수립·시행할 수 있음

④ 건축정책기본계획의 내용에는 건축의 품격 및 품질 향상에 관한 사항을 포함해야 함

⑤ 건축행정 개선에 관한 사항은 국가건축정책위원회의 심의 대상임

9 **실내공기질 유지기준(실내공기질 관리법 시행규칙 별표2)** ★

오염물질 항목/ 다중이용시설	미세먼지 (PM-10) ($\mu g/m^3$)	미세먼지 (PM-2.5) ($\mu g/m^3$)	이산화탄소 (ppm)	폼알데 하이드 ($\mu g/m^3$)	총부유세균 (CFU/m³)	일산화탄소 (ppm)
가. 지하역사, 지하도상가, 철도역사의 대합실, 여객자동차터미널의 대합실, 항만시설 중 대합실, 공항시설 중 여객터미널, 도서관·박물관 및 미술관, 대규모점포, 장례식장, 영화상영관, 학원, 전시시설, 인터넷 컴퓨터 게임시설제공업의 영업시설, 목욕장업의 영업시설	100 이하	50 이하	1,000 이하	100 이하	-	10 이하
나. 의료기관, 산후조리원, 노인요양시설, 어린이집, 실내어린이놀이시설	75 이하	35 이하	1,000 이하	80 이하	800 이하	10 이하
다. 실내주차장	200 이하	-	-	100 이하	-	25 이하
라. 실내 체육시설, 실내 공연장, 업무시설 둘 이상의 용도에 사용되는 건축물	200 이하	-	-	-	-	-

표 1.35. 실내공기질 유지기준

01 건축법령상 건축물의 승강기에 대한 설명으로 옳지 않은 것은? 지23

① 비상용승강기의 승강로는 당해 건축물의 다른 부분과 내화구조로 구획하고 각 층으로부터 피난층까지 이르는 승강로를 단일구조로 연결하여 설치한다.

② 층수가 30층 이상인 건축물에는 승용승강기 중 1대 이상을 피난용승강기로 설치한다.

③ 비상용승강기의 승강장에는 채광이 되는 창문이 있거나 예비전원에 의한 조명설비를 한다.

④ 비상용승강기의 승강장에는 배연설비를 설치해야 하되, 외부를 향하여 열 수 있는 창문을 설치해서는 안 된다.

02 건축법상 건축물의 높이를 일조 등의 확보를 위하여 정북방향의 인접 대지경계선으로부터의 거리에 따라 대통령령으로 정하는 높이 이하로 하여야 하는 지역만을 모두 고르면?

지23

| ㄱ. 제1종 전용주거지역 | ㄴ. 제3종 일반주거지역 |
| ㄷ. 준주거지역 | ㄹ. 준공업지역 |

① ㄱ   ② ㄱ, ㄴ
③ ㄱ, ㄴ, ㄷ   ④ ㄴ, ㄷ, ㄹ

03 건축법 시행령상 리모델링이 쉬운 구조의 요건이 아닌 것은? 국23

① 각 세대는 인접한 세대와 수직 또는 수평 방향으로 통합하거나 분할할 수 있을 것

② 구조체에서 건축설비, 내부 마감재료 및 외부 마감재료를 분리할 수 있을 것

③ 개별 세대 안에서 구획된 실(室)의 크기, 개수 또는 위치 등을 변경할 수 있을 것

④ 세대 내부 내력벽 및 기둥의 길이 비율을 높여 경제성 확보 및 공기 단축을 유도할 수 있을 것

04 건축법령상 '건축물'에 해당하지 않는 것은? 국23

① 주택의 대문   ② 공장의 담장
③ 높이 6미터의 고가수조   ④ 지붕과 기둥만 있는 차고

05 건축법령상 용어의 정의로 옳지 않은 것은? ^{국22}

① "초고층 건축물"이란 층수가 50층 이상이거나 높이가 200미터 이상인 건축물을 말한다.

② "주요구조부"란 기초, 내력벽, 기둥, 보, 지붕틀 및 주계단을 말한다.

③ "고층건축물"이란 층수가 30층 이상이거나 높이가 120미터 이상인 건축물을 말한다.

④ "거실"이란 건축물 안에서 거주, 집무, 작업, 집회, 오락, 그 밖에 이와 유사한 목적을 위하여 사용되는 방을 말한다.

06 주택법 시행령상 준주택에 해당하지 않는 것은? (단, 건축물의 종류 및 범위는 건축법 시행령에 따른다) ^{지22}

① 다중주택　　　　　　　　② 다중생활시설

③ 기숙사　　　　　　　　　④ 오피스텔

07 건축물의 피난 방화구조 등의 기준에 관한 규칙상 연면적 200m²를 초과하는 건물에 설치하는 계단의 설치기준으로 옳지 않은 것은? ^{국22}

① 높이가 3m를 넘는 계단에는 높이 3m 이내마다 유효너비 150cm 이상의 계단참을 설치할 것

② 높이가 1m를 넘는 계단 및 계단참의 양옆에는 난간(벽 또는 이에 대치되는 것을 포함한다)을 설치할 것

③ 너비가 3m를 넘는 계단에는 계단의 중간에 너비 3m 이내마다 난간을 설치하되, 계단의 단 높이가 15cm 이하이고 계단의 단 너비가 30cm 이상인 경우에는 그러하지 아니함

④ 계단의 유효높이(계단의 바닥 마감면부터 상부 구조체의 하부 마감면까지의 연직방향의 높이를 말한다)는 2.1m 이상으로 할 것

해설　01 ④　02 ②　03 ④　04 ③　05 ②　06 ①　07 ①

01 ④ 비상용승강기의 승상상에는 배연실비를 설치해야 하되, 외부를 향하여 열 수 있는 창문을 설치하여야 한다.

02 ② 전용주거지역과 일반주거지역이 해당한다.

03 ④ 내력벽이나 기둥 비율을 높이면 구조변경이 어렵다. 리모델링이 쉬운 요건에 해당하지 않는다.

04 ③ 고가수조는 8미터 이상이 해당한다.

05 ② 주요구조부에 기초는 해당하지 않는다.
　　• 내력벽, 기둥, 바닥, 보, 지붕틀, 주계단

06 • 다중주택은 단독주택에 해당. 준주택 아님

07 ① 높이가 3m를 넘는 계단에는 높이 3m 이내마다 유효 너비 120cm 이상의 계단참을 설치할 것

08 건축법상 '주요구조부'에 속하는 것만을 모두 고르면? 국21

ㄱ. 내력벽	ㄴ. 작은 보
ㄷ. 주계단	ㄹ. 지붕틀
ㅁ. 옥외 계단	ㅂ. 최하층 바닥

① ㄱ, ㄴ, ㄷ   ② ㄱ, ㄷ, ㄹ
③ ㄱ, ㄷ, ㅂ   ④ ㄴ, ㄹ, ㅁ

09 건축법 시행령상 막다른 도로의 길이에 따른 최소한의 너비 기준으로 옳은 것은? 국20

	막다른 도로의 길이	도로의 너비
①	10m 미만	2m 이상
②	10m 미만	3m 이상
③	10m 이상 35m 미만	4m 이상
④	10m 이상 35m 미만	6m 이상

10 건축물의 피난·방화구조 등의 기준에 관한 규칙상 특별피난 계단의 구조에 대한 설명으로 옳은 것만을 모두 고르면? 지20

ㄱ. 계단실에는 예비전원에 의한 조명설비를 할 것
ㄴ. 계단실의 실내에 접하는 부분의 마감은 난연재료로 할 것
ㄷ. 계단은 내화구조로 하고 피난층 또는 지상까지 직접 연결되도록 할 것
ㄹ. 출입구의 유효너비는 0.9미터 이상으로 하고 피난의 방향으로 열 수 있을 것
ㅁ. 건축물의 내부와 접하는 계단실의 창문등(출입구를 제외한다)은 망이 들어 있는 유리의 붙박이창으로서 그 면적을 각각 1제곱미터 이하로 할 것

① ㄱ, ㄴ, ㅁ   ② ㄱ, ㄷ, ㄹ
③ ㄱ, ㄷ, ㄹ, ㅁ   ④ ㄴ, ㄷ, ㄹ, ㅁ

해설   08 ②   09 ①   10 ②

08 • 내력벽, 주계단, 지붕틀, 기둥, 바닥, 보

09 • 10m 미만 → 2m 이상
• 10m 이상 35m 미만 → 3m 이상
• 35m 이상 → 6m 이상

10 ㄴ. 계단실의 실내에 접하는 부분의 마감은 불연재료로 할 것
ㅁ. 특별피난계단이 아닌 내부 피난계단의 구조에 해당한다.

CHAPTER 02 주차장법

제1절 총칙

1 주차장법의 목적

• 주차장법은 주차장의 설치, 정비 및 관리에 관하여 필요한 사항을 정함으로써 자동차 교통을 원활하게 하여 공중의 편의와 안전을 도모함을 목적으로 한다.

2 용어의 정의

1. 주차장

종류	설치장소
노상주차장	도로의 노면 또는 교통광장(교차점광장에 한함)의 일정한 구역에 설치된 주차장
노외주차장	도로의 노면 또는 교통광장 외의 장소에 설치된 주차장
부설주차장	건축물, 골프연습장, 그 밖에 주차수요를 유발하는 시설에 부대하여 설치된 주차장

표 2.1. 주차장의 종류

2. 주차전용 건축물(건축물의 연면적 중 일정비율 이상이 주차장으로 사용되는 건축물)

용도	주차장 사용비율
건축물 연면적 중 주차장으로 사용되는 부분	95% 이상
단독주택, 공동주택, 제1종 및 제2종 근린생활시설, 문화 및 집회시설, 종교시설, 판매시설, 운수시설, 운동시설, 업무시설, 창고시설 또는 자동차 관련시설	70% 이상

표 2.2. 주차전용 건축물

3. 기계식 주차

구분	내용
기계식주차장치	노외주차장 및 부설주차장에 설치하는 주차설비로서 기계장치로 자동차를 이동시키는 설비
기계식주차장	기계식주차장치를 설치한 노외주차장 및 부설주차장

표 2.3. 기계식 주차

4. 주차장의 주차구획

① 평행주차형식인 경우

구분	너비	길이
경형	1.7m 이상	4.5m 이상
일반형	2.0m 이상	6.0m 이상
보도와 차도의 구분이 없는 주거지역의 도로	2.0m 이상	5.0m 이상
이륜자동차 전용	1.0m 이상	2.3m 이상

표 2.4. 평행주차 형식 주차구획

② 평행주차형식 이외의 경우

구분	너비	길이
경형	2.0m 이상	3.6m 이상
일반형	2.5m 이상	5.0m 이상
확장형	2.6m 이상	5.2m 이상
장애인 전용	3.3m 이상	5.0m 이상
이륜자동차 전용	1.0m 이상	2.3m 이상

표 2.5. 평행주차 형식 이외의 주차구획

③ 주차단위구획은 흰색 실선(경형자동차 전용주차구획의 주차단위구획은 파란색 실선)으로 표시하여야 한다.

④ 둘 이상의 연속된 주차단위구획의 총 너비 또는 총 길이는 주차단위구획의 너비 또는 길이에 주차단위구획의 개수를 곱한 것 이상이 되어야 한다.

제2절 | 노상 주차장

1 노상주차장의 설치 및 폐지

① 설치 : 노상주차장은 특별시장·광역시장, 시장·군수 또는 구청장이 설치한다.

② 지체 없이 폐지해야 하는 경우

　－ 주차로 인하여 대중교통수단의 운행이나 그 밖의 교통소통에 장애를 주는 경우

　－ 노상주차장을 대신하는 노외주차장의 설치 등으로 인하여 노상주차장이 필요 없게 된 경우

　－ 도로교통법에 따라 어린이보호구역으로 지정된 경우

② 노상주차장의 설치금지 장소

설치금지 장소	예외
주간선도로	분리대, 그 밖의 도로의 부분으로서 도로교통에 지장을 초래하지 않는 부분
너비 6m 미만의 도로	보행자의 통행이나 연도(옆길)의 이용에 지장이 없는 경우로서 해당 지방자치단체의 조례로 따로 정하는 경우
종단경사도(자동차 진행방향의 기울기)가 4%를 초과하는 도로	• 종단경사도가 6% 이하인 도로로서 보도와 차도가 구별되어 있고, 차도의 너비가 13m 이상인 경우 • 종단경사도가 6% 이하인 도로로서 해당 시장·군수 또는 구청장이 안전에 지장이 없다고 인정하는 도로에 인근 주민의 자동차를 위한 노상주차장을 설치하는 경우

고속도로·자동차전용도로 또는 고가도로, 주·정차 금지구역에 해당하는 도로의 부분(도로교통법)

표 2.6. 노상 주차장 설치 금지 장소

③ 장애인 전용주차구획

① 주차대수 규모가 20대 이상 50대 미만인 경우 : 한 면 이상
② 주차대수 규모가 50대 이상인 경우 : 주차대수의 2~4%의 범위에서 해당 지방자치단체의 조례로 정하는 비율 이상

제3절 노외 주차장

① 설치 또는 폐지

① 노외주차장을 설치 또는 폐지한 자는 설치 또는 폐지한 날로부터 30일 이내에 주차장 소재지를 관할하는 시장·군수 또는 구청장에게 통보하여야 한다.
② 특별시장·광역시장·특별자치도지사 또는 시장은 노외주차장을 설치하면 교통 혼잡이 가중될 우려가 있는 지역에 대하여는 노외주차장의 설치를 제한할 수 있다.

② 관리

① 노외주차장은 그 노외수자장을 설지한 자가 관리한다.
② 특별시장·광역시장, 시장·군수 또는 구청장은 노외주차장을 설치한 경우 그 관리를 특별시장·광역시장, 시장·군수 또는 구청장 외의 자에게 위탁할 수 있다.
③ 특별시장·광역시장, 시장·군수 또는 구청장의 위탁을 받아 노외주차장을 관리할 수 있는 자의 자격은 해당 지방자치단체의 조례로 정한다.

❸ 노외주차장인 주차전용 건축물

제한규정	규제기준	
건폐율	90/100 이하	
용적률	1500% 이하	
대지면적의 최소한도	45m² 이상	
전면도로에 의한 높이제한 (대지가 둘 이상의 도로에 접하는 경우에는 가장 넓은 도로를 기준으로 함)	대지가 너비 12m 미만의 도로에 접하는 경우	건축물의 각 부분의 높이는 그 부분으로부터 대지에 접한 도로의 반대쪽 경계선까지의 수평거리의 3배
	대지가 너비 12m 이상의 도로에 접한 경우	그 부분으로부터 대지에 접한 도로의 반대쪽 경계선까지의 수평거리의 [36/도로의 너비(m)] 배(다만, 배율이 1.8배 미만인 경우에는 1.8배로 함)

표 2.7. 노외 주차장 주차전용 건축물

❹ 노외주차장 출구 및 입구(차로의 노면이 도로의 노면에 접하는 부분) 설치 금지장소 ★★★★★

① 「도로교통법」에 의하여 정차·주차가 금지되는 도로의 부분 중 다음의 장소
- 교차로·횡단보도·건널목이나 보도와 차도가 구분된 도로의 보도
- 교차로의 가장자리나 도로의 모퉁이로부터 5미터 이내인 곳
- 안전지대가 설치된 도로에서는 그 안전지대의 사방으로부터 각각 10미터 이내인 곳
- 버스여객자동차의 정류지 임을 표시하는 기둥이나 표지판 또는 선이 설치된 곳으로부터 10미터 이내인 곳
- 건널목의 가장자리 10미터 이내인 곳
- 터널 안 및 다리 위
- 도로공사를 하고 있는 경우에는 그 공사 구역의 양쪽 가장자리로부터 5미터 이내인 곳
- 다중이용업소의 영업장이 속한 건축물로 소방본부장의 요청에 의하여 시·도경찰청장이 지정한 곳으로부터 5미터 이내인 곳
② 횡단보도(육교 및 지하횡단보도를 포함)로부터 5m 이내에 있는 도로의 부분
③ 너비 4m 미만의 도로(주차대수 200대 이상인 경우에는 너비 6m 미만의 도로)
④ 종단기울기가 10%를 초과하는 도로
⑤ 유아원, 유치원, 초등학교, 특수학교, 노인복지시설, 장애인복지시설 및 아동전용시설 등의 출입구로부터 20m 이내에 있는 도로의 부분

구분	기준
출구 및 입구의 설치위치	• 노외주차장과 연결되는 도로가 둘 이상인 경우에는 자동차 교통에 미치는 지장이 적은 도로에 설치하여야 함 • 보행자의 교통에 지장을 가져올 우려가 있거나 그 밖의 특별한 이유가 있는 경우 예외로 함
출구와 입구의 분리설치	주차대수 400대를 초과하는 규모일 경우(다만, 출입구의 너비의 합이 5.5m 이상 으로서 출구와 입구가 차선 등으로 분리되는 경우는 함께 설치할 수 있음)
장애인 전용주차구획 설치	주차대수 규모가 50대 이상인 경우에는 주차대수의 2~4%의 범위에서 장애인의 주차수요를 고려하여 지방자치단체의 조례로 정하는 비율 이상의 장애인 전용주 차구획을 설치하여야 함

표 2.8. 노외주차장 출구 및 입구

5 노외주차장의 구조 및 설비기준

① 노외부차장의 출구와 입구에서 자동차의 회전을 쉽게 하기 위하여 필요한 경우에는 차로와 도로가 접하는 부분을 곡선형으로 하여야 한다.

② 노외주차장의 출구 부근의 구조는 해당 출구로부터 2m(이륜자동차 전용 출구의 경우에는 1.3m)를 후퇴한 노외주차장의 차로의 중심선상 1.4m의 높이에서 도로의 중심선에 직각으로 향한 왼쪽·오른쪽 각각 60도의 범위에서 해당 도로를 통행하는 자를 확인할 수 있도록 하여야 한다.

③ 주차구획선의 긴 변과 짧은 변 중 한 변 이상이 차로에 접하여야 한다.

④ 노외주차장의 출입구 너비는 3.5m 이상으로 하여야 하며, 주차대수 규모가 50대 이상인 경우에는 출구와 입구를 분리하거나 너비 5.5m 이상의 출입구를 설치하여 소통이 원활하도록 하여야 한다.

⑤ 노외주차장 내 차로의 너비기준(이륜자동차전용 외의 노외주차장)

주차형식	출입구가 2개 이상인 경우	출입구가 1개인 경우
평행주차	3.3m	5.0m
직각주차	6.0m	6.0m
60°대향주차	4.5m	5.5m
45°대향주차	3.5m	5.0m
교차주차	3.5m	5.0m

표 2.9. 노외주차장 주차형식

⑥ 지하식 또는 건축물식 노외주차장의 차로

- 높이는 <u>주차바닥면으로부터 2.3m 이상</u>으로 하여야 한다.
- 곡선 부분은 자동차가 6m 이상의 내변반경으로 회전할 수 있도록 하여야 한다.

📖 **경사로의 차로 너비 및 종단경사도**

구분	형식		종단경사도
직선형	1차선 : 3.3m 이상	2차선 : 6m 이상	17% 이하
곡선형	1차선 : 3.6m 이상	2차선 : 6.5m 이상	14% 이하

표 2.10. 경사로의 차로 너비 및 종단경사도

- 경사로의 차로에 연석(경계석) 설치 : 경사로의 양측 벽면으로부터 30cm 이상의 지점에 높이 10~15cm의 연석을 설치해야 한다.
- 경사로의 바닥 마무리는 미끄럼 방지를 위해 거친 면으로 하여야 하며, 미끄럼 주의 안내표지 설치 등 안전대책을 마련해야 함.
- 주차대수 규모가 50대 이상인 경우 경사로는 6m 이상인 2차선의 차로를 확보하거나 진입 차로와 진출차로를 분리하여야 한다.
- 경사로의 시작과 끝 부분은 구배를 1/12 이내로 완화함

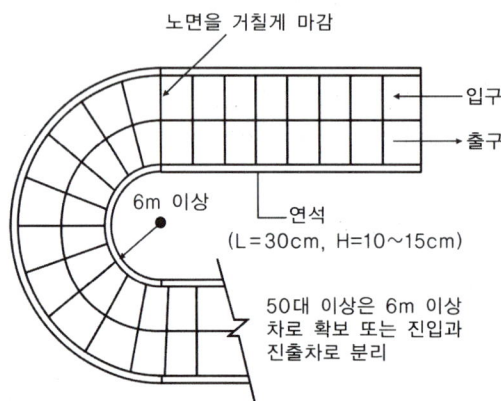

구분	1차선	2차선
직선형	3.3m 이상	6m 이상
곡선형	3.6m 이상	6.5m 이상

표 2.11. 지하식 또는 건축물식 노외주차장 차로 기준

⑦ 노외주차장에서 주차에 사용되는 부분의 높이 : 주차바닥면으로부터 2.1m 이상으로 한다.

⑧ 자동차용 승강기 설치 : 자동차용 승강기로 운반된 자동차가 주차구획까지 자주식으로 들어가는 노외주차장의 경우에는 주차대수 30대마다 1대의 자동차용 승강기를 설치한다.

⑨ 일산화탄소의 농도 : 주차장을 이용하는 차량이 가장 빈번한 시각의 앞뒤 8시간의 일산화탄소 농도의 평균치가 50ppm 이하가 되도록 유지해야 한다.

⑩ 경보장치 : 자동차 출입 또는 도로교통의 안전확보를 위해 경보장치를 설치한다.

⑪ 방범설비 : 주차대수 30대를 초과하는 규모의 자주식주차장(지하식·건축물식에 한함)에는 관리사무소에서 주차장 내부를 볼 수 있는 폐쇄회로 텔레비전(녹화장치 포함)등 방범설비를 설치·관리해야 한다.

⑫ 노외주차장에 설치할 수 있는 부대시설(전기자동차 충전시설을 제외한 총 면적은 주차장 총시설면적의 20%를 초과해서는 안됨)
   - 관리사무소, 휴게소 및 공중화장실
   - 간이매점, 자동차의 장식품 판매점 및 전기자동차 충전시설, 태양광발전시설, 집배송시설
   - 노외주차장의 관리, 운영상 필요한 편의시설
   - 특별자치도·시·군 또는 자치구의 조례로 정하는 이용자 편의시설

⑬ 주차대수 400대를 초과하는 규모의 노외주차장의 경우에는 주차장 내에서 안전한 보행을 위하여 과속방지턱, 차량의 일시정지선 등 보행안전을 확보하기 위한 시설을 설치해야 함

제4절 부설 주차장

❶ 부설주차장의 설치기준

(1) 부설주차장의 설치지역 및 대상

설치대상 지역	설치대상 시설물	설치위치
• 국토의 계획 및 이용에 관한 법률에 따른 도시지역, 지구단위계획구역 • 지방자치단체의 조례로 정하는 관리지역	건축물, 골프연습장 등 주차수요를 유발하는 시설을 건축하거나 설치하는 경우	해당 시설물의 내부 또는 그 부지에 부설주차장(화물의 하역과 그 밖의 사업 수행을 위한 주차장 포함)을 설치

표 2.12. 부설주차장 설치지역 및 대상

(2) 부설주차장 설치대상 종류 및 부설주차장 설치기준

시설물	설치기준
위락시설	시설면적 100m²당 1대
• 문화 및 집회시설(관람장은 제외) • 종교시설 • 판매시설, 운수시설 • 의료시설(정신병원·요양병원 및 격리병원은 제외) • 운동시설(골프장·골프연습장 및 옥외수영장은 제외) • 업무시설(외국공관 및 오피스텔은 제외) • 방송통신시설 중 방송국, 장례식장	시설면적 150m²당 1대
• 제1종 근린생활시설(지역자치센터, 파출소, 지구대, 소방서, 우체국, 방송국, 보건소, 공공도서관, 건강보험공단 사무소 등으로서 바닥면적의 합계가 1,000m² 미만인 것, 마을회관, 마을공동작업소, 마을공동구판장 등으로서 주민이 공동으로 이용하는 시설은 제외) • 제2종 근린생활시설, 숙박시설	시설면적 200m²당 1대
단독주택(다가구주택은 제외)	• 시설면적 50m² 초과 150m² 이하 : 1대 • 시설면적 150m² 초과 : 1대에 150m²를 초과하는 100m²당 1대를 더한 대수 $$1 + \dfrac{시설면적 - 150m^2}{100m^2}$$
• 다가구주택 • 공동주택(기숙사는 제외) • 업무시설 중 오피스텔	• 주택건설기준 등에 관한 규정에 따라 산정된 주차대수 • 다가구주택 및 오피스텔의 전용면적은 공동주택의 전용면적 산정방법을 따름
• 골프장 • 골프연습장 • 옥외수영장 • 관람장	• 골프장 : 1홀당 10대 • 골프연습장 : 1타석당 1대 • 옥외수영장 : 정원 15명당 1대 • 관람장 : 정원 100명당 1대
수련시설, 공장(아파트형은 제외), 발전시설	시설면적 350m²당 1대
창고시설, 학생용 기숙사, 방송통신시설 중 데이터센터	시설면적 400m²당 1대

표 2.13. 부설주차장 설치 기준

(3) 부설주차장 설치의 예외규정

다음의 경우에는 특별시·광역시·특별자치도·시 또는 군(광역시의 군은 제외)의 조례로 시설물의 종류를 세분하거나 부설주차장의 설치기준을 따로 정할 수 있다.

① 오지·벽지·섬 지역, 도심지의 간선도로변이나 그 밖에 해당 지역의 특수성으로 인하여 설치기준을 적용하는 것이 현저히 부적합한 경우

② 국토의 계획 및 이용에 관한 법률에 따른 관리지역으로서 주차난이 발생할 우려가 없는 경우

③ 단독주택·공동주택의 부설주차장 설치기준을 세대별로 정하거나 숙박시설 또는 업무시설 중 오피스텔의 부설주차장 설치기준을 호실별로 정하려는 경우

④ 기계식주차장을 설치하는 경우로서 해당 지역의 주차장 확보율, 주차장 이용 실태, 교통여건 등을 고려하여 설치 기준과 다르게 정하려는 경우

⑤ 대한민국 주재 외국공관 안의 외교관 또는 그 가족이 거주하는 구역 등 일반인의 출입이 통제되는 구역에 주택 등의 시설물을 건축하는 경우

⑥ 시설면적이 10,000m² 이상인 공장을 건축하는 경우

⑦ 판매시설, 문화 및 집회시설 등 승합자동차(중형 또는 대형 승합자동차만 해당)의 출입이 빈번하게 발생하는 시설물을 건축하는 경우

❷ 부설주차장의 인근 설치

(1) 인근 설치대상

구분	내용
원칙	부설주차장이 주차대수 300대 이하의 규모인 경우 시설 부지 인근에 단독 또는 공동으로 설치할 수 있음
예외	• 차량통행이 금지된 장소의 시설물인 경우 • 시설물의 부지에 접한 대지나 시설물이 부지와 통로로 연결된 대지에 부설주차장을 설치하는 경우 • 시설물의 부지가 너비 12m 이하인 도로에 접하여 있는 경우 도로의 맞은편 토지에 부설주차장을 그 도로에 접하도록 설치하는 경우 • 산업단지 안에 있는 공장인 경우

표 2.14. 부설주차장 인근 설치대상

(2) 부지인근의 범위(다음의 어느 하나의 범위 안에서 특별자치도·시·군 또는 자치구의 조례로 정함)

① 해당 부지의 경계선으로부터 부설주차장의 경계선까지의 직선거리 300m 이내 또는 도보거리 600m 이내

② 해당 시설물이 있는 동·리(행정 동·리를 말함) 및 그 시설물과의 통행여건이 편리하다고 인정되는 인접 동·리

3 부설주차장의 구조 및 설비기준

① 노외주차장의 구조 및 설비기준을 준용한다(단독주택 및 다세대주택으로서 해당 부설주차장을 이용하는 차량의 소통에 지장을 주지 아니한다고 시장·군수 또는 구청장이 인정하는 주택의 부설주차장의 경우에는 그러하지 아니함).

② 노외주차장의 방범 및 조명설비 준용 대상

   ㉠ 주차대수 30대를 초과하는 지하식 또는 건축물식에 의한 자주식 주차장으로서 판매시설, 숙박시설, 운동시설, 위락시설, 문화 및 집회시설, 종교시설 또는 업무시설 용도로 이용되는 건축물의 부설주차장

   ㉡ ㉠에 따른 규모의 주차장을 설치한 판매시설 등과 다른 용도의 시설이 복합적으로 설치된 건축물의 부설주차장으로서 각각의 시설에 대한 부설 주차장을 구분하여 사용·관리하는 것이 곤란한 건축물의 부설주차장

③ 노외주차장의 조명설비만 준용 : ②에 따른 건축물 외의 건축물(단독주택과 다세대주택 제외)의 부설주차장으로서 지하식 또는 건축물식 형태의 자주식주차장에는 벽면에서부터 50cm 이내를 제외한 바닥면의 최소 조도와 최대 조도를 노외주차장의 기준과 같게 설치한다.

4 자주식 부설주차장의 별도기준

① 대상 : 총주차대수 규모가 8대 이하인 자주식주차장

② 차로의 너비 : <u>2.5m 이상</u>으로 하되 주차단위구획과 접하여 있는 차로의 너비는 다음 표에 따른 기준 이상으로 한다.

주차형식	차로의 너비
평행주차	3.0m
직각주차	6.0m
60° 대향주차	4.0m
45° 대향주차	3.5m
교차주차	3.5m

표 2.15. 자주식 부설주차장의 주차형식과 차로의 너비

③ 보도와 차로의 구분이 없는 너비 12m 미만인 도로에 접한 부설주차장은 그 도로를 차로로 하여 주차단위구획을 배치할 수 있다.

   - 차로의 너비(도로를 포함) : 6m 이상(평행주차인 경우 4m 이상)

   - 도로의 포함 범위 : 중앙선까지(중앙선이 없는 경우 반대측 경계선까지)

④ 보도와 차로의 구분이 있는 너비 12m 이상의 도로에 접하여 있고 주차대수가 5대 이하인 부설 주차장은 그 도로를 차로로 하여 직각 주차형식으로 주차단위구획을 배치할 수 있다.

⑤ 기타 기준

- 주차대수 5대 이하의 주차단위구획은 차로를 기준으로 하여 세로로 2대까지 접하여 배치할 수 있다.
- 출입구의 너비는 3m 이상으로 한다.

  예외) 막다른 도로에 접한 경우로서 시장·군수 또는 구청장이 차량소통에 지장이 없다고 인정하는 경우에는 2.5m 이상으로 할 수 있다.
- 보행인의 통행로가 필요한 경우에는 시설물과 주차구획 사이에 0.5m 이상의 거리를 두어야 한다.

제5절 | 기계식 주차장

❶ 기계식 주차장의 규모

주차장 종류	길이	너비	높이	무게
중형 기계식주차장	5.05m 이하	1.9m 이하	1.55m 이하	1,850kg 이하
대형 기계식주차장	5.75m 이하	2.15m 이하	1.85m 이하	2,200kg 이하

표 2.16. 기계식 주차장의 규모

❷ 기계식주차장 출입구의 전면공지 및 방향전환장치

주차장 종류	전면공지(너비 × 길이)	방향전환징치
중형 기계식주차장	8.1m 이상 × 9.5m 이상	지름 4m 이상의 방향전환장치와 그 방향 전환장치에 접한 너비 1m 이상의 여유 공지
대형 기계식주차장	10m 이상 × 11m 이상	지름 4.5m 이상의 방향전환장치와 그 방향전환장치에 접한 너비 1m 이상의 여유 공지

표 2.17. 기계식 주차장 출입구의 전면공지 및 방향 전환장치

③ 진입로 또는 정류장 설치

구분	내용
정류장 확보	주차대수가 20대를 초과하는 매 20대마다 1대분의 정류장 확보
정류장 규모	중형 기계식주차장: 길이 5.05m 이상 너비 1.9m 이상
	대형 기계식주차장: 길이 5.3m 이상 너비 2.15m 이상
완화규정	주차장의 출구와 입구가 따로 설치되어 있거나 진입로의 너비가 6m 이상인 경우에는 종단경사도가 6% 이하인 진입로의 길이 6m마다 한 대분의 정류장을 확보한 것으로 봄

표 2.18. 진입로, 정류장 설치

④ 기계식주차장의 사용검사

종류	검사내용	유효기간
사용검사	기계식 주차장의 설치를 마치고 이를 사용하기 전에 실시하는 검사	3년
정기검사	사용검사의 유효기간이 지난 후 계속하여 사용하고자 하는 경우에 주기적으로 실시하는 검사	2년

표 2.19. 기계식 주차장의 사용검사

기출문제 : 주차장법

01 주차장법 시행규칙상 노외주차장의 출구 및 입구가 설치될 수 없는 경우는? 지22

① 유치원 출입구로부터 24미터 이격된 도로의 부분
② 종단 기울기가 8퍼센트인 도로
③ 건널목의 가장자리로부터 6미터 이격된 도로의 부분
④ 횡단보도로부터 10미터 이격된 도로의 부분

02 주차장법령상 주차장 계획 및 구조설비기준에 대한 설명으로 옳지 않은 것은? 지21

① 노외주차장의 출입구 너비는 3m 이상으로 하고, 주차대수 규모가 30대 이상이면 출구와 입구를 분리해야 한다.
② 횡단보도에서 5m 이내에 있는 도로의 부분에는 노외주차장의 출구 및 입구를 설치할 수 없다.
③ 단독주택(다가구주택 제외)의 시설면적이 50m²를 초과하고 150m² 이하일 경우, 부설주차장 설치기준은 1대이다.
④ 지하식 또는 건축물식 노외주차장 경사로의 종단경사도는 직선 부분에서 17%를, 곡선 부분에서는 14%를 초과해서는 안 된다.

해설   01 ③   02 ①

01 ③ 건널목 가장자리 10m 이내 설치 금지
【노외주차장 출구입구 설치금지 구역】
• 교차로 가장자리, 도로 모퉁이 5m 이내
• 건널목 가장자리 10m 이내
• 횡단보도(육교, 지하 횡단보도) 5m 이내
• 너비 4m 미만 도로, 종단 기울기가 10%를 초과하는 도로

• 유치원, 유아원, 초등학교, 특수학교, 노인복지시설, 장애인복지시설, 아동전용시설 출입구 20m 이내

02 ① 노외주차장의 출입구 너비는 3.5m 이상으로 하고, 주차대수 규모가 50대 이상이면 출구와 입구를 분리해야 한다.

03 주차장법 시행규칙상 노외주차장 구조 설비기준에 대한 설명으로 옳지 않은 것은? 지19

① 노외주차장(이륜자동차 전용 노외주차장 제외)이 출입구가 1개이고 주차형식이 평행주차일 경우 차로의 너비는 3.3m 이상이어야 한다.

② 노외주차장의 출입구 너비는 3.5m 이상으로 하여야 하며, 주차대수 규모가 50대 이상인 경우에는 출구와 입구를 분리 하거나 너비 5.5m 이상의 출입구를 설치하여야 한다.

③ 노외주차장의 출구와 입구에서 자동차의 회전을 쉽게 하기 위하여 필요한 경우에는 차로와 도로가 접하는 부분을 곡선형으로 하여야 한다.

④ 노외주차장의 출구 부근의 구조는 해당 출구로부터 2m(이륜 자동차 전용출구의 경우에는 1.3m)를 후퇴한 노외주차장의 차로의 중심선상 1.4m의 높이에서 도로의 중심선에 직각으로 향한 왼쪽, 오른쪽 각각 60°의 범위에서 해당 도로를 통행하는 자를 확인할 수 있도록 하여야 한다.

04 주차장법 시행규칙상 노외주차장의 출구 및 입구의 적합한 위치에 대한 설명으로 옳은 것만을 모두 고르면? 지18

> ㄱ. 횡단보도, 육교 및 지하횡단보도로부터 10미터에 있는 도로의 부분
> ㄴ. 교차로의 가장자리나 도로의 모퉁이로부터 10미터에 있는 도로의 부분
> ㄷ. 유아원, 유치원, 초등학교, 특수학교, 노인복지시설, 장애인복지시설 및 아동전용시설 등의 출입구로부터 10미터에 있는 도로의 부분
> ㄹ. 너비가 10미터, 종단 기울기가 5%인 도로

① ㄱ, ㄷ   ② ㄷ, ㄹ
③ ㄱ, ㄴ, ㄹ   ④ ㄱ, ㄴ, ㄷ, ㄹ

05 주차장법 시행규칙상 노외주차장 설치에 대한 계획기준과 구조 및 설비기준에 대한 설명으로 옳지 않은 것은? 국17

① 특별한 이유가 없으면, 노외주차장과 연결되는 도로가 둘 이상인 경우에는 자동차 교통에 미치는 지장이 적은 도로에 출구와 입구를 설치하여야 한다.

② 지하식 노외주차장의 경사로의 종단경사도는 직선부분에서는 17%를 초과하여서는 아니 된다.

③ 노외주차장의 출구 및 입구는 너비 6m 미만의 도로와 종단 기울기가 8%를 초과하는 도로에 설치하여서는 아니 된다.

④ 노외주차장의 출구 및 입구는 교차로의 가장자리나 도로의 모퉁이로부터 5m 이내에 해당하는 도로의 부분에 설치하여서는 아니 된다.

06 노상주차장의 설치기준에 대한 설명으로 옳지 않은 것은? 국11

① 주간선도로에는 설치가 불가하나, 분리대나 그 밖에 도로의 부분으로서 도로교통에 크게 지장을 주지 않는 부분은 예외로 한다.

② 주차대수 규모가 20대 이상인 경우에는 장애인 전용 주차 구획을 1면 이상 설치해야 한다.

③ 너비 8m 미만의 도로에 설치해서는 안 된다.

④ 종단경사도가 6% 이하의 도로로서 보도와 차도의 구별이 되어있고 그 차도의 너비가 13m 이상인 도로에는 설치가능 하다.

07 기계식 주차시설에 대한 설명으로 옳지 않은 것은? 국23

① 단시간 내에 많은 차량의 주차가 가능하다

② 고층의 입체적인 주차가 가능하므로 지가가 비싼 대지에 유리하다.

③ 기계 고장 시 승강 및 피난이 어렵다

④ 자주식에 비해 운영비가 많이 든다.

해설   03 ①   04 ③   05 ③   06 ③   07 ①

03 ① 노외주차장(이륜자동차 전용 노외주차장 제외)이 출입구가 1개이고 주차형식이 평행주차일 경우 차로의 너비는 5m 이상이어야 한다.

04 ㄷ. 유치원, 유아원, 초등학교, 특수학교, 노인복지시설, 장애인복지시설, 아동전용시설 출입구 20m 이내 설치 금지이므로 10m는 설치 금지

05 ③ 노외주차장의 출구 및 입구는 너비 4m 미만의 도로와 종단 기울기가 10%를 초과하는 도로에 설치하여서는 아니 된다.

06 ③ 너비 4m 미만의 도로에 설치해서는 안 된다(주차대수 200대 이상일 경우 6m 미만의 도로 설치금지).

07 ① 기계식 주차시설은 단시간 내에 많온 차량의 주차는 어렵다.

CHAPTER 03 국토의 계획 및 이용에 관한 법률

제1절 총칙

① 용어의 정의

구분	내용
광역도시계획	지정된 광역계획권의 장기 발전방향을 제시하는 계획
도시·군계획	특별시·광역시·특별자치시·특별자치도·시 또는 군의 관할구역에 대하여 수립하는 공간구조와 발전방향에 대한 계획으로서 도시·군기본계획과 도시·군관리계획으로 구분함
도시·군기본계획	특별시·광역시·특별자치시·특별자치도·시 또는 군의 관할구역에 대하여 기본적인 공간구조와 장기 발전방향을 제시하는 종합계획으로서 도시·군관리계획 수립의 지침이 되는 계획
도시·군관리계획	특별시·광역시·특별자치시·특별자치도·시 또는 군의 개발·정비 및 보전을 위하여 수립하는 토지 이용, 교통, 환경, 경관, 안전, 산업, 정보통신, 보건, 복지, 안보, 문화 등에 관한 다음의 계획 • 용도지역·용도지구의 지정 또는 변경에 관한 계획 • 개발제한구역, 도시자연공원구역, 시가화조정구역, 수산자원보호구역의 지정 또는 변경에 관한 계획 • 기반시설의 설치·정비 또는 개량에 관한 계획 • 도시개발사업이나 정비사업에 관한 계획 • 지구단위계획구역의 지정 또는 변경에 관한 계획과 지구단위계획 • 입지규제최소구역의 지정 또는 변경에 관한 계획과 입지규제최소구역계획
지구단위계획	도시·군계획 수립 대상지역의 일부에 대하여 토지 이용을 합리화하고 그 기능을 증진시키며 미관을 개선하고 양호한 환경을 확보하며, 그 지역을 체계적·계획적으로 관리하기 위하여 수립하는 도시·군관리계획
용도지역	토지의 이용 및 건축물의 용도, 건폐율, 용적률, 높이 등을 제한함으로써 토지를 경제적·효율적으로 이용하고 공공복리의 증진을 도모하기 위하여 서로 중복되지 아니하게 도시·군관리계획으로 결정하는 지역
용도지구	토지의 이용 및 건축물의 용도·건폐율·용적률·높이 등에 대한 용도지역의 제한을 강화하거나 완화하여 적용함으로써 용도지역의 기능을 증진시키고 경관·안전 등을 도모하기 위하여 도시·군관리계획으로 결정하는 지역
용도구역	토지의 이용 및 건축물의 용도·건폐율·용적률·높이 등에 대한 용도지역 및 용도지구의 제한을 강화하거나 완화하여 따로 정함으로써 시가지의 무질서한 확산방지, 계획적이고 단계적인 토지이용의 도모, 토지이용의 종합적 조정·관리 등을 위하여 도시·군관리계획으로 결정하는 지역

표 3.1. 국토계획의 구분

제2절 용도지역 · 용도지구 · 용도구역 안에서의 행위제한

❶ 용도지역 · 용도지구 · 용도구역의 비교

1. 지정목적 · 범위 및 중복지정 여부

용도지역	용도지구	용도구역
• 토지의 경제적 · 효율적인 이용과 공공복리의 증진 • 전체 토질 대상 • 지역과 지역은 중복지정이 불가	• 용도지역 기능의 증진, 경관 · 안전 등을 도모 • 토지일부를 대상(부가적 · 추가적) • 지역 · 지구 및 구역과 중복지정 가능	• 각기 개별적인 목적 • 국지적으로 지정 • 구역과 구역은 중복지정이 불가하나, 지구 및 지역과는 중복지정이 가능함

표 3.2. 용도지역, 용도지구, 용도구역

2. 용도지역 · 지구 및 구역의 지정에 따른 손실보상

지역 · 지구 · 구역의 지정은 공공복리차원에서 이루어진 것으로서 관련법에 공용제한(= 계획제한)의 규정을 두고 있으나, 손실보상 규정이 없다.

❷ 용도지역의 지정

1. 도시지역

구분	내용
주거지역	거주의 안녕과 건전한 생활환경의 보호를 위하여 필요한 지역
상업지역	상업이나 그 밖의 업무의 편익을 증진하기 위하여 필요한 지역
공업지역	공업의 편익을 증진하기 위하여 필요한 지역
녹지지역	자연환경 · 농지 및 산림의 보호, 보건위생, 보안과 도시의 무질서한 확산을 방지하기 위하여 녹지의 보전이 필요한 지역

표 3.3. 도시지역의 구분

2. 관리지역

구분	내용
보전관리지역	자연환경 보호, 산림 보호, 수질오염 방지, 녹지공간 확보 및 생태계 보전 등을 위하여 보전이 필요하나, 주변 용도지역과의 관계 등을 고려할 때 자연환경보전지역으로 지정하여 관리하기가 곤란한 지역
생산관리지역	농업 · 임업 · 어업 생산 등을 위하여 관리가 필요하나, 주변 용도지역과의 관계 등을 고려할 때 농림지역으로 지정하여 관리하기가 곤란한 지역
계획관리지역	도시지역으로의 편입이 예상되는 지역이나 자연환경을 고려하여 제한적인 이용 · 개발을 하려는 지역으로서 계획적 · 체계적 관리가 필요한 지역

표 3.4. 관리지역의 구분

3. 농림지역

도시지역에 속하지 아니하는 농지법에 의한 농업진흥지역 또는 산지관리법에 따른 보전산지 등으로서 농림업의 진흥과 산림의 보전을 위해 필요한 지역

4. 자연환경보전지역

자연환경·수자원·해안·생태계·상수원 및 문화재의 보전과 수산자원의 보호·육성 등을 위하여 필요한 지역

③ 용도지역의 세분

• 국토교통부장관, 시·도지사 또는 대도시 시장은 용도지역을 도시·군관리계획결정으로 다시 세분하여 지정하거나 변경할 수 있다.

구분	내용

주거지역
(6개)
	• 전용주거지역
	    − 제1종 전용주거지역 : 단독주택 중심의 양호한 주거환경을 보호
	    − 제2종 전용주거지역 : 공동주택 중심의 양호한 주거환경을 보호
	• 일반주거지역
	    − 제1종 일반주거지역 : 저층주택 중심으로 편리한 주거환경을 조성
	    − 제2종 일반주거지역 : 중층주택 중심으로 편리한 주거환경을 조성
	    − 제3종 일반주거지역 : 중고층주택 중심으로 편리한 주거환경을 조성
	• 준주거지역 : 주거기능을 위주로 하면서 상업기능 및 업무기능을 보완

상업지역 (4개)	• 중심상업지역 : 도심·부도심의 상업기능 및 업무기능의 확충 • 일반상업지역 : 일반적인 상업 및 업무기능 담당 • 근린상업지역 : 근린지에서의 일용품 및 서비스의 공급
공업지역 (3개)	• 전용공업지역 : 도시 내 지역 오염 유발기능 억제 • 일반공업지역 : 주로 공장의 집단적 입지 • 준공업지역 : 환경을 저해하지 아니하는 공업의 배치 및 업무기능 보완
녹지지역 (3개)	• 보전녹지지역 : 도시의 자연환경·경관·산림 및 녹지공간의 보전 • 생산녹지지역 : 주로 농업적 생산을 위한 개발을 유보 • 자연녹지지역 : 도시의 개발제한구역의 완화, 도시확산 방지, 상대 도심지역의 공급 등을 위하여 보전할 필요가 있는 지역으로서 불가피한 경우에 한하여 제한적 개발이 허용되는 지역

표 3.5. 용도지역의 세분

④ 용도지구

1. 용도지구의 지정

지구	내용
경관지구	경관의 보전·관리 및 형성을 위하여 필요한 지구
고도지구	쾌적한 환경 조성 및 토지의 효율적 이용을 위하여 건축물 높이의 최고한도를 규제할 필요가 있는 지구
방화지구	화재의 위험을 예방하기 위하여 필요한 지구
방재지구	풍수해, 산사태, 지반의 붕괴, 그 밖의 재해를 예방하기 위하여 필요한 지구
보호지구	문화재, 중요 시설물(항만, 공항 등 대통령령으로 정하는 시설물) 및 문화적·생태적으로 보존가치가 큰 지역의 보호와 보존을 위하여 필요한 지구
취락지구	녹지지역·관리지역·농림지역·자연환경보전지역·개발제한구역 또는 도시자연공원구역의 취락을 정비하기 위한 지구
개발진흥지구	주거기능·상업기능·공업기능·유통물류기능·관광기능·휴양기능 등을 집중적으로 개발·정비할 필요가 있는 지구
특정용도제한지구	주거 및 교육 환경 보호나 청소년 보호 등을 목적으로 오염물질 배출시설, 청소년 유해시설 등 특정시설의 입지를 제한할 필요가 있는 지구
복합용도지구	지역의 토지이용 상황, 개발 수요 및 주변 여건 등을 고려하여 효율적이고 복합적인 토지이용을 도모하기 위하여 특정시설의 입지를 완화할 필요가 있는 지구

표 3.6. 용도지구의 지정

2. 용도지구의 세분

지구	구분
경관지구	자연경관지구, 시가지경관지구, 특화경관지구
방재지구	시가지방재지구, 자연방재지구
보호지구	역사문화환경보호지구, 중요시설물보호지구, 생태계보호지구
취락지구	자연취락지구, 집단취락지구
개발진흥지구	주거개발진흥지구, 산업·유통개발진흥지구, 관광·휴양개발진흥지구, 복합개발진흥지구, 특정개발진흥지구

표 3.7. 용도지구의 세분

PART 05

제3절 지구단위계획

1 지구단위계획

1. 개념

도시·군계획 수립 대상지역의 일부에 대하여 <u>토지 이용을 합리화</u>하고 그 <u>기능을 증진</u>시키며 <u>미관을 개선</u>하고 양호한 환경을 확보하며 그 지역을 체계적·계획적으로 관리하기 위하여 수립하는 <u>도시·군 관리계획</u>이다.

2. 지구단위계획의 수립 시 고려해야 할 사항

① 도시의 정비·관리·보전·개발 등 지구단위계획구역의 지정 목적
② 주거·산업·유통·관광휴양·복합 등 지구단위계획구역의 중심기능
③ 해당 용도지역의 특성
④ 지역 공동체의 활성화
⑤ 안전하고 지속가능한 생활권의 조성
⑥ 해당 지역 및 인근 지역의 토지 이용을 고려한 토지이용계획과 건축계획의 조화

3. 지구단위계획의 내용

① 지구단위계획구역의 지정목적을 이루기 위하여 지구단위계획에는 다음의 사항 중 ⓒ과 ⑩의 사항을 포함한 둘 이상의 사항이 포함되어야 한다. 다만, ⓛ을 내용으로 하는 지구단위계획의 경우에는 그러하지 아니하다.

    ㉠ 용도지역이나 용도지구를 세분하거나 변경하는 사항
    ㉡ 기존의 용도지구를 폐지하고 그 용도지구에서의 건축물이나 그 밖의 시설의 용도·종류 및 규모 등의 제한을 대체하는 사항
    ㉢ <u>기반시설의 배치와 규모</u>
    ㉣ 도로로 둘러싸인 일단의 지역 또는 계획적인 개발·정비를 위하여 구획된 일단의 토지의 규모와 조성계획
    ㉤ <u>건축물의 용도제한, 건축물의 건폐율 또는 용적률, 건축물 높이의 최고한도 또는 최저한도</u>
    ㉥ 건축물의 배치·형태·색채 또는 건축선에 관한 계획
    ㉦ 환경관리계획 또는 경관계획
    ㉧ 보행안전 등을 고려한 교통처리계획

② 지구단위계획은 도로, 상하수도 등 도시·군계획시설의 처리·공급 및 수용능력이 지구단위계획구역에 있는 건축물의 연면적, 수용인구 등 개발밀도와 적절한 조화를 이룰 수 있도록 하여야 한다.

4. 지구단위계획의 특징

① 도시차원에서의 3차원적 접근을 위주로 한다

② '도시설계'와 '상세계획'이라는 두 가지 유사제도를 통합하여 도입

③ 지구단위계획구역 안에서 필요한 경우에는 특정부분을 별도의 구역으로 지정하여 계획의 상세 정도를 따로 정할 수 있다

④ 지구단위계획은 「국토의 계획 및 이용에 관한 법률」에 근거한다

⑤ 지구단위계획은 모든 도시계획 수립 대상 지역에 대한 관리계획 아님

⑥ 지구단위계획구역은 도시관리계획으로 관리하기 위한 지역을 대상으로 한다

⑦ 지구단위계획구역 안에서 대지의 일부를 공공시설 부지로 제공하고 건축할 경우, 건폐율, 용적률 및 높이제한을 완화 받을 수 있음

⑧ 지구단위 계획구역이 주민의 제안에 따라 지정된 경우, 그 제안자가 지구단위계획안에 포함시 키고자 제출한 사항이 타당하다고 인정되는 때에는 특별시장·광역시장·특별자치·시장· 특별자치도지사·시장 또는 군수는 지구단위계획안에 반영하여야 한다

⑨ 지구단위계획구역의 지정결정 고시일부터 3년 이내에 해당 구역 지구 단위계획이 결정, 고시 되지 않으면 지구단위계획구역의 지정결정은 효력을 상실한다

PART 05

제4절 도시계획 위원회

❶ 중앙도시계획위원회

1. 업무

① 광역도시계획·도시·군계획·토지거래계약허가구역 등 국토교통부장관의 권한에 속하는 사항의 심의

② 이 법 또는 다른 법률에서 중앙도시계획위원회의 심의를 거치도록 한 사항의 심의

③ 도시·군계획에 관한 조사·연구를 수행

2. 조직

① 중앙도시계획위원회는 위원장·부위원장 각 1인을 포함한 25인 이상 30인 이내의 위원으로 구성

② 중앙도시계획위원회의 위원장 및 부위원장은 위원 중에서 국토교통부 장관이 임명 또는 위촉

③ 위원은 관계 중앙행정기관의 공무원과 토지이용·건축·주택·교통·환경·방재·문화·농림 등 도시·군계획에 관한 학식과 경험이 풍부한 자중에서 국토교통부장관이 임명 또는 위촉

④ 공무원이 아닌 위원의 수는 10인 이상으로 하고, 그 임기는 2년

② 지방도시계획위원회

1. 업무

① 시·도지사가 결정하는 도시·군관리계획의 심의 등 시·도지사의 권한에 속하는 사항과 다른 법률에서 시·도 도시계획위원회의 심의를 거치도록 한 사항의 심의

② 국토교통부장관의 권한에 속하는 사항 중 중앙도시계획위원회의 심의 대상에 해당하는 사항이 시·도지사에게 위임된 경우 그 위임된 사항의 심의

③ 도시·군관리계획과 관련된 사항에 관한 시·도지사에 대한 자문

④ 시·도의 도시·군계획조례의 제정·개정과 관련하여 시·도지사에 대하여 자문

⑤ 개발행위 허가에 대한 심의

③ 기타

1. 시·도 도시계획위원회와 시·도 건축위원회가 공동으로 심의하여 결정해야 하는 사항

① 지구단위계획 내의 용도지구 폐지에 관한 사항

② 지구단위계획과 지구단위계획구역을 동시에 결정할 때에는 지구단위계획구역의 지정 또는 변경에 관한 사항

③ 지구단위계획으로 대체하는 용도지구 폐지에 관한 사항

01 지구단위계획수립지침상 '지구단위계획의 성격'에 대한 설명으로 옳지 않은 것은? 국23

① 관할 행정구역내의 일부지역을 대상으로 토지이용계획과 건축물 계획이 서로 환류되도록 함으로써 평면적 토지이용계획과 입체적 시설계획이 서로 조화를 이루도록 하는데 중점을 둔다.

② 난개발 방지를 위하여 개별 개발수요를 집단화하고 기반시설을 충분히 설치함으로써 개발이 예상되는 지역을 체계적으로 개발·관리하기 위한 계획이다.

③ 지구단위계획구역 및 지구단위계획은 도시·군관리계획으로 결정한다.

④ 향후 20년에 걸쳐 나타날 시·군의 성장·발전 등의 여건변화와 향후 10년에 개발이 예상되는 일단의 토지 또는 지역과 그 주변 지역의 미래모습을 상정하여 수립하는 계획이다.

02 국토의 계획 및 이용에 관한 법률상 용도지역에 대한 설명으로 옳지 않은 것은?
(단, 조례는 고려하지 않는다) 국20

① 주거지역에서 건폐율의 최대한도는 70퍼센트이다.

② 자연환경보전지역에서 건폐율의 최대한도는 20퍼센트이다.

③ 계획관리지역이란 도시지역으로의 편입이 예상되는 지역이나 자연환경을 고려하여 제한적인 이용·개발을 하려는 지역으로서 계획적·체계적인 관리가 필요한 지역을 말한다.

④ 보전관리지역이란 자연환경·농지 및 산림의 보호, 보건위생, 보안과 도시의 무질서한 확산을 방지하기 위하여 녹지의 보전이 필요한 지역을 말한다.

해설 01 ④ 02 ④

01 ④ 향후 10년에 걸쳐 나타날 시·군의 성장·발전 등의 여건변화와 향후 5년에 개발이 예상되는 일단의 토지 또는 지역과 그 주변 지역의 미래모습을 상정하여 수립하는 계획이다.

02 ④ 도시의 무질서한 확산 방지 등은 녹지 지역 중 자연녹지 지역에 해당하는 설명이다.

03 건축법상 지구단위계획에 대한 설명으로 옳은 것은? ^{지19}

① 지구단위계획구역 안에서 대지의 일부를 공공시설 부지로 제공하고 건축할 경우, 용적률은 완화받을 수 있으나 건폐율은 완화받을 수 없다.

② 지구단위계획구역이 주민의 제안에 따라 지정된 경우, 그 제안자가 지구단위계획안에 포함 시키고자 제출한 사항이 타당하다고 인정되는 때에는 특별시장·광역시장·특별자치시장· 특별자치도지사·시장 또는 군수는 지구단위계획안에 반영하여야 한다.

③ 지구단위계획의 사항에는 도시의 공간구조, 건축물의 용도제한, 건축물의 건폐율 또는 용적률, 기반시설의 배치와 규모만 포함된다.

④ 지구단위계획구역의 지정결정 고시일부터 2년 이내에 해당 구역 지구단위계획이 결정, 고시 되지 않으면 지구단위 계획구역의 지정결정은 효력을 상실한다.

04 국토의 계획 및 이용에 관한 법률상 용도지역의 지정에 해당되지 않는 것은? ^{지18}

① 도시지역
② 자연환경보전지역
③ 관리지역
④ 산업지역

05 지구단위계획에서 시·도 도시계획위원회와 시·도 건축위원회가 공동으로 심의하여 결정 해야 하는 사항으로 옳지 않은 것은? ^{지12}

① 건축물 높이의 최고한도 또는 최저한도에 대한 사항
② 건축물의 건폐율과 용적률
③ 건축물의 배치, 형태, 색채 또는 건축선에 대한 계획
④ 경관계획에 대한 사항

06 지구단위계획에 대한 설명으로 가장 적합하지 않은 것은? 국08

① 지구단위계획의 목표는 해당지역을 체계적, 계획적으로 관리하기 위해 수립하는 도시관리 계획이다.

② 지구단위계획은 도시차원에서의 2차원적 접근을 위주로 한다.

③ 지구단위계획은 '도시설계'와 '상세계획'이라는 두 가지 유사 제도를 통합하여 도입된 제도 이다.

④ 지구단위계획구역 안에서 필요한 경우에는 특정 부분을 별도의 구역으로 지정하여 계획의 상세 정도를 따로 정할 수 있다.

PART 05

해설 03 ②   04 ④   05 ②   06 ②

03 ② 주민 제안으로 지정된 경우, 타당성이 인정되면 제안 내용은 '반영하여야 한다'
① 건폐율과 용적률 모두 완화 받을 수 있다.
③ 지구단위계획의 포함 사항에는 도시의 공간구조, 건축물의 용도제한, 건축물의 건폐율 또는 용적률, 기반 시설의 배치와 규모만이 아니라 배치, 형태, 색채 등의 요소가 있다.
④ 지정 후 3년 이내 미결정 시 지정 효력 상실

04 ④ 산업지역은 용도지역에 해당하지 않는다.

05 ② 건폐율 및 용적률은 지자체의 조례 또는 도시계획 위원회 단독 심의 대상이며 공동심의 항목은 아니다.

06 ② 지구단위계획은 입체적, 상세 공간계획으로 2차원적 접근만을 의미하지 않는다.

CHAPTER 04 노인복지법

제1절 노인복지법

① 노인복지시설의 종류

① 노인주거복지시설 : 양로시설, 노인공동생활가정, 노인복지주택
② 노인의료복지시설 : 노인요양시설, 노인요양공동생활가정
③ 노인여가복지시설 : 노인복지관, 경로당, 노인교실
④ 재가노인복지시설 : 방문요양서비스, 주·야간보호서비스, 단기보호서비스, 방문 목욕서비스
⑤ 노인보호전문기관
⑥ 노인일자리 지원기관
⑦ 학대피해노인 전용쉼터
📌 노인복지시설 중 양로시설 : 노인을 입소시켜 급식과 그 밖에 일상생활에 필요한 편의를 제공함을 목적으로 하는 시설
📌 재가노인복지시설 중 단기보호 서비스를 제공하는 시설 : 부득이한 사유로 가족의 보호를 받을 수 없어 일시적으로 보호가 필요한 심신이 허약한 노인과 장애 노인을 단기간 입소시켜 보호하는 시설

② 노인주거복지시설의 시설기준

1. 시설의 규모 : 노인주거복지시설 다음의 구분에 따른 인원이 입소할 수 있는 시설을 갖추어야 한다.

① 양로시설 : 입소정원 10명 이상(입소정원 1명당 연면적 15.9m² 이상의 공간을 확보해야 함)
② 노인공동생활가정 : 입소정원 5명 이상 9명 이하(입소정원 1명당 연면적 연면적 15.9m² 이상의 공간을 확보해야 함)
③ 노인복지주택 : 30세대 이상

2. 양로시설/노인공동생활가정의 침실

① 남녀공용인 시설의 경우에는 합숙용 침실을 남실 및 여실로 각각 구분하여야 함
② 입소자 1명당 침실면적은 5.0m² 이상이어야 함
③ 합숙용 침실 1실의 정원은 4명 이하여야 함
④ 합숙용 침실에는 입소자의 생활용품을 각자 별도로 보관할 수 있는 보관시설 설치

⑤ 채광·조명 및 방습설비를 갖추어야 함

⑥ 거실바닥면적의 1/7 이상의 면적을 창으로 하여 직접 바깥 공기에 접하도록 하며, 개폐가 가능해야 함

3. 노인복지주택의 침실

① 독신용, 동거용 침실의 면적은 20.0m² 이상이어야 함

② 취사할 수 있는 설비를 갖추어야 함

③ 채광·조명 및 방습설비를 갖추어야 함

4. 세면장 및 목욕실

① 바닥은 미끄럽지 아니하여야 함

② 욕조에 노인의 전신이 잠기지 아니하는 깊이로 하고 욕조 출입이 자유롭도록 최소한 1개 이상의 보조봉과 수직의 손잡이 기둥을 설치하여야 함

③ 물의 최고온도는 섭씨 40℃ 이상이 되지 아니하도록 하여야 함

③ 노인의료복지시설의 시설기준

1. 시설의 규모 : 노인의료복지시설 다음의 구분에 따른 인원이 입소할 수 있는 시설을 갖추어야 한다.

① 노인요양시설 : 입소정원 10명 이상(입소정원 1명당 연면적 23.6m² 이상의 공간을 확보해야 함) 다만, 노인요양시설 안에 치매전담실을 두는 경우에는 치매전담실 1실당 정원을 16명 이하로 한다.

② 노인요양공동생활가정 : 입소정원 5명 이상 9명 이하(입소정원 1명당 연면적 20.5m² 이상의 공간을 확보해야 함)

2. 노인복지시설의 침실

① 독신용, 합숙용, 동거용 침실을 둘 수 있음

② 입소자 1명당 침실면적은 6.6m² 이상이어야 함. 다만, 치매전담실은 다음과 같이 구분하여 침실면적의 기준을 달리하여야 함
 - 가형: 1인실 9.9m² 이상, 2인실 16.5m² 이상, 3인실 23.1m² 이상, 4인실 29.7m² 이상
 - 나형: 1인실 9.9m² 이상(다인실의 경우에는 입소자 1명당 6.6m² 이상이어야 함)

③ 합숙용 침실 1실의 정원은 4명 이하이어야 함

④ 합숙용 침실에는 입소자의 생활용품을 보관할 수 있는 보관시설을 설치하여야 함

⑤ 적당한 난방 및 통풍장치를 갖추어야 함

⑥ 채광·조명 및 방습설비를 갖추어야 함

⑦ 노인질환의 정도에 따른 특별침실을 입소정원의 5% 이내의 범위에서 두어야 함

⑧ 침실 바닥면적의 1/7 이상의 면적을 창으로 하여 직접 바깥 공기에 접하도록 하며, 개폐가 가능하여야 함

④ 노인여가복지시설의 시설기준

1. 시설의 규모
노인여가복지시설은 다음 각 목의 구분에 따른 면적 이상이거나 또는 인원이 이용할 수 있는 시설을 갖추어야 한다.
① 노인복지관: 연면적 500m² 이상
② 경로당: 이용정원 20명 이상(읍·면지역의 경우에는 10명 이상)
③ 노인교실: 이용정원 50명 이상

2. 노인여가복지시설의 설비기준
① 경로당의 거실 또는 휴게실 면적: 20m² 이상이어야 함
② 노인교실의 강의실 면적: 33m² 이상이어야 함

⑤ 노인복지시설의 기타사항

1. 노인복지시설의 주거부 거실동 배치계획
① 삼각복도형: 유닛 확장이 어렵고 감시가 상대적으로 불리함
② 이중복도형: 복도 공간을 이용한 순환적 걷기 유형이 가능함
③ POD형: 유사 필요성이 있는 거주자실들 간 친밀도를 높여줌
④ 단복도형: 전체면적과 실면적의 비율에 있어서 다른 유형보다 상대적으로 효율적임
⑤ 원형복도형: 유닛 확장이 어려우나 감시가 상대적으로 용이함

2. 노인의료복지시설의 발코니 건축계획
① 노인들이 외부환경과 접촉할 수 있는 공간임
② 바닥면은 미끄럼 방지 재료로 계획함
③ 단조로울 수 있는 주거공간에서 입면 디자인 요소가 될 수 있음
④ 평상시에는 취미생활을 위한 공간으로 적합하고, 비상시 안전한 곳으로 대피할 수 있는 통로의 역할을 함
⑤ 일반집합주거보다 큰 면적으로 계획함

CHAPTER 05 장애인 · 노인 · 임산부 등의 편의증진 보장에 관한 법률

제1절 장애인/노인/임산부 등의 편의증진 보장에 관한 법률

1 장애인/노인/임산부 등의 편의증진 보장에 관한 법률

① 법률상 장애인 등은 일상생활을 영위할 때 이동, 시설이용 및 정보에의 접근 등에 불편을 느끼는 자를 말함

② 장애인 전용 주차장을 제외하고 장애인 시설은 일반인들도 자유로이 접근할 수 있도록 계획

③ 사유건물의 시설주는 장애인 전용주차구역을 설치해야 함

④ 장애인 편의시설의 설치기준은 법률이 정하는 바에 의함

⑤ 장애인 편의시설은 국가와 시설주가 설치하고 관리해야 함

⑥ 장애물 없는 생활환경 인증의 유효기간은 인증을 받은 날로부터 10년으로 함

2 장애인 등의 편의증진보장법에서 정한 편의시설 설치대상

① 아파트와 연립주택(세대수가 10세대 이상인 주택에 한함)

② 다세대주택(세대수가 10세대 이상인 주택에 한함)

③ 기숙사(공동취사 구조이되 독립된 주거의 형태를 갖추지 않은 30인 이상이 기숙하는 시설에 한함)

④ 공중전화와 우체통을 포함하는 통신시설

⑤ 관람석의 바닥면적 합계가 300m² 이상 500m² 미만인 공연장(극장, 영화관 등)

⑥ 동일한 건축물 안에서 당해 용도에 쓰이는 바닥면적의 합계가 50m² 이상 1,000m² 미만인 소매점

⑦ 공연장으로서 관람석의 바닥면적의 합계가 500제곱미터 이상인 시설

⑧ 동일한 건축물 안에서 당해 용도로 쓰이는 바닥면적의 합계가 1천제곱미터 이상인 도매시장 · 소매시장 · 상점

⑨ 일반숙박시설 및 생활 숙박시설(객실 수가 30실 이상인 시설에 한정함)

❸ 휠체어 사용 장애인을 위한 건축계획(휠체어의 폭은 65cm 이하)

① 휠체어의 직진 이동 시에는 최소 80cm 이상의 공간 폭이 필요

② 휠체어의 360도 회전을 위해서는 150cm×150cm 규모 이상, 한쪽 바퀴를 중심으로 180도를 회전하기 위해서는 180cm×160cm 규모 이상의 공간이 필요함

③ 휠체어에 앉아 수직 방향으로 손을 뻗었을 경우 그 방향의 도달 범위는 바닥면에서 45cm 이상, 160cm 이하로 설정함

④ 휠체어의 이동 통로에는 단이 있어서는 안 되지만, 만일 단차를 설치해야 할 경우에는 2cm 이내

❹ 장애인 등의 통행이 가능한 접근로

1. 유효폭 및 활동공간

① 휠체어 사용자가 통행할 수 있도록 접근로의 유효폭은 1.2m 이상으로 하여야 함

② 휠체어 사용자가 다른 휠체어 또는 유모차 등과 교행 할 수 있도록 50m마다 1.5m×1.5m 이상의 교행구역을 설치할 수 있음

③ 경사진 접근로가 연속될 경우에는 휠체어 사용자가 휴식 할 수 있도록 30m마다 1.5m×1.5m 이상의 수평면으로 된 참을 설치할 수 있음

④ 주출입구보다 부출입구가 장애인 등의 이용에 편리하고 안전한 경우에는 주출입구 대신 부출입구에 연결하여 접근로를 설치할 수 있음

2. 기울기 등

① 접근로의 기울기는 1/18 이하로 하여야 함. 다만, 지형상 곤란한 경우에는 1/12까지 완화할 수 있음

② 대지 내를 연결하는 주접근로에 단차가 있을 경우 그 높이 차는 2cm 이하로 하여야 함

3. 경계

① 접근로와 차도의 경계부분에는 연석·울타리 기타 차도와 분리할 수 있는 공작물을 설치하여야 함. 다만, 차도와 구별하기 위한 공작물을 설치하기 곤란한 경우에는 시각장애인이 감지할 수 있도록 바닥재의 질감을 달리하여야 함

② 연석의 높이는 6cm 이상 15cm 이하로 할 수 있으며, 색상은 접근로의 바닥재색상과 달리 설치할 수 있음

4. 재질과 마감

① 접근로의 바닥표면은 장애인 등이 넘어지지 아니하도록 잘 미끄러지지 아니하는 재질로 평탄하게 마감하여야 함

② 블록 등으로 접근로를 포장하는 경우에는 이음새의 틈이 벌어지지 아니하도록 하고, 편이 평탄하게 시공하여야 함

③ 장애인 등이 빠질 위험이 있는 곳에는 덮개를 설치하되, 그 표면은 접근로와 동일한 높이가 되도록 하고 덮개에 격자구멍 또는 틈새가 있는 경우에는 그 간격이 2cm 이하가 되도록 하여야 함

5. 보행장애물

① 접근로에 가로등·전주·간판 등을 설치하는 경우에는 장애인 등의 통행에 지장을 주지 아니하도록 설치하여야 함

② 가로수는 지면에서 2.1m까지 가지치기를 하여야 함

⑤ 장애인 전용 주차구역

1. 설치장소

① 건축물의 부설주차장과 자동차관련시설 중 주차장의 경우 장애인전용주차구역은 장애인 등의 출입이 가능한 건축물의 출입구 또는 장애인용 승강설비와 가장 가까운 장소에 설치하여야 함

② 장애인 전용주차구역에서 건축물의 출입구 또는 장애인용 승강설비에 이르는 통로는 장애인이 통행할 수 있도록 가급적 높이 차이를 없애고, 그 유효폭은 1.2m 이상으로 하여 자동차가 다니는 길과 분리하여 설치하여야 함

③ 장애인 전용 주차구역에서는 누구든지 물건을 쌓거나 그 통행로를 가로막는 등 주차를 방해하는 행위를 해서는 안 됨

2. 주차공간

① 장애인전용주차구역의 크기는 주차대수 1대에 대하여 폭 3.3m 이상, 길이 5m 이상으로 하여야 함. 다만, 평행주차형식인 경우에는 주차대수 1대에 대하여 폭 2m 이상, 길이 6m 이상으로 하여야 함.

② 주차공간의 바닥면은 장애인 등의 승하차에 지장을 주는 높이 차이가 없어야 하며, 기울기는 50분의 1 이하로 할 수 있음

③ 주차공간의 바닥표면은 미끄러지지 아니하는 재질로 평탄하게 마감하여야 함

6 높이 차이가 제거된 건축물의 출입구

① 건축물의 주 출입구와 통로의 높이 차이는 2cm 이하가 되도록 설치해야 함

② 5mm 이상의 단차는 노인, 보행장애인 등이 걸려 넘어질 수 있으므로 피함

7 장애인 등의 출입이 가능한 출입구(문)

1. 유효폭 및 활동공간

① 출입구(문)은 아래의 그림과 같이 그 통과유효폭을 0.9m 이상으로 하여야 하며, 출입구(문)의 전면 유효거리는 1.2m 이상으로 하여야 함. 다만, 연속된 출입문의 경우 문의 개폐에 소요되는 공간은 유효거리에 포함하지 아니함

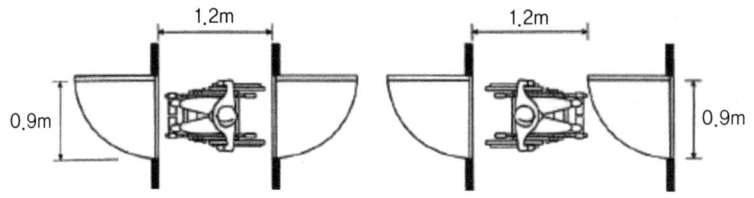

그림 5.1. 장애인을 위한 출입문의 유효폭

② 자동문이 아닌 경우에는 아래의 그림과 같이 출입문 옆에 0.6m 이상의 활동공간을 확보할 수 있음

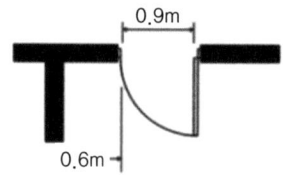

그림 5.2. 장애인을 위한 출입문의 활동공간

③ 출입구의 바닥면에는 문턱이나 높이차를 두어서는 안 됨

2. 문의 형태

① 출입문은 회전문을 제외한 다른 형태의 문을 설치하여야 함

② 미닫이문은 가벼운 재질로 하며, 턱이 있는 문지방이나 홈을 설치하여서는 아니 됨

③ 여닫이문에 도어체크를 설치하는 경우에는 문이 닫히는 시간이 3초 이상 충분하게 확보되도록

④ 자동문은 휠체어사용자의 통행을 고려하여 문의 개방 시간이 충분하게 확보되도록 설치하여야 하며, 개폐기의 작동장치는 가급적 감지범위를 넓게 하여야 함

3. 손잡이 및 점자표지판

① 출입문의 손잡이는 중앙지점이 바닥면으로부터 0.8m와 0.9m 사이에 위치하도록 설치하여야 하며, 그 형태는 레버형이나 수평 또는 수직막대형으로 할 수 있음

② 건축물 안의 공중의 이용을 주목적으로 하는 사무실 등의 출입문 옆 벽면의 1.5m 높이에는 방이름을 표기한 점자표지판을 부착하여야 함

4. 기타설비

① 건축물 주 출입구의 0.3m 전면에는 점형블록을 설치하거나 시각 장애인이 감지할 수 있도록 바닥재의 질감 등을 달리하여야 함

② 건축물의 주 출입문이 자동문인 경우에는 문이 자동으로 작동되지 아니할 경우에 대비하여 시설관리자 등을 호출할 수 있는 벨을 자동문 옆에 설치할 수 있음

5. 기타

① 복도의 모퉁이 부분은 모서리를 45°로 꺾이게 하여 충돌 등의 위험을 방지함

② 여닫이문을 사용할 경우 문을 복도 쪽이 아닌 안쪽으로 열도록 하는 것을 원칙으로 함

8 장애인 등의 통행이 가능한 복도 및 통로

1. 유효폭

복도의 유효폭은 1.2m 이상으로 하되, 복도의 양옆에 거실이 있는 경우에는 1.5m 이상으로 할 수 있다.

2. 바닥

① 복도의 바닥면에는 높이 차이를 두어서는 안 됨. 다만, 부득이한 사정으로 높이 차이를 두는 경우에는 경사로를 설치하여야 함

② 바닥표면은 미끄러지지 아니하는 재질로 평탄하게 마감하여야 하며, 넘어졌을 경우 가급적 충격이 적은 재료를 사용하여야 함

3. 손잡이

① 장애인전용시설의 복도측면에는 손잡이를 연속하여 설치하여야 함. 다만, 방화문 등의 설치로 손잡이를 연속하여 설치할 수 없는 경우에는 방화문 등의 설치에 소요되는 부분에 한하여 손잡이를 설치하지 아니 할 수 있음

② 손잡이의 높이는 다음의 그림과 같이 바닥면으로부터 0.8m 이상 0.9m 이하로 하여야 하며, 이중으로 설치하는 경우에는 위쪽 손잡이는 0.85m 내외, 아래쪽 손잡이는 0.65m 내외로 하여야 함

③ 손잡이의 지름은 아래의 그림과 같이 3.2cm 이상, 3.8cm 이하로 하여야 함

④ 손잡이를 벽에 설치하는 경우 벽과 손잡이의 간격은 5cm 내외로 하여야 함

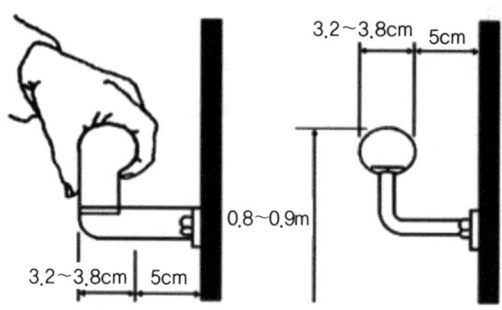

그림 5.3. 장애인 편의시설 중 복도 손잡이 설치기준

4. 보행장애물

① 통로의 바닥면으로부터 높이 0.6m에서 2.1m 이내의 벽면으로부터 돌출된 물체의 돌출폭은 0.1m 이하로 할 수 있음

② 통로의 바닥면으로부터 높이 0.6m에서 2.1m 이내의 독립기둥이나 받침대에 부착된 설치물의 돌출폭은 0.3m 이하로 할 수 있음

③ 통로상부는 바닥면으로부터 2.1m 이상의 유효높이를 확보하여야 한다. 다만, 유효높이 2.1m 이내에 장애물이 있는 경우에는 바닥면으로부터 높이 0.6m 이하에 접근방지용 난간 또는 보호벽을 설치하여야 함

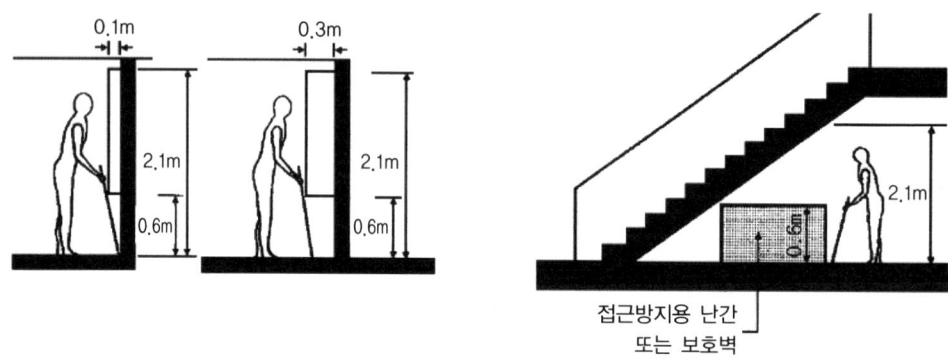

그림 5.4. 보행 장애물

5. 안전성 확보

① 휠체어사용자의 안전을 위하여 복도의 벽면에는 바닥면으로부터 0.15미터에서 0.35미터까지 킥플레이트를 설치할 수 있음

② 복도의 모서리 부분은 둥글게 마감할 수 있음

9 장애인용 승강기

1. 설치장소 및 활동공간

① 장애인용 승강기는 장애인 등의 접근이 가능한 통로에 연결하여 설치하되, 가급적 건축물 출입구와 가까운 위치에 설치하여야 함

② 승강기의 전면에는 1.4미터 × 1.4미터 이상의 활동공간을 확보하여야 함

③ 승강장바닥과 승강기바닥의 틈은 3센티미터 이하로 하여야 함

2. 크기

① 승강기내부의 유효바닥면적은 폭 1.1미터 이상, 깊이 1.35미터 이상으로 하여야 한다. 다만, 신축하는 건물의 경우에는 폭을 1.6미터 이상으로 하여야 함

② 출입문의 통과유효폭은 0.8미터 이상으로 하되, 신축한 건물의 경우에는 출입문의 통과유효폭을 0.9미터 이상으로 할 수 있음

3. 이용자 조작설비

① 호출버튼·조작반·통화장치 등 승강기의 안팎에 설치되는 모든 스위치의 높이는 바닥면으로부터 0.8미터 이상 1.2미터 이하로 설치하여야 한다. 다만, 스위치는 수가 많아 1.2미터 이내에 설치하는 것이 곤란한 경우에는 1.4미터 이하까지 완화할 수 있음

② 승강기내부의 휠체어사용자용 조작반은 진입방향 우측면에 가로형으로 설치하고, 그 높이는 바닥면으로부터 0.85미터 내외로 하며, 수평손잡이와 겹치지 않도록 하여야 한다. 다만, 승강기의 유효바닥면적이 1.4미터 × 1.4미터 이상인 경우에는 진입방향 좌측면에 설치할 수 있다.

③ 조작설비의 형태는 버튼식으로 하되, 시각장애인 등이 감지할 수 있도록 층수 등을 점자로 표시하여야 함

④ 조작반·통화장치 등에는 점자표시를 하여야 함

10 장애인용 에스컬레이터

1. 유효폭 및 속도

① 장애인용 에스컬레이터의 유효폭은 0.8미터 이상으로 하여야 함

② 속도는 분당 30미터 이내로 하여야 함

2. 디딤판

① 휠체어사용자가 승·하강할 수 있도록 에스컬레이터의 디딤판은 3매 이상 수평상태로 이용할 수 있게 하여야 함

② 디딤판 시작과 끝부분의 바닥판은 얇게 할 수 있음

3. 손잡이

① 에스컬레이터의 양측면에는 디딤판과 같은 속도로 움직이는 이동 손잡이를 설치하여야 함

② 에스컬레이터의 양끝부분에는 수평이동손잡이를 1.2미터 이상 설치하여야 함

③ 수평이동손잡이 전면에는 1미터 이상의 수평고정손잡이를 설치할 수 있으며, 수평고정손잡이에는 층수·위치 등을 나타내는 점자표지판을 부착 하여야 함

⑪ 경사로

1. 유효폭 및 활동공간

① 경사로의 유효폭은 1.2미터 이상으로 하여야 한다. 다만, 건축물을 증축·개축·재축·이전·대수선 또는 용도변경하는 경우로서 1.2미터 이상의 유효폭을 확보하기 곤란한 때에는 0.9미터까지 완화할 수 있음

② 바닥면으로부터 높이 0.75미터 이내마다 휴식을 할 수 있도록 수평면으로 된 참을 설치하여야 함

③ 경사로의 시작과 끝, 굴절부분 및 참에는 1.5미터 × 1.5미터 이상의 활동공간을 확보하여야 한다. 다만, 경사로가 직선인 경우에 참의 활동공간의 폭은 ①에 따른 경사로의 유효폭과 같게 할 수 있다.

2. 기울기

① 경사로의 기울기는 실내는 1/12 이하, 옥외는 가능한 1/18 이하로 확보하는 것이 안전함

② 다음의 요건을 모두 충족하는 경우에는 경사로의 기울기를 1/8까지 완화할 수 있음

　－ 신축이 아닌 기존시설에 설치되는 경사로일 것

　－ 높이가 1미터 이하인 경사로로서 시설의 구조 등의 이유로 기울기 1/12 이하로 설치하기가 어려울 것

　－ 시설관리자 등으로부터 상시보조서비스가 제공될 것

3. 손잡이

① 경사로의 길이가 1.8미터 이상이거나 높이가 0.15미터 이상인 경우에는 양측면에 손잡이를 연속하여 설치하여야 한다.

② 경사로의 시작과 끝부분에 수평손잡이를 0.3미터 이상 연장하여 설치하여야 한다.

⑫ 장애인 등의 이용이 가능한 화장실

1. 일반사항

① 화장실(장애인용 변기·세면대가 설치된 화장실이 일반 화장실과 별도로 설치된 경우에는 일반 화장실을 말한다)의 출입구(문)옆 벽면의 1.5미터 높이에는 남자용과 여자용을 구별할 수 있는 점자표지판을 부착하고, 출입구(문)의 통과유효폭은 0.9미터 이상으로 하여야 한다.

② 세정장치·수도꼭지 등은 광감지식·누름버튼식·레버식 등 사용하기 쉬운 형태로 설치하여야 한다.

2. 대변기

(1) 출입문에는 화장실 사용여부를 시각적으로 알 수 있는 설비 및 잠금장치를 갖추어야 함

① 건물을 신축하는 경우에는 대변기의 유효바닥면적이 폭 1.6미터 이상, 깊이 2.0미터 이상이 되도록 설치하여야 하며, 대변기의 좌측 또는 우측에는 휠체어의 측면접근을 위하여 유효폭 0.75미터 이상의 활동 공간을 확보하여야 한다. 이 경우 대변기의 전면에는 휠체어가 회전할 수 있도록 1.4미터 × 1.4미터 이상의 활동공간을 확보할 수 있음

② 신축이 아닌 기존시설에 설치하는 경우로서 시설의 구조 등의 이유로 ①의 기준에 따라 설치하기가 어려운 경우에 한하여 유효바닥면적이 폭 1.0미터 이상, 깊이 1.8미터 이상이 되도록 설치하여야 한다.

③ 출입문의 통과유효폭은 0.9미터 이상으로 하여야 함

(2) 구조

① 대변기는 등받이가 있는 양변기형태로 하되, 바닥부착형으로 하는 경우에는 변기 전면의 트랩부분에 휠체어의 발판이 닿지 아니하는 형태로 하여야 한다.

② 대변기의 좌대의 높이는 바닥면으로부터 0.4미터 이상 0.45미터 이하로 하여야 한다.

(3) 손잡이

① 대변기의 양옆에는 아래의 그림과 같이 수평 및 수직손잡이를 설치하되, 수평손잡이는 양쪽에 모두 설치하여야 하며, 수직손잡이는 한쪽에만 설치할 수 있음

② 수평손잡이는 바닥면으로부터 0.6미터 이상 0.7미터 이하의 높이에 설치하되, 한쪽 손잡이는 변기중심에서 0.4미터 이내의 지점에 고정하여 설치하여야 하며, 다른 쪽 손잡이는 0.6미터 내외의 길이로 회전식으로 설치하여야 한다. 이 경우 손잡이 간의 간격은 0.7미터 내외로 할 수 있음

③ 수직손잡이의 길이는 0.9미터 이상으로 하되, 손잡이의 제일 아랫부분이 바닥면으로부터 0.6미터 내외의 높이에 오도록 벽에 고정하여 설치하여야 함

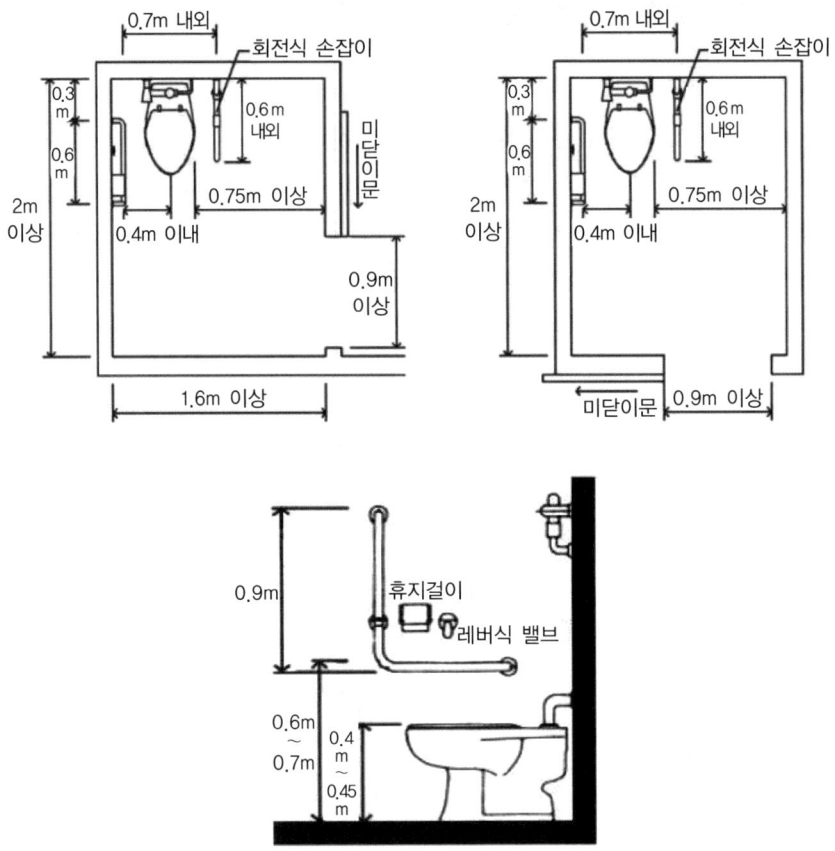

그림 5.5. 장애인 등의 이용이 가능한 화장실

⑷ 기타설비

① 공공업무시설, 병원, 문화 및 집회시설, 장애인복지시설, 휴게소 등은 대변기 칸막이 내부에 세면기와 샤워기를 설치할 수 있다. 이 경우 세면기는 변기의 앞쪽에 최소 규모로 설치하여 대변기 칸막이 내부에서 휠체어가 회전하는데 불편이 없도록 하여야 하며, 세면기에 연결된 샤워기를 설치하되 바닥으로부터 0.8미터에서 1.2미터 높이에 설치하여야 한다.

② 화장실 내에서의 비상사태에 대비하여 비상용 벨은 대변기 가까운 곳에 바닥면으로부터 0.6미터와 0.9미터 사이의 높이에 설치하되, 바닥면으로부터 0.2미터 내외의 높이에서도 이용이 가능하도록 하여야 한다.

3. 소변기

(1) **구조** : 소변기는 바닥부착형으로 할 수 있음

(2) **손잡이**

① 소변기의 양옆에는 아래의 그림과 같이 수평 및 수직손잡이를 설치하여야 함

② 수평손잡이의 높이는 바닥면으로부터 0.8미터 이상 0.9미터 이하, 길이는 벽면으로부터 0.55미터 내외, 좌우 손잡이의 간격은 0.6미터 내외로 하여야 함

③ 수직손잡이의 높이는 바닥면으로부터 1.1미터 이상 1.2미터 이하, 돌출폭은 벽면으로부터 0.25미터 내외로 하여야 하며, 하단부가 휠체어의 이동에 방해가 되지 아니하도록 하여야 한다.

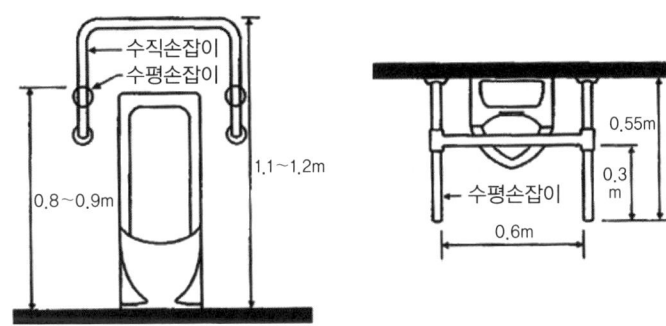

그림 5.6. 장애인을 위한 화장실 소변기의 구조

4. 세면대

(1) **구조**

① 휠체어사용자용 세면대의 상단 높이는 바닥면으로부터 0.85미터, 하단 높이는 0.65미터 이상으로 하여야 함

② 세면대의 하부는 무릎 및 휠체어의 발판이 들어갈 수 있도록 함

(2) **기타설비**

휠체어사용자용 세면대의 거울은 아래의 그림과 같이 세로길이 0.65미터 이상, 하단 높이는 바닥면으로부터 0.9미터 내외로 설치할 수 있으며, 거울 상단부분은 15도 정도 앞으로 경사지게 하거나 전면거울을 설치할 수 있다.

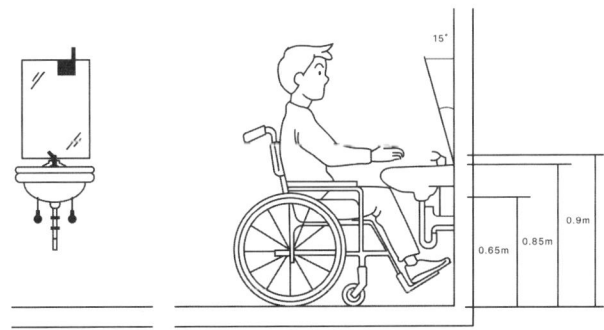

그림 5.7. 장애인을 위한 세면대 구조

⑬ 장애인 등의 이용이 가능한 욕실

1. 구조

① 출입문의 형태는 미닫이문 또는 접이문으로 할 수 있음
② 욕조의 전면에는 휠체어를 탄 채 접근이 가능한 활동공간을 확보해야 함
③ 욕조의 높이는 바닥면으로부터 0.4미터 이상 0.45미터 이하로 해야 함

2. 바닥

① 욕실의 바닥면높이는 탈의실의 바닥면과 동일하게 할 수 있음
② 바닥면의 기울기는 30분의 이하로 하여야 함
③ 욕실 및 욕조의 바닥표면은 물에 젖어도 미끄러지지 아니하는 재질로 마감하여야 함

⑭ 장애인 등의 이용이 가능한 샤워실/탈의실

1. 구조

① 출입문의 형태는 미닫이문 또는 접이문으로 할 수 있음
② 샤워실(샤워부스를 포함한다)의 유효바닥면적은 0.9미터×0.9미터 또는 0.75미터×1.3미터 이상으로 하여야 함

2. 바닥

① 샤워실의 바닥면의 기울기는 1/30 이하로 하여야 함
② 샤워실의 바닥표면은 물에 젖어도 미끄러지지 아니하는 재질로 마감하여야 함

3. 기타 설비

① 샤워실에는 아래의 그림과 같이 샤워용 접이식의자를 바닥면으로부터 0.4미터 이상 0.45미터 이하의 높이로 설치하여야 함
② 탈의실의 수납공간의 높이는 휠체어사용자가 이용할 수 있도록 바닥면으로부터 0.4미터 이상 1.2미터 이하로 설치하여야 하며, 그 하부는 무릎 및 휠체어의 발판이 들어갈 수 있도록 하여야 함

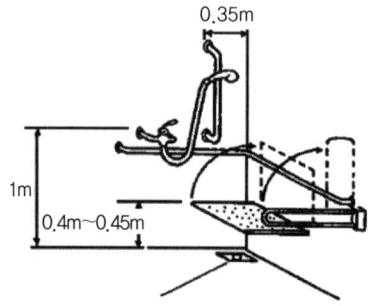

그림 5.8. 장애인을 위한 접이식 의자

ⓐ 점자블록

1. 규격 및 색상

① 점자블록의 크기는 0.3미터×0.3미터인 것을 표준형으로 하며, 그 높이는 바닥재의 높이와 동일하게 하여야 함

② 점형블록은 블록당 36개의 돌출점을 가진 것을 표준형으로 함

③ 점형블록의 돌출점은 반구형·원뿔절단형 또는 이 두 가지의 혼합배열형으로 하며, 돌출점의 높이는 0.6±0.1센티미터로 하여야 함

④ 선형블록의 돌출선은 상단부 평면형으로 하며, 돌출선의 높이는 0.5±0.1센티미터로 하여야 함

2. 설치방법

① 점형블록은 계단·장애인용 승강기·화장실 등 시각장애인을 유도할 필요가 있거나 시각장애인에게 위험한 장소의 0.3미터 전면, 선형블록이 시작·교차·굴절되는 지점에 이를 설치하여야 함

② 선형블록은 대상시설의 주출입구와 연결된 접근로에서 시각장애인을 유도하는 용도로 사용하며, 유도방향에 따라 평행하게 연속해서 설치함

ⓑ 장애인 등의 통행이 가능한 계단

1. 장애인 등의 통행을 위한 계단 편의시설

① 바닥면으로부터 높이 1.8미터 이내마다 휴식을 할 수 있도록 수평면으로 된 참을 설치하여야 함

② 계단은 휠체어 이용자가 이용하지 않지만, 시각장애인이 이용 할 수 있으므로 손잡이의 양끝 부분 및 굴절부분에는 층수 및 위치 등을 나타내는 점자표지판을 설치해야 함

③ 계단의 점형블록은 계단의 시작 부분과 끝나는 지점에 30cm 이격하여 계단 폭만큼 설치함

④ 계단의 측면에는 반드시 연속하여 손잡이를 설치하여야 함. 이때 방화문 설치 구간은 제외될 수 있음

⑤ 계단은 직선 또는 꺾임형태로 설치할 수 있음

⑥ 계단 및 참의 유효폭은 1.2m 이상으로 하되, 건축물의 옥외 피난계단은 0.9m 이상으로 할 수 있음

⑦ 계단에는 챌면을 반드시 설치하여야 함

⑧ 디딤판의 너비는 0.28m 이상, 챌면의 높이는 0.18m 이하로 함

⑨ 계단의 양측면에는 손잡이를 연속하여 설치하여야 함

⑩ 계단의 2단 손잡이 높이는 각각 65cm와 85cm로 함

01 장애인 노인 임산부 등의 편의증진 보장에 관한 법률 시행규칙상 장애인을 위한 편의시설에 대한 설명으로 옳지 않은 것은? 국22

① 장애인 출입문의 전면 유효거리는 1.2m 이상으로 하여야 한다.
② 접근로의 기울기는 18분의 1 이하이어야 하며, 다만 지형상 곤란한 경우에는 12분의 1까지 완화할 수 있다.
③ 건물을 신축하는 경우, 장애인용 화장실의 대변기 전면에는 1.4m × 1.4m 이상의 활동공간을 확보하여야 한다.
④ 장애인용 승강기의 승강장바닥과 승강기바닥의 틈은 2cm 이하이어야 하며, 승강장 전면의 활동공간은 1.2m × 1.2m 이상 확보하여야 한다.

02 장애인 · 노인 · 임산부 등의 편의증진 보장에 관한 법률 시행규칙상 장애인의 통행이 가능한 계단에 대한 설명으로 옳지 않은 것은? 지21

① 계단은 직선 또는 꺾임형태로 설치할 수 있다.
② 계단 및 참의 유효폭은 1.2m 이상으로 하되, 건축물의 옥외 피난계단은 0.8m 이상으로 할 수 있다.
③ 바닥면으로부터 높이 1.8m 이내마다 휴식을 할 수 있도록 수평면으로 된 참을 설치할 수 있다.
④ 경사면에 설치된 손잡이의 끝부분에는 0.3m 이상의 수평 손잡이를 설치하여야 한다.

03 휠체어 사용 장애인을 위한 건축계획에 대한 설명으로 옳지 않은 것은? (단, 휠체어의 폭은 65cm 이하이다) 지17

① 휠체어의 직진 이동 시에는 최소 80cm 이상의 공간 폭이 필요하다.
② 휠체어가 한쪽 바퀴를 중심으로 180도 회전하기 위해서는 180cm° × 160cm 규모 이상의 공간이 필요하다.
③ 휠체어에 앉아 수직 방향으로 손을 뻗었을 경우 그 방향의 도달 범위는 바닥면에서 45cm 이상 160cm 이하로 설정한다.
④ 휠체어의 이동 통로에는 단이 있어서는 안 되지만, 만일 단차를 설치해야 할 경우에는 4cm 이내로 한다.

04 장애인 · 노인 · 임산부 등의 편의증진 보장에 관한 법률 시행규칙상 편의시설의 구조 · 재질 등에 관한 세부기준에 대한 설명으로 옳지 않은 것은? 국23

① 장애인전용시설 복도 측면에 2중 손잡이를 설치할 때, 아래쪽 손잡이의 높이는 바닥면으로부터 0.65m 내외로 하여야 한다.

② 계단 경사면에 설치된 손잡이의 끝부분에는 0.3m 이상의 수직손잡이를 설치하여야 한다.

③ 장애인용 승강기 전면에는 1.4m × 1.4m 이상의 활동공간을 확보하여야 한다.

④ 장애인용 에스컬레이터 속도는 분당 30m 이내로 하여야 한다.

05 장애인의 출입이 가능한 출입구 또는 출입문에 대한 설명으로 옳지 않은 것은? 지13

① 건축물 주출입구의 0.3m 전면에는 점형블록을 설치하여야 한다.

② 출입문의 전면 유효거리는 1.0m 이상으로 하여야 한다.

③ 여닫이문에 도어체크를 설치하는 경우에는 문이 닫히는 시간이 3초 이상 확보되도록 하여야 한다.

④ 출입문의 손잡이는 중앙지점이 바닥면으로부터 0.8m와 0.9m 사이에 위치하도록 설치하여야 한다.

해설 01 ④ 02 ② 03 ④ 04 ② 05 ②

01 ④ 장애인용 승강기의 승강장바닥과 승강기바닥의 틈은 3cm 이하이어야 하며, 승강장 전면의 활동공간은 1.4m× 1.4m 이상 확보하여야 한다.

02 ② 계단 및 참의 유효폭은 1.2m 이상으로 하되, 건축물의 옥외 피난계단은 0.9m 이상으로 할 수 있다.

03 ④ 휠체어의 이동 통로에는 단이 있어서는 안 되지만, 만일 단차를 설치해야 할 경우에는 2cm 이내로 한다.

04 ② 손잡이 끝은 수평 손잡이를 설치해야 한다.

05 ② 출입문의 전면 유효거리는 1.2m 이상으로 하여야 한다.

06 장애인을 위한 접근로 기준에 대한 설명으로 옳지 않은 것은? 지12

① 접근로의 기울기는 1/18 이하로 해야 한다. 다만 지형상 곤란한 경우에는 1/12까지 완화할 수 있다.

② 경사진 접근로가 연속될 경우에는 휠체어 사용자가 휴식할 수 있도록 30m마다 1.4m × 1.4m 이상의 수평면으로 된 참을 설치할 수 있다.

③ 연석의 높이는 6cm 이상 15cm 이하로 할 수 있으며, 색상은 접근로의 바닥재 색상과 달리 설치할 수 있다.

④ 휠체어 사용자가 다른 휠체어 또는 유모차 등과 교행할 수 있도록 50m마다 1.5m × 1.5m 이상의 교행구역을 설치할 수 있다.

07 건축물에 설치되는 장애인 관련시설 및 설비에 관한 사항으로 옳지 않은 것은? 국10

① 휠체어 사용자가 통행할 수 있도록 접근로의 유효폭은 1.2미터 이상으로 하여야 한다.

② 장애인전용주차구역의 크기는 주차대수 1대에 대하여 폭 3.3미터 이상, 길이 5미터 이상이 바람직하다.

③ 대변기는 양변기를 사용하고, 대변기 좌대의 높이는 바닥면으로부터 0.4미터 이상 0.45미터 이하로 한다.

④ 장애인주차장은 엘리베이터가 있는 입구 부근에 장애인전용 주차공간을 설치하고 엘리베이터가 없는 주차장은 1층에 설치하는 것이 바람직하다. 하지만 경사로가 설치된 출입구에서는 되도록 먼 곳에 설치한다.

해설 | 06 ②   07 ④

06 ② 경사진 접근로가 연속될 경우에는 휠체어 사용자가 휴식할 수 있도록 30m마다 1.5m × 1.5m 이상의 수평면으로 된 참을 설치할 수 있다.

07 ④ 경사로가 설치된 출입구에서도 되도록 가까운 곳에 설치하여야 한다.

차민휘

주요 약력

건축사/건축공학 박사

국립대 출강

現) 박문각 공무원 건축직 대표강사

주요 저서

박문각 공무원 차민휘 건축직 건축계획 기본서

박문각 공무원 건축직 실전 동형 모의고사

차민휘 건축계획

초판인쇄 | 2025. 7. 10.   **초판발행** | 2025. 7. 15.   **편저자** | 차민휘

발행인 | 박 용   **발행처** | (주) 박문각출판   **등록** | 2015년 4월 29일 제2019-000137호

주소 | 06654 서울특별시 서초구 효령로 283 서경 B/D 4층   **팩스** | (02) 584-2927

전화 | 교재 주문·내용 문의 (02) 6466-7202

저자와의
협의하에
인지생략

정가 33,000원

ISBN 979-11-7262-981-6